21世纪高职高专规划教材
（模具类）

模具制造工艺学

主　编　苏　君
副主编　王　蕾　祝　林
参　编　熊　毅　黄建娜　郭华锋
　　　　张大斌　王敬艳　李小明

机 械 工 业 出 版 社

本书全面、系统地阐述了编制模具机械加工工艺规程的原则和方法，模具制造工艺的基本原理、特点和加工工艺，模具零部件的组装、总装的装配顺序、装配方法、要领以及模具的加工装配方法；国内外先进模具的制造方法和模具生产管理和维护的相关知识。在保证各种加工方法的完整性和系统性的同时，突出工艺方法的适用性和适度性；通过典型模具零件的工艺分析，突出模具制造工艺的综合性。

本书取材于生产和教学实践，内容由浅入深，通俗易懂，是高等职业技术院校模具设计与制造专业教材，也可供模具设计、制造的技术人员参考。

为方便教学，本书配备电子课件等教学资源。凡选用本书作为教材的教师均可登录机械工业出版社教材服务网 www. cmpedu. com 注册后免费下载。如有问题请致信 cmpgaozhi@ sina. com，或致电 010-88379375 联系营销人员。

图书在版编目（CIP）数据

模具制造工艺学/苏君主编．—北京：机械工业出版社，2010.3（2015.1 重印）

21 世纪高职高专规划教材（模具类）

ISBN 978 - 7 - 111 - 29759 - 8

Ⅰ.①模… Ⅱ.①苏… Ⅲ.①模具 - 制造 - 工艺 - 高等学校：技术学校 - 教材 Ⅳ.①TG760.6

中国版本图书馆 CIP 数据核字（2010）第 025301 号

机械工业出版社（北京市百万庄大街 22 号 邮政编码 100037）

策划编辑：余茂祚 责任编辑：余茂祚 版式设计：霍永明

封面设计：赵颖喆 责任校对：程俊巧 责任印制：刘 岚

北京京丰印刷厂印刷

2015 年 1 月第 1 版 · 第 3 次印刷

184mm × 260mm · 16 印张 · 393 千字

6 501—8 500 册

标准书号：ISBN 978 - 7 - 111 - 29759 - 8

定价：34.00 元

凡购本书，如有缺页、倒页、脱页，由本社发行部调换

电话服务 网络服务

社服务中心：（010）88361066 教材网：http：//www.cmpedu.com

销售一部：（010）68326294 机工官网：http：//www.cmpbook.com

销售二部：（010）88379649 机工官博：http：//weibo.com/cmp1952

读者购书热线：（010）88379203 **封面无防伪标均为盗版**

21世纪高职高专规划教材
编 委 会 名 单

前　言

本书以对高职高专人才培养的要求为指导思想，根据模具技术发展对工程技术应用型人才的实际要求，并总结了近几年模具设计与制造专业教学改革的基础上编写的。

本书在分析讲解模具制造和装配的方法、要点方面，始终围绕生产实际，针对生产常见的实际问题和具有代表性的要点、难点进行分析，力图使学习者在学习后能应用于生产实际，解决生产中的类似实际问题，以突出其实用性。

本书取材于生产和教学实践，内容由浅入深，通俗易懂，模具加工、装配和调试内容具体且有可操作性，突出其先进性和典型性。

本书由河南工业职业技术学院苏君主编；由四川职业技术学院祝林、河南工业职业技术学院王蕾担任副主编。全书编写分工如下：第 1 章由四川职业技术学院李小明编写；第 8 章由河南工业职业技术学院苏君编写；第 2 章由长春职业技术学院王敬艳编写；第 3、7 章由河南工业职业技术学院王蕾编写；第 4 章由河南工业职业技术学院熊毅编写；第 5 章由四川职业技术学院祝林编写；第 6 章由河南工业职业技术学院黄建娜编写；第 9 章由徐州工程学院郭华锋编写；第 10 章由贵州大学张大斌编写。全书由苏君通稿。本书在编审过程中得到许多单位和个人的大力支持，谨此致谢！

由于编者水平有限，书中难免有错漏之处，恳请广大读者批评指正。

编　者

目录

第1章　绪　论

1.1　模具制造技术的现状与发展

1. 模具工业在国民经济中的地位　在现代生产中，模具是大批量生产各种产品和日用生活品的重要工艺装备，它以其特定的形状通过一定的方式使原料成形。例如，冲压件是通过冲压方式使金属材料在模具内成形而获得的。利用模具成形零件的方法，是一种少切削、无切削、多工序重合的生产方法。采用模具成形的工艺代替传统的切削加工工艺，可以提高生产效率、保证零件质量、节约材料、降低生产成本，从而取得很高的经济效益。因此，模具成形方法在现代工业的主要部门，如机械、电子、轻工、交通和国防工业中得到了极其广泛的应用。例如，70%以上的汽车、拖拉机、电机、电器、仪表零件；80%以上的塑料制品；70%以上的日用五金及耐用消费品零件，都采用模具成形的方法来生产。

由此可见，利用模具生产零件的方法已成为工业上进行成批或大批生产的主要技术手段，它对于保证制品质量，缩短试制周期，进而争先占领市场，以及产品更新换代和新产品开发都具有决定性意义。

从另一方面来看，机床、刀具工业素有“工业之母”之称，在各个工业发达国家中都占有非常重要的地位。由于模具工业的重要性，模具成形工艺在各个工业部门得到了广泛的应用，使得模具行业的产值已经大大超过机床、刀具工业的产值。这一情况充分说明了在国民经济蓬勃发展的过程中，在各个工业发达国家对世界市场进行激烈争夺的过程中，越来越多的国家采用模具来进行生产，模具工业明显地成为技术、经济和国力发展的关键。

2. 我国模具技术的现状及发展趋势　我国对模具工业的发展也十分重视。可以说，在模具设计和制造方面已具有一支较强的队伍。近年来，我国模具技术的发展进步主要表现在：

1）研究开发了模具新钢种及硬质合金、钢结硬质合金等新材料，并采用了一些新的热处理工艺，延长了模具的使用寿命。

2）开发了一些多工位级进模和硬质合金模等新产品，并根据国内生产需要研制了一批精密塑料注射模。

3）研究开发了一些模具加工新技术和新工艺，如三维曲面数控、仿形加工；模具表面抛光、表面皮纹加工及皮纹辊制造技术；模具钢的超塑性成形技术和各种快速制模技术等。

4）模具加工设备已得到较大发展，国内已能批量生产精密坐标磨床、计算机数字控制（CNC）铣床、CNC电火花线切割机床和高精度电火花成形机床等。

5）模具计算机辅助设计和制造（模具CAD/CAM/CAE）已在国内开发和应用。

我国的模具技术虽然得到了较大的发展，但仍然不能满足国民经济高速发展的需要，还需花费大量资金向国外进口模具，其原因是：

1）专业化生产和标准化程度低。

2）模具品种少，生产效率低、经济效益较差。

3）模具生产制造周期长、精度不高，制造技术落后。

4）模具使用寿命短，新材料使用量少。

5）模具生产力量分散、管理落后。

根据我国模具技术发展的现状及存在问题，今后的发展方向是：

1）研究和发展精密、复杂、大型、长使用寿命的模具，以满足国内、外市场的需要。

2）加速模具的标准化和商品化，以提高模具质量，缩短模具生产周期。

3）大力开发和推广应用模具 CAD/CAM 技术，提高模具制造过程的自动化程度。

4）积极开发模具新品种、新工艺、新技术和新材料。

5）发展模具加工成套设备，以满足高速发展模具工业的需要。

3. 模具制造的特点及基本要求

（1）模具制造基本要求：在模具生产中，除了正确进行模具设计，采用合理的模具结构外，还必须以先进的模具制造技术作为保证。制造模具时，应满足以下几个基本要求：

1）制造精度高。为了生产合格的产品和发挥模具的效能，设计、制造的模具必须具有较高的精度。模具的精度主要是由模具零件精度和模具结构的要求来决定的。为了保证制品精度，模具工作部分的精度通常要比制品精度高 2～4 级；模具结构对上、下模之间的配合有较高要求，因此组成模具的零件都必须有足够的制造精度。

2）使用寿命长。模具是比较昂贵的工艺装备，其使用寿命长短直接影响产品成本的高低，因此，除了小批量生产和新产品试制等特殊情况外，一般都要求模具有较长的使用寿命，在大批量生产的情况下，模具的使用寿命更加重要。

3）制造周期短。模具制造周期的长短主要取决于制模技术和生产管理水平的高低。为了满足生产需要，提高产品竞争能力，必须在保证质量的前提下尽量缩短模具制造周期。

4）模具成本低。模具成本与模具结构的复杂程度、模具材料、制造精度要求及加工方法等有关，必须根据制品要求合理设计模具和制订其加工工艺。

上述四项基本要求是相互关联、相互影响的，片面追求模具精度和使用寿命必然会导致制造成本的增加。当然，只顾降低成本和缩短制造周期而忽视模具精度和使用寿命的做法也是不可取的。在设计与制造模具时，应根据实际情况作全面考虑，即在保证制品质量的前提下，选择与制品生产量相适应的模具结构和制造方法，使模具成本降低到最低限度。

（2）模具制造的特点

1）单件生产。用模具成形制品时，每种模具一般只生产 1～2 副，所以模具制造属于单件生产。每制造一副模具，都必须从设计开始，制造周期比较长。

2）制造质量要求高。模具制造不仅要求加工精度高，而且还要求加工表面质量好。一般来说，模具工作部分制造公差应控制在 ±0.01mm 左右；工作部分的表面粗糙度 Ra 要求小于 0.8μm。

3）形状复杂。模具的工作部分一般都是二维或三维复杂曲面，而不是一般机械的简单几何体。

4）材料硬度高。模具实际上相当于一种机械加工工具，硬度要求高，一般用淬火工具钢或硬质合金等材料，采用传统的机械加工方法制造有时十分困难。

1.2 模具制造的工艺任务

模具的生产过程即是从接受客户产品图，或样品和相关的技术资料、技术要求并与客户签订模具制造合同起，至试模合格交付商品模具和进行售后服务的全过程的总称。

1.2.1 模具的工艺过程

模具制造的工艺过程是模具生产过程的重要组成部分，即是将模具设计图转变为具有一定使用功能和实用价值即能连续生产出合格制品的商品模具的全过程。模具制造的工艺过程如图 1-1 所示。首先根据制品零件图或实物进行工艺分析，然后进行模具设计、零件加工、装配调整、试模，直到生产出符合要求的制品。

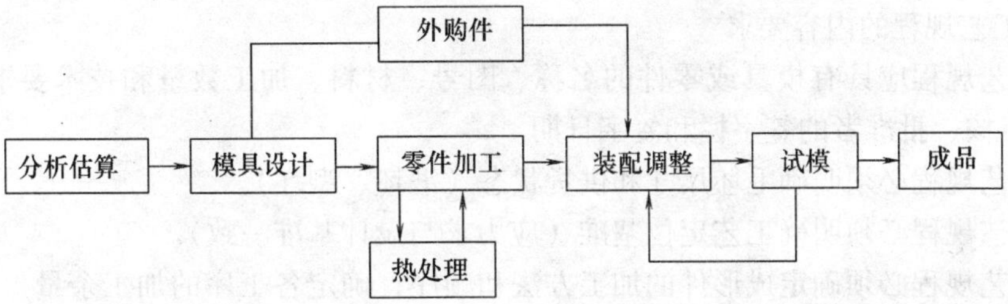

图 1-1 模具制造的工艺过程

1. 分析估算 在接受模具制造的委托时，首先根据制品零件图或实物分析研究采用什么样的成形方案、确定模具套数、模具结构及主要加工方法，然后估算模具费用及交货期等。

2. 模具设计 经过认真的工艺分析，然后进行模具设计。

1）装配图设计。模具设计方案及结构确定后，就可绘制装配图。

2）零件图设计。根据装配图拆绘零件图，使其满足装配关系和工作要求，并注明尺寸、公差、表面粗糙度等技术要求。

3. 零件加工 每个需要加工的零件都必须按照图样制订其加工工艺，然后分别进行毛坯准备、粗加工、半精加工、热处理及精加工或修研抛光。

4. 装配调整 装配就是将加工好的零件组合在一起构成一副完整的模具。除紧固定位用的螺钉和销钉外，一般零件在装配调整过程中仍需一定的人工修整或机械加工。

5. 试模 装配调整好的模具，需要安装到机器设备上进行试模。检查模具在运行过程中是否正常，所得到的制品是否符合要求。如有不符合要求的则必须拆下模具加以修正，然后再次试模，直到能够完全正常运行并能加工出合格的制品。

1.2.2 模具制造工艺规程

1. 工艺规程的性质和作用 模具零件加工工艺规程就是以规范的表格形式和必要的图文，将模具制造的工艺过程以及各工序的加工顺序、内容、方法和技术要求；所配置的设备和辅助工装；所需加工工时和加工余量等内容，按加工顺序，完整有序地编制的模具制造过程的指导性技术文件。因此，模具制造工艺规程的作用即是用以组织、指导、管理和控制模具制造的各个工序。模具制造工艺规程一经编制者、审核和批准者确认无误并签字之后即具有企业法规的性质，任何人未经填报“更改通知单”，说明更改原因并证明更改的必要性和正确性，未经审核和批准者确认更改并签字，均不得进行任何改动。

2. 制订工艺规程的要点　制订工艺规程的目的就是为了能有效地指导并控制各工序的加工质量，使之能有序地按要求实施，最终能以先进而又可靠的技术和最低的生产成本、最短的时间制造出质量符合用户要求的模具。制订工艺规程时必须做到：

1）技术上具有先进性，尽可能采用国内外的先进工艺技术和设备，取人之长补己之短。

2）选择成本最低，即能源、物资消耗最低，最易于加工的方案。

3）既要选择机械化、自动化程度高的加工方法以减轻工人的体力劳动，又要适应环保的绿色要求，为工人创造一个安全、良好的工作环境。

3. 工艺规程的内容和常用格式

（1）工艺规程的内容要求

1）工艺规程应具有模具或零件的名称、图号、材料、加工数量和技术要求等标题栏；有编制、审核、批准者的签字栏和签字日期。

2）工艺规程必须明确毛坯尺寸和供货状态（锻坯、型坯）。

3）工艺规程必须明确工艺定位基准（应力求与设计基准一致）。

4）工艺规程必须确定成形件的加工方法和顺序；确定各工序的加工余量、工序尺寸和公差要求以及工装、设备的配置。

5）工艺规程必须确定各工序的工时定额。

6）工艺规程必须确定装配基准（应力求与设计、工艺基准一致），装配顺序、方法和要求。

7）工艺规程必须确定试模要求和验收标准。

（2）工艺规程的常用格式：工艺规程包括加工工艺规程、装配工艺规程和检验规程三部分，但通常以加工工艺规程为主而将装配和检验规程的主要内容加入其中。而生产中常以工艺过程卡和工序卡来指导、规范生产。工艺过程卡的格式见表 1-1。

表 1-1　工艺过程卡

<table>
<tr><td colspan="2" rowspan="2">编制</td><td>签字</td><td>日　期</td><td colspan="2">模具名称</td><td colspan="2"></td><td colspan="2">代 用 材 料</td></tr>
<tr><td></td><td></td><td colspan="2">模具编号</td><td colspan="2"></td><td colspan="2"></td></tr>
<tr><td colspan="2" rowspan="2">校审</td><td rowspan="2"></td><td rowspan="2"></td><td colspan="2">加工件名称</td><td colspan="2"></td><td colspan="2">毛坯尺寸/(长/mm)×(宽/mm)×(高/mm)</td></tr>
<tr><td colspan="2">加工件图号</td><td colspan="2"></td><td colspan="2"></td></tr>
<tr><td colspan="2" rowspan="2">批准</td><td rowspan="2"></td><td rowspan="2"></td><td colspan="2">材料名称</td><td colspan="2"></td><td colspan="2">件数/个</td></tr>
<tr><td colspan="2">材料牌号</td><td colspan="2"></td><td colspan="2"></td></tr>
<tr><td>工序</td><td>工种</td><td>机床型号</td><td>加工说明和技术要求</td><td>工时定额</td><td>实际工时</td><td>制造者</td><td>工序检验员</td><td>检具</td><td>质量</td></tr>
<tr><td>1
2
3
4</td><td></td><td></td><td></td><td></td><td></td><td></td><td></td><td></td><td></td></tr>
<tr><td colspan="2">现场工艺执行</td><td></td><td>签字</td><td colspan="2">日期</td><td>质量情况</td><td></td><td>等级</td><td></td></tr>
</table>

1.2.3 模具制造工艺路线的确定

模具零件加工工艺路线的确定：①确定各加工面的加工方法。②进行加工阶段的划分。③确定各加工工序用集中加工还是分散加工。④进行加工工序的安排、加工设备的调配以及相应工装的准备。

1. 模具零件结构的工艺性分析　对零件结构的工艺性有以下要求：

1）有足够的刚度以保证装夹定位和加工中不变形。

2）有合理的退刀槽、过渡圆角等，以便于加工。

3）各部分结构便于装夹、定位、加工和检验。

4）加工面和加工面积相对较少，以节省工时。

2. 模具零件技术要求分析　模具零件的技术要求包括：

1）零件各加工面的尺寸精度要求。

2）零件各加工面的形状精度要求。

3）零件各加工面之间的位置精度要求。

4）零件各加工面的表面粗糙度要求。

5）零件的热处理要求。

6）零件表面质量的其他要求。

3. 成形件加工方法的确定原则　所确定的加工方法应以最短的时间、最低的成本加工出尺寸和形位精度以及表面质量均符合要求的成形件。为达此目的，必须对成形件的结构特点、加工工艺、材质等进行深入透彻的分析，才能根据各成形件的具体情况，恰当地确定其加工方法。比如粗加工，多采用高速、大切削量加工，以节约工时，加快进度；圆形件多选用高速车削；矩形件多采用高速铣削加工；小孔的粗加工多采用钻或配钻，精加工则用铰或配铰；大孔多采用铣镗或配镗。而热处理后的精加工多采用磨削加工，如平面精密磨，内圆、外圆磨、工具磨以及成形磨等加工方法。不规则的异型形面也可以采用电化学，超声波等特种加工。形状较简单而且不很深的多型腔加工可考虑用冷挤压成形或压印修磨加工；深腔、不规则的异型不通孔可采用电火花加工；有镜面要求的可选用混粉电火花加工技术成形；不规则的异型镶拼组合型腔，采用线切割加工与磨削加工组合的方法，也可用慢走丝加工技术成形；用数控铣床或加工中心成形后，再用特种加工方法抛光也可加快速度，保证质量。而0.3mm以下的深腔微型孔加工，可采用激光加工完成。

提高加工速度，保证加工质量，不仅要选择恰当的加工方法，还应选择恰当的材料。比如有镜面要求的成形件，可选用10Ni3MnCuAl（PMS）时效硬化钢，在预硬化后进行时效硬化（精加工前），硬度可达40～45HRC，易于加工，精车、铣都不成问题。还有一种马氏体时效钢06Ni6CrMoVTiAl也易于加工。精加工后在480～520℃温度进行时效处理，硬度可达50～57HRC，适于制造高精度中、小型成形件，可作镜面抛光。

4. 加工阶段的划分

（1）粗加工阶段：以高速大切削量切去成形件毛坯的大部分切削余量，使尺寸接近于成品，只留较少的余量作为半精加工或精加工的加工量。粗车的加工余量为1.6～2mm。

（2）半精加工：消除粗加工留下的余量，达到接近于精加工要求的精度，仅留少许加工余量作为精加工，以进一步提高加工精度。半精加工的加工余量是0.8～1.6mm。

（3）精加工：经过精加工，将半精加工留下的少许加工余量进行加工，以完全达到成形件尺寸精度，位置精度和表面粗糙度的要求。精车的加工余量为0.5～0.8mm。

（4）对于表面粗糙度 $Ra \leq 0.4\mu m$ 的成形件，应进行光整加工即镜面抛光。

5. 工序的集中与分散　工序集中即每一工序中能加工尽可能多的加工面，以减少总的加工工序，减少重复装夹所需的工、夹具和重复装夹、定位、多次装夹定位造成的定位积累误差，降低定位精度和加工精度。工序集中利于选用高效的设备如高速车床、铣床等，还可以节约装夹、校正定位的时间和工序间传送的时间，利于提高生产率。加工中心即是进行工序集中、高效自动化生产的典型实例。

工序分散即是将零件的各加工部位分别由多个工序来完成，使各工序的加工面单一而相对简单、易于加工，因而对工人的技术水平要求相对较低。自动生产线和传统的流水生产线、装配线是工序分散的典型实例。

6. 确定工序内容与加工顺序的原则　加工顺序合理确定，对保证加工件质量，提高工效，降低制造成本具有至关重要的作用。加工工序的确定应遵循下述原则：

（1）工序内容力求集中：即经一次安装能加工多个被加工面，或进行多个工步的加工，使工序内容增多，以提高工艺集成度。

（2）确定加工顺序的原则：见表1-2。

表1-2　确定加工顺序的原则

工序类别	确定加工顺序的原则	作　用
机械加工	先粗后精的加工	粗加工切除大部分余量，以逐步减少余量以进行半精加工和精加工，以保证加工精度和表面质量
	先加工基准面后加工其余面	可作为次要面的便于其后的被加工面的加工，用加工好的基准面定位
	先加工主要（的加工）面后加工次要面	主要面可作为次要面的基准面、定位面
	先加工划线表面（平面），后加工孔	加工好的平面，可作为稳定、可靠的加工孔的精基准面
热处理	退火、回火、调质与时效处理应在粗加工后进行	消除粗加工产生的内应力
	淬火或渗碳淬火应在半精加工后进行	提高耐磨性和机械强度的淬火和渗碳淬火中所引起的变形可在精加工中去除
	渗氮或碳氮共渗等工序也应在半精加工后进行	提高零件硬度和耐磨性的渗氮或碳氮共渗处理温度低、变形小，精加工时，可将变形去除；另外渗氮或共渗的深度浅，只能进行精加工
检验	在粗加工和半精加工以后，须进行检查测量	保证半精加工精加工余量，保证工序尺寸和公差
	重要工序加工前、后和零件热处理前的测量	保证半精加工精加工余量，保证工序尺寸和公差
	完成零件所有加工后的检查与测量	保证加工后尺寸与尺寸精度、形状位置精度，以及表面质量和技术要求，完全符合零件图的要求

1.2.4 模具零件的加工余量

1. 影响工序加工余量的因素　影响工序加工余量的因素，主要有以下几点：

1）加工余量的大小与上一相邻工序的公差大小成正比，即上一工序公差越大，则次一工序的加工余量就大，反之则小。

2）与上一工序的表面粗糙度 Rz（表面轮廓的最大高度）以及表面最大缺陷层的深度成正比，即 Rz 值越大，表面缺陷的深度越深，欲去除之，则加工余量就大，反之则小。

3）与本工序的定位误差和夹具误差成正比，即本工序定位和夹紧的误差越大，加工余量就大，反之则小。

4）与上工序留下的平面度、直线度之类的位置误差的大小成正比。

2. 确定加工余量的方法　确定加工余量的方法有以下三种：

1）查表法。各加工工序的加工余量分别列于各表之中，一查即知，方便快捷，这是主要方法，被广泛采用。表中数据为广大模具制造工作者多年生产实践经验的总结。

2）经验法。富有实际经验技术人员凭借自身的经验确定加工余量的常用方法。

3）计算法。采用较准确的测量方法，经测量得出准确数据并查清各项影响加工余量的因素后进行计算得出的结果。此法较麻烦，搞科研多用此法，而实际生产中用之较少。

3. 毛坯的加工余量

（1）铸造毛坯及其加工余量：铸造毛坯是用铸铁或铸钢铸造的毛坯，主要用于标准冲模模架的上、下模座。铸件的加工余量见表1-3。

表1-3　铸件的加工余量　（单位：mm）

铸件最大尺寸	单面加工余量		铸件最大尺寸	单面加工余量	
	铸铁毛坯	铸钢毛坯		铸铁毛坯	铸钢毛坯
≤315	3~5	5~7	>500~800	6~8	8~10
>315~500	4~6	6~8	>800~1250	7~9	9~12

（2）型材毛坯及其加工余量：型材毛坯是由型材坯件制造厂轧制成各种规格、尺寸系列的棒材、板材，供模具厂选购。型材毛坯的尺寸误差由制造厂在材料规格尺寸说明书中标明，供编制工艺规程，确定加工余量时参考使用。

（3）锻造毛坯及其加工余量：锻造毛坯是中、小型模具成形件毛坯的主要制造方法之一。锻造可改善成形件材料的金相组织结构和综合力学性能。由于在锻造时易产生夹层、裂纹、氧化皮和脱碳层等因素的影响，其加工余量也较大。圆形、矩形锻件的加工余量见表1-4和表1-5。

表1-4　圆形锻件加工余量　（单位：mm）

锻件直径	直径的加工余量
≤50	3~6
>50~80	4~7
>80~125	5~9
>125~200	6~10

表1-5　矩形锻件加工余量　（单位：mm）

锻件尺寸	单面加工余量
≤100	2~2.5
>100~250	3~5
>250~630	4~6

4. 孔的加工余量　孔的加工余量见表1-6。

表1-6　孔的加工余量　（单位：mm）

直径 d	钻孔后的余量 a				锪孔或车孔后的余量 a		粗铰后的余量 a（光铰）
	锪孔	车孔	光车	铰孔	铰孔	粗铰	
3～6	<0.6	—	—	—	0.08	0.10	0.04
					0.15	0.15	0.05
6～10	<0.07		0.5		0.10	0.10	0.06
					0.18	0.16	0.10
10～18	<0.8	0.8	0.8	—	0.10	0.10	0.06
					0.20	0.20	0.10
18～30	<0.2	1.2	1.0	—	0.15	0.15	0.06
					0.20	0.20	0.10

5. 铣削的加工余量　铣削的加工余量见表1-7。

表1-7　铣削的加工余量　（单位：mm）

加工性质	被加工工件表面的宽度 B	被加工工件表面的长度 L								底平面的加工余量（单边）
		≤100		>100～200		>200～300		>300～500		
		余量 a	公差	余量 a	公差	余量 a	公差	余量 a	公差	
一般型腔钳工加工余量（双面）	≤100	0.10	+0.06	0.10	+0.08	0.10	+0.10	0.15	+0.10	+0.04
	>100～200		+0.08	0.12	+0.10	0.12	+0.12		+0.12	+0.08
	>200～300		+0.10							
凸模电极成形磨削的加工余量（双面）	>5～20	0.5～0.6		0.6～0.75		—		—		—
	>20～100									
	>100～200	0.6～0.75		0.6～0.8						
电火花穿孔余量（双面）	一般情况	去除内形1.5～2余量，型槽宽度小于5时钻冲油密排孔，孔与孔搭边不大于2								—
非对称性斜面及半径的加工余量（单面）	斜面角度余量	±6′		±3′		—		—		+0.04
	非对称性斜面及半径加工余量	凹$_R$>5 凸$_R$>3 余量为0.15～0.25				凹$_R$ 凸$_R$ <200 余量为0.20～0.30				+0.08

注：1. 以上余量适用于表面粗糙度 $Ra>3.2\mu m$。

2. 工件表面粗糙度 $Ra=3.2\sim1.6\mu m$ 时，一般不放余量。

6. 内孔磨削的加工余量　内孔磨削的加工余量见表1-8。

表 1-8　内孔磨削加工余量　　　　（单位：mm）

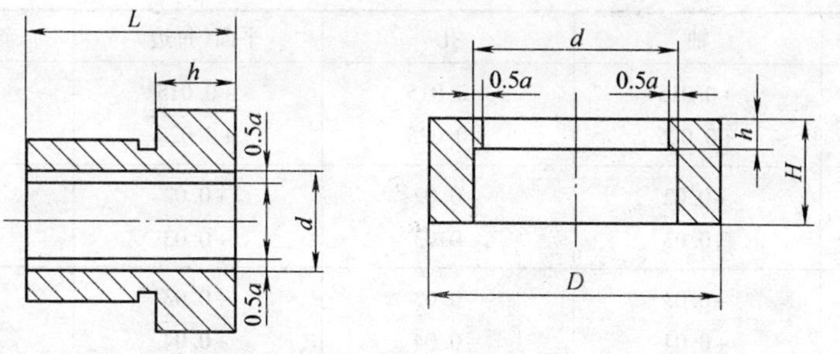

孔的直径 d	磨孔的长度在直径上的加工余量 a						磨削前余量公差为 IT5 级
	≤50		>50~100		>100~200		
	淬硬	不淬硬	淬硬	不淬硬	淬硬	不淬硬	
≤10	0.2	—	—	—	—	—	
>10~18	0.3	0.2	0.3	0.2	—	—	+0.1
>18~30	0.4	0.3	0.5	0.3	0.55	0.3	
>30~50	0.5	0.5	0.5		0.5	0.4	+0.1
>50~80		0.4	0.6	0.4	0.6	0.5	+0.12
>80~120	0.6		0.7		0.7		+0.16
>120~180	0.7	0.5	0.8	0.5	0.8	0.6	+0.14
>180~260	0.8				0.85		+0.18
>260~360	0.9	0.6	0.9	0.6	0.9	0.7	+0.22
>360~500							+0.25

注：1. 当加工在热处理时极易变形的薄壁轴套及其他零件时，应将表中的加工余量乘以 1.3。

2. 留磨余量表面粗糙度 Ra 值不低于 3.2μm。

7. 外圆磨削的加工余量　外圆磨削的加工余量见表 1-9。

表 1-9　外圆磨削的加工余量　　　　（单位：mm）

轴的直径 d	磨孔的长度在直径上的加工余量 a						磨削前余量公差为 IT5 级
	≤100		>100~250		>250~500		
	淬硬	不淬硬	淬硬	不淬硬	淬硬	不淬硬	
≤10	0.35	0.25	0.35	0.25	—	—	+0.1
>10~18				0.35			
>18~30		0.35	0.45		0.55	0.45	
>30~35	0.45		0.50		0.6	0.55	
>50~80			0.6	0.45			+0.12
>80~120	0.6	0.45			0.7	0.5	+0.14
>120~180		0.5	0.7	0.5	0.8	0.55	+0.16
>180~260	0.7		0.8	0.6	0.9		+0.18
>260~360	0.8	0.6				0.6	+0.22
>360~500	0.9	0.7	0.9	0.7		0.7	+0.25

注：1. 10mm 以下工件的长细比最大不超过 20。

2. 磨削前表面粗糙度 Ra 值不低于 3.2μm。

8. 内、外圆研磨的加工余量　内外圆研磨的加工余量见表 1-10。

表 1-10　内、外圆磨削的加工余量　（单位：mm）

工件尺寸	轴	孔	平面(每边)	斜面及不对称半径
≤50	+0.015 +0.025	-0.015 -0.025	+0.015 +0.025	不放
>50~80	+0.02 +0.03	-0.02 -0.03	+0.02 +0.03	不放
>80~100	+0.03 +0.04	-0.03 -0.04	+0.03 +0.04	不放

注：1. 选用以上研磨余量的工件，被研磨面在研磨前的表面粗糙度 *Ra* 值为 0.8μm。
2. 以上数值是在名义尺寸上另外增加的。

1.2.5　各种加工方法的加工精度和表面粗糙度

1. 一般加工方法所能达到的精度等级（公差等级 IT）

（1）铸造毛坯：IT14~IT15
（2）锻造毛坯：IT15~IT16
（3）钻削加工：IT11~IT14
（4）插削加工：IT10~IT12
（5）粗—车、刨、镗：IT10~IT12
（6）半精—车、刨、镗：IT8~IT10
（7）精—车、刨、镗：IT7~IT9
（8）粗铣：IT9~IT11
（9）精铣：IT8~IT10
（10）细铰：IT8~IT11
（11）精铰：IT6~IT8
（12）金刚石镗孔：IT5~IT7
（13）金刚石车削：IT5~IT7
（14）平面磨削：IT5~IT8
（15）圆磨：IT5~IT7
（16）粗磨：IT6~IT8
（17）细磨：IT4~IT6
（18）精磨：IT2~IT5
（19）粗珩磨：IT6~IT7
（20）精珩磨：IT4~IT6
（21）粗研磨：IT3~IT6
（22）细研磨：IT1~IT5
（23）精研磨：IT0~IT1

2. 平面加工方法与加工精度　平面加工方法与平均经济加工精度和平面加工方法及其能达到的相对位置精度见表 1-11。

表 1-11　平面加工方法与平均经济加工精度　（单位：mm）

表面长度	表面宽度											
	用圆柱铣刀粗铣或用切刀粗刨		用面铣刀或铣头粗铣		用圆柱铣刀粗铣或用切刀粗刨		用面铣刀或铣头精铣		磨削		细磨	
	至 100	100~300	至 100	100~300	至 100	100~300	至 100	100~300	至 100	100~300	至 100	100~300
至 100	0.2	—	0.15	—	0.10	—	0.08	—	0.03	—	0.025	—
100~300	0.3	0.35	0.20	0.25	0.15	0.18	0.12	0.15	0.05	0.07	0.025	0.035
300~600	0.4	0.45	0.30	0.35	0.18	0.20	0.15	0.18	0.07	0.08	0.035	0.040

（续）

表面长度	表面宽度											
	用圆柱铣刀粗铣或用切刀粗刨		用面铣刀或铣头粗铣		用圆柱铣刀粗铣或用切刀粗刨		用面铣刀或铣头精铣		磨削		细磨	
	至100	100~300	至100	100~300	至100	100~300	至100	100~300	至100	100~300	至100	100~300
600~1200	0.5	0.50	0.40	0.45	0.20	0.25	0.18	0.20	0.08	0.10	0.040	0.050

用成形铣刀铣出的表面平均经济加工精度

表面长度	铣刀宽度			
	粗加工		精加工	
	至120	120~180	至120	120~180
至100	0.25	—	0.10	—
100~300	0.35	0.45	0.15	0.20
300~600	0.15	0.50	0.20	0.25

用圆盘铣刀同时铣削平行平面的平均经济加工精度

键槽宽度	粗切	精切
6~10	0.10	0.03
10~18	0.15	0.04
18~30	0.20	0.05

平面加工方法与平均经济加工精度

机床类型	平行度误差	垂直度误差
铣床	300:0.06(0.04)	300:0.05(0.03)
平面磨床	1000:0.02(0.015)	—
高精度平面磨床	500:0.009(0.005)	100:0.01(0.005)

注：括号内的数字是新机床的精度。

3. 轴与孔的加工方法与加工精度　导柱（轴）的加工方法与平均经济加工精度见表1-12。

4. 成形件加工方法与加工精度　成形件的加工方法与加工精度见表1-13。

表 1-12　导柱（轴）的加工方法所能达到的加工精度　　（单位：mm）

直径	粗车轴长				精车轴长				粗磨轴长			
	至 100	100 ~ 300	300 ~ 600	600 ~ 1200	至 100	100 ~ 300	300 ~ 600	600 ~ 1200	至 100	100 ~ 300	300 ~ 600	600 ~ 1200
至 6	0.15	—	—	—	0.06		—	—	0.04	—	—	—
6 ~ 10		0.20	—	—	0.08		—	—	0.05	0.06		—
10 ~ 18	0.20		0.30	—		0.10	0.15	—			0.08	—
18 ~ 30				0.10	0.10				0.06	—		0.08
30 ~ 50	0.30								0.08			0.10
50 ~ 80					0.15		0.18					
80 ~ 120							—		0.10	0.10		
120 ~ 180	0.40											
180 ~ 260					0.20				0.12			
260 ~ 300												

直径	精磨轴长				细磨轴长				抛光及研磨轴长			
	至 100	100 ~ 300	300 ~ 600	600 ~ 1200	至 100	100 ~ 300	300 ~ 600	600 ~ 1200	至 100	100 ~ 300	300 ~ 600	600 ~ 1200
至 6	0.012	—	—	—	0.008	—	—	—	0.005	—	—	—
6 ~ 10	0.015	—	—	—	0.010	—	—	—	0.006	—	—	—
10 ~ 18	0.018	0.020	—	—	0.012	0.016	—	—	0.008	0.011	—	—
18 ~ 30	0.020	0.025	0.030	0.035	0.015	0.018	0.020	—	0.009	0.012	—	—
30 ~ 50	0.025	0.030	0.035	0.040	0.018	0.020	0.022	0.025	0.011	0.014	0.015	—
50 ~ 80	0.035	0.040	0.045		0.020	0.022	0.025	0.028	0.013	0.015	0.018	0.020
80 ~ 120					0.025		0.028	0.030	0.015	0.018	0.020	
120 ~ 180	0.040	0.045			0.030				0.020			
180 ~ 260	0.045											
260 ~ 300	0.050				0.035				0.025			

注：在普通机床上加工。

表 1-13　模具成形件成形加工方法和加工精度　　（单位：mm）

加工方法	可能达到的精度	经济加工精度	加工方法	可能达到的精度	经济加工精度
仿形铣削	0.02	0.1	电解成形加工	0.05	0.1 ~ 0.5
数控加工	0.01	0.02 ~ 0.03	电解磨削	0.02	0.03 ~ 0.05
仿形磨削	0.005	0.01	坐标磨削	0.002	0.005 ~ 0.01
电火花加工	0.005	0.02 ~ 0.03	线切割加工	0.005	0.01 ~ 0.02

另外，还可采用冷挤压成形法加工，其精度可达 0.05 ~ 0.03mm。

1.2.6　现代模具制造的设备配置与组合

1. 模具零件加工所需的设备配置

（1）标准件、通用件加工的设备配置：为满足标准件、通用件大批量、专业化生产的要求、不同零件的不同配置如下：

1）模板加工。模板加工应配以铣、镗为主的，能自动换刀的数控铣、镗精加工机床，用以加工模板的各板面和模板上的孔；还应配置精密平面磨床或精密立式磨床对模板各板面以及板上的孔（尤其是基准面）进行精加工，以保证各平面相互的平行度和垂直度；配以数控铣床或精密坐标镗床，用以保证模板上精密孔距的精度要求以及孔与板件结构尺寸相互位置的精度要求。

2）圆形零件加工的设备配置

①圆柱形零件，如导柱、推杆、拉杆、复位杆斜销等零件加工，应配置车床、精密仪表专用车床、数控车床进行粗加工和半精加工，再配以精密外圆磨床等进行精加工。

②圆筒形零件的加工设备配置，比如导套加工，除配置精密仪表车床、数控车床进行粗加工和半精加工之外，还须配置精密内圆磨床、内圆研磨机等设备。

③长径比特别悬殊的杆件加工，除配以圆柱形零件加工所需的机床外，还应配以专用夹具以保证其同轴度和平直度的精度要求。而长径比特别悬殊的推管加工则应配以枪钻、深孔钻和相应的专用深孔加工机床和夹具。用机械加工无法完成的0.8mm以下的小孔和小孔推管用激光加工。

（2）成形件加工的设备配置：非圆形凸模和型芯的加工常用线切割机，而非圆形的凹模型腔则多用电火花成形机加工成形。形状不规则的型面以及带有沟槽、凸起和曲面的复杂型面，应配置数控铣床或加工中心，组成CAD/CAM的成形加工系统。上述复杂型面的精加工和超精加工还须配置成形磨床、精密坐标磨床等设备。根据制品和模具成形件的不同结构，成形件还可以进行冷挤压成形加工或采用压印修磨成形。因此须配置相应规格和功能的压力机以及专用定位夹具。

2. 模具装配所需设备的配置与组合　按其装配工艺要求，首先是成形件与标准模架中的成形件固定板的装配定位、导向和平稳地装入。为保证其装配精度，装配时应有专用定位工具和定位基准，还应配置相适应的压力机。然后是结构件与模板的装配。模板之间的组装，都必须选择设计、制造中的基准面作为装配基准，经定位件定位（比如定位销钉等）和导向后装入并紧固。其后是装配时有配合要求的两零件中之一的研磨、修配。比如，斜滑块斜面与固定板斜面固定孔的涂红粉研配；楔紧件与侧抽芯滑块斜面的修配；要求成形通孔的型芯与模板的涂红粉研配；导柱与导套的研配等。接着是装配后有配合要求的两零件之间配磨、配铣。比如，数个支承钉装入顶板后，应一同磨平，以保证其高度的一致；再如型芯或成形型腔镶套装入固定板后，型芯或镶套带台阶的大端应与模板同磨，保证齐平，亦即型芯或镶套台阶的高度应比台阶孔的高度大0.05~0.1mm才行，而导柱和带台阶导套装入模板后，其大端台阶也应与模板一同磨平。

在上述装配过程中，如果是小模具，零件的传送、移动、翻转等，均可由模具装配钳工完成；如果是中等模具或大型模具，则须配置吊装装置或模具专用装配翻转机以减轻工人的劳动强度，提高装配效率而且更加方便和安全。

最后是试模，也应配置吊装装置或模具装卸机。

总之，模具制造既要高效率还应高质量。为达此目的，零件粗加工应配置高速高效的加工设备，而精加工则要配置高精度高效率的精加工或超精加工设备。同时还应配置相适应的专用刀具、夹具，必需的辅助工具和相应的量具进行优选组合。

复习思考题

1. 现阶段我国模具制造存在哪些问题？今后的发展方向是什么？
2. 如何确定模具零件的加工方法、加工顺序和加工余量？
3. 模具制造的特点和要求是什么？
4. 试述模具制造的工艺过程和模具制造的主要加工方法。

第2章　模具机械加工工艺规程的编制

2.1　概述

用机械加工方法按一定顺序逐步改变毛坯或原材料的形状、尺寸，使之成为合格零件的全部过程，称为机械加工工艺过程。一个零件可以用几种不同的工艺过程方案进行加工。虽然这些方案都可能得到合格的零件，但从生产效率和经济效益来看，可能其中只有一种是较合理可行的。所以，在制订零件的工艺过程时，必须深入生产实际，根据零件的具体要求和可能的加工条件，并尽量考虑先进工艺、先进技术，拟订较合理的工艺过程。

2.1.1　机械加工工艺过程的组成

机械加工工艺过程是由一个或若干个工序组成，而工序又分为安装、定位、工步和进给。

工序的划分基本依据是加工对象或加工地点是否变更，加工内容是否连续。工序的划分与生产批量、加工条件和零件结构特点有关。例如，如图2-1所示的有肩导柱，如果数量很少或单件生产时，其工序的划分见表2-1。

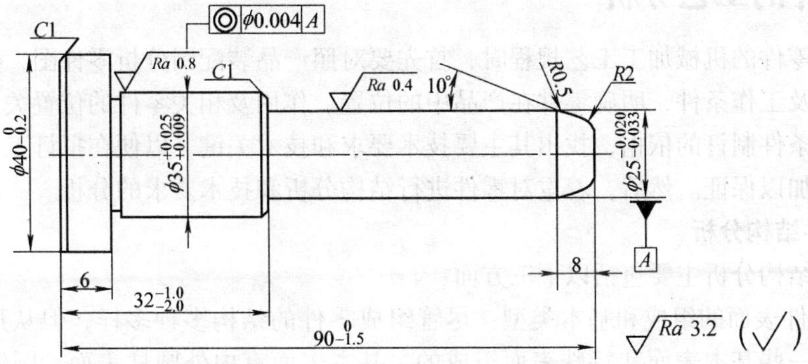

图2-1　有肩导柱零件图

表2-1　有肩导柱的加工工艺过程

序号	工序	工艺要求
1	锯	切割 ϕ40mm×94mm 棒料
2	车	车端面至长度92mm，钻中心孔，掉头车端面，长度至90mm，钻中心孔
3	车	车外圆 ϕ40mm×6mm 至尺寸要求；粗车外圆 ϕ25mm×58mm，ϕ35mm×26mm 留磨量，并倒角，切槽，10°角
4	热	热处理55～60HRC
5	车	研中心孔
6	磨	磨 ϕ35mm，ϕ25mm 至要求

而当批量生产时，各工序内容可划分得更细，见表 2-1 中工序 3 倒角和切槽都可在专用车床上进行，从而成为独立的工序。

2.1.2 工艺规程的原则

1. 机械加工工艺规程的作用　机械加工工艺规程是规定产品或零部件制造工艺过程和操作方法等的工艺文件。

2. 工艺规程制订的原则　工艺规程制订的原则是优质、高产和低成本，即在保证产品质量的前提下，争取最好的经济效益。在具体制订时，还应注意下列问题：

（1）技术上的先进性：在制订工艺规程时，要了解国内外本行业工艺技术的发展，通过必要的工艺试验，尽可能采用先进适用的工艺和工艺装备。

（2）经济上的合理性：在一定的生产条件下，可能会出现几种能够保证零件技术要求的工艺方案。此时，应通过成本核算或相互对比，选择经济上最合理的方案，使产品生产成本最低。

（3）良好的劳动条件及避免环境污染：在制订工艺规程时，要注意保证工人操作时有良好而安全的劳动条件。因此，在工艺方案上要尽量采取机械化或自动化措施，以减轻工人繁重的体力劳动。同时，要符合国家环境保护法的有关规定，避免环境污染。

产品质量、生产率和经济性这三个方面有时相互矛盾，因此，合理的工艺规程应该处理好这些矛盾，体现这三者的统一。

2.2 零件的工艺分析

在制订零件的机械加工工艺规程时，首先要对照产品装配图分析零件图，熟悉该产品的用途、性能及工作条件，明确零件在产品中的位置、作用及相关零件的位置关系；了解并研究各项技术条件制订的依据，找出其主要技术要求和技术关键，以便在拟订工艺规程时采用适当的措施加以保证。然后，着重对零件进行结构分析和技术要求的分析。

2.2.1 零件结构分析

零件的结构分析主要包括以下三方面：

（1）零件表面的组成和基本类型：尽管组成零件的结构多种多样，但从形体上加以分析，都是由一些基本表面和特殊表面组成的。基本表面有内外圆柱表面、圆锥表面和平面等；特殊表面主要有螺旋面、渐开线齿形表面、圆弧面（如球面）等。在零件结构分析时，根据机械零件不同表面的组合形成零件结构上的特点，就可选择与其相适应的加工方法和加工路线。例如，外圆表面通常由车削或磨削加工获得；内孔表面则通过钻、扩、铰、镗和磨削等加工方法获得。

（2）主要加工表面与次要加工表面区分：根据零件各加工表面要求的不同，可以将零件的加工表面划分为主要加工表面和次要加工表面，这样，就能在工艺路线拟订时，做到主次分开以保证主要加工表面的加工精度。

（3）零件的结构工艺性：零件的结构工艺性是指零件在满足使用要求的前提下，制造该零件的可行性和经济性。功能相同的零件，其结构工艺性可以有很大差异。所谓结构工艺性好，是指在现有工艺条件下，既能方便制造又有较低的制造成本。

2.2.2 零件的技术要求分析

零件图样上的技术要求，既要满足设计要求，又要便于加工，而且齐全和合理。其技术要求包括下列几个方面：

1）加工表面的尺寸精度、形状精度和表面质量。

2）各加工表面之间的相互位置精度。

3）工件的热处理和其他要求。

零件的尺寸精度、形状精度、位置精度和表面粗糙度的要求，对确定机械加工工艺方案和生产成本影响很大。因此，必须认真审查，以避免过高的要求使加工工艺复杂化和增加不必要的费用。

在认真分析了零件的技术要求后，结合零件的结构特点，对零件的加工工艺过程便有一个初步的轮廓。加工表面的尺寸精度、表面粗糙度和有无热处理要求，决定了该表面的最终加工方法，进而得出中间工序和粗加工工序所采用的加工方法。如轴类零件上IT7级精度、表面粗糙度 $Ra1.6\mu m$ 的轴颈表面，若不淬火，可用粗车、半精车、精车最终完成；若淬火，则最终加工方法选磨削。磨削前可采用粗车、半精车（或精车）等加工方法加工。表面间的相互位置精度，基本上决定了各表面的加工顺序。

2.3 毛坯的选择

毛坯的确定，不仅影响毛坯制造的经济性，而且影响机械加工的经济性。所以在确定毛坯时，既要考虑热加工方面的因素，也要兼顾冷加工方面的要求，以便从确定毛坯这一环节中，降低零件的制造成本。

2.3.1 毛坯的种类

机械制造中常用的毛坯有以下几种：

（1）铸件：形状复杂的零件毛坯，宜采用铸造方法制造。目前铸件大多用砂型铸造，少量质量要求较高的小型铸件可采用特种铸造，如压力铸造、离心制造和熔模铸造等。

（2）锻件：机械强度要求高的钢制件，一般要用锻件毛坯。锻件有自由锻造锻件和模锻件两种。

（3）型材：型材按截面形状可分为圆钢、方钢、六角钢、扁钢、角钢、槽钢及其他特殊截面的型材。型材有热轧和冷拉两类。热轧的型材精度低，但价格便宜，用于一般零件的毛坯；冷拉的型材尺寸较小、精度高，易于实现自动送料，但价格较高，多用于批量较大的生产，适用于自动机床加工。

2.3.2 毛坯种类选择的原则

（1）零件材料及其力学性能：零件的材料大致确定了毛坯的种类。例如，材料为铸铁和青铜的零件应选择铸件毛坯；钢质零件形状不复杂，力学性能要求不太高时可选型材；重要的钢质零件，为保证其力学性能，应选择锻件毛坯。

（2）零件的结构形状与外形尺寸：形状复杂的毛坯，一般用铸造方法制造。薄壁零件不宜用砂型铸造；中小型零件可考虑用先进的铸造方法；大型零件可用砂型铸造。一般用途的阶梯轴，如各阶梯轴的直径相差不大，可用圆棒料；如各阶梯轴的直径相差较大，为减少材料消耗和机械加工的劳动量，则宜选择锻件毛坯。尺寸大的零件一般选择自由锻造；中小型零件可选择模锻件；一些小型零件可做成整体毛坯。

（3）生产类型：大量生产的零件应选择精度和生产率都比较高的毛坯制造方法，如铸件采用金属模机器造型或精密铸造；锻件采用模锻；型材采用冷轧或冷拉；零件产量较小时应选择精度和生产率较低的毛坯制造方法。

（4）现有生产条件：确定毛坯的种类及制造方法，必须考虑具体的生产条件。如毛坯制造的工艺水平、设备状况以及对外协作的可能性等。

（5）充分考虑利用新工艺、新技术和新材料：随着机械制造技术的发展，毛坯制造方面的新工艺、新技术和新材料的应用也发展很快。如精铸、精锻、冷挤压、粉末冶金和工程塑料等在机械中的应用日益增加。

2.3.3 毛坯形状和尺寸的确定

毛坯形状和尺寸，基本上取决于零件形状和尺寸。在零件需要加工的表面上，加上一定的机械加工余量，即毛坯加工余量，就构成了毛坯形状。所以现代机械制造的发展趋势之一，便是通过毛坯精化，使毛坯的形状和尺寸尽量和零件一致，力求作到少、无切削加工。毛坯加工余量和公差的大小，与毛坯的制造方法有关，生产中可参考有关工艺手册或有关企业、行业标准来确定。

在确定了毛坯加工余量以后，毛坯的形状和尺寸，除了将毛坯加工余量附加在零件相应的加工表面上外，还要考虑毛坯制造、机械加工和热处理等多方面工艺因素的影响。下面仅从机械加工工艺的角度，分析确定毛坯的形状和尺寸时应考虑的问题。

（1）工艺凸台的设置：有些零件，由于结构的原因，加工时不易装夹稳定，为了装夹方便迅速，可在毛坯上制出凸台。凸台只在装夹工件时用，零件加工完成后，一般都要切掉，但如果不影响零件的使用性能和外观质量时，可以保留。

（2）整体毛坯的采用：在机械加工中，有时会遇到如中小型高精度凸模、凹模、导柱等类零件。为了保证这类零件的加工质量和加工时方便，常做成整体毛坯，加工到一定阶段后再切开。

（3）合件毛坯的采用：为了便于加工过程中的装夹，对于一些形状比较规则的小形零件，如复杂型腔、凹模等，应将多件合成一个毛坯，待加工到一定阶段后或者大多数表面加工完毕后，再加工成单件。

在确定毛坯种类、形状和尺寸后，还应绘制一张毛坯图，作为毛坯生产单位的产品图样。绘制毛坯图，是在零件图的基础上，在相应的加工表面上加上毛坯余量。

2.4 定位基准的选择

为了正确方便地加工出工件上的表面，在机械加工之前，必须将工件放在机床或夹具上，使工件上的一个或几个特征点、线、面相对于机床（或夹具）、刀具占有正确的相对位置，称为工件的定位。工件上用于确定其他点、线、面位置和尺寸所依据的特征点、线、面称为基准。工件在定位之后，为了使其在加工过程中，受到切削力、重力和惯性力等作用的影响而不至于偏离正确的位置，还需要把工件夹紧。工件从定位到夹紧的全过程称为安装。安装工件时，一般是先定位后夹紧。

2.4.1 工件的安装

具体的生产条件不同，工件的安装方式也不同，并直接影响加工精度及生产率。

1. 划线安装　将按图样划好线的工件放置在机床的工作台或通用夹具（四爪单动卡盘、花盘、平口钳等）上，用划线盘等工具按工件上所划的加工位置线或找正线，将工件找正后夹紧，称为划线安装。划线安装法通用性好，但生产率低，精度不高，适用于单件小批生产。

2. 夹具安装　使用自定位通用夹具（三爪自定心卡盘等）或专用夹具安装工件，称为夹具安装。用夹具安装时，工件不再需要划线找正，而是靠夹具上的定位元件定位，再用夹紧机构将其夹紧。因此，夹具安装生产率高，加工质量稳定可靠。但专用夹具设计制造费用大、周期长，故此法适用于有一定批量的生产。

2.4.2　工件定位的基本原理

任何一个不受约束的刚体在空间中都有多个自由度。在三维直角坐标系中这六个自由度为三个沿坐标轴移动的自由度（用 $\vec{X}$、$\vec{Y}$、$\vec{Z}$ 表示）和三个绕坐标轴转动的自由度（用 $\overleftrightarrow{X}$、$\overleftrightarrow{Y}$、$\overleftrightarrow{Z}$ 表示），如图 2-2 所示。因此，要使工件完全定位，就必须限制（或称约束）这六个自由度。

1. 六点定则　在机械加工中，一般用支承点与工件上用作定位的基准点、线、面相接触来限定工件的自由度。一个支承点只能限定一个方向上的自由度，因此，要使工件完全定位，就必须用六个支承点来限定工件的六个自由度，而且这六个支承点必须在三个相互垂直的坐标平面内按一定规则排列，这一定位原理称为工件定位的"六点定则"。如图 2-3 所示，*XOY* 平面中的三个支承点，限定工件 $\overleftrightarrow{X}$、$\overleftrightarrow{Y}$ 和 $\vec{Z}$ 三个自由度；*XOZ* 平面中的二个支承点限定工件 $\overleftrightarrow{Z}$ 和 $\vec{Y}$ 两个自由度；*YOZ* 平面内的一个支承点限定工件 $\vec{X}$ 一个自由度。

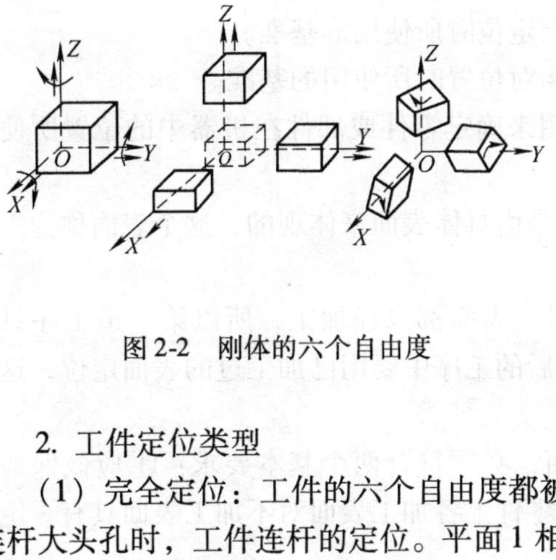

图 2-2　刚体的六个自由度

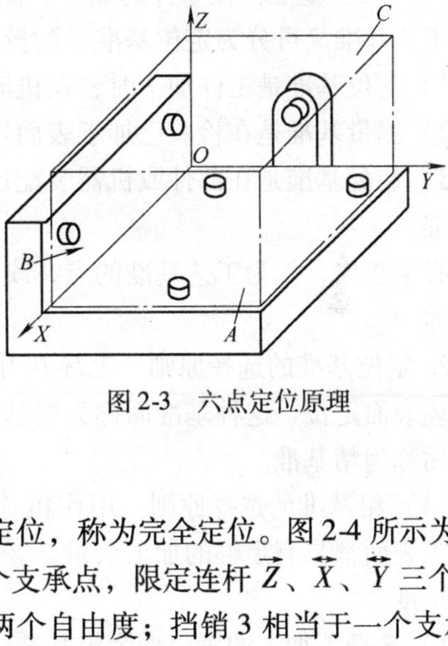

图 2-3　六点定位原理

2. 工件定位类型

（1）完全定位：工件的六个自由度都被限定的定位，称为完全定位。图 2-4 所示为加工连杆大头孔时，工件连杆的定位。平面 1 相当于三个支承点，限定连杆 $\vec{Z}$、$\overleftrightarrow{X}$、$\overleftrightarrow{Y}$ 三个自由度；短销 2 相当于二个支承点，限定连杆的 $\vec{X}$、$\vec{Y}$ 两个自由度；挡销 3 相当于一个支承点，限定连杆 $\overleftrightarrow{Z}$ 一个自由度。这就是完全定位。

（2）不完全定位：由于工件加工要求不同，有时没有必要将工件的六个自由度完全限定，这种定位称为不完全定位。如图 2-5 所示的磨削平板上平面，技术要求为保证尺寸 *A* 及上平面与下平面的平行度，影响尺寸 *A* 的自由度是 $\vec{Z}$；影响两平面平行度的自由度是 $\overleftrightarrow{X}$ 和 $\overleftrightarrow{Y}$。因此，只需将工件下平面紧密安放在磨床工作台的电磁吸盘上来限定这三个自由度即可。这就是不完全定位。

（3）过定位与欠定位：如果工件上某一自由度，同时被两个定位元件限定，称为过定位；如果工件上某一个自由度对加工精度有影响而未被定位元件限定，则称为欠定位。

欠定位是绝对不允许的，过定位也是应当避免的。有时为了增加工件刚度允许使用辅助支承。如车床上加工细长轴时，除用卡盘和顶尖外，还要采用中心架或跟刀架，这是为了防止在切削力作用下，工件产生较大弯曲变形。

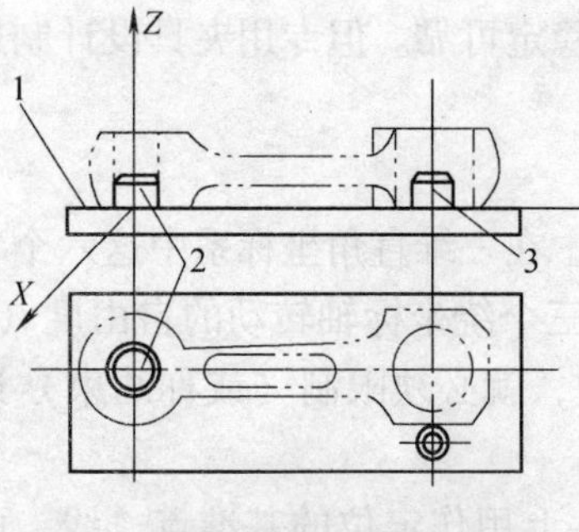

图 2-4　连杆的定位

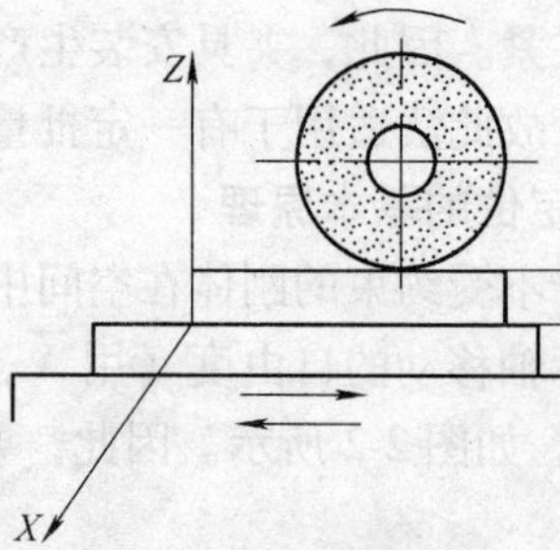

图 2-5　磨削平面时的定位

2.4.3　定位基准的选择

1. 基准的分类

(1) 设计基准：即设计零件结构尺寸时，在零件图上使用的基准。

(2) 工艺基准：在零件的加工、测量和机器的装配过程中所使用的基准，称为工艺基准。工艺基准又可分为定位基准、测量基准和装配基准。

1) 定位基准是工件加工时，在机床或夹具上定位时所使用的基准。

2) 测量基准是在检验已加工表面尺寸及其相对位置时所使用的基准。

3) 装配基准是在部件或机器装配过程中，用来确定零件或部件在机器中的位置所使用的基准。

必须指出，作为工艺基准的点、线、面，总是由具体表面来体现的，这个表面称为工艺基准面。

2. 定位基准的选择原则　毛坯在开始加工时，表面都未经加工，所以第一道工序只能以毛坯表面定位，这种基准面称为粗基准。在以后的工序中要用已加工过的表面定位，这种基准面称为精基准。

(1) 粗基准的选择原则：用作粗基准的表面，必须符合两个基本要求：①应该保证所有加工表面都具有足够的加工余量。②应该保证零件上各加工表面对不加工表面具有一定的位置精度。

1) 选择不加工的表面作为粗基准。以不加工的外圆面作粗基准，可以在一次装夹中把大部分需要加工的表面加工出来，并能保证外圆面与内孔同轴度以及端面与孔轴线垂直度，如图 2-6 所示。

2) 选择要求加工余量均匀的表面作为粗基准。这样可以保证在后续工序中加工该表面时，余量均匀。图 2-7 所示为机床床身加工的粗基准，由于床身的导轨面是重要表面，要求有较好的耐磨性，并且在铸造床身毛坯时，导轨面向下放置，金相组织均匀，没有气孔等铸造缺陷。所以在机械加工时，希望均匀地切去较少的余量，保留表面的均匀致密组织，以保证其耐磨性。为此，先选用导轨面作粗基准加工床腿的底平面，然后以床腿底平面定位加工导轨面，这样就能实现上述目的。

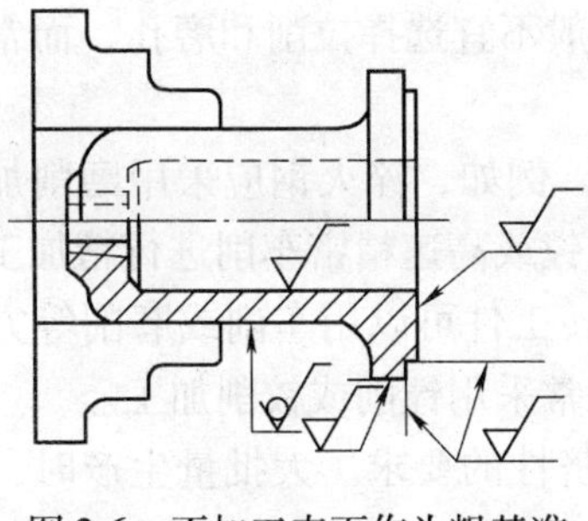

图 2-6　不加工表面作为粗基准

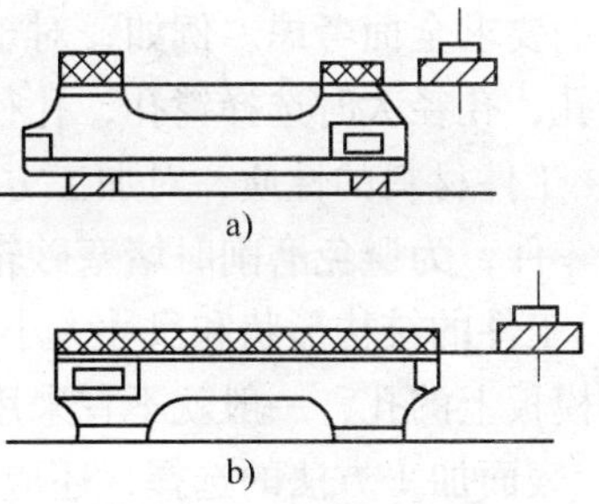

图 2-7　床身加工的粗基准

3）选择光洁、平整、面积足够大的表面作为粗基准，使定位准确、夹紧可靠。不能选用有飞边、浇口、冒口之类表面作粗基准，也应尽量避开有分型面的表面，否则易使工件报废。

4）粗基准应尽量避免重复使用。因为粗基准表面粗糙，在每次安装中位置不可能一致，因而很容易造成表面位置超差或报废。

（2）精基准的选择原则：在第一道工序加工完之后，就应尽量选用加工过的表面作为粗基准，以提高定位精度。

1）基准重合原则。即尽可能选用设计基准为定位基准，这样可以避免因定位基准与设计基准不重合而产生的定位误差。

2）基准统一原则。即尽可能使具有相互位置精度要求的多个表面采用同一定位基准，以利于保证各表面间的相互位置精度。例如，加工阶梯轴类零件时，均是采用两顶尖孔作为定位基准，以保证各段外圆表面的同轴度。

3）互为基准原则。当两表面间位置精度要求很高时，可能以两表面互为基准反复加工，这种方法称为互为基准。例如，车床主轴支承轴颈和锥孔的高同轴度要求就是采用互为基准的方法反复加工达到的。

4）尽可能选择精度较高、安装稳定可靠的表面作精基准，而且，所选的精基准应使夹具结构简单，安装和加工工件方便。

2.5　工艺路线的拟订

拟订工艺路线主要包括表面加工方法的选择、加工阶段的划分、加工顺序的安排和工序的集中分散这四个方面。

2.5.1　表面加工方法的选择

零件表面的加工方法，首先取决于待加工表面的技术要求。但应注意，这些技术要求不一定就是零件图样所规定的要求，有时还可能由于工艺上的原因而在某些方面高于零件图上的要求。

当明确了各加工表面的技术要求后，即可据此选择能保证该要求的最终加工方法，并确定需几个工步和各工步的加工方法。所选择的加工方法，应满足零件的质量、加工经济性和生产效率的要求。为此，选择加工方法时应考虑下列因素：

1）首先要保证加工表面的加工精度和表面粗糙度的要求。由于获得同一精度及表面粗糙度加工方法往往有若干种，实际选择时还要结合零件的结构形状、尺寸大小，以及材料和热处理的要求全面考虑。例如，对于 IT7 精度的孔，一般不宜选择拉削和磨孔，而常选择镗孔或铰孔，孔径大时选择镗孔，孔径小时选择铰孔。

2）工件材料的性质，对加工方法的选择也有影响。例如，淬火钢应采用磨削加工，有色金属零件，为避免磨削时堵塞砂轮，一般都采用高速镗或高速精密车削进行精加工。

3）工件的结构形状和尺寸大小的影响。例如，回转工件可以用车削或磨削等方法加工孔，而模板上的孔，一般就不宜采用车削或磨削，而通常采用镗削或铰削加工。

4）表面加工方法的选择，还应考虑生产效率和经济性的要求。大批量生产时，应尽量采用高效率的先进工艺方法，如内孔和平面可采用拉削加工取代普通的铣、刨和镗孔方法。

5）为了能够正确地选择加工方法，还要考虑本厂、本车间现有设备情况及技术条件。应该充分利用现有设备，挖掘企业潜力，发挥工人及技术人员的积极性和创造性。同时，也应考虑不断改进现有的方法和设备，推广新技术，提高工艺水平。

零件上要求较高的表面，是通过粗加工、半精加工和精加工逐步达到的。对这些表面应正确地确定从毛坯到最终成形的加工路线即工艺路线。表 2-2 ~ 表 2-4 为常见的外圆、内孔和平面的加工方案；表 2-5 ~ 表 2-7 为圆柱面和平面所能达到的形位精度，制订加工工艺时可作参考。

表 2-2　外圆表面加工方案

序号	加工方案	经济精度级	表面粗糙度 Ra/μm	适用范围
1	粗车	IT11 以下	50 ~ 12.5	适用于淬火钢以外的各种金属
2	粗车—半精车	IT10 ~ IT8	6.3 ~ 3.5	
3	粗车—半精车—精车	IT8	1.6 ~ 0.8	
4	粗车—半精车—精车—滚压（或抛光）	IT8	0.2 ~ 0.025	
5	粗车—半精车—磨削	IT8 ~ IT7	0.8 ~ 0.4	主要用于淬火钢，也可用于未淬钢，但不宜加工有色金属
6	粗车—半精车—粗磨—精磨	IT7 ~ IT6	0.4 ~ 0.1	
7	粗车—半精车—粗磨—精磨—超精加工	IT5	0.1	
8	粗车—半精车—精车—金刚石车	IT7 ~ IT6	0.4 ~ 0.025	主要用于有色金属
9	粗车—半精车—粗磨—精磨—研磨	IT6 ~ IT5	0.16 ~ 0.08	极高精度的外圆加工
10	粗车—半精车—粗磨—精磨—超精磨或镜面磨	IT5 以上	<0.025	

表 2-3　孔加工方案

序号	加工方案	经济精度级	表面粗糙度 Ra/μm	适用范围
1	钻	IT12 ~ IT11	12.5	加工未淬火钢及铸铁，也可用于加工有色金属
2	钻—铰	IT9	3.2 ~ 1.6	
3	钻—铰—精铰	IT8 ~ IT7	1.6 ~ 0.8	
4	钻—扩	IT11 ~ IT10	12.5 ~ 6.3	同上，孔径可大于 15 ~20mm
5	钻—扩—铰	IT9 ~ IT8	3.2 ~ 1.6	
6	钻—扩—粗铰—精铰	IT7	1.6 ~ 0.8	
7	钻—扩—机铰—手铰	IT7 ~ IT6	0.4 ~ 0.1	

（续）

序号	加工方案	经济精度级	表面粗糙度 Ra/μm	适用范围
8	钻—扩—拉	IT9 ~ IT7	1.6 ~ 0.1	大批大量生产（精度由拉刀的精度确定）
9	粗镗（或扩孔）	IT12 ~ IT11	12.5 ~ 6.3	除淬火钢以外的各种材料，毛坯有铸出孔或锻出孔
10	粗镗（粗扩）—半精镗（精扩）	IT9 ~ IT8	3.2 ~ 1.6	
11	粗镗（扩）—半精镗（精扩）—精镗（铰）	IT8 ~ IT7	1.6 ~ 0.8	
12	粗镗（扩）—半精镗（精扩）—精镗—浮动镗刀精镗	IT7 ~ IT6	0.8 ~ 0.4	
13	粗镗（扩）—半精镗—磨孔	IT8 ~ IT7	0.8 ~ 0.2	主要用于淬火钢，也可用于未淬火钢，但不宜用于有色金属
14	粗镗（扩）—半精镗—粗磨—精磨	IT7 ~ IT6	0.2 ~ 0.1	
15	粗镗（扩）—半精镗—精镗—金刚镗	IT7 ~ IT6	0.4 ~ 0.05	
16	钻—（扩）—粗铰—精铰—珩磨钻—（扩）—拉—珩磨；粗镗—半精镗—精镗—珩磨	IT7 ~ IT6	0.2 ~ 0.025	主要用于精度高的有色金属，用于精度要求很高的孔
17	以研磨代替上述方法中的珩磨	IT6 以上	0.2 ~ 0.025	

表 2-4　平面加工方案

序号	加工方案	经济精度级	表面粗糙度 Ra/μm	适用范围
1	粗车—半精车	IT9	6.3 ~ 3.2	主要用于端面加工
2	粗车—半精车—精车	IT8 ~ IT7	1.6 ~ 0.8	
3	粗车—半精车—磨削	IT9 ~ IT8	0.8 ~ 0.2	
4	粗刨（或粗铣）—精刨（或精铣）	IT10 ~ IT9	6.3 ~ 1.6	一般不淬硬平面
5	粗刨（或粗铣）—精刨（或精铣）—刮研	IT7 ~ IT6	0.8 ~ 0.1	精度要求较高的不淬硬平面，批量较大时宜采用宽刃精刨
6	以宽刃刨削代替上述方案中的刮研	IT7	0.8 ~ 0.2	
7	粗刨（或粗铣）—精刨（或精铣）—磨削	IT7	0.8 ~ 0.2	精度要求高的淬硬平面或未淬硬平面
8	粗刨（或粗铣）—精刨（或精铣）—粗磨—精磨	IT7 ~ IT6	0.4 ~ 0.2	
9	粗铣—拉削	IT9 ~ IT7	0.8 ~ 0.2	大量生产，较小的平面（精度由拉刀决定）
10	粗铣—精铣—磨削—研磨	IT6 以上	<0.1（R_Z 为 0.05μm）	高精度的平面

表 2-5　外圆和内孔的几何形状精度　（单位：mm）

机床类型			圆度误差	圆柱度误差
卧式车床	最大直径	≤400	0.02～0.01	100:0.015～0.01
		≤800	0.03～0.015	300:0.05～0.03
		≤1600	0.04～0.02	300:0.06～0.04
高精度车床			0.01～0.005	150:0.02～0.01
外圆车床	最大直径	≤200	0.006～0.004	500:0.011～0.007
		≤400	0.008～0.005	1000:0.02～0.01
		≤800	0.012～0.007	1000:0.025～0.015
无心磨床			0.01～0.005	100:0.008～0.005
珩磨机			0.01～0.005	300:0.02～0.01
卧式镗床	镗杆直径	≤100	外圆 0.05～0.03 内孔 0.04～0.02	200:0.04～0.02
		≤160	外圆 0.05～0.03 内孔 0.05～0.025	300:0.05～0.03
		≤200	外圆 0.06～0.04 内孔 0.05～0.03	400:0.06～0.04
内圆磨床	最大孔径	≤50	0.008～0.005	200:0.008～0.005
		≤200	0.015～0.008	200:0.015～0.008
		≤800	0.02～0.01	200:0.02～0.01
立式金刚镗			0.008～0.005	300:0.02～0.01

注：括号内的数字是新机床的精度标准。

表 2-6　平面的几何形状和相互位置精度　（单位：mm）

机床类型			平面度误差		平行度误差	垂直度误差	
						加工面对基面	加工面相互间
卧式铣床			300:0.06～0.04		300:0.06～0.04	150:0.04～0.02	300:0.05～0.03
立式铣床			300:0.06～0.04		300:0.06～0.04	150:0.04～0.02	300:0.05～0.03
插床	最大插削长度	≤200	300:0.05～0.025		—	300:0.05～0.025	300:0.05～0.025
		≤500	300:0.05～0.03		—	300:0.05～0.03	300:0.05～0.03
平面磨床	立卧轴矩台		—		1000:0.025(0.015)	—	—
	高精度平磨		—		500:0.009(0.005)	—	100:0.01～0.005
	卧轴圆台		—		1000:0.02(0.01)	—	—
	立轴圆台		—		1000:0.03(0.02)	—	—
牛头刨床	最大刨削长度		加工上面	加工侧面	—	—	—
	≤250		0.02～0.01	0.04～0.02	0.04～0.02	—	0.06～0.03
	≤500		0.04～0.02	0.06～0.03	0.06～0.03	—	0.08～0.05
	≤1000		0.06～0.03	0.07～0.04	0.07～0.04	—	0.12～0.07

注：括号内的数字是新机床的精度标准。

表 2-7　孔的相互位置精度

加 工 方 法	工件的定位	两孔中心线间或孔中心线到平面的距离误差/mm	在 100mm 长度上孔中心线垂直度误差/mm
立式钻床上钻孔	用钻模	0.1～0.2	0.1
	按划线	1.0～3.0	0.5～1.0
在车床上钻孔	按划线	1.0～2.0	—
	用带滑座的角尺	0.1～0.3	—
铣床上镗孔	回转工作台	—	0.02～0.05
	回转分度头	—	0.05～0.1
坐标镗床上钻孔	光学仪器	0.004～0.015	—
卧式镗床上钻孔	用镗模	0.05～0.08	0.04～0.2
	用块规	0.05～0.10	—
	回转工作台	0.06～0.30	—
	按划线	0.4～0.5	0.5～1.0

2.5.2　加工阶段的划分

零件表面的加工方法确定之后，就要安排加工的先后顺序，同时还要安排热处理、检验等其他工序在工艺过程中的位置。零件加工顺序安排得是否合适，对加工质量、生产率和经济性有较大的影响。

1. 工艺规程划分阶段的原则　机械零件加工时，往往不是依次加工完各个表面，而是将各表面的粗、精加工分开进行。为此，一般都将整个工艺过程划分为几个加工阶段，这就是在安排加工顺序时所遵循的工艺过程划分阶段的原则。

（1）粗加工阶段：主要任务是切除各加工表面上的大部分加工余量，并为半精加工提供定位基准。因此，此阶段中应采取措施尽可能提高生产率。

（2）半精加工阶段：该阶段的作用是为零件主要表面的精加工做好精度和余量准备，并完成一些次要表面如钻孔、攻螺纹等的加工，一般在热处理前进行。

（3）精加工阶段：精加工阶段是去除半精加工所留下的加工余量，使工件各主要表面达到图样要求的尺寸精度和表面粗糙度。

（4）光整加工阶段：对于精度和表面粗糙度要求很高，如 IT7 以上的精度，表面粗糙度 $Ra<0.4\mu m$ 零件可采用光整加工。但光整加工一般不用于纠正几何形状和相互位置误差。

2. 划分工艺过程分阶段的作用

（1）保证零件质量：粗加工时切除金属较多，产生较大的切削力和切削热，工件需要较大的夹紧力，而且精加工后内应力要重新分布。在这些力和热的作用下，工件会发生较大的变形。如果不分阶段地连续进行粗精加工，就无法避免上述原因所引起的加工误差。加工过程分阶段后，粗加工造成的加工误差，通过半精加工和精加工即可得到纠正。并逐步提高了零件的加工精度和降低表面粗糙度，达到零件加工质量的要求。

（2）合理使用设备：加工过程划分阶段后，粗加工可采用功率大、刚度好和精度低的高效率机床加工以提高生产效率。精加工则可采用高精度机床加工，以确保零件的精度要求。这样既充分发挥了设备的各自特点，同时缩短加工时间，降低了加工成本。

（3）便于安排热处理工序：对于一些精密零件，粗加工后安排去应力的时效处理，可减少内应力变形对精加工的影响；半精加工后安排淬火不仅容易满足零件的性能要求，而且淬火引起的变形也可通过精加工工序予以消除。

此外，粗、精加工分开后，毛坯的缺陷如气孔、砂眼和加工余量不足等，可在粗加工后及早发现，及时决定修补或报废，以免对应报废的零件继续精加工而浪费工时和其他制造费用。精加工表面应安排在后面，还可以保护其不受损伤。

在拟订工艺路线时，一般应遵循划分加工阶段这一原则，但具体运用时要灵活掌握，不能绝对化。例如，对于要求较低而刚度又较好的零件，可不必划分阶段；又如对于一些刚度好的重型零件，由于装夹吊运很费工时，往往不划分阶段，而在一次安装中完成表面的粗、精加工。

2.5.3 加工顺序的安排

一个机械零件上往往有几个表面需要加工，这些表面不仅本身有一定的精度要求，而且各表面间还有一定的位置要求。为了达到这些精度要求，各表面的加工顺序不能随意安排，而必须遵循一定的原则，这就是定位基准的选择和转换决定着加工顺序，以及前工序为后续工序准备好定位基准的原则。

1. 机械加工顺序的安排　机械加工顺序的安排，应考虑以下几个原则：

（1）先粗后精：当零件需要分阶段加工时，先安排各表面的粗加工，中间安排半精加工，最后安排主要表面的精加工和光整加工。由于次要表面精度要求不高，一般在粗、半精加工即可完成；对于与主要表面相对位置关系密切的表面，通常多置于主要表面加工之后加工。

（2）先主后次：零件上的装配基准面和主要工作表面等先安排加工，而键槽、紧固用的光孔和螺孔等由于加工面小，又和主要表面有相互位置的要求，一般都应安排在主要表面达到一定精度之后，如半精加工之后，但又应在最后精加工之前进行加工。

（3）基准先行：每一加工阶段总是先安排基准面加工工序。例如，轴类零件加工中采用中心孔作为统一基准。因此，每一加工阶段开始总是打中心孔，作为精基准，应使之具有足够的精度和表面粗糙度要求，并常常高于原来图样上的要求。如果精基准面不止一个，则应按照基准面转换的次序和逐步提高精度的原则安排。例如，精密轴套类零件，其外圆和内孔就要互为基准反复进行加工。

（4）先面后孔：如模具上的模座、凸凹模固定板、动模板、推板等一般模具零件，平面所占轮廓尺寸较大，用平面定位比较稳定可靠。因此，其工艺路程总是选择平面作为定位基准面，先加工平面，再加工孔。

2. 热处理工序的安排　常采用的热处理工艺有退火、正火、调质、时效、淬火、回火、渗碳和渗氮等。热处理工序安排主要取决于热处理的目的。

（1）预备热处理：是指改善工件的金相组织和切削加工性而进行的热处理，如退火、正火等。一般安排在切削加工之前进行。

（2）时效处理：对于结构复杂的大型铸件或精度要求很高的非铸件，为了消除在毛坯制造和切削加工过程中产生的残余应力对工件加工精度的影响，需要在粗加工之前和之后，各安排一次时效处理。对于一般铸件，只需在粗加工前或后进行一次时效处理；对于要求不高的其他零件，一般仅在毛坯制造后，进行一次时效处理。

(3) 强化热处理：是指提高零件表层硬度和强度或其他特殊要求而进行的热处理，如淬火、渗碳、渗氮等，一般安排在工艺过程后期进行。为了消除淬火后内应力，通常需要回火处理。为消除热处理变形的影响，一般在淬火之后需要进行磨削加工。

3. 辅助工序的安排　辅助工序包括工件的检验、去毛刺、清洗和涂防锈油等。

1) 检验工序。检验工序是主要的辅助工序，它对保证零件质量有极重要的作用。检验工序应安排在：①粗加工全部结束后，精加工之前。②零件从一个车间转向另一个车间前后。③重要工序加工前后。④零件加工完毕，进入装配和成品库时。

2) 其他辅助工序的安排。零件的表面处理，如电镀、发蓝、涂漆等，一般均安排在工艺过程的最后进行。但有些大型铸件的内腔不加工面，常在加工之前先涂防锈漆等。去毛刺、倒棱、去磁、清洗等，应适当穿插在工艺过程中进行。这些辅助工序不能忽视，否则会影响装配工作，妨碍模具的正常运行。

2.5.4　工序的集中与分散

同一个工件，同样的加工内容，可以安排两种不同形式的工艺规程：一种是工序集中；另一种是工序分散。所谓工序集中，是使每个工序中包括尽可能多的工步内容，因而使总的工序数目减少，夹具的数目和工件的安装次数也相应地减少；所谓工序分散，是指将工艺路线中的工步内容分散在更多的工序中去完成，因而每道工序的工步少，工艺路线长。

1. 工序集中的特点

1) 有利于采用高生产率的专用设备和工艺装备，可大大提高劳动生产率。

2) 减少了工序数目、缩短工艺路线，从而简化生产计划和生产组织工作。

3) 减少了设备数量，相应地减少了操作工人和生产面积。

4) 减少了工件安装次数，不仅缩短了辅助时间，而且一次安装加工较多的表面，也易于保证这些表面的相对位置精度。

5) 专用设备和工艺装备较复杂，生产准备工作和投资比较大，转换新产品比较困难。

2. 工序分散的特点

1) 设备与工艺装备比较简单，调整方便，生产工人便于掌握，容易适应产品的变换。

2) 可以采用最合理的切削用量，减少机动时间。

3) 设备数目较多，操作工人多，生产面积大。

工序的集中与分散各有特点。在拟订工艺路线时，工序集中与分散的程度，即工序数目的多少，主要取决于生产规模和零件的结构特点及技术要求。

划分工序时还应考虑零件的结构特点及技术要求。例如，对于重型模具的大型零件，为了减少工件装卸和运输的劳动量，工序应适当集中；对于刚度差且精度高的精密零件，工序则适当分散。

2.6　加工余量的确定

2.6.1　加工余量

零件在机械加工工艺过程中，各加工表面本身的尺寸及各个加工表面相互之间的距离尺寸和位置关系，在每一道工序中是不相同的，它们随着工艺过程的进行而不断改变，一直到工艺过程结束，达到图样上所规定的要求。在工艺过程中，某工序加工后应达到的尺寸称为工序尺寸。

工艺路线制订之后，在进一步安排各个工序的具体内容时，应正确地确定工序尺寸。工序尺寸的确定与工序的加工余量有着密切的关系。

加工余量是指加工过程中从加工表面切除的金属层厚度。加工余量可分为工序加工余量和总加工余量（毛坯余量）两种。

相邻两工序的工序尺寸之差称为工序余量。由于加工表面的形状不同，加工余量又可分为单边余量和双边余量两种。如平面加工，加工余量是单边余量，它等于实际切除的金属层厚度，如图 2-8 所示。

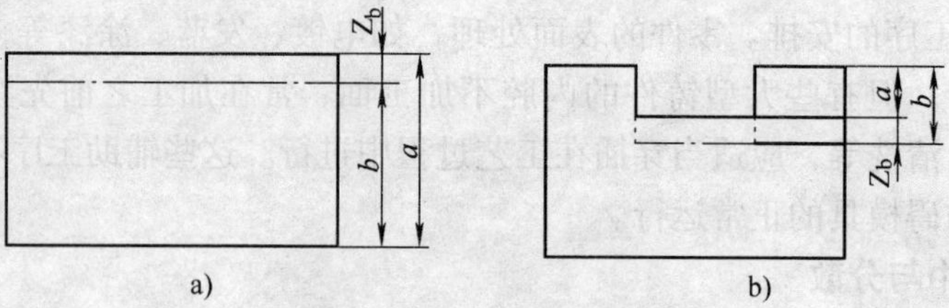

图 2-8　平面的加工余量

a）外表面加工余量　b）内表面加工余量

对于外表面，如图 2-8a 所示，有

$$Z_b = a - b$$

对于内表面，如图 2-8b 所示，有

$$Z_b = b - a$$

式中　Z_b——本工序的工序加工余量（mm）；

a——前工序的工序尺寸（mm）；

b——本工序（工步）的工序尺寸（mm）。

而对于轴和孔的回转面加工，加工余量为双边余量，实际切除的金属层厚度为工序余量的一半，如图 2-9 所示。

对于轴类，如图 2-9a 所示，有

$$2Z_b = d_a - d_b$$

对于孔类，如图 2-9b 所示，有

$$2Z_b = d_b - d_a$$

式中　Z_b——本工序的工序加工余量（mm）；

d_a——前工序的工序尺寸（mm）；

d_b——本工序（工步）的工序尺寸（mm）。

毛坯尺寸与零件图设计尺寸之差称为总加工余量（毛坯余量），其值等于各工序的加工余量的总和，即

$$Z_T = \sum_{i=1}^{n} Z_i$$

式中　Z_T——总加工余量（mm）；

Z_i——第 i 道工序的基本加工余量；

n——工序的个数。

由于工序尺寸都有公差，所以加工余量也必然在某一公差范围内变化。其公差大小等于本道工序尺寸与上道工序尺寸公差之和。因此，如图 2-10 所示，工序余量有标称余量（简称余量 Z_b）、最大余量和最小余量之分。

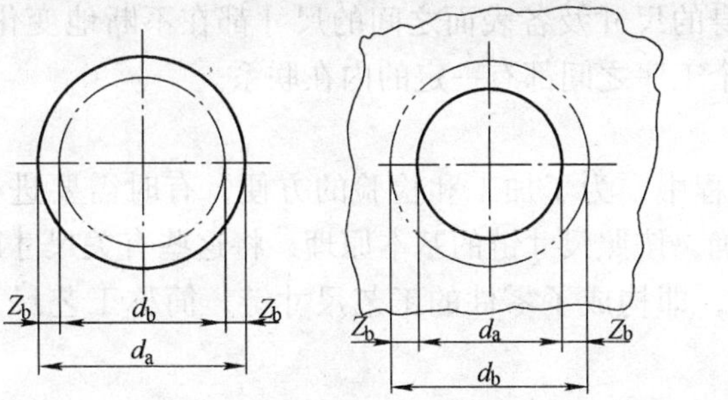

a)　　b)

图 2-9　旋转表面的加工余量

a）轴类加工余量　b）孔类加工余量

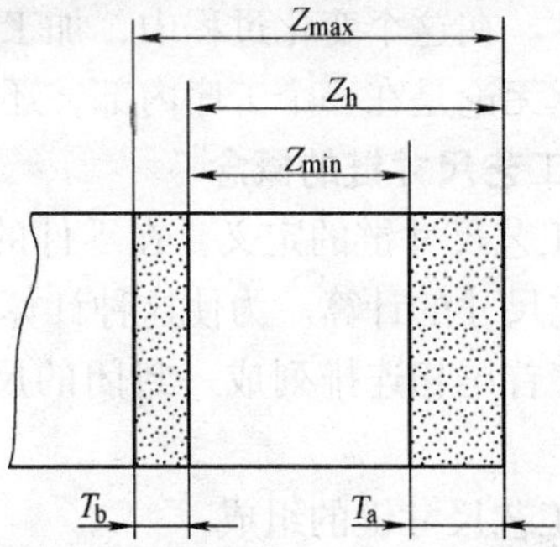

图 2-10　被包容件的加工余量和公差

从图 2-10 中可知，被包容件的余量 Z_b 包含上道工序的尺寸公差，余量公差可表示为

$$T_Z = Z_{max} - Z_{min} = T_b + T_a$$

式中　T_Z——工序余量公差（mm）；

Z_{max}——工序最大余量（mm）；

Z_{min}——工序最小余量（mm）；

T_b——加工面在本道工序的工序尺寸公差（mm）；

T_a——加工面在上道工序的工序尺寸公差（mm）。

一般情况下，工序尺寸的公差按“入体原则”标准，即被包容尺寸（轴的外径，实体的长、宽、高）的最大加工尺寸就是基本尺寸，上偏差为零，而包容尺寸（孔径、槽宽）的最小加工尺寸就是基本尺寸，下偏差为零。毛坯的尺寸公差按双向对称偏差形式标注。

2.6.2　加工余量的确定方法

加工余量的大小，对零件的加工质量和生产率及经济性均有较大的影响。余量过大将增加金属材料、动力、刀具和劳动量的消耗，并使切削力增大而引起工件的变形加大；反之，余量过小则不能保证零件的加工质量。确定加工余量的基本原则是在保证加工质量的前提下尽量减少加工余量。

1. 分析计算法　此法是依据一定的试验资料和计算公式，对影响加工余量的各项因素进行分析和综合计算来确定加工余量的方法。这种方法确定的加工余量比较合理，但需要积累比较全面的资料。

2. 经验估计法　此法是根据工艺人员的经验确定加工余量的方法，但这种方法不够准确。为了防止加工余量不够而产生废品，所估计的加工余量一般偏大。此法常用于单件小批生产。

3. 查表修正法　此法是查阅有关加工余量的手册来确定，应用比较广泛。在查表时应注意表中数据是公称值。对称表面（如轴或孔）的加工余量是双边的；非对称表面的加工余量是单边的。

2.7 工序尺寸及其公差的确定

机械加工过程中，工件的尺寸在不断地变化，由毛坯尺寸到工序尺寸，最后达到设计要求的尺寸。在这个变化过程中，加工表面本身的尺寸及各表面之间的尺寸都在不断地变化，这种变化无论是在一个工序内部，还是在各个工序之间都有一定的内在联系。

2.7.1 工艺尺寸链的概念

1. 工艺尺寸链的定义　在零件的加工过程中，为了加工和检验的方便，有时需要进行一些工艺尺寸的计算。为使这种计算迅速准确，按照尺寸链的基本原理，将这些有关尺寸以一定顺序首尾相连排列成一封闭的尺寸系统，即构成了零件的工艺尺寸链，简称工艺尺寸链。

2. 工艺尺寸链的组成

1）环。组成工艺尺寸链的各个尺寸都称为工艺尺寸链的环。

2）封闭环。工艺尺寸链中间接得到的环称为封闭环，用 A_Σ 表示。

3）组成环。除封闭环以外的其他环都称为组成环，用 A_i 表示。组成环分增环和减环两种。

4）增环。当其余各组成环保持不变，某一组成环增大，封闭环也随之增大，该环即为增环。一般在该环尺寸的代表符号上，加一个向右的箭头表示。

5）减环。当其余各组成环保持不变，某一组成环增大，封闭环反而减小，该环即为减环。一般在该尺寸的代表符号上，加一个向左的箭头表示。

3. 建立工艺尺寸链的步骤

1）确定封闭环。即加工后间接得到的尺寸。

2）查找组成环。从封闭环一端开始，按照尺寸之间的联系，首尾相连，依次画出对封闭环有影响的尺寸，直到封闭环的另一端，形成一个封闭图形，就构成一个工艺尺寸链。查找组成环必须掌握的基本特点为，组成环是加工过程中“直接获得”的，而且对封闭环有影响。

3）按照各组成环对封闭环的影响，确定其为增环或减环。确定增环或减环可先给封闭环任意规定一个方向，然后沿此方向，绕工艺尺寸链依次给各组成环画出箭头，凡是与封闭环箭头方向相同的就是减环，相反的就是增环。

2.7.2 工艺尺寸链的计算

尺寸链的计算方法有两种：极值法与概率法。极值法是从最坏情况出发来考虑问题的，即当所有增环都为最大极限尺寸而减环恰好都为最小极限尺寸，或所有增环都为最小极限尺寸而减环恰好都为最大极限尺寸，来计算封闭环的极限尺寸和公差。概率法解尺寸链，主要用于装配尺寸链。

1. 基准重合时工序尺寸及公差的确定　当零件定位基准与设计基准（工序基准）重合时，零件工序尺寸及其公差的确定方法是，先根据零件的具体要求确定其加工工艺路线，再通过查表确定各道工序的加工余量及其公差，然后计算出各工序尺寸及公差。计算顺序是，先确定各工序余量的基本尺寸，再由后往前逐个工序推算，即由工件上的设计尺寸开始，由最后一道工序向前工序推算直到毛坯尺寸。

例 1　加工外圆柱面，设计尺寸为 $\phi40^{+0.050}_{+0.034}$ mm，表面粗糙度 $Ra<0.4\mu m$。加工的工艺

路线为粗车→半精车→磨外圆。用查表法确定毛坯尺寸、各工序尺寸及其公差。

从有关资料查取各工序的基本余量及各工序的工序尺寸公差见表2-8。公差带方向按入体原则确定。最后一道工序的加工精度应达到外圆柱面的设计要求，其工序尺寸为设计尺寸。其余各工序的工序基本尺寸为相邻后续工序的基本尺寸，加上该后续工序的基本余量。计算结果见表2-8。

表2-8　加工 $\phi40^{+0.050}_{+0.034}$ 外圆柱面的工序尺寸计算　（单位：mm）

工　序	工序余量	工序尺寸公差	工序尺寸
磨外圆	0.6	0.016	$\phi40^{+0.050}_{+0.034}$
半精车	1.4	0.062	$\phi40.6^{\ 0}_{-0.062}$
粗车	3	0.25	$\phi42^{\ 0}_{-0.25}$
毛坯	5	—	$\phi45$

2. 定位基准与设计基准不重合时工序尺寸计算　在零件加工过程中有时为方便定位或加工，选用不是设计基准的几何要素作定位基准。在这种定位基准与设计基准不重合的情况下，需要通过尺寸换算，改注有关工序尺寸及公差，并按换算后的工序尺寸及公差加工，以保证零件的原设计要求。

例2　一零件需要用铣削加工 P 平面，其安装方法如图2-11所示，设计要求保证尺寸 A，已知尺寸 C 已经在前工序加工完成，测量得到尺寸 C 变动范围为 $30^{+0.07}_{+0.02}$ mm，尺寸 B 精度为 $15^{+0.09}_{\ 0}$ mm，求尺寸 A 的尺寸及公差。

首先绘制尺寸链图，如图2-12所示。

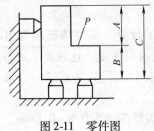

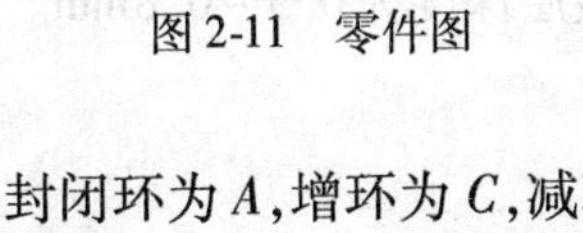

图2-11　零件图

图2-12　工艺尺寸链简图

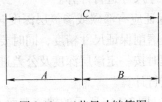

其中封闭环为 A，增环为 C，减环为 B

计算基本尺寸 A：$A = C - B = (30 - 15)\text{mm} = 15\text{mm}$

计算上偏差 ES_A：$ES_A = ES_C - EI_B = 0.07\text{mm} - 0 = 0.07\text{mm}$

计算下偏差 EI_A：$EI_A = EI_C - ES_B = (0.02 - 0.09)\text{mm} = -0.07\text{mm}$

故 A 的尺寸及公差：15 ± 0.07mm。

3. 测量基准与设计基准不重合时工序尺寸及其公差的计算　在加工中，有时会遇到某些加工表面的设计尺寸不便测量，甚至无法测量的情况，为此需要在工件上另选一个容易测量的测量基准，通过对该测量尺寸的控制来间接保证原设计尺寸的精度。这就产生了测量基准与设计基准不重合时，测量尺寸及公差的计算问题。

例 3 加工如图 2-13a 所示轴套零件。

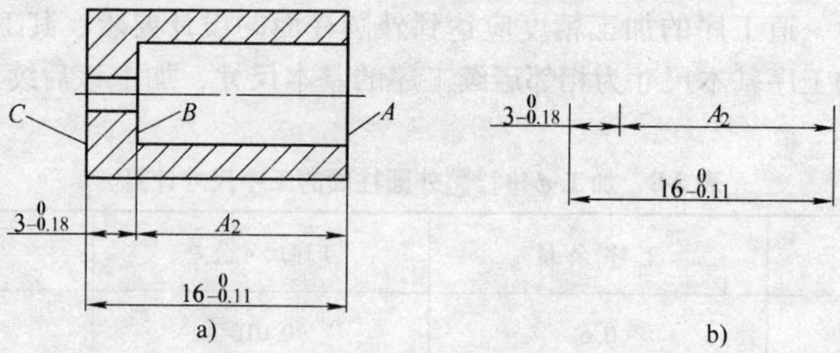

图 2-13 测量基准与设计基准不重合时测量尺寸与公差计算

a）轴套零件 b）尺寸链

加工内孔端面 B 时，设计尺寸 $3_{-0.18}^{\ 0}$ 不便测量，因此在加工时以 A 面为测量基准，控制尺寸 A_2 和 $16_{-0.11}^{\ 0}$。此时，测量基准与设计基准不重合。

绘制出工艺尺寸链图（见图 2-13b）。其中 $3_{-0.18}^{\ 0}$ 是封闭环，$16_{-0.11}^{\ 0}$ 是增环，A_2 是减环。由相应的公式得

$3 = 16 - A_2$

$0 = 0 - EI_{A2}$

$-0.18 = -0.11 - ES_{A2}$

由此可得 A_2 的尺寸及公差为：$13_{\ 0}^{+0.07}$

4. 中间工序的工序尺寸及其公差的求解计算　在工件加工过程中，有时一个基面的加工会同时影响两个设计尺寸的数值，这时，需要直接保证其中公差要求较严的一个设计尺寸，而另一设计尺寸需由该工序前面的某一中间工序的合理工序尺寸间接保证。为此，需要对中间工序尺寸进行计算。

5. 保证应有渗碳或渗氮层深度时工艺尺寸及其公差的计算　零件渗碳或渗氮后，表面一般要经磨削保证尺寸精度，同时要求磨后保留有规定的渗层深度。这就要求进行渗碳或渗氮热处理时按一定渗层深度及公差进行（用控制热处理时间保证），并对这一合理渗层深度及公差进行计算。

例 4 图 2-14a 所示的轴，表面 A 要求渗碳处理，渗碳层深度为 0.5～0.8mm。与此有关的加工工艺过程如下：

（1）精车 A 面，保证 $\phi 38.4_{-0.1}^{\ 0}$；

（2）表面渗碳处理，控制渗碳层深度 H_1；

（3）精磨 A 面，保证尺寸 $\phi 38_{-0.016}^{\ 0}$，同时保证规定的渗碳层深度。试确定 H_1 的数值。

设尺寸 $\phi 38.4_{-0.1}^{\ 0}$ 和 $\phi 38_{-0.016}^{\ 0}$ 对应的半径分别为 R_1 和 R_2，则 R_1 和 R_2 的尺寸分别为 $\phi 19.2_{-0.05}^{\ 0}$ 和 $\phi 19_{-0.008}^{\ 0}$，最终渗碳层深度为 H_0，其尺寸为 $0.5_{\ 0}^{+0.3}$。绘制尺寸链图（见图 2-14b）。显然，H_0 是间接保证尺寸，为封闭环。H_1、R_2 为增环，R_1 为减环。

由相应公式得

$H_0 = H_1 + R_2 - R_1$；

$0.3 = 0 + ES_{H1} - (-0.05)$；

$0 = -0.008 + EI_{H1} - 0$。

求解得，$H_0 = 0.7$，$ES_{H1} = 0.25$，$EI_{H1} = 0.008$。

故渗碳层的深度为 $0.7^{+0.25}_{+0.008}$。

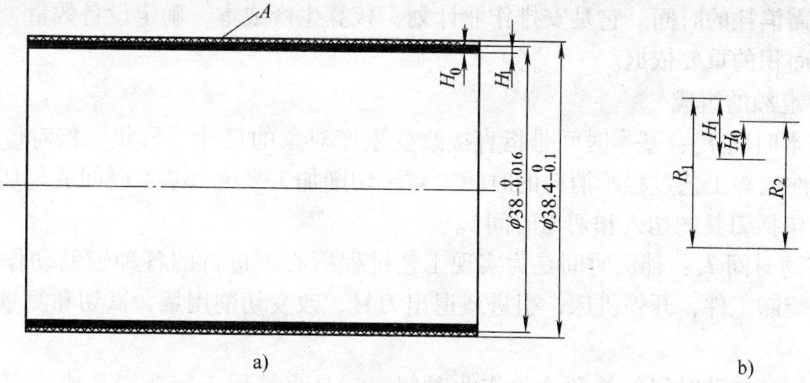

图 2-14　有渗碳层厚度要求时工序尺寸及其公差计算

a）轴套零件　b）尺寸链

2.8　机床与工艺装备的选择

在制订工艺路线过程中，对机床与工艺设备的选择也是很重要的，它对保证零件的加工质量和提高生产率有着直接作用。

1. 机床的选择　选择机床时，机床的加工范围应与零件的外形尺寸相适应；机床精度应与工序要求的加工精度相适应；机床的生产率与加工零件的生产类型相适应。单件小批生产选择通用机床；大批大量生产选择高生产率的专用机床。机床选择还应结合现场的实际情况。例如，机床的类型、规格及精度状况，机床负荷的平衡状况，以及机床的分布排列情况等。

2. 夹具选择　单件小批生产，应尽量选用通用夹具，如各种卡盘、台虎钳和回转台等。为提高生产率，应积极推广使用组合夹具。大批大量生产，应采用高生产率的气、液传动的专用夹具。夹具的精度应与加工精度相适应。

3. 刀具选择　刀具的选择主要取决于工序所采用的加工方法、加工表面的尺寸、工件材料、所要求的精度和表面粗糙度、生产率及经济性等。在选择时一般应尽可能采用标准刀具，必要时也可采用各种高生产率的复合刀具及其他一些专用刀具。刀具的类型、规格及精度等级应符合加工要求。

4. 量具选择　量具的选择主要是根据生产类型和要求检验的精度来确定。在单件小批生产中，应采用通用量具量仪，如游标卡尺与百分表等；大批大量生产中，应采用各种量规和一些高生产率的专用检具。量具的精度必须与加工精度相适应。

2.9　切削用量与时间定额的确定

2.9.1　切削用量的选择

正确选择切削用量对保证加工质量、提高生产率等方面有重要意义。如在大批量生产中，特别是在流水线或自动线上必须合理地确定每一工序的切削用量。但在单件小批量生产的情况下，由于工件、毛坯状况、刀具、机床等因素变化较大，在工艺文件上一般不规定切削用量，而由操作者根据实际情况自行决定。

2.9.2 时间定额的确定

1. 时间定额的概念 所谓时间定额是指在一定生产条件下，规定生产一件产品或完成一道工序所需消耗的时间。它是安排作业计划，核算生产成本，确定设备数量，人员编制以及规划生产面积的重要依据。

2. 时间定额的组成

（1）基本时间 T_m：基本时间是指直接改变生产对象的尺寸、形状、相对位置以及表面状态或材料性质等工艺过程所消耗的时间。对于切削加工来说，基本时间就是切除金属所消耗的时间（包括刀具的切入和切出时间）。

（2）辅助时间 T_a：辅助时间是为实现工艺过程所必须进行的各种辅助动作所消耗的时间。它包括装卸工件，开停机床，引进或退出刀具，改变切削用量，试切和测量工件等所消耗的时间。

基本时间和辅助时间的总和称为作业时间。它是直接用于制造产品或零部件所消耗时间。

辅助时间的确定方法随生产类型而异。大批大量生产时，为使辅助时间规定得合理，需将辅助动作分解，再分别确定各分解动作的时间，最后予以综合；中批生产则可根据以往统计资料来确定；单件小批生产常用基本时间的百分比进行估算。

（3）布置工作地时间 T_s：布置工作地时间是为了使加工正常进行，工人照管工作地如更换刀具，润滑机床，清理切屑，收拾工具等所消耗的时间。它不是直接消耗在每个工件上的，而是消耗在一个工作班内的时间，再折算到每个工件上的，一般按作业时间的2% ~ 7%估算。

（4）休息与生理需要时间 T_r：休息与生理需要时间是工人在工作班内恢复体力和满足生理上的需要所消耗的时间，是按一个工作班为计算单位，再折算到每个工件上的。对机床操作工人一般按作业时间的2%估算。

以上四部分时间的总和称为单件时间 T_t，即

$$T_t = T_m + T_a + T_s + T_r$$

（5）准备与终结时间 T_e：准备与终结时间是指工人为了生产一批产品或零部件，进行准备和结束工作所消耗的时间。在单件或成批生产中，每当开始加工一批工件时，工人需要熟悉工艺文件，领取毛坯、材料、工艺装备、安装刀具和夹具，调整机床和其他工艺装备等所消耗的时间以及加工一批工件结束后，需拆下和归还工艺装备，送交成品等所消耗的时间。它既不是直接消耗在每个工件上的，也不是消耗在一个工作班内的时间，而是消耗在一批工件上的时间，因而分摊到每个工件的时间为 T_e/n，其中 n 为批量。故单件和成批生产的单件工时定额的计算公式 T 应为

$$T = T_t + T_e/n$$

大批大量生产时，由于 n 的数值很大，$T_e/n \approx 0$，故不考虑准备终结时间，即

$$T = T_t$$

复习思考题

1. 什么是工艺过程？什么是工艺规程？

2. 试简述工艺规程的设计原则、设计内容及设计步骤。

3. 拟订工艺路线需完成哪些工作？

4. 试简述粗、精基准的选择原则，为什么粗基准通常只允许用一次。

5. 为什么机械加工过程一般都要划分为几个阶段进行？

6. 试简述按工序集中原则、工序分散原则组织工艺过程的工艺特征，各用于什么场合。

7. 试分析图 2-15 所示的各定位元件所限制的自由度数。

8. 加工图 2-16a 所示的零件有关端面，要求保证轴向尺寸 $50_{-0.1}^{\ 0}$ mm，$25_{-0.3}^{\ 0}$ mm 和 $5_{\ 0}^{+0.4}$ mm。图 2-16b、c 是加工上述有关端面的工序草图，试求工序尺寸 A_1、A_2、A_3 及其极限偏差。

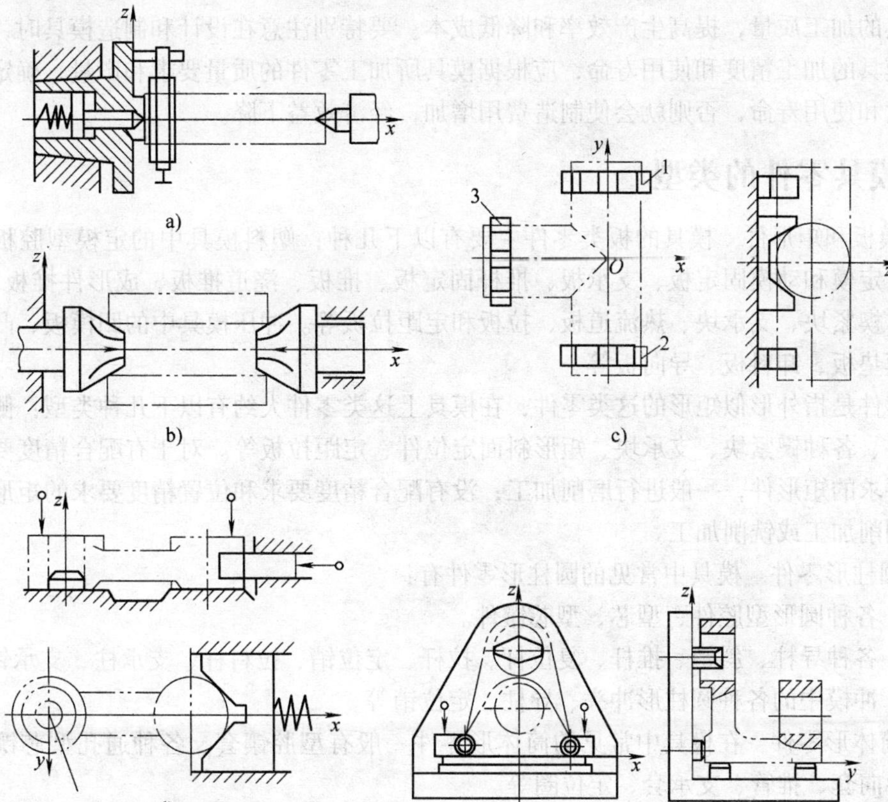

图 2-15

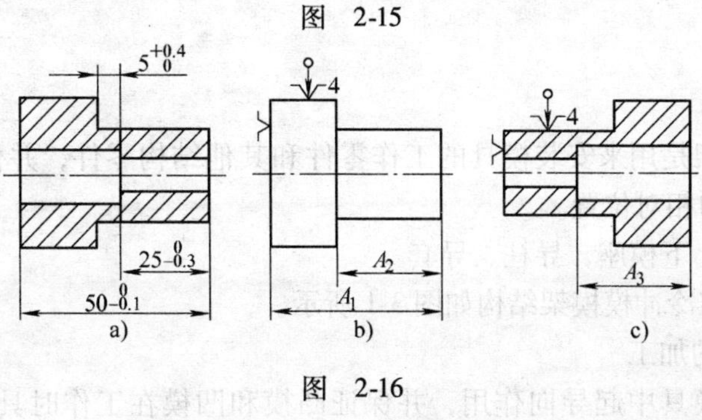

图 2-16

第3章　模具零件的机械加工

用机械加工方法制造模具，在工艺上要充分考虑模具零件的材料、结构形状、尺寸、精度和使用寿命等方面的不同要求，采用合理的加工方法和工艺路线，尽可能通过加工设备来保证模具的加工质量，提高生产效率和降低成本。要特别注意在设计和制造模具时，不能盲目追求模具的加工精度和使用寿命，应根据模具所加工零件的质量要求和产量，确定合理的模具精度和使用寿命，否则就会使制造费用增加，经济效益下降。

3.1　模具零件的类型

1. 模板和矩形件　模具的板类零件主要有以下几种：塑料模具中的定模型腔板、动模型腔板、定模和动模固定板、支承板、推杆固定板、推板、浇道推板、成形件推板、滑块、导滑块、楔紧块、支承块、热流道板、拉板和定距拉板等。冲压模具中的凹模板、凸模固定板、凸模垫板、卸料板、导向板等。

矩形件是指外形似矩形的这类零件，在模具上这类零件大约有以下几种类型：侧向分型抽芯滑块、各种锲紧块、支承块、矩形斜面定位件、定距拉板等。对于有配合精度要求和位置精度要求的矩形件，一般进行磨削加工；没有配合精度要求和位置精度要求的矩形件，一般采用刨削加工或铣削加工。

2. 圆柱形零件　模具中常见的圆柱形零件有：

（1）各种圆形型腔件、型芯、型芯镶件。

（2）各种导柱、斜销、推杆、复位杆、拉杆、定位销、拉料杆、支承柱、支承钉、轴。

（3）冲模中的各种圆柱形冲头、导柱、定位销等。

3. 筒体形零件　在模具中常见的筒体形零件一般有型腔镶套、各种通孔型芯镶件、浇口套、导向套、推管、支承套、定位圈等。

3.2　模架的加工

3.2.1　冷冲模模架

1. 作用和组成

（1）作用：模架是用来安装模具的工作零件和其他结构零件，并保证模具的工作部分在工作时具有正确的相对位置。

（2）组成：上、下模座，导柱、导套

滑动导向的标准冷冲模模架结构如图3-1所示。

2. 导柱和导套的加工

（1）作用：在模具中起导向作用，并保证凸模和凹模在工作时具有正确的相对位置；保证模架的活动部分运动平稳、无阻滞现象。

冷冲模标准导柱和导套如图3-2所示。

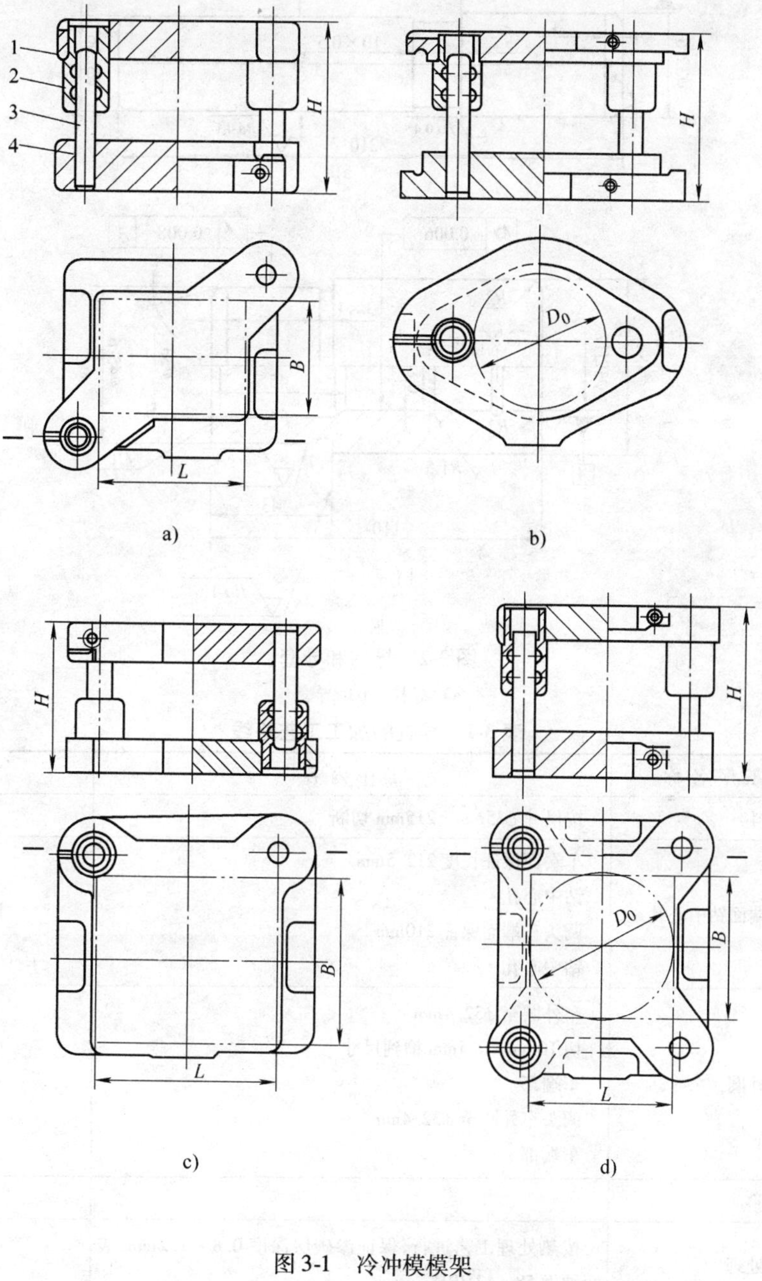

图 3-1 冷冲模模架

a）对角导柱模架 b）中间导柱模架 c）后侧导柱模架 d）四导柱模架

1—上模座 2—导套 3—导套 4—下模座

（2）基本构成：回转体表面。

（3）材料：热轧圆钢。

（4）加工工艺路线。

1）导柱的加工。其工艺路线见表 3-1。

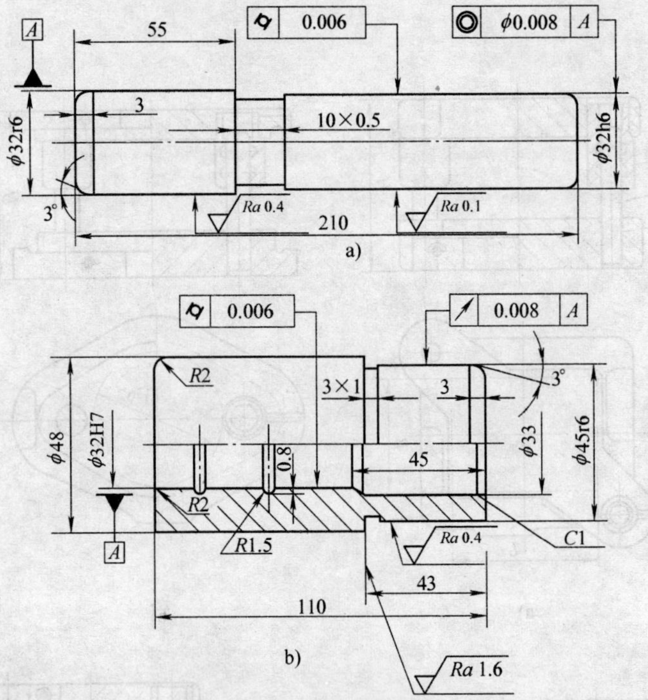

图 3-2　导柱和导套

a）导柱　b）导套

表 3-1　导柱的加工工艺路线

工序号	工序名称	工序内容	设　　备
1	下料	按尺寸 ϕ35mm×215mm 切断	锯床
2	车端面钻中心孔	车端面保证长度 212.5mm 钻中心孔 调头车端面保证 210mm 钻中心孔	卧式车床
3	车外圆	车外圆至 ϕ32.4mm 切 10mm×0.5mm 槽到尺寸 车端部 调头车外圆至 ϕ32.4mm 车端部	卧式车床
4	检验	—	—
5	热处理	按热处理工艺进行，保证渗碳层深度 0.8～1.2mm，表面硬度 58～62HRC	—
6	研中心孔	研中心孔，调头研另一端中心孔	卧式车床
7	磨外圆	磨 ϕ32h6 外圆留研磨量 0.01mm 调头磨 ϕ32r4 外圆到尺寸	外圆磨床
8	研磨	研磨外圆 ϕ32h6 达要求抛光圆角	卧式车床
9	检验	—	—

对于导柱加工，外圆柱面的车削和磨削以两端的中心孔定位，使设计基准与工艺基准重合。若中心孔有较大的同轴度误差，将使中心孔和顶尖不能良好接触，影响加工精度，如图3-3所示。所以修正中心孔是很重要的。修正中心孔可采用磨、研磨和挤压方法进行。

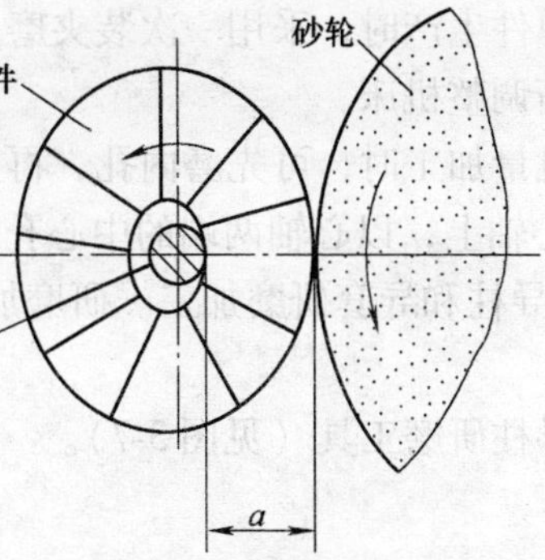

图3-3　中心孔的圆度误差使工件产生圆度误差

①车床用磨削方法修正中心孔如图3-4所示。

②挤压中心孔的硬质合金多棱顶尖如图3-5所示。

2）导套的加工。其工艺路线见表3-2。

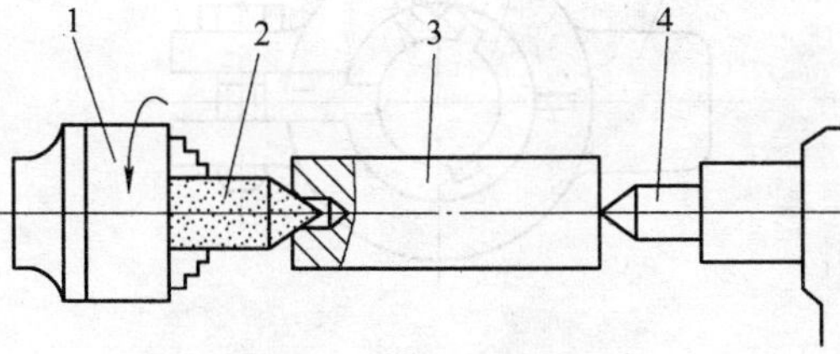

图3-4　磨中心孔

1—三爪自定心卡盘　2—砂轮　3—工件　4—尾顶尖

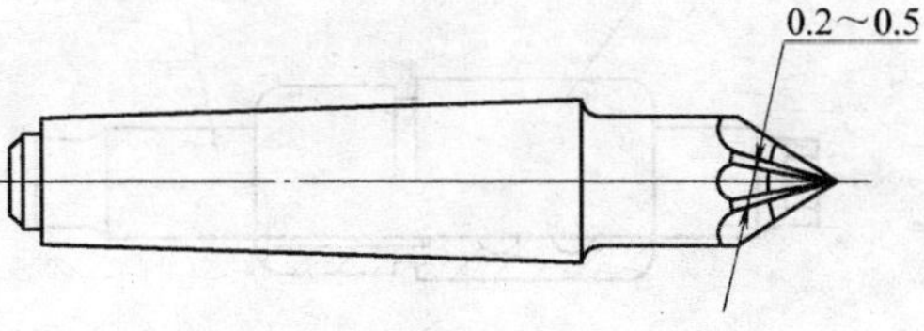

图3-5　多棱顶尖

表3-2　导套的加工工艺路线

工序号	工序名称	工序内容	设　备
1	下料	按尺寸 ϕ52mm×115mm 切断	锯床
2	车外圆及内孔	车端面保证长度113mm 钻 ϕ32mm 孔至 ϕ30mm 车 ϕ45mm 外圆至 ϕ45.4mm 倒角 车3×1退刀槽至尺寸 镗 ϕ32mm 孔至 ϕ31.6mm 镗油槽 镗 ϕ32mm 孔至尺寸 倒角	卧式车床
3	车外圆倒角	车 ϕ48mm 的外圆至尺寸 车端面保证长度110mm 倒内外圆角	卧式车床
4	检验	—	—
5	热处理	按热处理工艺进行，保证渗碳层深度0.8～1.2mm，硬度58～62HRC	—
6	磨内外圆	磨45mm外圆达图样要求，磨32mm内孔，留研磨量0.01mm	万能外圆磨床
7	研磨内孔	研磨 ϕ32mm 孔达图样要求，研磨圆弧	卧式车床
8	检验	—	—

导套加工时正确选择定位基准，以保证内外圆柱面的同轴度要求。

①单件生产时，采用一次装夹磨出内外圆，可避免由于多次装夹带来的误差。但每磨一件需重新调整机床。

②批量加工时，可先磨内孔，再把导套装在专门设计的锥度（1/1000～1/5000，60HRC以上）心轴上，以心轴两端的中心孔定位，磨削外圆柱面，如图3-6所示。

3）导柱和导套研磨加工。研磨加工的目的在于进一步提高被加工表面的质量，以达图样要求。

①导柱研磨工具（见图3-7）。

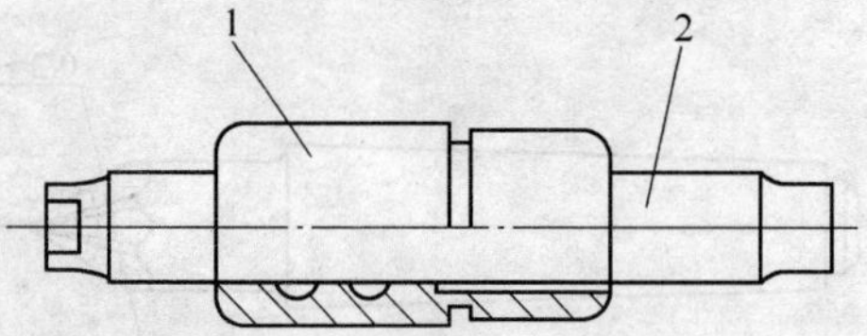

图3-6　用小锥度心轴安装导套

1—导套　2—心轴

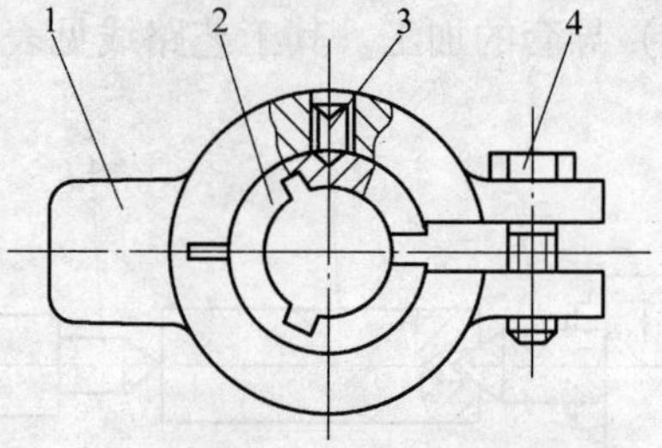

图3-7　导柱研磨工具

1—研磨架　2—研磨套　3—紧定螺钉　4—调整螺钉

②导套研磨工具（见图3-8）。

③磨削和研磨导套时常见的“喇叭口”缺陷如图3-9所示。

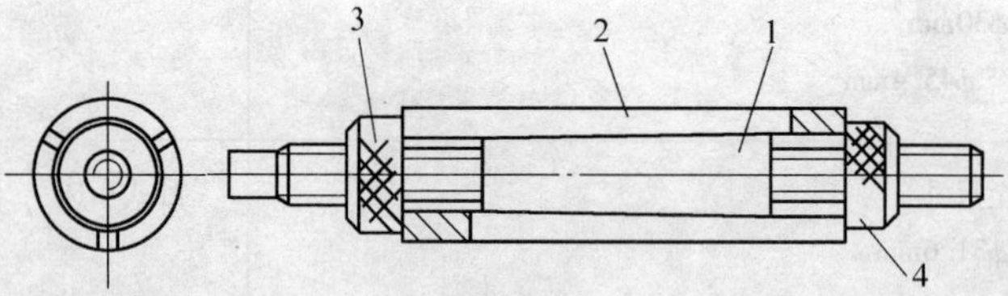

图3-8　导套研磨工具

1—锥度心轴　2—研磨套　3、4—调整螺母

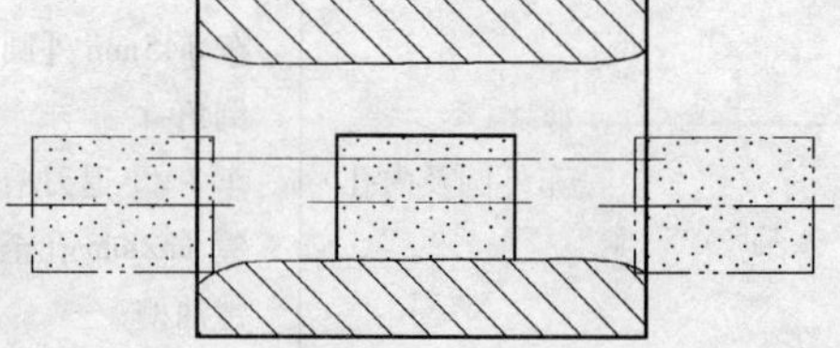

图3-9　磨孔时“喇叭口”缺陷

3. 模座的加工　标准铸铁模座，如图3-10所示。

（1）作用：保证模架的装配要求，使模架工作时上模座沿导柱上、下运动平稳，无滞阻现象，保证模具能正常工作。

（2）公差：模座上、下平面的平行度公差，见表3-3。

（3）加工艺路线：上、下模座的加工工艺路线，见表3-4、表3-5。

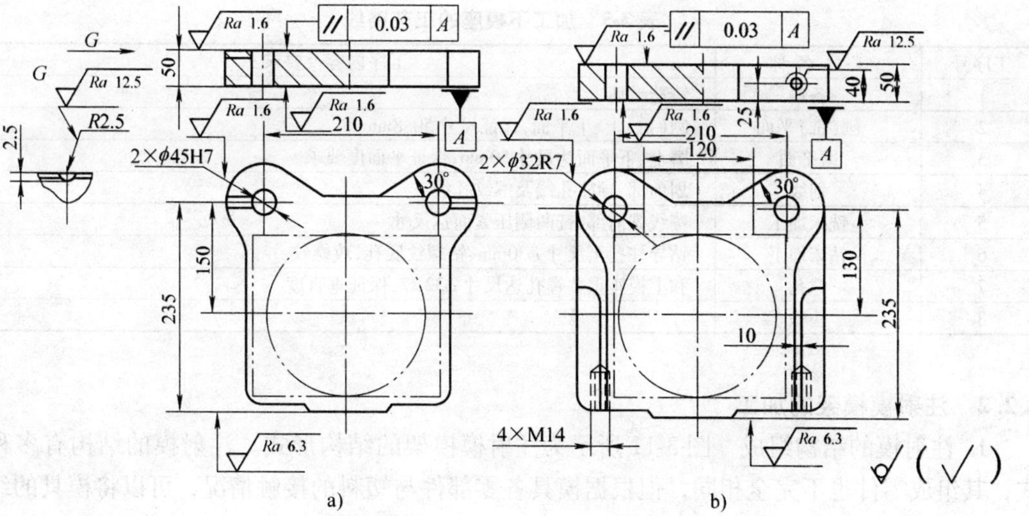

图 3-10　冷冲模座

a）上模座　b）下模座

表 3-3　模座上、下平面的平行度公差

（单位：mm）

基本尺寸	公差等级		基本尺寸	公差等级	
	IT4	IT5		IT4	IT5
	公差值			公差值	
40～63	0.008	0.012	250～400	0.020	0.030
63～100	0.010	0.015	400～630	0.025	0.040
100～160	0.012	0.020	630～1000	0.030	0.050
160～250	0.015	0.025	1000～1600	0.040	0.060

表 3-4　加工上模座的工艺路线

工序号	工序名称	工序内容及要求
1	备料	铸造毛坯
2	刨(铣)平面	刨(铣)上、下平面,保证尺寸 50.8mm
3	磨平面	磨上、下平面达尺寸 50mm,保证平面度要求
4	划线	划前部及导套安装孔线
5	铣前部	按线铣前部
6	钻孔	按线钻导套安装孔至尺寸 ϕ43mm
7	镗孔	和下模座重叠镗孔达尺寸 ϕ45H7,保证垂直度
8	铣槽	铣 $R2.5$mm 圆弧槽
9	检验	—

表 3-5　加工下模座的工艺路线

工序号	工序名称	工序内容及要求
1	备料	铸造毛坯
2	刨(铣)平面	刨(铣)上、下平面,保证尺寸 50.8mm
3	磨平面	磨上、下平面达尺寸 50mm,保证平面度要求
4	划线	划前部,导柱孔线及螺纹孔线
5	铣床加工	按线铣前部,铣两侧压紧面达尺寸
6	钻床加工	钻导柱孔至尺寸 ϕ30mm,钻螺纹底孔,攻螺纹
7	镗孔	和上模座重叠镗孔达尺寸 ϕ32R7,保证垂直度
8	检验	—

3.2.2　注射模模架的加工

1. 注射模的结构组成　图 3-11 所示为注射模模架的结构形式。注射模的结构有多种形式，其组成零件也不完全相同，但根据模具各零部件与塑料的接触情况，可以将模具的组成分为成形零件和结构零件两大类。

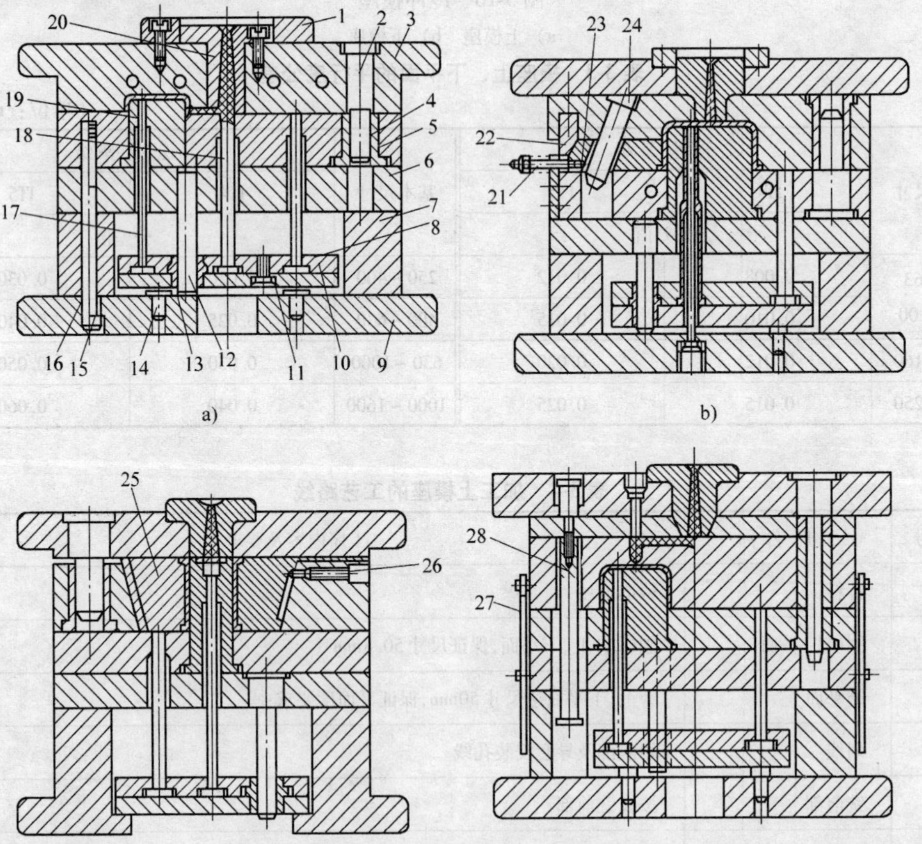

图 3-11　不同结构形式的注射模

a）普通标准模架注射模　b）侧型芯式注射模　c）拼块式注射模　d）三板式注射模
1—定位圈　2—导柱　3—凹模　4—导套　5—型芯固定板　6—支承板　7—垫块　8—复位杆
9—动模座板　10—推杆固定板　11—推板　12—推杆导柱　13—推板导套　14—限位钉
15—螺钉　16—定位销　17—推杆　18—拉料杆　19—型芯　20—浇口套　21—弹簧　22—楔紧块
23—侧型芯滑块　24—斜销　25—斜滑块　26—限位螺钉　27—定距拉板　28—定距拉杆

（1）成形零件：与塑料接触并构成模腔的那些零件，它们决定着塑料制品的几何形状和尺寸。

（2）结构零件：除成形零件以外的模具零件称为结构零件。这些零件具有支承、导向、排气、顶出制品、侧向抽芯、侧向分型、温度调节、引导塑料熔体向模腔流动等功能。

在结构零件中，合模导向装置与支承零部件构成注射模模架，如图 3-12 所示。

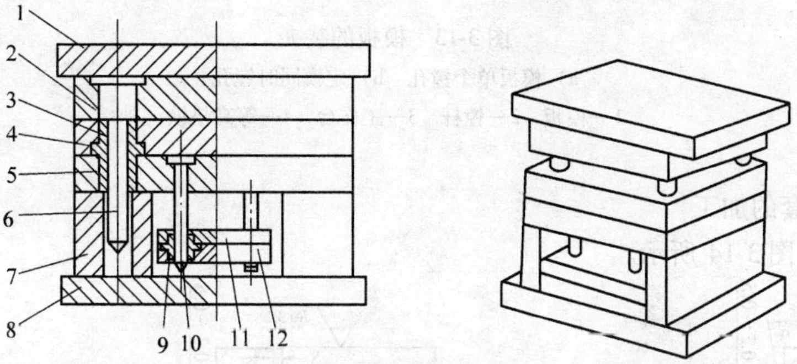

图 3-12　注射模模架

1—定模座板　2—定模板　3—动模板　4—导套　5—支撑板　6—导柱　7—垫块　8—动模座板　9—推板导套　10—导柱　11—推杆固定板　12—推板

2. 模架的技术要求　模架组合后其安装基准面应保持平行，其平行度公差等级见表 3-6。

表 3-6　中小型注射模模架分级指标

序号 \ 项目	检查项目	主参数/mm		精度分级 Ⅰ	精度分级 Ⅱ	精度分级 Ⅲ
				公差等级 IT		
1	定模座板的上平面对动模座板的下平面的平行度	周界	≤400	5	6	7
			400～900	6	7	8
2	模板导柱孔的垂直度	厚度	≤200	4	5	6

导柱、导套和复位杆等零件装配后要运动灵活，无阻滞现象。

模具主要分型面闭合时的贴合间隙值应符合模架精度要求：

Ⅰ级精度模架为 0.02mm。

Ⅱ级精度模架为 0.03mm。

Ⅲ级精度模架为 0.04mm。

3. 模架零件的加工　模架的基本组成零件有导柱、导套及各种模板（平板状零件）。导柱、导套的加工主要是内、外圆柱面加工。

支承零件（各种模板、支承板）都是平板状零件，在制造过程中主要进行平面加工和孔系加工。对模板进行镗孔加工时，应在模板平面精加工后以模板的大平面及两相邻侧面作定位基准，将模板放置在机床工作台的等高垫铁上加工，如图 3-13 所示。

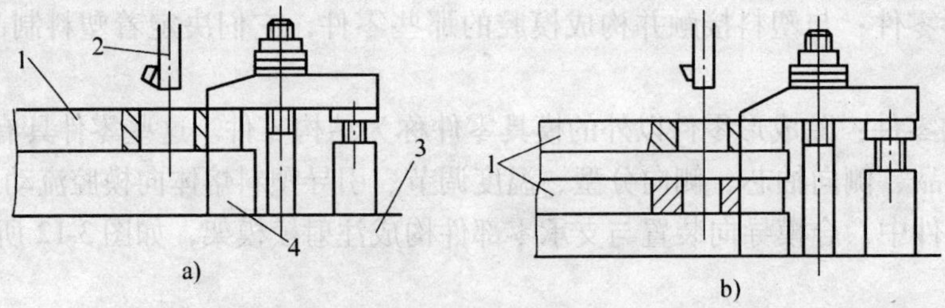

图 3-13　模板的装夹
a）模板单个镗孔　b）定模同时镗孔
1—模板　2—镗杆　3—工作台　4—等高垫铁

（1）浇口套的加工

1）结构如图 3-14 所示。

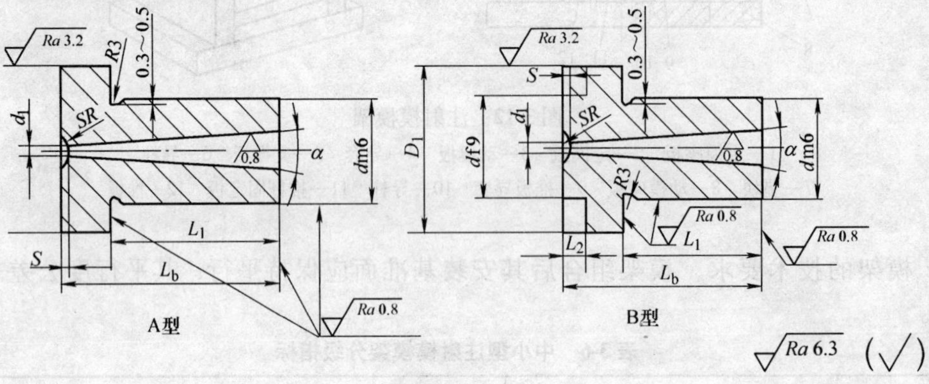

图 3-14　浇口套

2）材料为 T8A。

3）热处理为 57HRC。

4）加工工艺路线见表 3-7。

表 3-7　加工浇口套的工艺路线

工序号	工序名称	工 艺 说 明
1	备料	按零件结构及尺寸大小选用热轧圆钢或锻件作毛坯 保证直径和长度方向上有足够的加工余量 若浇口套凸肩部分长度不能可靠夹持，应将毛坯长度适当加长
2	车削加工	车外圆 d 及端面留磨削余量 车退刀槽达设计要求 钻孔 加工锥孔达设计要求 调头车 D_1 外圆达设计要求 车外圆 D 留磨量 车端面保证尺寸 L_b 车球面凹坑达设计要求

（续）

工序号	工序名称	工 艺 说 明
3	检验	—
4	热处理	以锥孔定位磨外圆 d 及 D 达设计要求
5	磨削加工	—
6	检验	—

（2）侧型芯滑块的加工

1）模具的斜销抽芯机构如图 3-15 所示。侧型芯滑块是该机构一个零件。

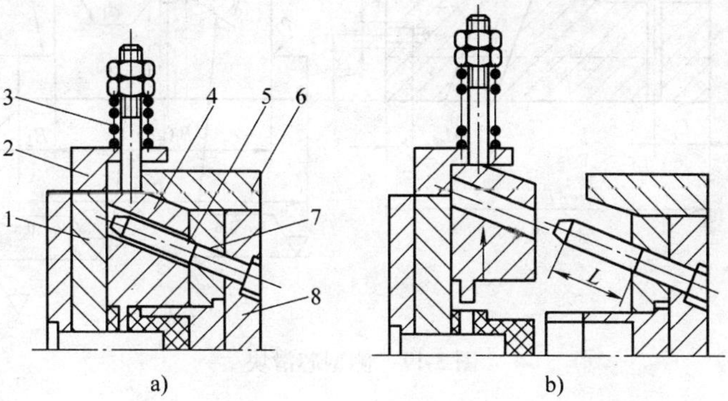

图 3-15 斜销抽芯机构

1—动模板 2—限位块 3—弹簧 4—侧型芯滑块
5—斜销 6—楔紧块 7—凹模固定板 8—定模座板

2）侧型芯滑块与滑槽的常见结构如图 3-16 所示。

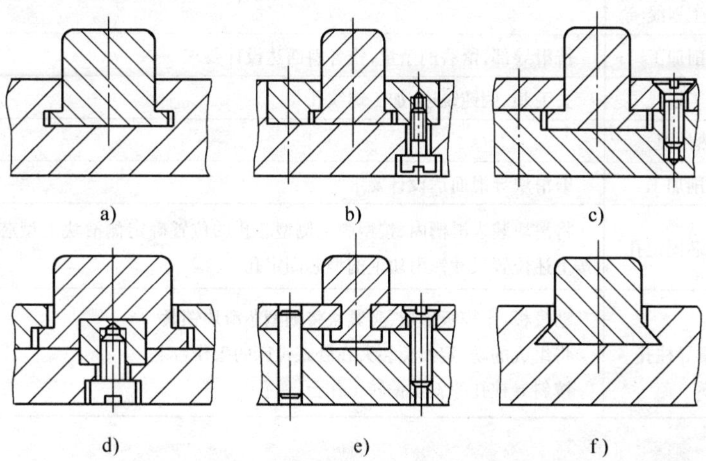

图 3-16 侧型芯滑块与滑槽的常见结构

a）整体式结构 b）、c）组合式结构 d）导滑基准在中间镶块 e）导滑在固定板上 f）燕尾导槽

3）滑块与滑槽配合为 H8/g7 或 H8/h8。

4）滑块材料为 45 钢或碳素工具钢。

5）热处理硬度为 40～45HRC。

6）侧型芯滑块结构如图 3-17 所示。

7）侧型芯滑块的加工路线见表 3-8。

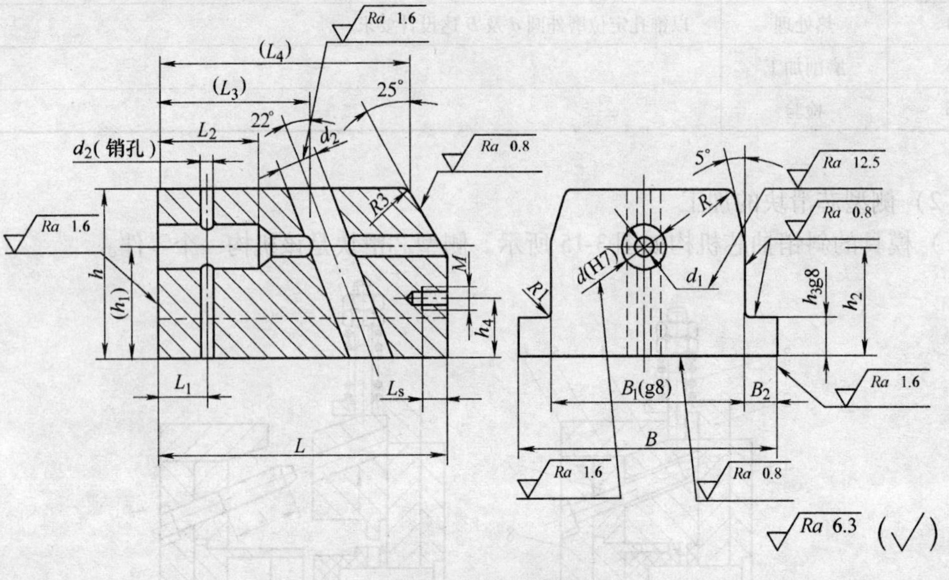

图 3-17　侧型芯滑块

表 3-8　加工侧型芯滑块的工艺路线

工序号	工序名称	工 艺 路 线
1	备料	将毛坯锻成平行六面体，保证各面有足够加工余量
2	铣削	铣六面
3	钳工划线	—
4	铣削加工	铣滑导部，留磨削余量，铣各斜面达设计要求
5	钳工划线	去毛刺、倒钝锐边，加工螺纹孔
6	热处理	—
7	磨削加工	磨滑块导滑面达设计要求
8	镗型芯固定孔	将滑块装入滑槽内，按型腔上侧型芯孔的位置确定侧滑块上型芯固定孔的位置尺寸，按上述位置尺寸镗滑块上的型芯固定孔
9	镗斜导柱孔	动模板、定模板组成，契紧块将侧型芯滑块锁紧 将组成的动、定模板装夹在卧式镗床的工作台上 按斜导柱孔的斜角偏转工作台，镗孔

3.3　模具工作零件的加工

3.3.1　冲裁凸模的加工

1. 圆形凸模的加工

（1）结构：如图 3-18 所示。

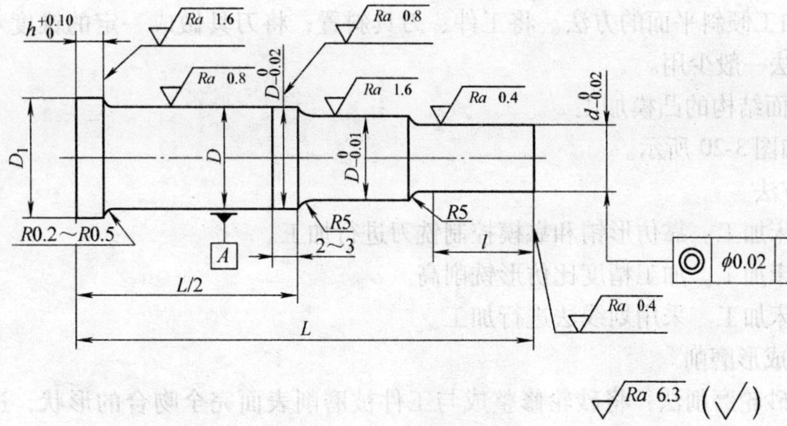

图 3-18　圆形凸模

（2）加工工艺路线：毛坯⟶车削加工（留磨削余量）⟶热处理⟶磨削。

2. 非圆形凸模的加工　凸模的非圆形工作型面，分为平面结构和非平面结构。

（1）平面构成的凸模型面加工

1）刨削加工如图 3-19 所示。

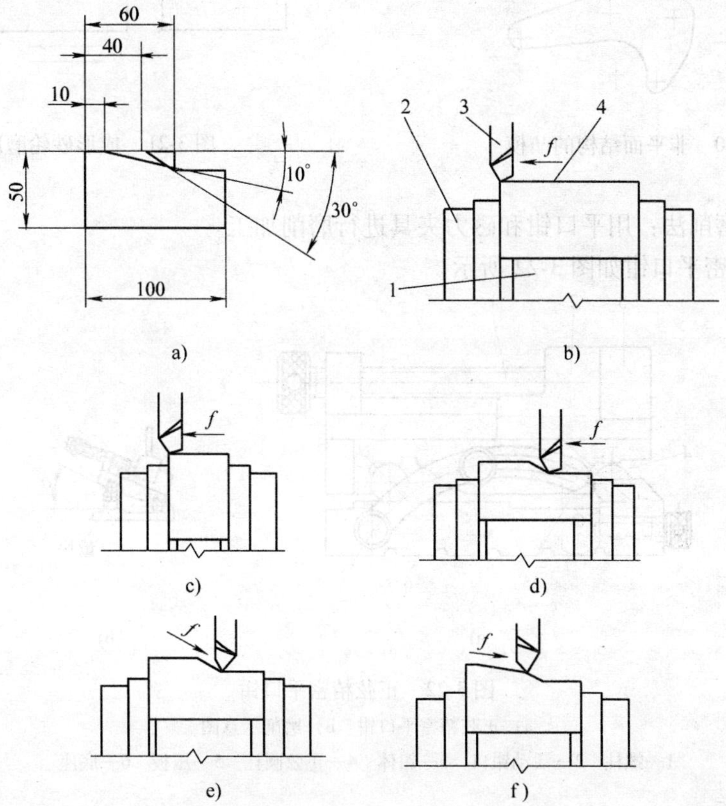

图 3-19　平面结构凸模的刨削加工

a）凸模　b）刨上下平面　c）刨两侧面　d）刨阶梯面　e）、f）刨斜面

1—工作台　2—夹具　3—刨刀　4—工件

2）铣削加工倾斜平面的方法。将工件、刀具斜置；将刀具做成一定的锥度对斜面进行加工。这种方法一般少用。

（2）非平面结构的凸模加工

1）结构如图 3-20 所示。

2）加工方法

①仿形铣床加工。靠仿形销和靠模控制铣刀进行加工。

②数控铣床加工。加工精度比仿形铣削高。

③普通铣床加工。采用划线法进行加工。

3. 凸模的成形磨削

（1）成形砂轮磨削法：将砂轮修整成与工件被磨削表面完全吻合的形状，进行磨削加工，以获所需要的成形表面，如图 3-21 所示。

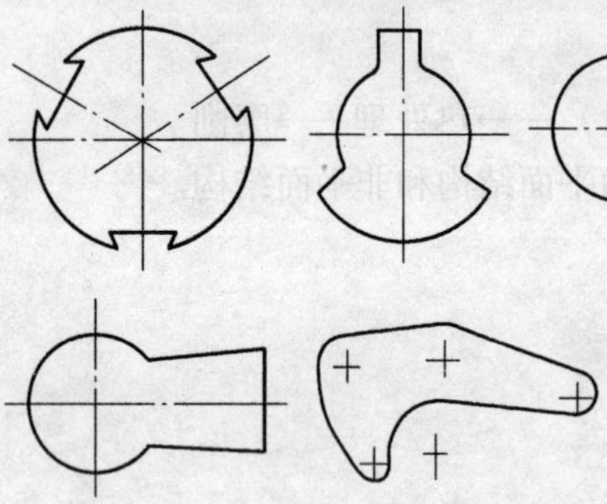

图 3-20　非平面结构的凸模

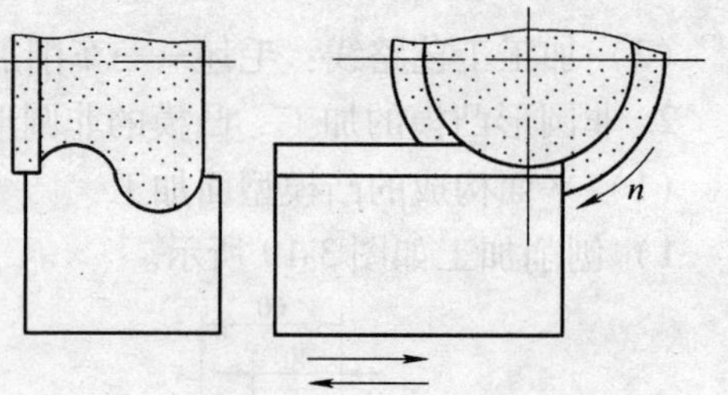

图 3-21　成形砂轮磨削法

（2）夹具磨削法：用平口钳和磁力夹具进行磨削加工。

1）正弦精密平口钳如图 3-22 所示。

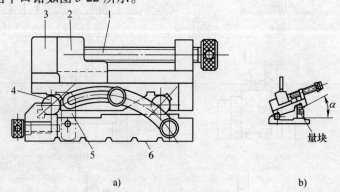

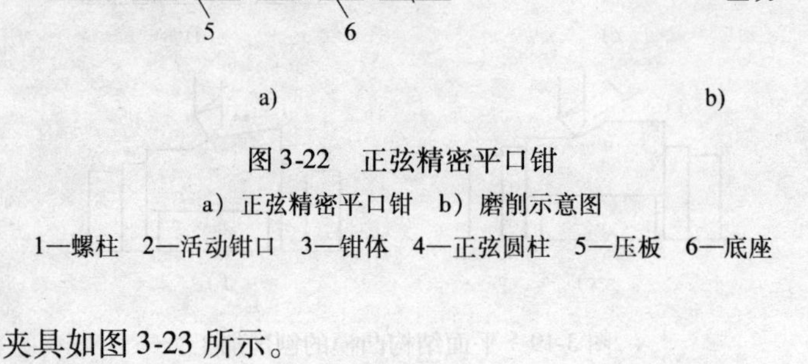

a)　　b)

图 3-22　正弦精密平口钳

a）正弦精密平口钳　b）磨削示意图

1—螺柱　2—活动钳口　3—钳体　4—正弦圆柱　5—压板　6—底座

2）正弦磁力夹具如图 3-23 所示。

被磨削表面的尺寸常采用测量调整器、量块和百分表进行比较测量。测量调整器如图 3-24 所示。

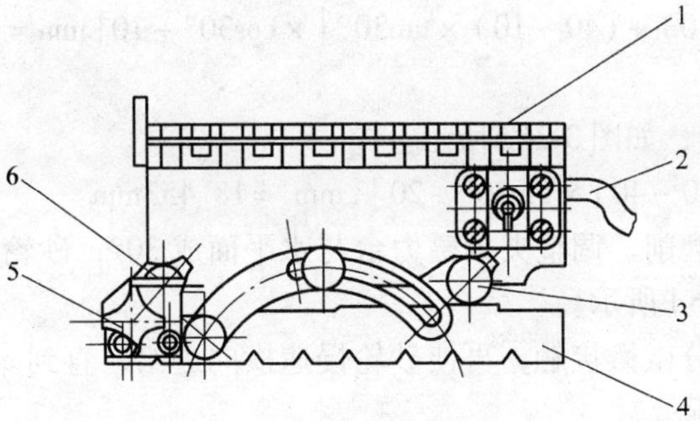

图 3-23　正弦磁力夹具

1—电磁吸盘　2—电源线　3、6—正弦圆柱　4—底座　5—锁紧手轮

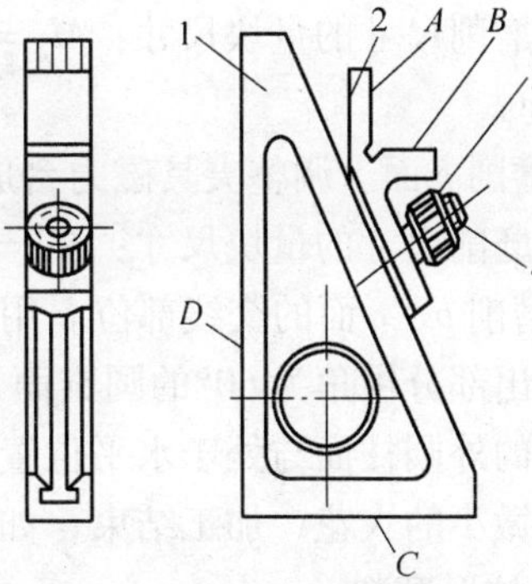

图 3-24　测量调整器

1—三角架　2—量块座　3—滚花螺母　4—螺钉

例 1　如图 3-25 所示的凸模，采用正弦磁力夹具在平面磨床上磨削斜面 a、b 及平面 c。除 a、b、c 面外，其余各面均已加工到设计要求。

磨削工艺过程：

1）将夹具置于机床工作台上，找正。

2）以 d 及 e 面为定位基准磨削 a 面。调整夹具使 a 面处于水平位置，如图 3-26a 所示。

调整夹具的量块尺寸：$H_1 = 150\text{mm} \times \sin 10° = 26.0472\text{mm}$

检测磨削尺寸的量块尺寸：$M_1 = [(50-10) \times \cos 10° - 10]\text{mm} = 29.392\text{mm}$

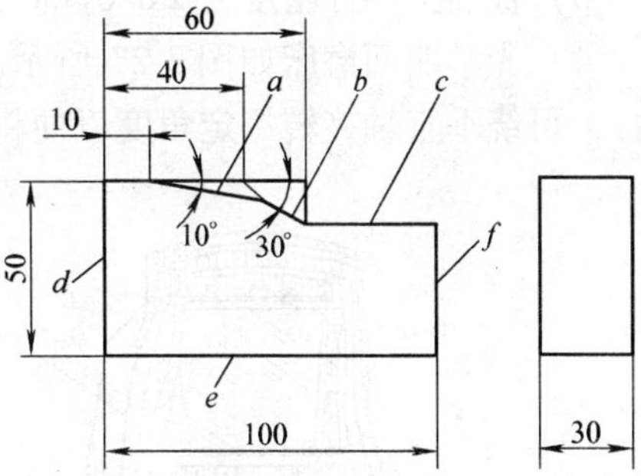

图 3-25　凸模

3）磨削 b 面。调整夹具使 b 面处于水平位置，如图 3-26b 所示。

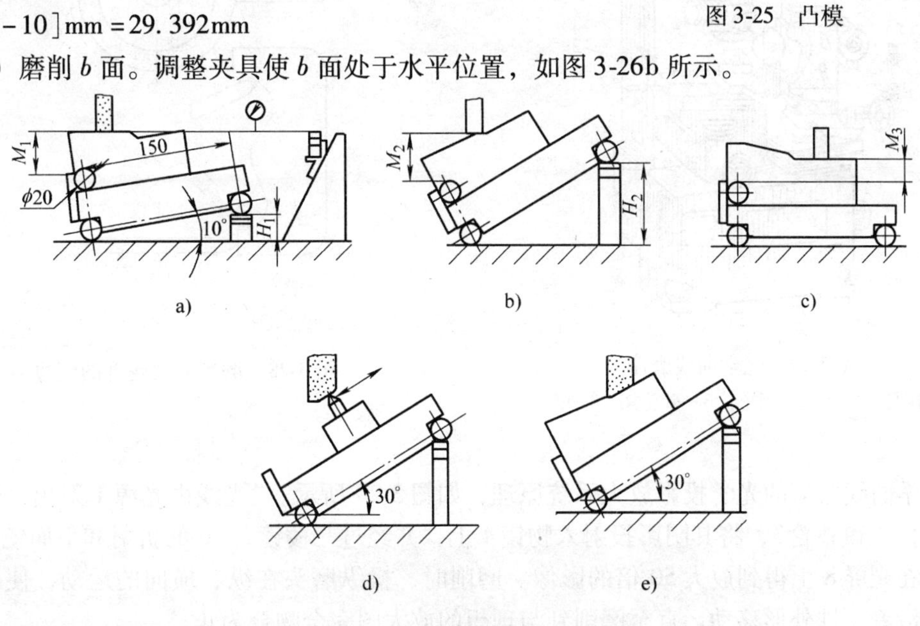

图 3-26　用单向磁力夹具磨削凸模

调整夹具的量块尺寸：$H_1 = 150\text{mm} \times \sin 30° = 75\text{mm}$

检测磨削尺寸的量块尺寸：$M_2=\{[(50-10)+(40-10)\times\tan30°]\times\cos30°-10\}\text{mm}=39.641\text{mm}$

4）磨削 *c* 面。调整夹具磁力台成水平位置，如图 3-26c 所示。

检测磨削尺寸的量块尺寸：$M_3=\{50-[(60-40)\times\tan30°+20]\}\text{mm}=18.453\text{mm}$

5）磨削 *b*、*c* 面的交线部位。用成形砂轮磨削。调整夹具磁力台与水平面成 30°，砂轮圆周修整出部分锥角为 60°的圆锥面，如图 3-26d 所示。

砂轮的外圆柱面与处于水平位置的 *b* 面部分微微接触，再使砂轮慢速横向进给，直到 *c* 面也出现微小的火花，加工结束，如图 3-26e 所示。

（3）仿形磨削

1）仿形磨削的原理是在具有放缩尺的曲面磨床或光学曲面磨床上，按放大样板或放大图对成形表面进行磨削加工。

2）被加工零件尺寸主要用于磨削尺寸较小的凸模和凹模拼块。

3）被加工零件精度为 ±0.01mm，$Ra=0.63\sim0.32\mu\text{m}$。

4）光学曲面磨床如图 3-27 所示。砂轮架用来安装砂轮，它能作纵向和横向送进（手动），可绕垂直轴旋转一定角度以便将砂轮斜置进行磨削，如图 3-28 所示。

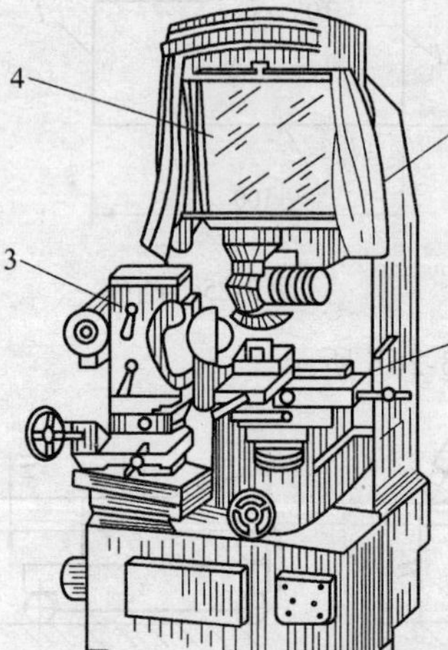

图 3-27　光学曲线磨床

1—床身　2—坐标工作台　3—砂轮架　4—光屏

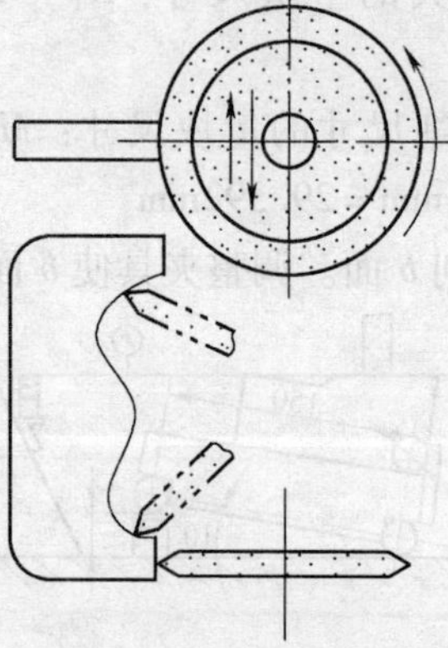

图 3-28　磨削曲线轮廓的侧边

光学曲线磨床的光学投影放大系统原理，如图 3-29 所示。“光线由光源 1 射出，通过被加工工件 2 和砂轮 3，将其阴影投射入物镜 4 上，并经过三棱镜 5、6 的折射和平面镜 7 的反射，可在光屏 8 上得到放大 50 倍的影像。磨削时，操纵磨头在纵、横向的运动，使砂轮的切削刃沿着工件外形移动，直至磨削到与理想的放大图完全吻合为止。”

放大图必须按一定的基准线分段绘制，磨削时按基准线互相衔接，如图 3-30a 所示。把每段曲线放大 50 倍绘图，如图 3-30b 所示。光学曲线磨床成形磨削的精度可达 0.02mm，表面粗糙度 *Ra* 值可达 0.4μm。常用于加工具有异形截面的小型零件。

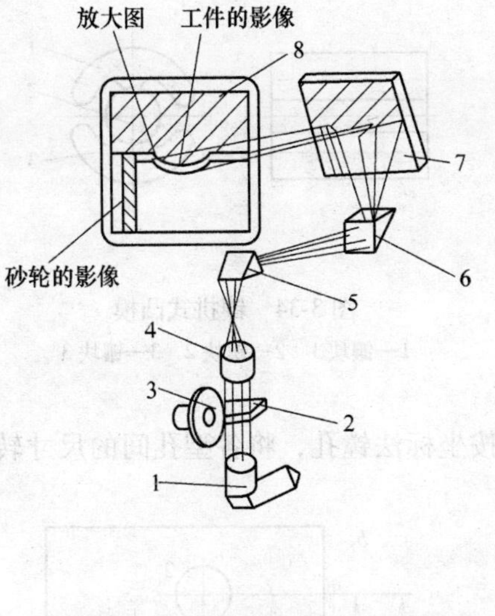

图 3-29　光学曲线磨床的光学放大原理

1—光源　2—工件　3—砂轮　4—物镜

5、6—棱镜　7—平镜　8—光屏

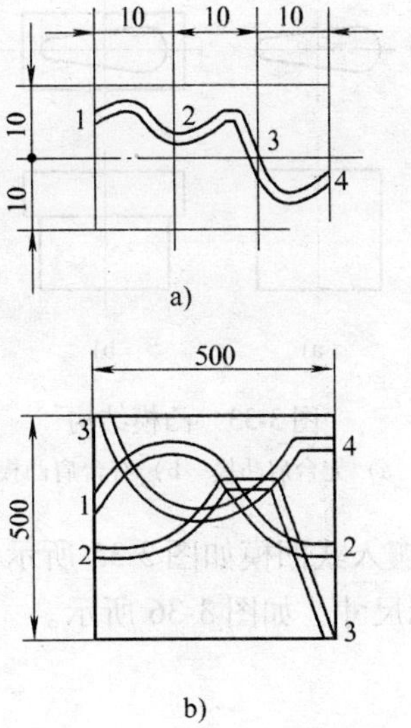

图 3-30　分段磨削

a）工件外形　b）放大图

也可用数字成形进行仿形磨削。数控成形磨削有三种方式：

1）利用数控装置控制安装在工作台上的砂轮修整装置，修整出需要的成形砂轮，用此砂轮磨削工件，磨削过程和一般的成形砂轮磨削法相同。

2）仿形法磨削如图 3-31 所示。

3）复合磨削如图 3-32 所示。

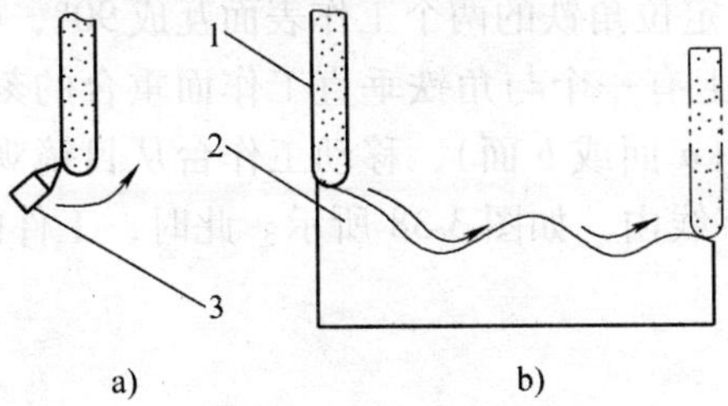

图 3-31　用仿形法磨削

a）修整砂轮　b）磨削工件

1—砂轮　2—工件　3—金刚石

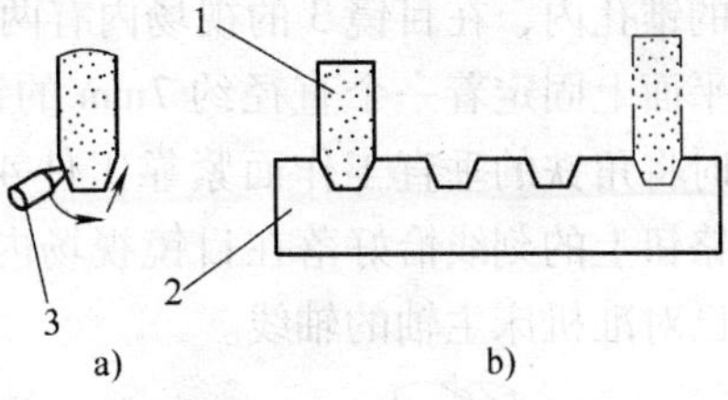

图 3-32　复合磨削

a）修整成形砂轮　b）磨削工件

1—砂轮　2—工件　3—金刚石

数控成形磨削时，凸模不能带凸肩，如图 3-33 所示。当凸模形状复杂，某些表面因砂轮不能进入无法直接磨削时，可考虑将凸模改成镶拼结构，如图 3-34 所示。

3.3.2　凹模型孔加工

1. 圆形型孔

（1）单型孔凹模加工工艺路线：毛坯⟶锻造⟶退火⟶车削、铣削⟶钻、镗型孔⟶划线⟶钻固定孔⟶攻螺纹、铰销孔⟶淬火、回火⟶磨削上、下平面及型孔。

（2）多型孔凹模：多型孔凹模常采用坐标法进行加工。

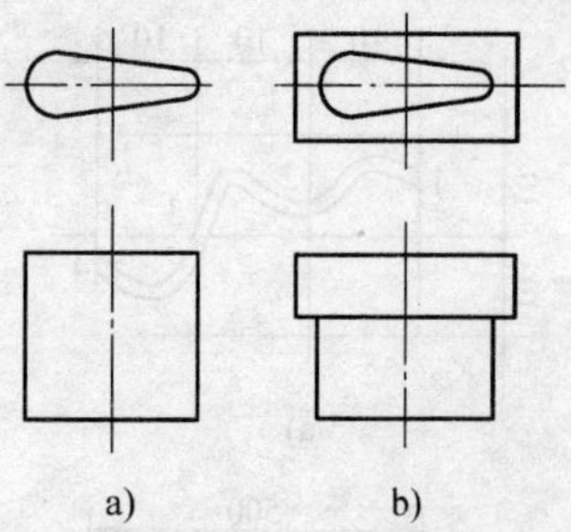

图 3-33　凸模结构

a）无台肩凸模　b）有台肩凸模

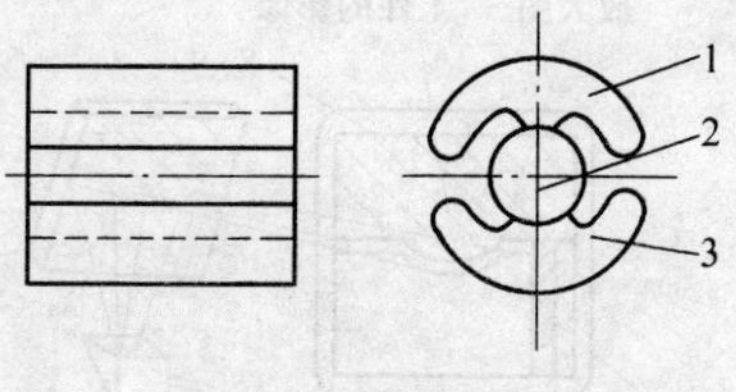

图 3-34　镶拼式凸模

1—镶块 1　2—镶块 2　3—镶块 3

1）镶入式凹模如图 3-35 所示。在坐标镗床上按坐标法镗孔，将各型孔间的尺寸转化为直角坐标尺寸，如图 3-36 所示。

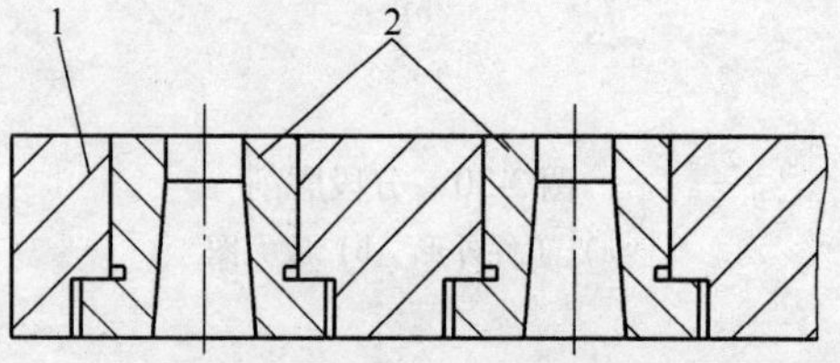

图 3-35　镶块结构的凹模

1—固定板　2—凹模镶件

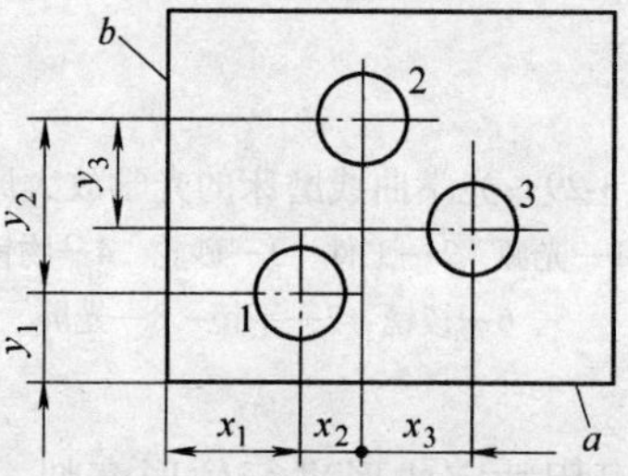

图 3-36　孔系的直角坐标尺寸

在工件的安装调整过程中，为使工件上的基准 a 或 b 对准主轴的轴线，可以采用如图 3-37 所示的定位角铁和光学中心测定器进行找正。中心测定器 2 以其锥柄定位，安装在镗床上轴的锥孔内，在目镜 3 的视场内有两对十字线。定位角铁的两个工作表面互成 90°，在它的上平面上固定着一个直径约 7mm 的镀铬钮，钮上有一个与角铁垂直工作面重合的刻线。使用时将角铁的垂直工作面紧靠工件 4 的基准面（a 面或 b 面），移动工作台从目镜观察，使镀铬钮上的刻线恰好落在目镜视场内的两对十字线内，如图 3-38 所示。此时，工件的基准面已对准机床主轴的轴线。

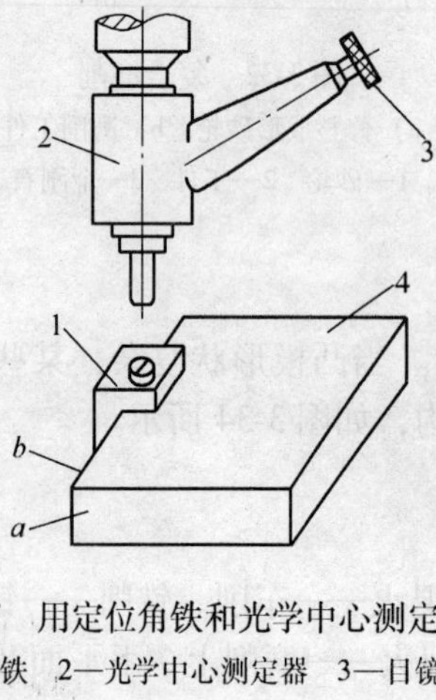

图 3-37　用定位角铁和光学中心测定器找正

1—定位角铁　2—光学中心测定器　3—目镜　4—工件

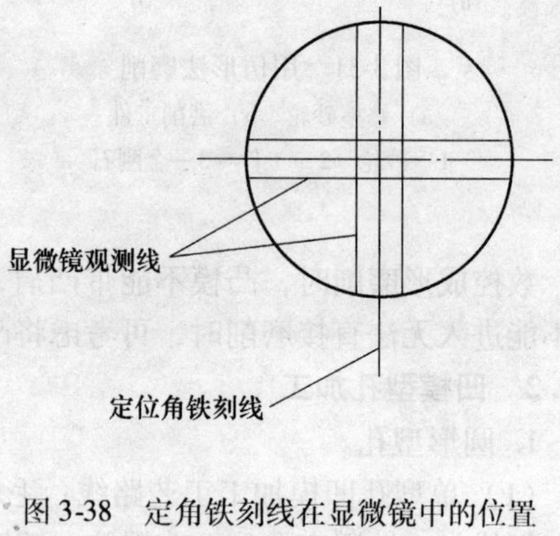

图 3-38　定角铁刻线在显微镜中的位置

加工分布在同一圆周上的孔，可以使用坐标镗床的机床附件——万能回转工作台。

2）整体式凹模

①材料为碳素工具钢或合金工具钢。

②热处理硬度为60HRC。

③加工工艺路线：毛坯锻造——→退火——→粗加工——→半精加工——→钻、镗型孔——→淬火、回火——→磨削上、下平面。

2. 非圆形型孔　非圆形型孔如图3-39所示。非圆形型孔的凹模，通常将毛坯锻造成矩形，加工各平面后进行划线，再将型孔中心的余料去除。图3-40所示是沿型孔轮廓线钻孔。

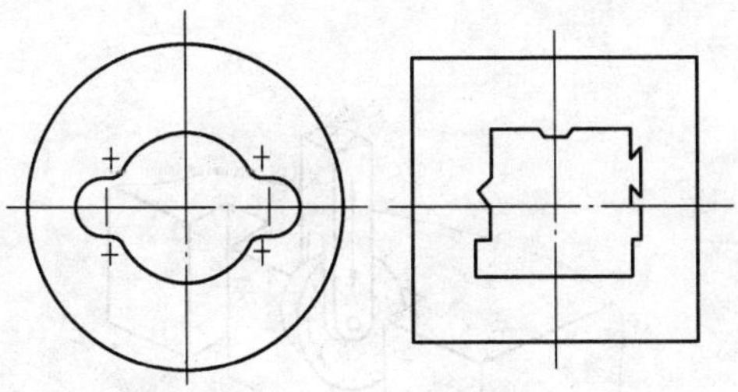

图3-39　非圆形型孔凹模

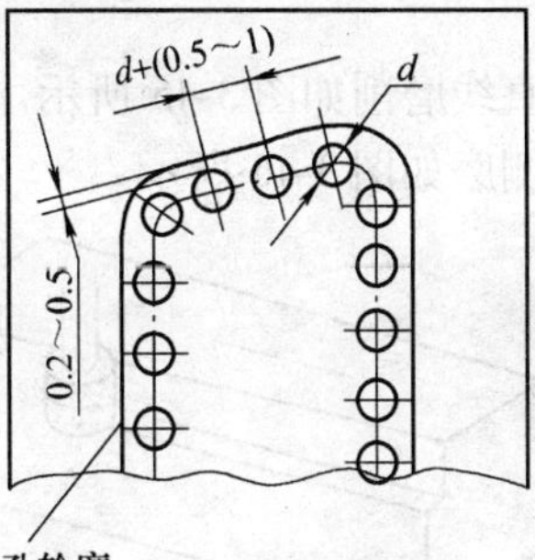

图3-40　沿型孔轮廓线钻孔

凹模尺寸较大时，也可用气割方法去除型孔。型孔进一步加工可在下列机床上进行：

1）仿形铣削。

2）数控加工。

3）立铣或万能工具铣床。

3. 坐标磨床加工型孔

（1）机床的磨削运动如图3-41所示。

（2）磨削加工的基本方法

1）内孔磨削如图3-42所示。

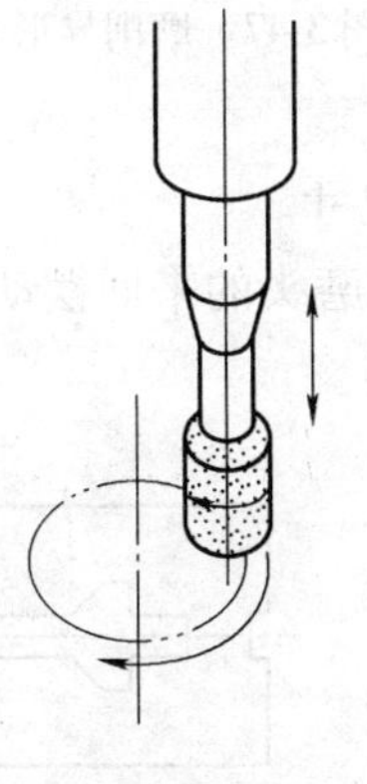

图3-41　砂轮的三种运动

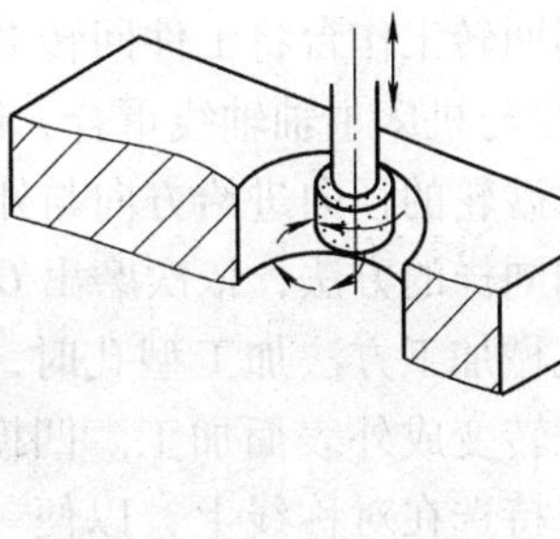

图3-42　内孔磨削

2）外圆磨削如图 3-43 所示。

3）锥孔磨削如图 3-44 所示。

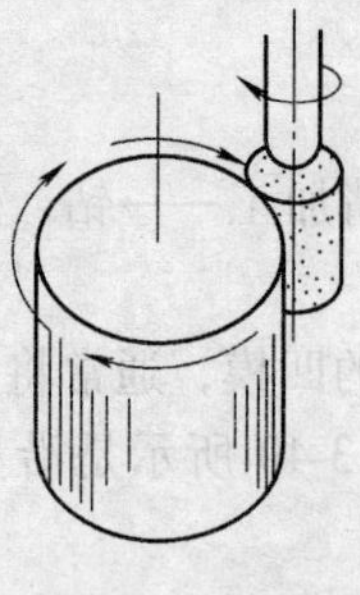

图 3-43　外圆磨削

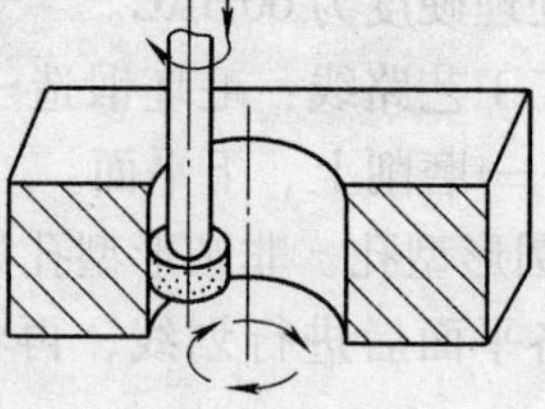

图 3-44　锥孔磨削

4）直线磨削如图 3-45 所示。

5）侧磨如图 3-46 所示。

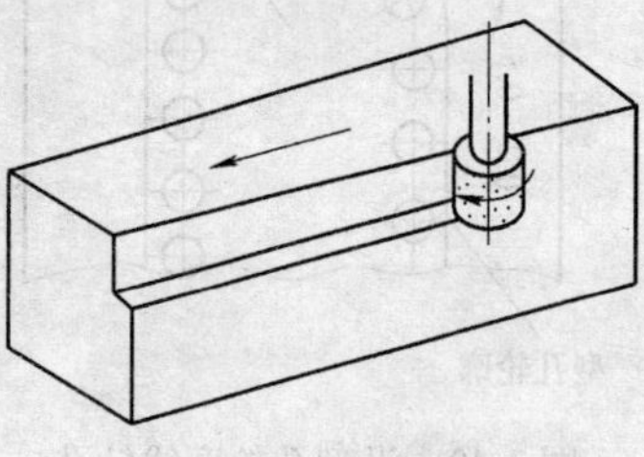

图 3-45　直线磨削

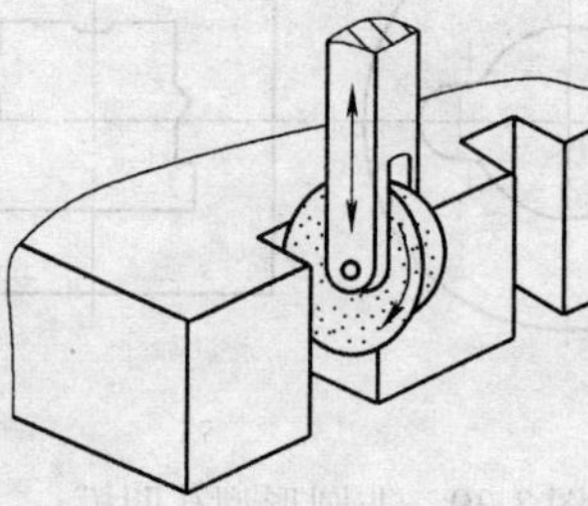

图 3-46　侧磨

6）基本磨削综合运用，可对异形孔进行磨削加工，如图 3-47 所示。例如，凹模型孔，可在坐标磨床上进行磨削。首先将回转工作台固定在磨床工作台上，利用回转工作台装夹工件，并找正与工件的对称中心重合。磨削可按下列步骤进行：

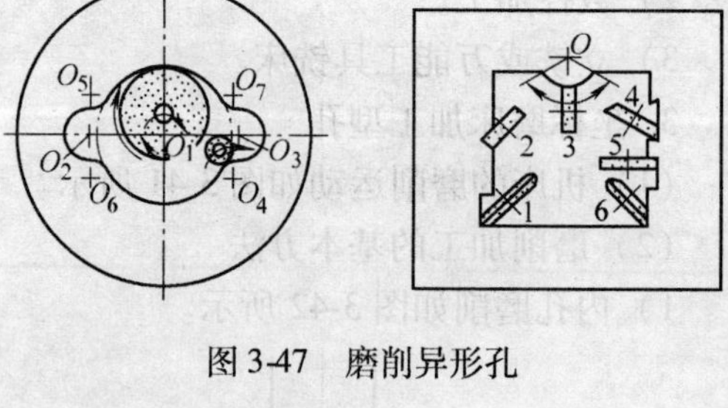

图 3-47　磨削异形孔

①调整机床主轴轴线使之与孔 O_1 的轴线重合，用磨削内孔的方法磨出 O_1 的圆弧段。

②调整工作台使工件上的 O_2 与主轴中心重合，磨削 O_2 的圆弧到尺寸。

③利用回转工作台将工件回转 180°，磨削 O_3 的圆弧到尺寸。

④使 O_4 与机床主轴轴线重合，停止行星运动，通过控制磨头的来回摆动，磨削 O_4 的凸圆弧，此时砂轮的径向进给方向与外圆磨削相同。

⑤利用同样的方法，依次磨出 O_5、O_6、O_7 的圆弧。

采用机械加工方法加工型孔时，对形状复杂的孔，可将内表面加工转变成外表面加工。凹模采用镶拼结构时，拼合应尽可能保持选在对称线上，以便一次同时加工几个镶块如图 3-48 所示。凹模的圆形刃口部位应尽可能保持完整的圆形。

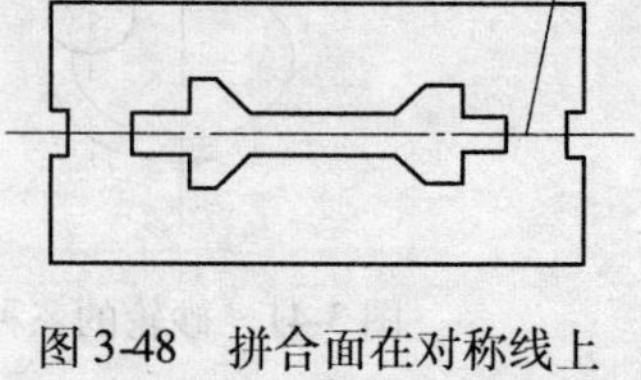

图 3-48　拼合面在对称线上

3.3.3 型腔加工

1. 车削加工　主要用于加工回转曲面的型腔或型腔的回转曲面部分，如图3-49所示。

1）将坯料加工为平行六面体，斜面暂不加工。

2）在拼块上加工出导钉孔和工艺螺纹孔，为车削时装夹用如图3-50所示。

3）将分型面磨平，在两拼块上装导钉，一端与拼块 A 过盈配合，一端与拼块 B 间隙配合，如图3-50所示。

4）将两块拼块拼合后磨平四侧面及一端面，保证其垂直度。要求两拼块厚度保持一致。

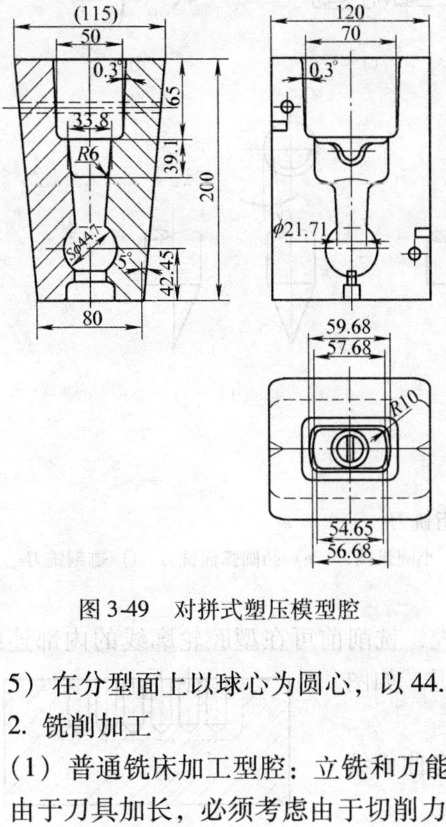

图3-49　对拼式塑压模型腔

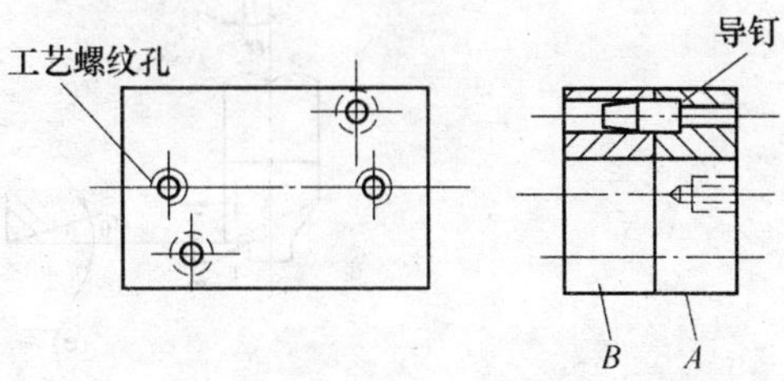

图3-50　拼块上的工艺螺纹孔和导钉孔

5）在分型面上以球心为圆心，以44.7mm为直径划线，保证 $H_1 = H_2$，如图3-51所示。

2. 铣削加工

（1）普通铣床加工型腔：立铣和万能工具铣床适合于加工平面结构的型腔。加工型腔时，由于刀具加长，必须考虑由于切削力波动导致刀具倾斜变化造成的误差，如图3-52所示。

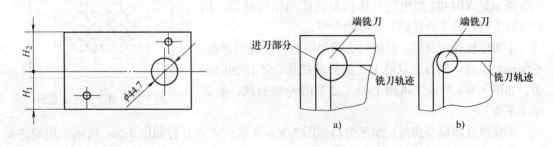

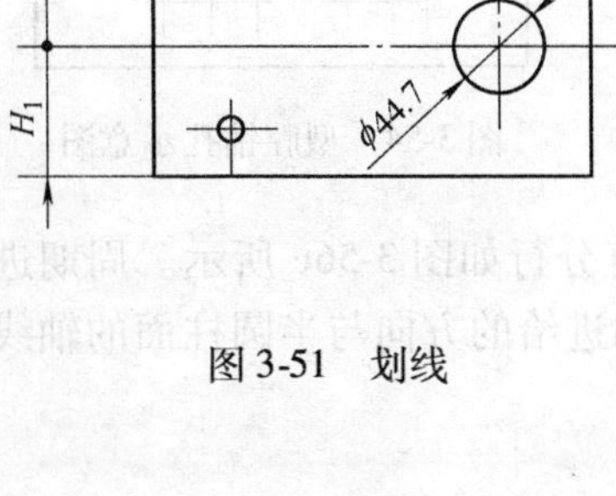

图3-51　划线

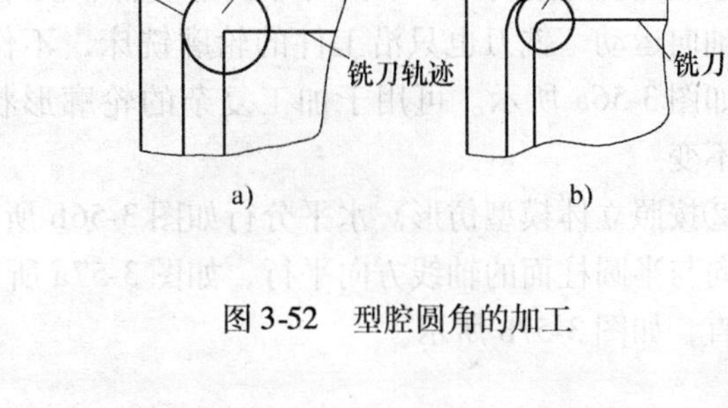

图3-52　型腔圆角的加工

为加工出某些特殊的形状部位，在无适合的标准铣刀可选用时，可采用图 3-53 所示的适合于不同用途的单刃指铣刀。

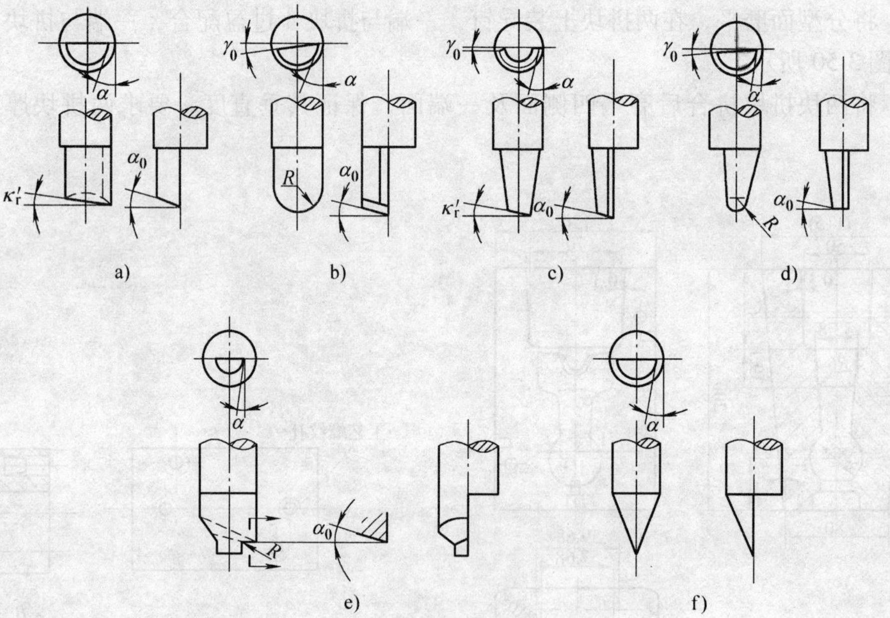

图 3-53　单刃指铣刀

a)、e) 平面铣刀　b) 圆弧铣刀　c) 平底斜面铣刀　d) 小圆弧铣刀　e) 凸圆弧面铣刀　f) 雕刻铣刀

为提高铣削效率，对某些铣削余量较大的型腔，铣削前可在型腔轮廓线的内部连续钻孔，以减少铣削余量。孔的深度和型腔的深度接近，如图 3-54 所示。

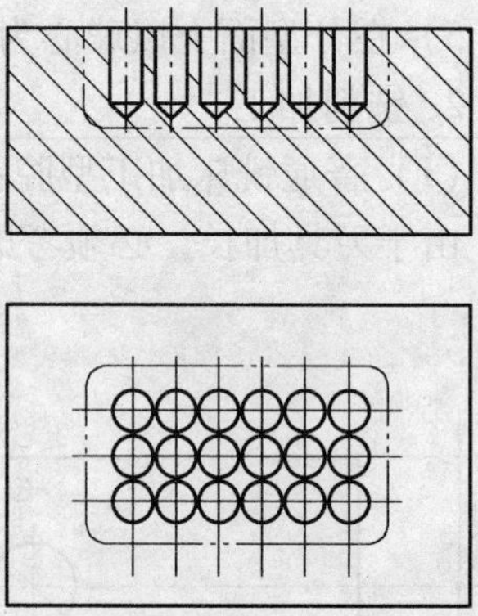

图 3-54　型腔钻孔示意图

(2) 仿形铣床加工型腔：特别适合于加工具有曲面结构的型腔。

1) 仿形铣床。仿形铣床分立式、卧式仿形铣床。图 3-55 所示是 XB4480 型电气立体仿形铣床的结构外形。用它可加工型腔的平面轮廓、立体曲面等。

①按样板轮廓仿形。铣削时靠模销沿着靠模外形运动，不作轴向运动，铣刀也只沿工件的轮廓铣床，不作轴向运动，如图 3-56a 所示。可用于加工复杂的轮廓形状，但需深度不变。

②按照立体模型仿形。水平分行如图 3-56b 所示；垂直分行如图 3-56c 所示。周期进给的方向与半圆柱面的轴线方向平行，如图 3-57a 所示；周期进给的方向与半圆柱面的轴线方向垂直，如图 3-57b 所示。

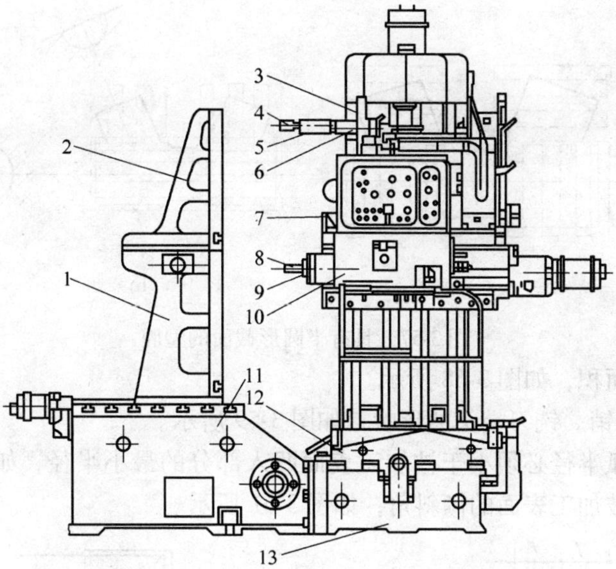

a)

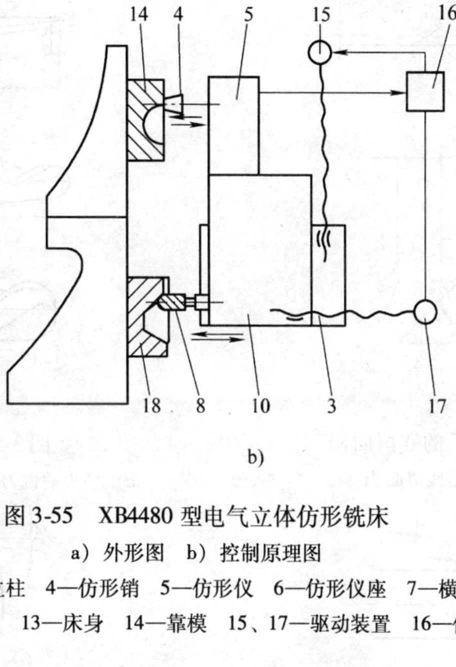

b)

图 3-55　XB4480 型电气立体仿形铣床

a）外形图　b）控制原理图

1—下支架　2—上支架　3—立柱　4—仿形销　5—仿形仪　6—仿形仪座　7—横梁　8—铣刀　9—主轴　10—主轴箱　11—工作台　12—滑座　13—床身　14—靠模　15、17—驱动装置　16—仿形信号放大装置　18—工件

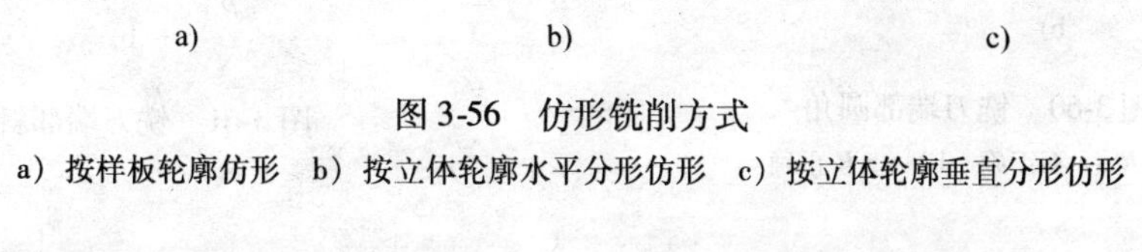

a)　b)　c)

图 3-56　仿形铣削方式

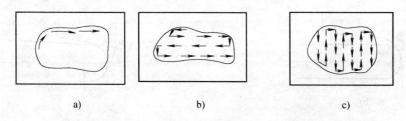

a）按样板轮廓仿形　b）按立体轮廓水平分形仿形　c）按立体轮廓垂直分形仿形

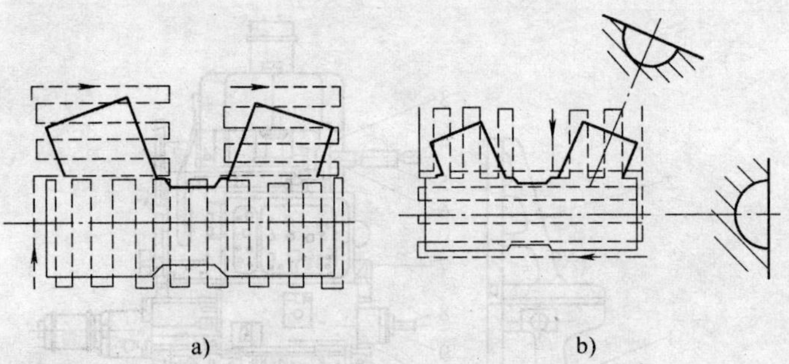

图 3-57　具有半圆形截面的型腔

铣削后的残留面积，如图 3-58 所示。

2）铣刀和仿形销。铣刀端头的形状，如图 3-59 所示。

铣刀端部的圆弧半径必须小于被加工表面凹入部分的最小半径，如图 3-60 所示。锥形铣刀的斜度应小于被加工表面的倾斜角，如图 3-61 所示。

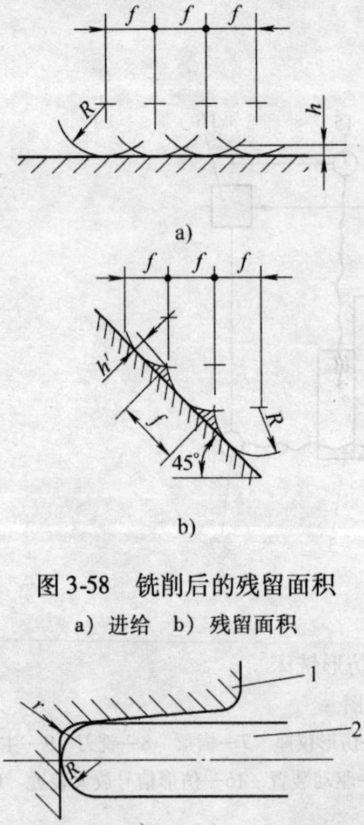

图 3-58　铣削后的残留面积

a）进给　b）残留面积

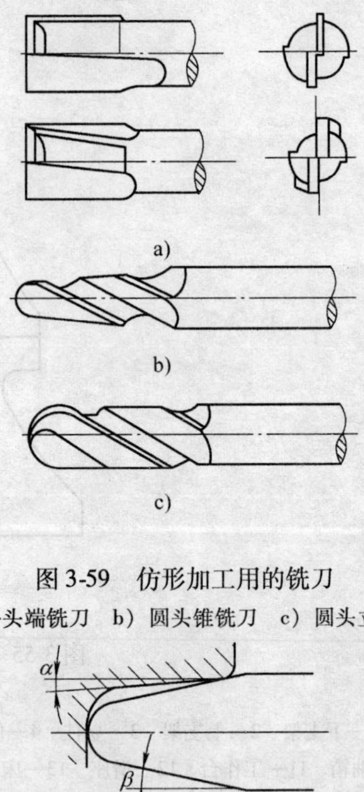

图 3-59　仿形加工用的铣刀

a）平头端铣刀　b）圆头锥铣刀　c）圆头立铣刀

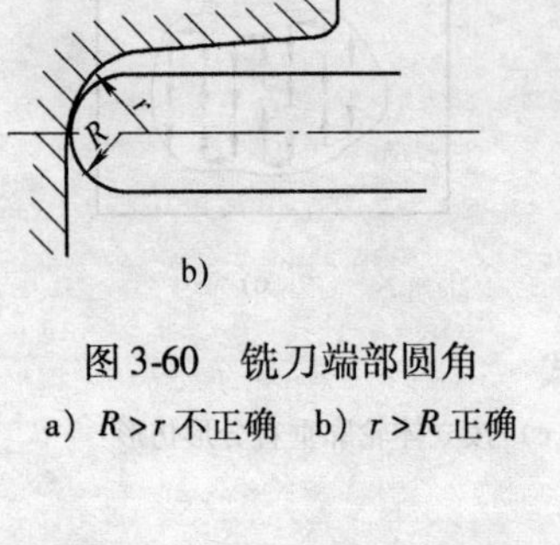

图 3-60　铣刀端部圆角

a）$R>r$ 不正确　b）$r>R$ 正确

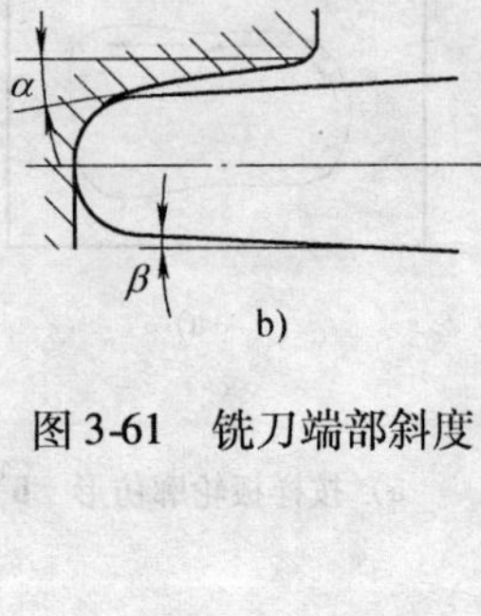

图 3-61　铣刀端部斜度

仿形销如图 3-62 所示。其材料为钢、铝、黄铜、塑料等。

仿形销的直径为

$$D = d + 2(z + e)$$

式中　d——铣刀直径；

z——钳工修正余量；

e——仿形偏移修正量。

3）仿形靠模。是仿形加工的主要装置。图 3-63 所示为在仿形铣床上加工锻模型腔的实例。在仿形铣削型腔前将模坯加工成六面体，划出中心线。

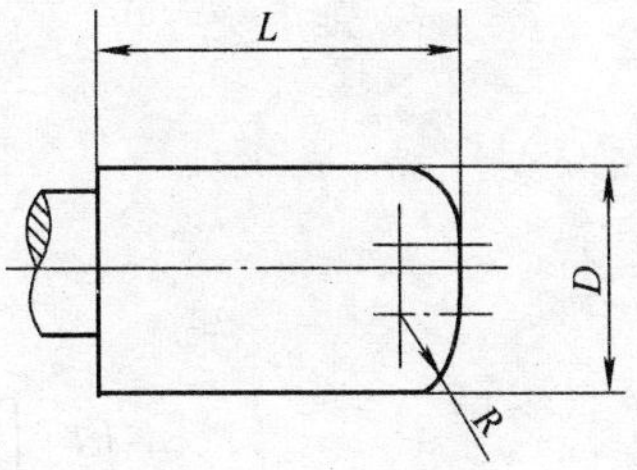

图 3-62　仿形销

3. 数控机床加工

（1）数控铣床

1）加工特点

①不需要制造仿形靠模。

②加工精度高，一般可达 0.02～0.03mm，对同一形状可进行重复加工，具有可靠的再现性。

③通过数控指令实现了加工过程自动化，减少了停机时间，使加工的生产效率得到提高。

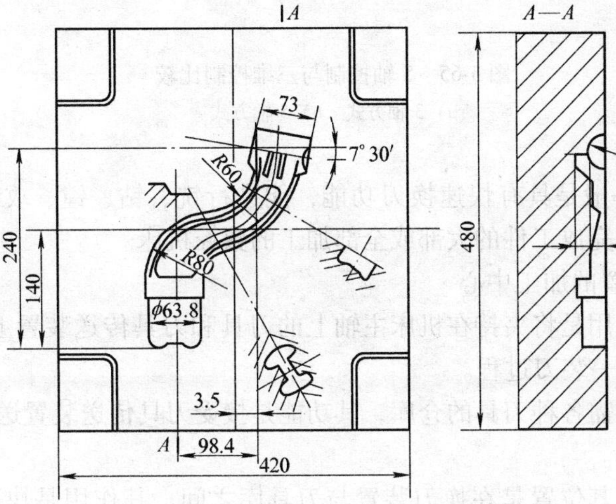

图 3-63　锻模型腔（飞边槽未表示出来）

2）控制方式。采用数控铣床进行三维形状加工的控制方式有：

①2 轴半控制如图 3-64a 所示。

②3 轴控制如图 3-64b 所示。

③5 轴同时控制如图 3-64c 所示。5 轴同时控制，还可以对表面的凹入部分进行加工，如图 3-65 所示。

3）数控机床程序编制的方法

①手工编制程序。工艺处理阶段——→数字处理阶段——→编写零件加工程序单——→制作纸带。

②自动编制程序。通过电子计算机完成编程工作。

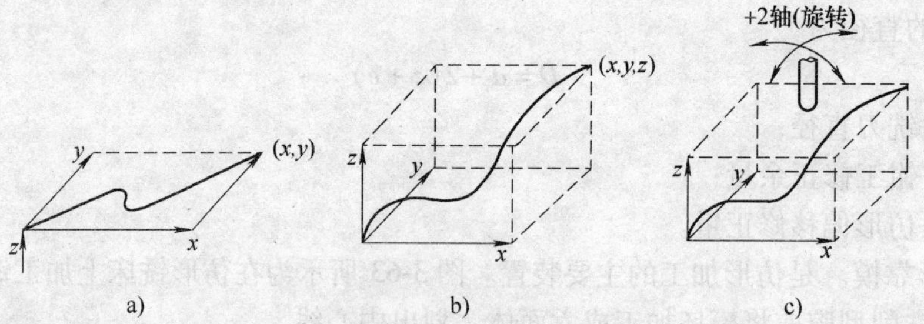

图 3-64　加工三维形状的控制方式

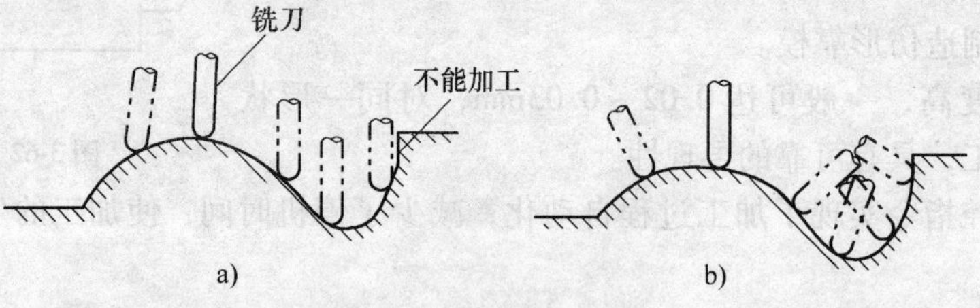

图 3-65　5 轴控制与三维控制比较

a）3 轴方式　b）5 轴方式

（2）加工中心：一般是具有快速换刀功能，能进行铣、钻、镗、攻螺纹等加工；是一次装夹工件后能自动地完成工件的大部或全部加工的数控机床。

1）带自动换刀装置的加工中心

①换刀装置。其作用是将夹持在机床主轴上的刀具和刀具传送装置上的刀具进行交换，即完成拔刀——→换刀——→装刀过程。

②刀库。是储存所需各种刀具的仓库，其功能是接受刀具传送装置送来的刀夹，以及把刀夹给予刀具传送装置。

③刀具传送装置。其位置是在换刀装置与刀具库之间；其作用是快速而准确地传送刀具。

2）加工中心在模具加工中有效发挥作用应注意的事项：

①模具设计的标准化。

②加工形状的标准化。

③对工具系统加以设计。

④规范加工范围和切削条件。

⑤重视切屑处理。

⑥充实生产管理，提高机床的运转率。

3.4　型腔表面的硬化处理

为了提高模具的耐用度，模具型腔表面必须进行硬化处理。

1. CVD 法　在高温下将盛放工件的炉内抽成真空或通入氢气，再导入反应气体。气体的化学反应在工件表面形成硬质化合物涂层。

（1）优点

1）处理温度高，涂层与基体之间的结合比较牢固。

2）用于形状复杂的模具也能获得均匀的涂层。

3）设备简单，成本低，效果好（可提高模具使用寿命2～6倍），易于推广。

（2）缺点

1）处理温度高，易引起模具变形。

2）涂层厚度较薄，处理后不允许研磨修正。

3）处理温度高，模具的基体会软化，对高速钢、高碳钢和高铬钢，必须进行涂覆处理后于真空或惰性气体中再进行淬火、回火处理。

2. PVD 法　在真空中把 Ti 等活性金属熔融蒸发离子化后，在高压静电场中使离子加速并沉积于工件表面形成涂层。

（1）优点

1）处理温度一般为400～600℃，不会影响 Cr12 模具钢原先的热处理效果。

2）处理温度低，模具变形小。

（2）缺点

1）涂层与基体的结合强度较低。

2）涂覆处理温度低于400℃，涂层性能下降，不适于低温回火的模具。

3）采用一个蒸发源，对形状复杂的模具覆盖性能不好；多个蒸发源或使工件绕蒸发旋转来弥补，又会使设备复杂，成本提高。

3. TD 法　将工件浸入添加（质量分数）15%～20%的 Fe-V、Fe-Nb、Fe-Cr 等铁合金粉末的高温（800～1250℃）硼砂盐熔炉中，保持0.5～10h，在工件表面上形成1～10μm或更厚些的碳化物涂覆层，然后进行水冷、油冷或空冷。

3.5　模具工作零件的工艺路线

模具工作零件是模具的核心，也是整套模具中结构最复杂，要求最高，制造难度最大的部分，所以，在进行模具工艺研究时往往把它作为最主要的研究对象。

模具工作零件的工艺路线与普通机械零件的工艺路线相比较既有其特殊性，又有其相似性。特殊性反映在生产组织形式和独特的结构；相似性则表现在工艺理论的应用和成形方法上。

3.5.1　模具工作零件加工的工艺分析

模具工作零件图是制订加工工艺最主要的原始资料之一。因此，在制订工艺时要首先认真研究零件图，了解零件的结构特征、技术要求，进而通过研究装配图及验收标准，进一步了解零件的功用及与相关零件的关系。这一过程就是零件的工艺分析。

1. 模具工作零件的结构分析　模具工作零件由于使用要求不同，其形状、结构和尺寸也各不相同。但是，从形状上加以分析，各种零件都是由一些基本体和异形体组成，从形成的表面上看，有圆柱面、圆锥面、平面和空间表面。通过对表面的分析，选择加工方法，如钻削、镗削、铰削、铣削、车削、拉削、成形磨削、电火花成形加工和线切割加工等。内圆柱面表面多采用钻、扩、镗、铰、磨及电加工；外圆柱面多采用车削和磨削；非圆表面一般采用铣削、磨削和电蚀加工。对于孔来说，在选择加工方法时，还要考虑大孔、小孔、通孔、不通孔、深孔和浅孔等因素。

通常情况下，同一种表面可以用多种加工方法获得，但是，在选择加工方法时，要对加工方法进行比较，主要是经济性。选择的原则是，在满足模具工作件使用要求的前提下，选择最方便获得，生产成本最低的加工方法。

2. 零件的技术要求分析　零件的技术要求包括尺寸精度、形状精度、位置精度、表面粗糙度、热处理要求以及零件材料等。分析技术要求是为了选择加工手段。与加工方法的选择一样，获得同一种精度的手段有多种，但是，不同的加工手段的成本却不一样，在模具制造过程中，并不是制造精度越高越好，在满足使用的前提下，往往选择低一级精度更符合零件制造的经济性要求。

3.5.2　模具工作零件的工艺路线

模具工作零件的工艺路线是指根据工作零件的设计要求，确定在加工过程中，所需要的工序、设备、工艺装备和相关部门等。它是指导工作件加工流程的工艺文件，一般以卡片的形式标明加工过程中所需要的每一道工序、顺序及完成的加工内容。不同的模具工作件，由于用途不同，其形状和技术要求就不同，加工方法和手段也就不一样，因此，就具有不同的工艺路线。在工艺路线设计时，一般要多设计几种方案，然后进行比较，选择最合理、最经济的方案作为工艺设计的依据。

例2　以图3-66所示为例介绍冲裁模凹模的工艺路线。在拟订工艺路线时，要多准备几套方案，供比较时选择。对于图示零件准备了以下三种方案，然后通过分析选择一种最佳方案。

方案一：备料→外形加工→磨平面（磨基准平面）→钳工划线、钻孔、攻螺纹→粗、精铣/车/镗型孔→热处理→磨平面→钳工修整。

方案二：备料→外形加工→磨平面（磨基准平面）→钳工划线、钻孔、攻螺纹→粗铣/车/镗型孔→热处理→磨平面（磨基准平面）→精磨型孔和定位销孔。

方案三：备料→外形加工→磨平面（磨基准平面）→钳工划线、钻孔、攻螺纹→热处理→磨平面（磨基准平面）→电加工型孔、销孔（在电加工中由于凹模都是通孔，应首选线切割加工，若选电火花穿孔加工，会因制造工件电极而增加成本）。

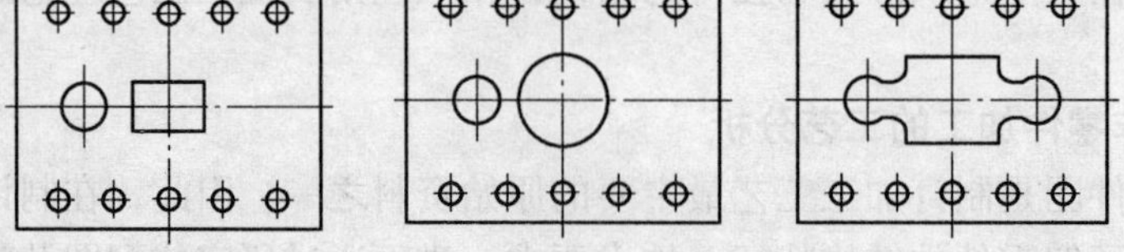

图3-66　冲裁凹模

从以上的三种方案可以看出：

1）模具型孔的形状不同，所采用的手段也不同。方案一、方案二的方孔和圆弧过渡部分采用铣削加工，圆孔则采用车床、镗床或者铣床镗孔。

2）采用的加工手段不同，工艺路线也不同。

3）热处理工序的位置安排要合理。方案一的热处理工序安排在型孔精加工之后，免不了变形。方案二和方案三的型孔、销孔均安排在最后成形之前，避免了因热处理造成的变形，使模具的制造精度得以提高。

4）方案三的工艺最简单，而且适合各种形状的冲裁模，这是目前采用最多的工艺路线方案。

在加工顺序的安排过程中，模具工作件的加工顺序一样遵从“先粗后精，先主后次，基面先行，先面后孔”的工艺原则。

模具工作零件都是单件生产，形状复杂，精度要求高，因此在安排工序内容时，要特别考虑工序集中原则，尽量减少装夹次数，尤其是大型模具，吊装、找正都非常困难。如果采用数控加工，工序集中显得尤为重要。

例 3 图 3-67 所示是一冲裁模的凹模的零件图简图，试根据图中要求设计其工艺路线及工艺过程。

（1）凹模的工艺路线：备料（锻造）→铣削六方→磨两平面（100×90）→钳工：划线、加工螺纹孔、钻销孔和型孔的穿丝孔→热处理→精磨六面→线切割销孔、型孔→研磨刃口→检验、防锈、入库。

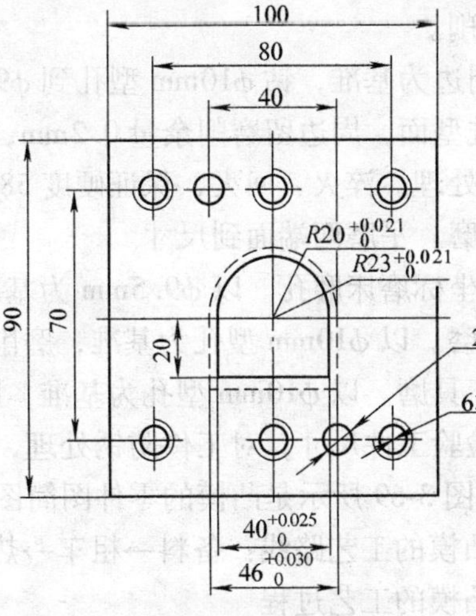

图 3-67 冲裁模凹模简图

（2）凹模的工艺过程

1）备料。材料为 Gr12，毛坯尺寸为 105mm×105mm×35mm。

①下料。将轧制的板料在锯床上切断，其尺寸为毛坯尺寸（折重量）+7%的锻造烧损量。

②锻造。锻造应符合毛坯尺寸。应进行锻造后退火处理以消除内应力。

2）铣六方。铣周边，保证四角垂直。两平面留磨削余量 0.3～0.5mm。

3）平磨。将两平面磨光。

4）钳工。划线、钻 6×M8 底孔、攻螺纹。钻孔 $2\times\phi8^{+0.012}_{0}$mm 销孔的穿丝孔和型腔穿丝孔（$\phi$5mm）。

5）热处理。淬火、回火，保证硬度在 58～62HRC。

6）平磨。平磨两面符合图样要求；平磨四周，保证四角垂直（定位基准，精密模具加工时采用）。

7）线切割。线切割型孔和两销孔，符合图样要求。

8）研磨。手工精研刃口。

9）检验工件尺寸，对工件进行防锈处理，入库。

例 4 图 3-68 所示是落料、冲孔复合模的凸凹模零件图简图，试根据图中要求设计其工艺路线及工艺过程。

（1）凸凹模的工艺路线：备料（锻造）→铣削六方→平磨→钳工划线→铣削：钻孔、粗铣型面→热处理→磨端面、磨型孔、磨型面→检验、入库。

（2）凸凹模的工艺过程

1）备料。材料为 Gr12，毛坯尺寸为 50mm×50mm×68mm。

①下料。用轧制的板料在锯床上切断，其尺寸为毛坯尺寸（重量）+7%烧损量。

②锻造。符合毛坯尺寸。应进行退火处理，以消除锻造后的内应力。

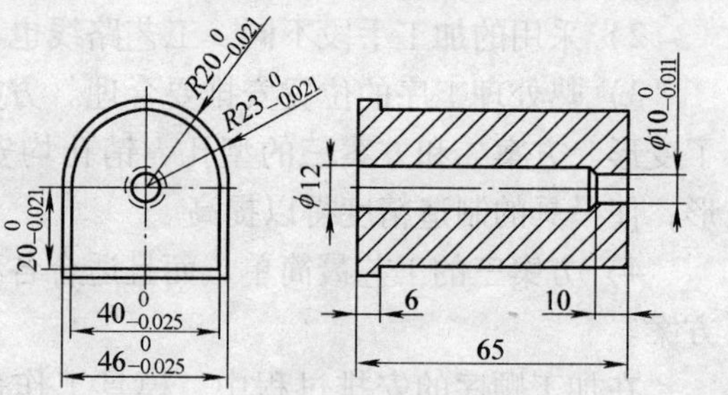

图 3-68　凸凹模零件简图

2）铣削。铣削六面，每面留磨削余量 0.2mm。

3）平磨。磨削六面，两端面磨光，保证六面垂直。

4）划线。按图样划线。

5）铣削。

①以周边为基准，钻 ϕ10mm 型孔到 ϕ9.5mm；钻 ϕ12mm 漏料孔到尺寸。

②粗铣型面，周边留磨削余量 0.2mm，铣台阶圆弧面到尺寸。

6）热处理。淬火、回火，保证硬度 58～62HRC。

7）平磨。平磨两端面到尺寸。

8）用坐标磨床磨孔。以 ϕ9.5mm 为基准找正，磨孔到尺寸。

9）平磨。以 ϕ10mm 型孔为基准，磨削三个平的型面和三个配合平面，磨至图样要求。

10）工具磨。以 ϕ10mm 型孔为基准，磨削圆弧型面和配合圆弧面，磨至图样要求。

11）检验工件尺寸，对工件防锈处理，入库。

例 5　图 3-69 所示是凸模的零件图简图，试根据图中要求设计其工艺路线及工艺过程。

（1）凸模的工艺路线：备料→粗车→热处理→磨外圆、磨端面→检验、入库。

（2）凸模的工艺过程

1）备料。材料为 Gr12，毛坯尺寸为 ϕ15×75mm。将轧制的圆棒在锯床上切断。

2）车削。粗车，留磨削余量 0.5mm，如图 3-70 所示。

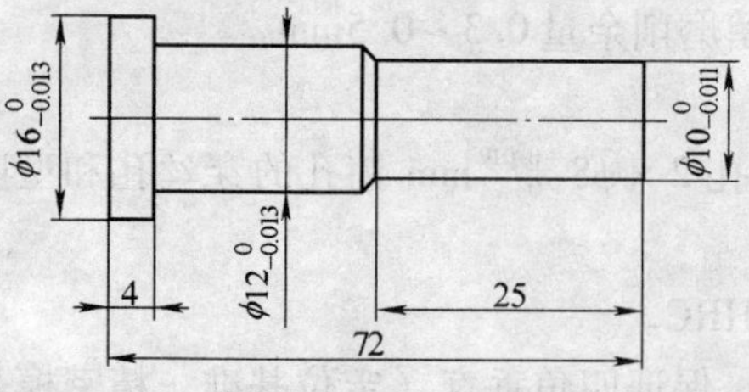

图 3-69　凸模零件简图

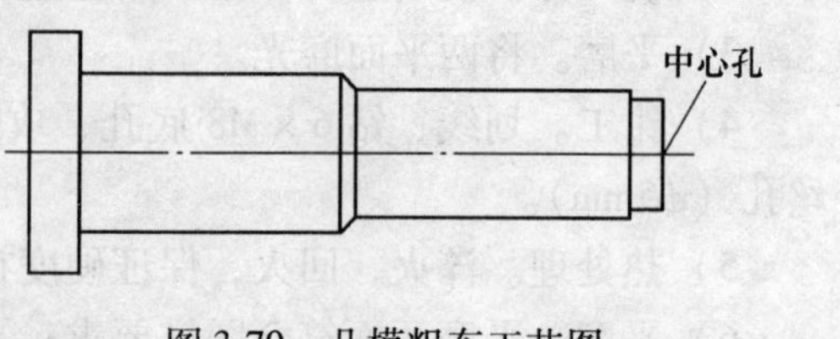

图 3-70　凸模粗车工艺图

3）热处理。淬火、回火，保证硬度在 58～62HRC。

4）磨外圆。用顶尖顶两端磨外圆，刃口端磨光并保留工艺顶针凸台，其余磨至图样要求。

5）去除工艺顶针凸台并磨平，保证总长度符合图样要求。

6）检验工件尺寸，对工件进行防锈处理，入库。

复习思考题

1. 模具零件的类型有哪些?
2. 夹具磨削法的原理是什么?
3. 成形磨削的种类有哪些?
4. 坐标磨床磨削加工的基本方法有哪些?
5. 仿形铣床的工作原理是什么?
6. 数控铣床进行三维形状加工的控制方式有哪些?
7. 型腔表面硬化的方法有哪几种?

第4章　特种加工

4.1　电火花加工

电火花加工又称放电加工（Electrical Discharge Machining，EDM），在20世纪40年代开始研究并逐步应用于生产。它是在加工过程中，使工具和工件之间不断产生脉冲性的火花放电，靠放电时局部、瞬时产生的高温把金属蚀除下来。因放电过程中可见到火花，故称之为电火花加工，日本、英国、美国称之为放电加工，前苏联及俄罗斯也称电蚀加工。

4.1.1　电火花加工的基本原理

1. 电火花加工的原理　电火花加工的原理是基于工具和工件（正、负电极）之间脉冲性火花放电时的电腐蚀现象来蚀除多余的金属，以达到对零件的尺寸、形状及表面质量预定的加工要求。

电火花腐蚀的主要原因是，电火花放电时火花通道中瞬时产生大量的热，达到很高的温度，足以使任何金属材料局部熔化、汽化而被蚀除掉，形成放电凹坑。要达到这一目的，必须创造条件，解决下列问题：

1）必须使工具电极和工件被加工表面之间经常保持一定的放电间隙，这一间隙随加工条件而定，通常约为几微米至几百微米。如果间隙过大，极间电压不能击穿极间介质，因而不会产生火花放电；如果间隙过小，很容易形成短路接触，同样也不能产生火花放电。为此，在电火花加工过程中必须具有工具电极的自动进给和调节装置，使工具电极和工件保持一定的放电间隙。

2）火花放电必须是瞬时的脉冲性放电，放电延续一段时间后，需停歇一段时间，放电延续时间一般为1～1000μs。这样才能使放电所产生的热量来不及传导扩散到其余部分，把每一次的放电蚀除点分别局限在很小的范围内；否则，像持续电弧放电那样，会使表面烧伤。为此，电火花加工必须采用脉冲电源。图4-1所示为脉冲电源的空载电压波形。

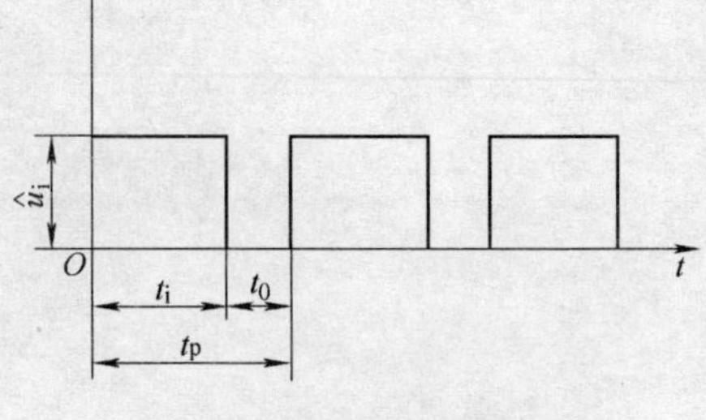

图4-1　脉冲电源空载电压波形
t_i—脉冲宽度　t_0—脉冲间隙
t_p—脉冲周期　$\hat{u}_i$—脉冲峰值或空载电压

3）火花放电必须在有一定绝缘性能的液体介质中进行，如煤油、皂化液或去离子水等。液体介质又称工作液，它们必须具有较高的电阻率（10^3～$10^7\Omega\cdot cm$），以有利于产生脉冲性的火花放电。同时，液体介质还能把电火花加工过程中产生的金属小屑、炭黑等电蚀产物从放电间隙中排除，对电极和工件表面也有较好的冷却作用。

以上这些问题的综合解决，是通过图4-2所示的电火花加工系统来实现的。工件1与工具电极4分别与脉冲电源2的两输出端相连接。自动进给调节装置3（此处为电动机及丝杆螺母机构）使工具和工件间经常保持一很小的放电间隙，当脉冲电压加到两极之间，便在当时条件下相对某一间隙最小处或绝缘强度最低处击穿介质，在该局部产生火花放电，瞬时高温使工具和工件表面都蚀除掉一小部分金属，各自形成一个小凹坑，如图4-3所示。图4-3a表示单个脉冲放电后的电蚀坑；图4-3b表示多次脉冲放电后的电极表面。脉冲放电结束后，经过一个脉冲间隔 t_o，使工作液恢复绝缘后，第二个脉冲电压又加到两极上，又会在当时极间距离相对最近或绝缘强度最弱处击穿放电，又电蚀出一个小凹坑。这样随着相当高的频率，连续不断地重复放电，工具电极不断地向工件进给，就可将工具的形状复制在工件上，加工出所需要的零件。加工后的表面是由无数个小凹坑所组成。

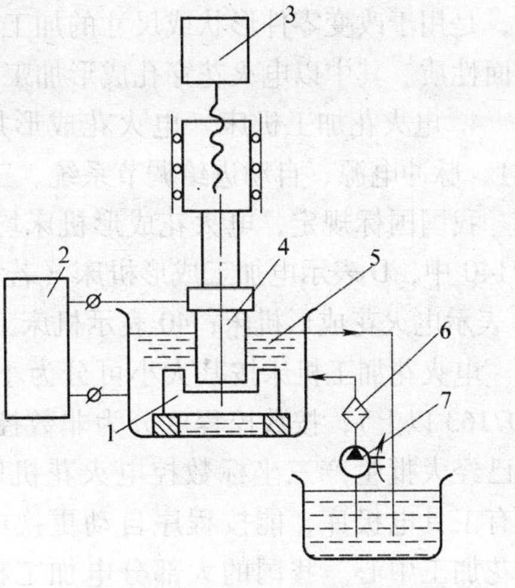

图4-2　电火花加工系统示意图

1—工件　2—脉冲电源　3—自动进给调节装置　4—工具电极　5—工作液　6—过滤器　7—工作液液泵

2. 电火花加工的特点及其应用

（1）主要优点

1）适合于任何难切削材料的加工。突破传统切削加工对刀具的限制，可以实现用软的工具加工硬韧的工件，甚至可以加工像聚晶金刚石、立方氮化硼一类的超硬材料。目前电极材料多采用纯铜（俗称紫铜）或石墨，因此工具电极较容易加工。

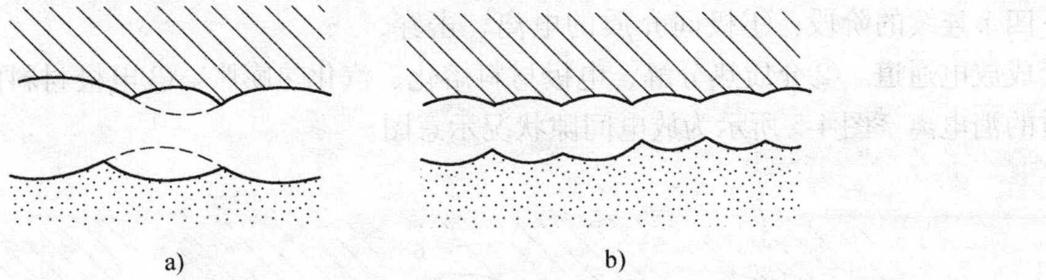

a)　　b)

图4-3　电火花加工表面局部放大图

2）可以加工特殊及复杂形状的表面和零件。由于可以简单地将工具电极的形状复制到工件上，因此特别适用于复杂表面形状工件的加工，如复杂型腔模具加工等。

（2）电火花加工的局限性

1）主要用于加工金属等导电材料，但在一定条件下也可以加工半导体和非导体材料。

2）一般加工速度较慢。因此，通常安排工艺时多采用切削加工来去除大部分余量，然后再进行电火花加工以求提高生产率。但最近已有新的研究成果表明，采用特殊水基不燃性工作液进行电火花加工，其生产率不亚于切削加工。

3）存在电极损耗。由于电极损耗多集中在尖角或底面，影响成形精度。但近年来粗加工时已能将电极相对损耗比降至0.1%以下，甚至更小。

3. 电火花加工工艺方法分类　按工具电极和工件相对运动的方式和用途的不同，大致可分为电火花穿孔成形加工、电火花线切割、电火花磨削和镗磨、电火花同步共轭回转加工、电火花高速小孔加工、电火花表面强化与刻字六大类。前五类属电火花成形、尺寸加工，是用于改变零件形状或尺寸的加工方法；后者则属表面加工方法，用于改善或改变零件表面性质。其中以电火花穿孔成形加工和电火花线切割应用最为广泛。

4. 电火花加工机床　电火花成形加工机床主要由主机（包括自动调节系统的执行机构）、脉冲电源、自动进给调节系统、工作液循环系统组成。

我国国标规定，电火花成形机床均用 D71 加上机床工作台面宽度的 1/10 表示。例如，D7140 中，D 表示电加工成形机床（若该机床为数控电加工机床，则在 D 后加 K，即 DK)；71 表示电火花成形机床；40 表示机床工作台的宽度为 400mm。

电火花加工机床按其大小可分为小型（D7125 以下)、中型（D7125 ~ D7163）和大型（D7163 以上)；按数控程度分为非数控、单轴数控和三轴数控。随着科学技术的进步，国外已经大批生产三坐标数控电火花机床，以及带有工具电极库，能按程序自动更换电极的电火花加工中心。我国的大部分电加工机床厂现在也正开始研制生产三坐标数控电火花加工机床。

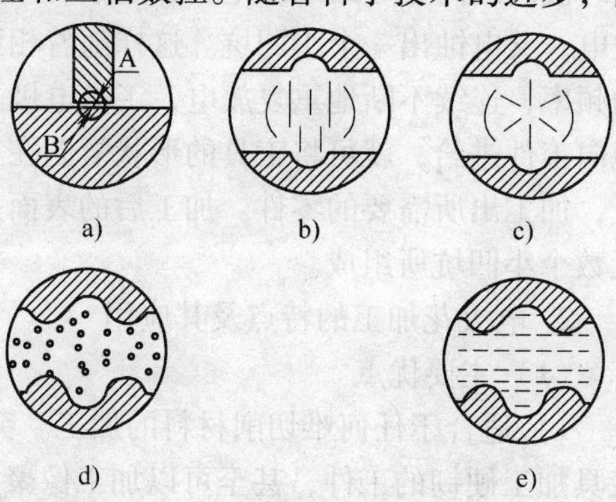

图 4-4　电火花加工机理

4.1.2　电火花加工机理

火花放电时，电极表面的金属材料究竟是怎样被蚀除下来的，这一微观的物理过程即所谓电火花加工的机理，也就是电火花加工的物理本质，如图 4-4 所示。这一过程大致可分为以下四个连续的阶段：①极间介质的电离、击穿，形成放电通道。②介质热分解、电极材料熔化、汽化热膨胀。③电极材料的抛出。④极间介质的消电离。图 4-5 所示为放电间隙状况示意图。

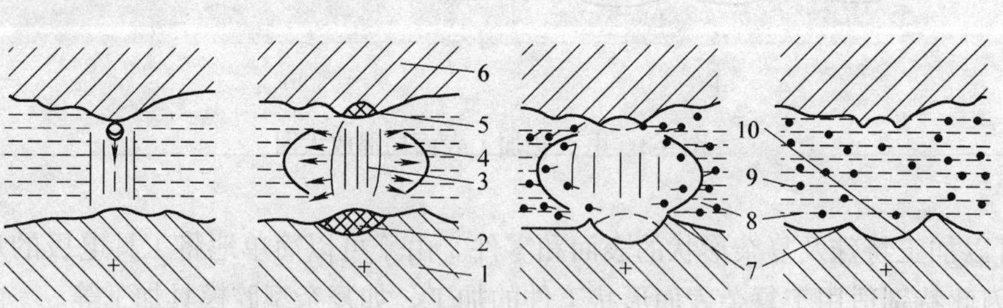

图 4-5　放电间隙状况示意图

a）在间隙最小处形成放电通道　b）在间隙最小处放电

c）放电腐蚀后形成的翻边凸起　d）放电结束后的间隙状态

1—正极　2—从正极上熔化并抛出金属的区域　3—放电通道　4—气泡　5—在负极上熔化并抛出金属的区域　6—负极　7—翻边凸起　8—在工作液中凝固的微粒　9—工作液　10—放电形成的凹坑

1. 极间介质的电离、击穿，形成放电通道　如图 4-4a，当约 80V 的脉冲电压施加于工具电极与工件之间时，两极之间立即形成一个电场。电场强度与电压成正比，与距离成反比，即随着极间电压的升高或是极间距离的减小，极间电场强度也将随着增大。由于工具电极和工件的微观表面是凸凹不平的，极间距离又很小，因而极间电场强度是很不均匀的，两极间离得最近的突出点或尖端处的电场强度一般为最大，如图4-4a所示的A、B两点间。

工具电极与工件电极之间充满着液体介质，液体介质中不可避免地含有杂质及自由电子，它们在强大的电场作用下，形成了带负电的粒子和带正电的粒子，电场强度越大，带电粒子就越多，最终导致液体介质电离、击穿，形成放电通道。放电通道是由大量高速运动的带正电和带负电的粒子以及中性粒子组成的。由于通道截面很小，通道内因高温热膨胀形成的压力高达几万帕，通道中心的温度可达10000℃，高压高温的放电通道以及随后瞬时汽化形成的气体（以后发展成气泡）急速扩展，并产生一个强烈的冲击波向四周传播。在放电过程中，同时还伴随着一系列派生现象，其中有热效应、电磁效应、光效应、声效应及频率范围很宽的电磁波辐射和局部爆炸冲击波等。这些效应造成的宏观效果就是我们看到的电火花。

2. 介质热分解，电极材料熔化，气化热膨胀　如图4-4b、c所示，极间介质一旦被电离、击穿，形成放电通道后，脉冲电源使通道间的电子高速奔向正极，正离子奔向负极。电能变成动能，动能通过碰撞又转变为热能。于是在通道内，正极和负极表面分别成为瞬时热源，分别达到很高的温度。通道高温首先把工作液介质汽化，进而热裂分解气化。例如，如煤油等碳氢化合物工作液，高温裂解后各种气体含量（体积分数）为H_2约占40%、C_2H_2约占30%、CH_4约占15%、C_2H_4约占10%和游离碳等；水基工作液则热分解为H_2、O_2的分子甚至原子等。正负极表面的高温除使工作液汽化、热分解气化外，也使金属材料熔化，直至沸腾汽化。这些汽化后的工作液和金属蒸气，瞬时间体积猛增，迅速热膨胀，就像火药、爆竹点燃后那样具有爆炸的特性。观察电火花加工过程，可以见到放电间隙间冒出很多小气泡，工作液逐渐变黑，并能听到轻微而清脆的爆炸声。

3. 电极材料的抛出　如图4-4d所示，通道和正负极表面放电点瞬时高温使工作液汽化和金属材料熔化、汽化，热膨胀产生很高的瞬时压力。通道中心的压力最高，使汽化了的气体体积不断向外膨胀，形成一个扩张的“气泡”。气泡上下、内外的瞬时压力并不相等，压力高处的熔融金属液体和蒸气，就被排挤、抛出而进入工作液中。仔细观察电火花加工，可以看到桔红色的火花四溅，这就是被抛出的高温金属熔滴和碎屑。

4. 极间介质的消电离　如图4-4e所示，随着脉冲电压的结束，脉冲电流也迅速降为零，标志着一次脉冲放电结束。但此后仍应有一段间隔时间，使间隙介质消电离，即放电通道中的带电粒子复合为中性粒子，恢复本次放电通道处间隙介质的绝缘强度，以免总是重复在同一处发生放电而导致电弧放电，这样可以保证按两极相对最近处或电阻率最小处形成下一击穿放电通道。

上述四步骤在1s内约数千次甚至数万次地往复式进行，即单个脉冲放电结束，经过一段时间间隔（即脉冲间隔）使工作液恢复绝缘后，第二个脉冲又作用到工具电极和工件上，又会在极间距离相对最近或绝缘强度最弱处击穿放电，蚀出另一个小凹坑。这样以相当高的频率连续不断地放电，工件不断地被蚀除，故工件加工表面将由无数个相互重叠的小凹坑组成。

4.1.3　电火花加工的工艺规律

1. 影响材料放电腐蚀的主要因素　电火花加工过程中，材料被放电腐蚀的规律是十分复杂的综合性问题。研究影响材料放电腐蚀的因素，对于应用电火花加工方法，提高电火花加工的生产率，降低工具电极的损耗是极为重要的。这些主要因素有：

（1）极性效应：在电火花加工过程中，无论是正极还是负极，都会受到不同程度的电蚀，但其电蚀量也是不同的。这种单纯由于正、负极性不同而彼此电蚀量不一样的现象叫做极性效应。如果两电极材料不同，则极性效应更加复杂。在生产中，通常把工件接脉冲电源的正极（工具电极接负极）时，称“正极性”加工；反之，工件接脉冲电源的负极（工具电极接正极）时，称“负极性”加工，又称“反极性”加工。图4-6和图4-7所示分别为正极性加工和负极性加工。

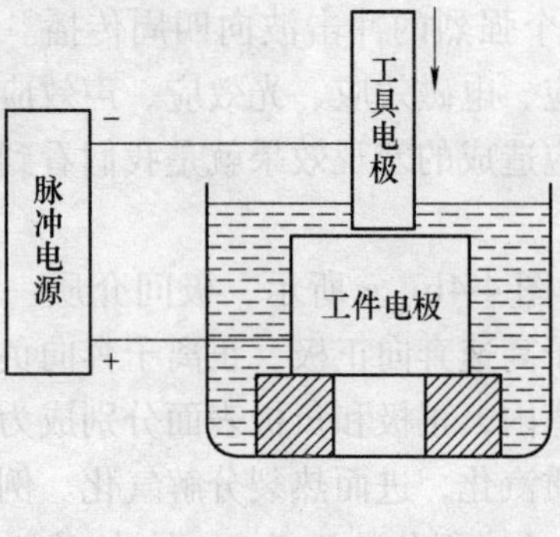

图4-6　正极性加工

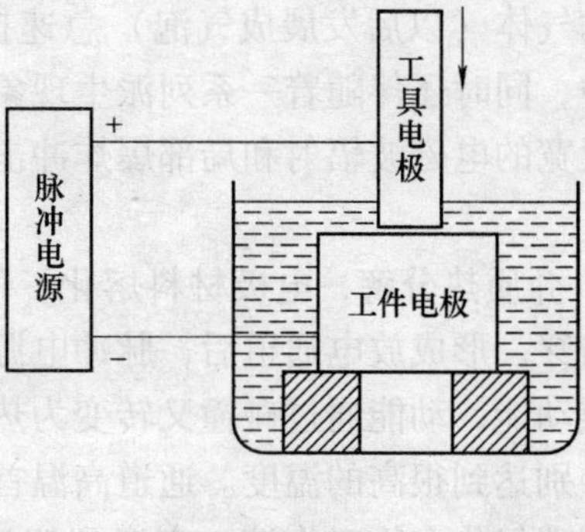

图4-7　负极性加工

为了充分地利用极性效应，最大限度地降低工具电极的损耗，应合理选用工具电极的材料，根据电极对材料的物理性能和加工要求选用最佳的电参数。正确地选用极性，使工件的蚀除速度最高，工具损耗尽可能小。

（2）电参数对电蚀量的影响：电参数主要是指脉冲宽度 t_i、脉冲间隔 t_0、峰值电流 I_p。电参数又称电规准。

单个脉冲能量与平均放电电压、平均放电电流和脉冲宽度成正比。在实际加工中，其中击穿后的放电电压与电极材料及工作液种类有关，而且在放电过程中变化很小，所以单个脉冲能量的大小主要取决于平均放电电流和脉冲宽度的大小。

由此可见，要提高电蚀量，应增加平均放电电流、脉冲宽度及提高脉冲频率。但在实际生产中，这些因素往往是相互制约的，并影响到其他工艺指标，应根据具体情况综合考虑。

（3）金属材料热学常数对电蚀量的影响：所谓热学常数，是指熔点、沸点（汽化点）、热导率、比热容、熔化热、汽化热等。

每次脉冲放电时，通道内及正、负电极放电点都瞬时获得大量热能。而正、负电极放电点所获得的热能，除一部分由于热传导散失到电极其他部分和工作液中外，其余部分将依次消耗在：①使局部金属材料温度升高直至达到熔点，而每克金属材料升高1℃（或1K）所需之热量即为该金属材料的比热容。②每熔化1g材料所需之热量即为该金属的熔化热。③使熔化的金属液体继续升温至沸点。④使熔融金属汽化，每汽化1g材料所需的热量称为该金属的汽化热。⑤使金属蒸气继续加热成过热蒸气，每克金属蒸气升高1℃所需的热量为该蒸气的比热容。

图4-8所示为在相同放电电流情况下，铜和钢两种材料的电蚀量与脉冲宽度的关系。从

图中可以看出，当采用不同的工具、工件材料时，选择脉冲宽度在t_i'附近时，再加以正确选择极性，既可以获得较高的生产率，又可以获得较低的工具损耗，有利于实现“高效低损耗”加工。

（4）工作液对电蚀量的影响：在电火花加工过程中，工作液的作用是形成火花击穿放电通道，并在放电结束后迅速恢复间隙的绝缘状态；对放电通道产生压缩作用；帮助电蚀产物的抛出和排除；对工具、工件有冷却作用。因而对电蚀量也有较大的影响。介电性能好、密度和粘度大的工作液有利于压缩放电通道，提高放电的能量密度，强化电蚀产物的抛出效应，但粘度太大不利于电蚀产物的排出，影响正常放电。目前电火花成形加工主要采用油类工作液。粗加工时脉冲能量大、加工间隙也较大、爆炸排屑抛出能力强，往往选用介电性能、粘度较大的全损耗系统用油（即机油），且全损耗系统用油的燃点较高，大能量加工时着火燃烧的可能性小；而在中、精加工时放电间隙小，排屑比较困难，故一般均选用粘度小、流动性好、渗透性好的煤油作为工作液。

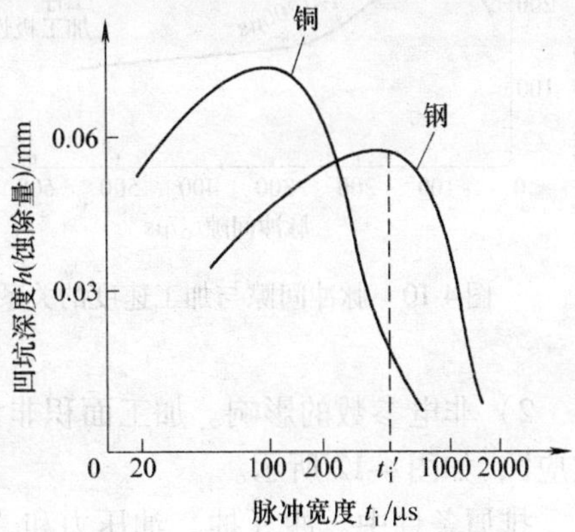

图 4-8　不同材料加工时蚀除量

2. 加工速度和电极损耗　电火花加工时，工具和工件同时遭到不同程度的电蚀。单位时间内工件的电蚀量称之为加工速度，亦即生产率；单位时间内工具的电蚀量称之为损耗速度。它们是一个问题的两个方面。

（1）加工速度：一般采用体积加工速度 v_w（mm^3/min）来表示，即被加工掉的体积 V 除以加工时间 t

$$v_w = V/t \tag{4-1}$$

有时为了测量方便，也采用质量加工速度 v_m 来表示，单位为 g/min。

影响加工速度的因素分电参数和非电参数两类。电参数主要是脉冲电源输出波形与参数；非电参数包括加工面积、深度、工作液种类、冲油方式、排屑条件及电极材料和形状。

1）电规准的影响。即脉冲宽度、脉冲间隔和峰值电流对加工速度的影响。

脉冲宽度增加，单个脉冲能量增大，使加工速度提高。但过度提高后，会导致蚀除物增多，排气排屑条件好，加工稳定性变差，加工速度反而下降，如图 4-9 所示。

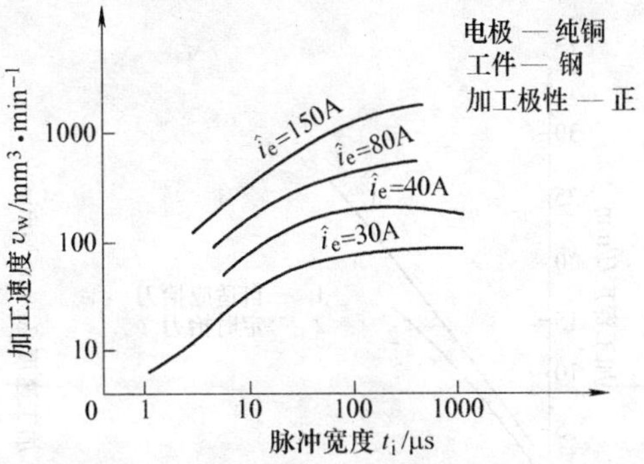

图 4-9　脉冲宽度与加工速度的关系

脉冲宽度一定的情况下，脉冲间隔减小会使单位时间内工作脉冲数目增多，加工电流增大，故加工速度提高。但脉冲宽度过小时，会因放电间隙来不及消电离引起加工稳定性变差，加工速度反而降低，如图 4-10 所示。

峰值电流增加，单个脉冲能量增加，加工速度提高。但若峰值电流过大，排屑不畅，加工速度反而下降。同时，工件表面粗糙度增加，如图 4-11 所示。

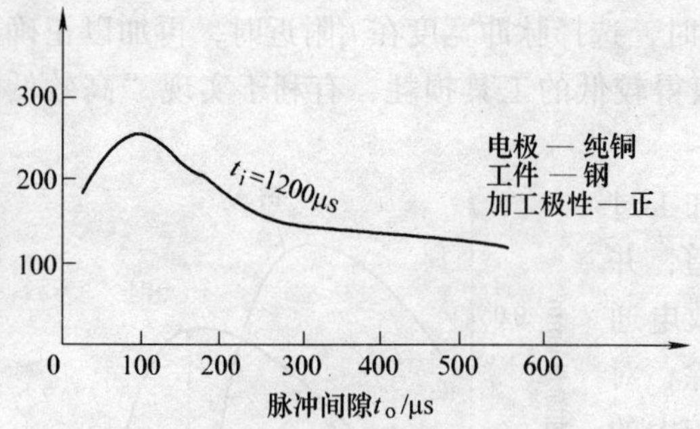

图 4-10　脉冲间隙与加工速度的关系

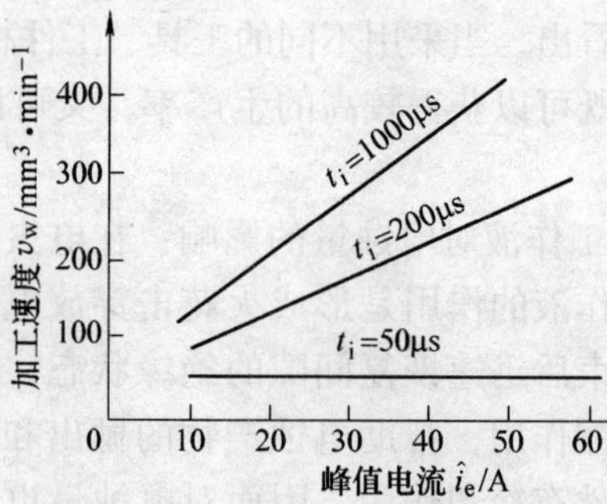

图 4-11　峰值电流与加工速度的关系

2）非电参数的影响。加工面积非常小时，对加工速度影响很大，这种现象也叫“面积效应”，如图 4-12 所示。

排屑条件中，冲（抽）油压力和“抬刀”对加工速度均有影响，如图 4-13、图 4-14 所示。“抬刀”是指为了使放电间隙中的电蚀物迅速排除，电极经常性的抬起的动作。目前大多数电火花都采用了自适应抬刀。

纯铜和石墨电极与极性对加工速度的影响如图 4-15 所示。

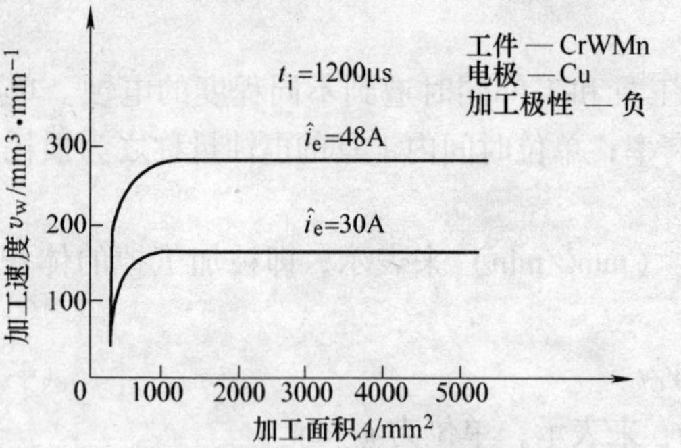

图 4-12　加工面积与加工速度的关系

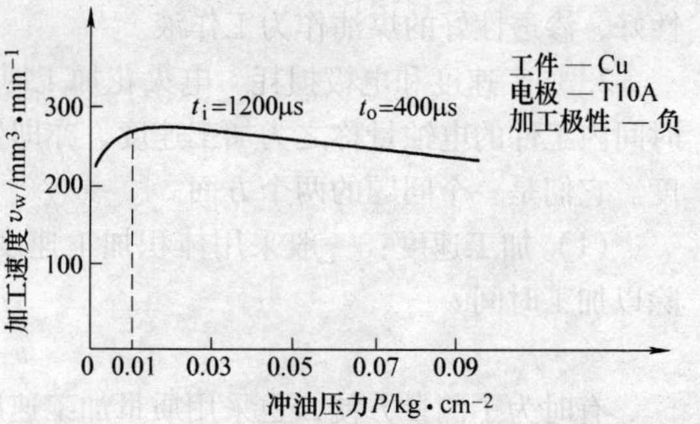

图 4-13　冲油压力与加工速度的关系

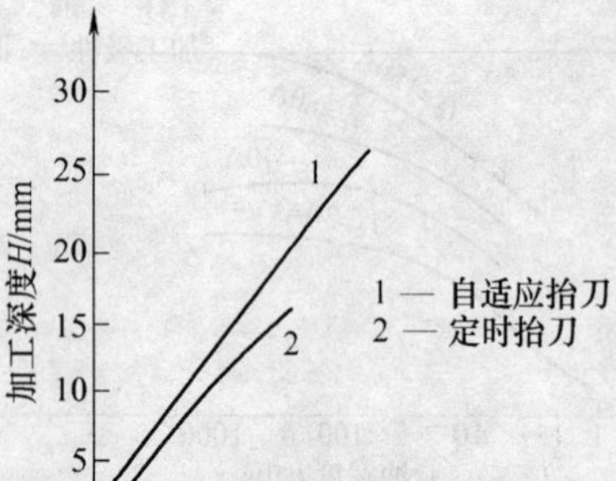

图 4-14　抬刀方式与加工速度的关系

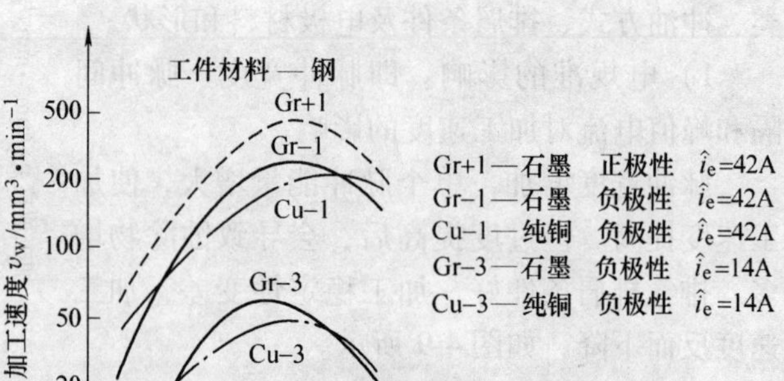

图 4-15　电极材料和加工极性对加工速度的影响

（2）工具电极损耗；在生产实际中用来衡量工具电极是否耐损耗，不只是看工具损耗

速度 v_E，还要看同时能达到的加工速度 v_w，因此，采用相对损耗或称损耗比 θ 作为衡量工具电极耐损耗的指标，即

$$\theta = v_E / v_w \times 100\% \tag{4-2}$$

上式中的加工速度 v_w 和工具损耗速度 v_E 若均以 mm^3/min 为单位计算，则 θ 为体积相对损耗；v_w 和 v_E 以 g/min 为单位计算，则 θ 为质量相对损耗。

在电火花加工过程中，降低工具电极的损耗具有重大意义。为了降低工具电极的相对损耗，必须很好地利用电火花加工过程中的各种效应，这些效应主要包括极性效应、吸附效应、传热效应等，这些效应又是相互影响，综合作用的。

1）电规准的影响。最重要的是正确选择极性和脉冲宽度。一般在短脉冲精加工时采用正极性加工，而在长脉冲粗加工时则采用负极性加工。人们曾对不同脉冲宽度和加工极性的关系做过许多试验，得出了如图 4-16 所示的试验曲线。

脉冲宽度一定，峰值电流不同，电极损耗也不同。图 4-17 所示为纯铜电极加工钢时，电极损耗随峰值电流的变化情况。由此可见，减小峰值电流有利于降低电极损耗。

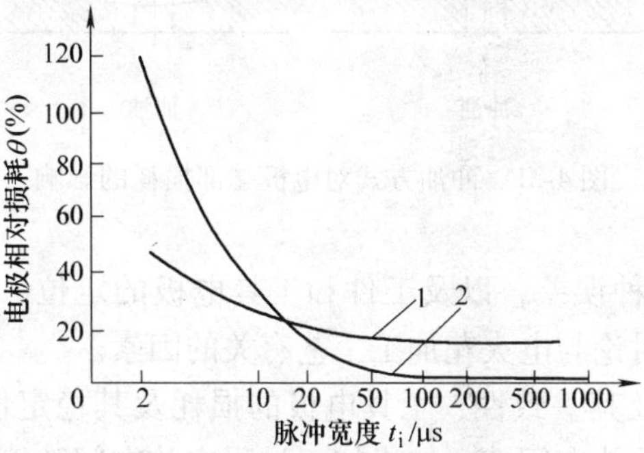

图 4-16　电极相对损耗与极性、脉冲宽度的关系

1—正极性加工　2—负极性加工

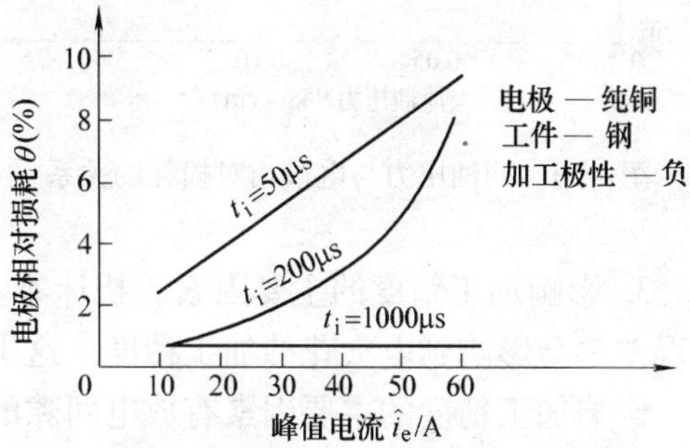

图 4-17　峰值电流与电极相对损耗的关系

脉冲宽度一定时，随着脉冲间隔的增加，使电极上的吸附效应减少，电极损耗增大。如图 4-18 所示为吸附效应，即如果电极表面瞬时温度为 400℃左右，且能保持一定时间，即能形成一定强度和厚度的化学吸附炭层，通常称之为炭黑膜，由于炭的熔点和汽化点很高，可对电极起到保护和补偿作用，从而实现“低损耗”加工。但脉冲间隔过小时，容易引起加工不稳定。

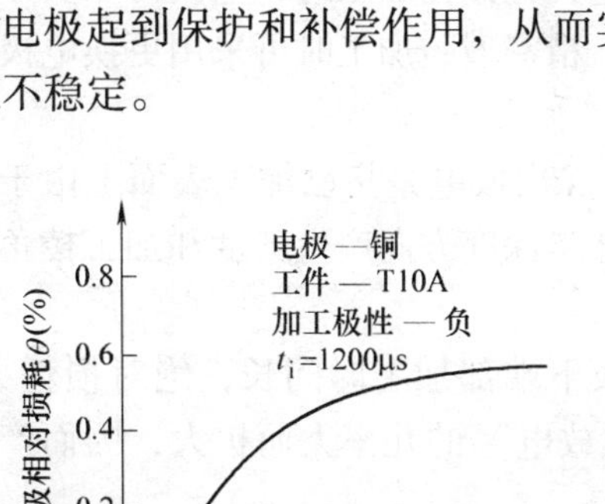

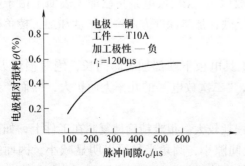

图 4-18　脉冲间隙与电极相对损耗的关系

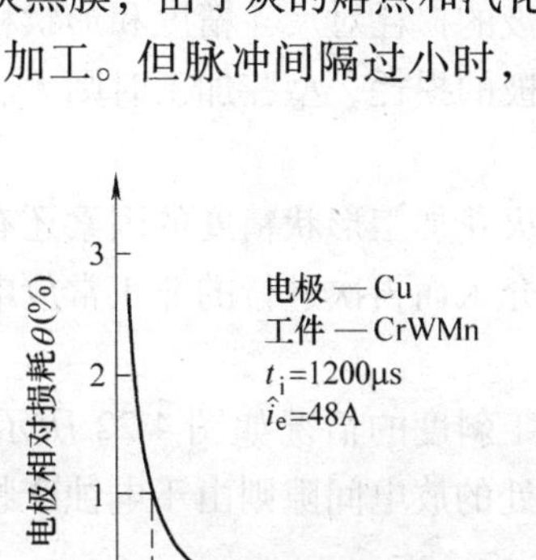

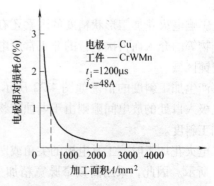

图 4-19　加工面积与电极相对损耗的关系

2）其他影响因素。如加工面积、排屑以及电极的结构尺寸和材料对电极损耗都有影响。加工面积过小时，电极损耗急剧增加，如图 4-19 所示。

冲油、抽油压力大时，减少了电极的吸附效应，从而相对损耗过大。另外，不同的电极材料对冲油、抽油敏感程度也不一样，如图 4-20 所示。

冲油、抽油对电极不同区域的影响也不一致，如图 4-21 所示。此时，可以在设计电极时考虑一定的补偿。同一电极的长度相对损耗大小顺序为角损耗 > 边损耗 > 端面损耗。不同电极材料之间的损耗关系为银钨合金 > 铜钨合金 > 石墨（粗规准） > 纯铜 > 钢 > 铸铁 > 黄铜 > 铝。

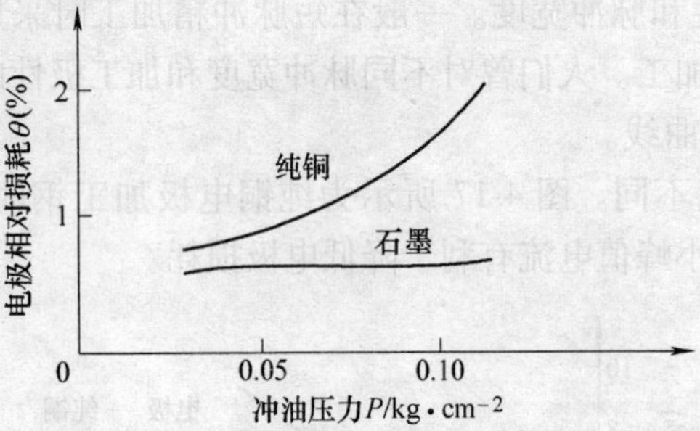

图 4-20　冲油压力与电极相对损耗的关系

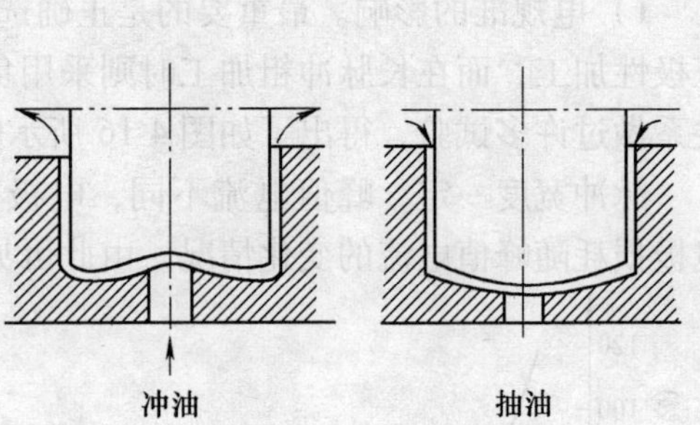

图 4-21　冲油方式对电极端部损耗的影响

3. 影响加工精度的主要因素　机床本身的各种误差，以及工件和工具电极的定位、安装误差都会影响到电火花的加工精度。这里主要讨论与电火花加工工艺有关的因素。

影响加工精度的主要因素有放电间隙的大小及其一致性，工具电极的损耗及其稳定性。电火花加工时，工具电极与工件之间存在着一定的放电间隙，如果加工过程中放电间隙能保持不变，则可以通过修正工具电极的尺寸对放电间隙进行补偿，以获得较高的加工精度。然而，放电间隙的大小实际上是变化的，影响着加工精度。

除了间隙能否保持一致性外，间隙大小对加工精度也有影响，尤其是对复杂形状的加工表面，棱角部位电场强度分布不均，间隙越大，影响越严重。精加工的放电间隙一般只有 0.05～0.1mm（单面），而在粗加工时则可达 0.5mm 以上。

工具电极的损耗对尺寸精度和形状精度都有影响。电火花穿孔加工时，电极可以贯穿型孔而补偿电极的损耗，型腔加工时则无法采用这一方法，精密型腔加工时可采用更换电极的方法。

影响电火花加工形状精度的因素还有“二次放电”。二次放电是指已加工表面上由于电蚀产物等的介入而再次进行的非正常放电，集中反映在加工深度方向产生斜度和加工棱角棱边变钝区域。

产生加工斜度的情况如图 4-22 所示。由于工具电极下端部加工时间长，绝对损耗大，而电极入口处的放电间隙则由于电蚀产物的存在，“二次放电”的几率大而扩大，因而产生了加工斜度。

电火花加工时，工具电极的尖角或凹角由于损耗较大，很难精确地复制在工件上，如图 4-23 所示。因此，采用高频窄脉宽精加工，放电间隙小，圆角半径可以明显减小，因而提高了仿形精度，可以获得圆角半径小于 0.01mm 的尖棱。

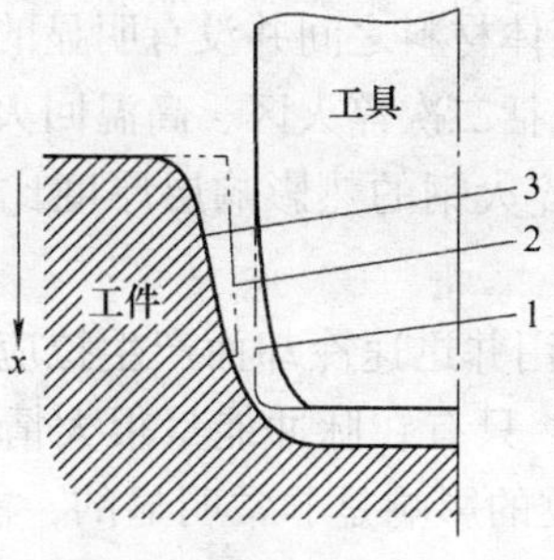

图 4-22　电火花加工时的斜度

1—电极无损耗时的工具轮廓线　2—电极有损耗而不考虑二次放电时的工具轮廓线　3—实际工件轮廓线

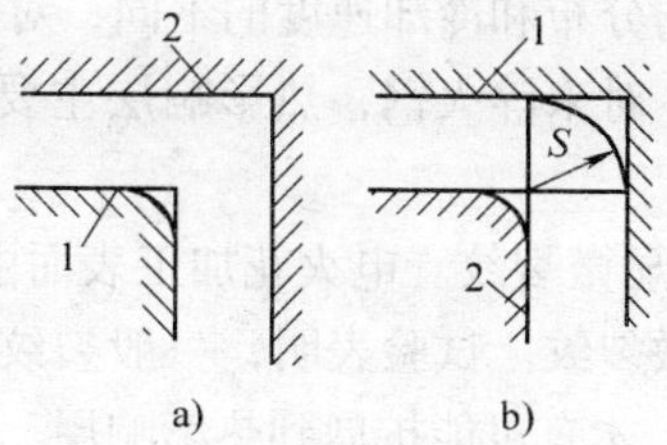

图 4-23　电火花加工时的尖角变圆

a）加工外形时工件尖角变圆的情形

b）加工内孔时工件尖角变圆的情形

1—工件　2—工具

4. 影响表面粗糙度的主要因素　电火花加工的表面质量主要包括表面粗糙度、表面变质层和表面力学性能三部分。

（1）表面粗糙度：电火花加工表面和机械加工的表面不同，它是由无方向性的无数凹坑和凸边所组成，特别有利于保存润滑油。在相同的表面粗糙度和有润滑油的情况下，表面的润滑性能和耐磨损性能均比机械加工表面好。

电火花加工的表面粗糙度和加工速度之间存在着很大的矛盾。例如，从 $Ra=2.5\mu m$ 提高到 $Ra=1.25\mu m$，加工速度要下降到原速度的 5%～10%。目前，电火花穿孔加工侧面的最佳表面粗糙度 $Ra=1.25\sim0.32\mu m$，电火花成形加工加平动或摇动后最佳表面粗糙度 $Ra=0.63\sim0.04\mu m$，而类似电火花磨削的加工方法，其表面粗糙度 Ra 可低于 $0.04\sim0.02\mu m$，这时加工速度很低。因此，一般电火花加工到 $Ra=2.5\sim0.63\mu m$ 之后采用其他研磨方法改善其表面粗糙度比较经济。

工件材料对加工表面粗糙度也有影响，熔点高的材料（如硬质合金），在相同能量下加工的表面粗糙度要比熔点低的材料（如钢）好，然而，加工速度也会相应下降。

精加工时，工具电极的表面粗糙度也会影响到加工粗糙度。由于石墨电极很难加工到非常光滑的表面，因此用石墨电极的加工表面粗糙度较差。

图 4-24　电火花加工后的表面变化层

（2）表面变质层：电火花加工过程中，在火花放电的瞬时高温和工作液的快速冷却作用下，材料的表面层发生了很大的变化，粗略地可把它分为熔化凝固层和热影响层，如图 4-24 所示。

1）熔化凝固层。位于工件表面最上层，它被放电时瞬时高温熔化而又滞留下来，受工作液快速冷却而凝固。对于碳钢来说，熔化层在金相照片上呈现白色，故又称之为白层。它与基体金属完全不同，是一种树枝状的淬火铸造组织，与内层的结合也不甚牢固。它由马氏体、大量晶粒极细的残余奥氏体和某些碳化物组成。熔化层的厚度随脉冲能量的增大而变厚，一般不超过 0.1mm。

2）热影响层。它介于熔化凝固层和基体之间。热影响层的金属材料并没有熔化，只是受到高温的影响，使材料的金相组织发生了变化，它和基体材料之间并没有明显的界限。由于温度场分布和冷却速度的不同，对淬火钢，热影响层包括二次淬火区、高温回火区和低温回火区；对未淬火钢，热影响层主要为淬火区。因此，淬火钢的热影响层厚度比未淬火钢大。

3）显微裂纹。电火花加工表面由于受到瞬时高温作用并迅速冷却而产生拉应力，往往出现显微裂纹。试验表明，一般裂纹仅在熔化层内出现，只有在脉冲能量很大情况下（粗加工时）才有可能扩展到热影响层。脉冲能量对显微裂纹的影响是非常明显的，能量越大，显微裂纹越宽越深。

（3）表面力学性能

1）显微硬度及耐磨性。电火花加工后表面层的硬度一般均比较高，但对某些淬火钢，也可能稍低于基体硬度。一般来说，电火花加工表面最外层的硬度比较高，耐磨性好。但对于滚动摩擦，由于是交变载荷，尤其是干摩擦，则因熔化凝固层和基体的结合不牢固，容易剥落而磨损。因此，有些要求高的模具须把电火花加工后的表面变质层事先研磨掉。

2）残余应力。电火花加工表面存在着由于瞬时先热膨胀后冷收缩作用而形成的残余应力，而且大部分表现为拉应力。残余应力的大小和分布，主要和材料在加工前的热处理状态及加工时的脉冲能量有关。因此，对表面层要求质量较高的工件，应尽量避免使用较大的加工规准。

3）耐疲劳性能。电火花加工表面存在着较大的拉应力，还可能存在显微裂纹，因此其耐疲劳性能比机械加工表面低许多倍。采用回火处理、喷丸处理等，有助于降低残余应力，或使残余拉应力转变为压应力，从而提高其耐疲劳性能。

4.1.4 电火花穿孔成形加工

1. 电火花穿孔加工　电火花穿孔加工一般应用于冲裁模具加工、粉末冶金模具加工、拉丝模具加工、螺纹加工等。下面以加工冲裁模具的凹模为例说明电火花穿孔加工的方法。

（1）常用的加工方法：凹模的尺寸精度主要靠工具电极来保证，因此，对工具电极的精度和表面粗糙度都应有一定的要求。如凹模的尺寸为 L_2，工具电极相应的尺寸为 L_1，单边火花间隙值为 S_L（见图 4-25），则

$$L_2 = L_1 + 2S_L \tag{4-3}$$

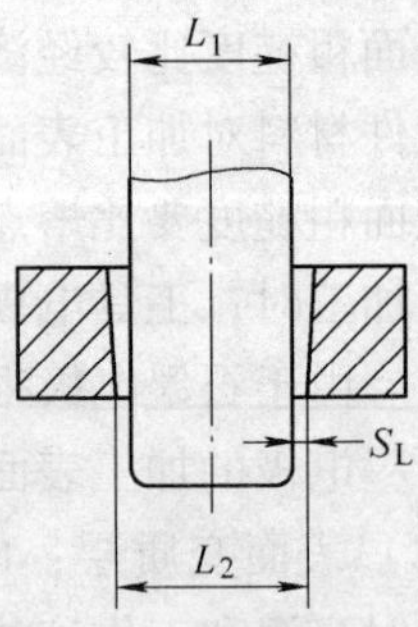

图 4-25　凹模的电火花加工

其中，火花间隙值 S_L 主要取决于脉冲参数与机床的精度。只要加工规准选择恰当，加工稳定，火花间隙值 S_L 的波动范围会很小。因此，只要工具电极的尺寸精确，用它加工出的凹模的尺寸也是比较精确的。

电火花穿孔加工常用“钢打钢”直接配合法、间接法、混合法等。

1）直接法是直接用钢凸模作为电极直接加工凹模，如图 4-26 所示。加工时将凹模刃口端朝下形成向上的“喇叭口”，加工后将工件翻过来使“喇叭口”（此喇叭口有利于冲模落料）向下作为凹模，电极也倒过来把损耗部分切除或用低熔点合金浇固作为凸模。但这种“钢打钢”时工具电极和工件都是磁性材料，在直流分量的作用下易产生磁性，电蚀下来的金属屑被吸附在电极放电间隙的磁场中而形成不稳定的二次放电，使加工过程很不稳定。

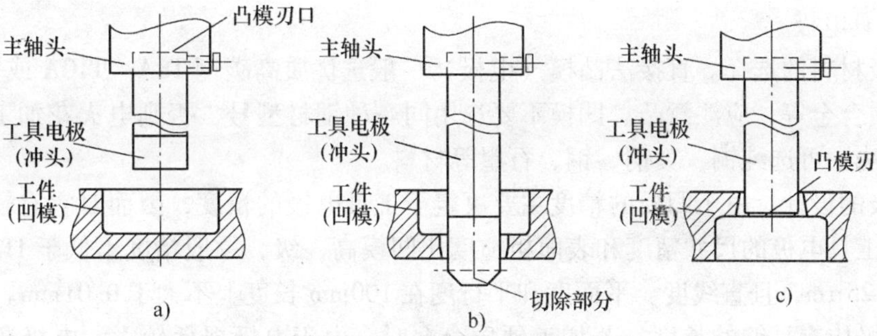

图 4-26　直接法穿孔加工

a）加工前　b）加工后　c）切除损耗部分

2）间接法是指在模具电火花加工中，凸模与加工凹模用的电极分开制造，首先根据凹模尺寸设计电极，然后制造电极，进行凹模加工，再根据间隙要求来配制凸模。图 4-27 所示为间接法加工凹模的过程。间接法可以自由选择电极材料，并且凸模和凹模的配合间隙与放电间隙无关。但由于电极与凸模分开制造，配合间隙难以保证均匀。

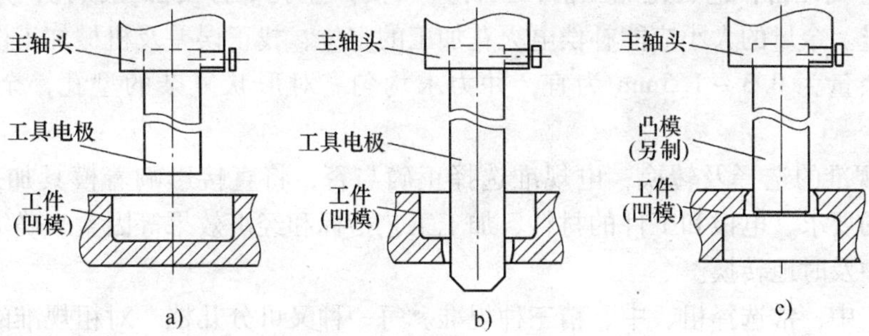

图 4-27　间接法穿孔加工

a）加工前　b）加工后　c）配制凸模

3）混合法是指将电火花加工性能良好的电极材料与冲头材料粘结在一起，共同用线切割或磨削成形，然后用电火花性能好的一端作为加工端，将工件反置固定，用“反打正用”的方法实行加工，如图 4-28 所示。这种方法不仅可以充分发挥加工端材料好的电火花加工工艺性能，还可以达到与直接法相同的加工效果。

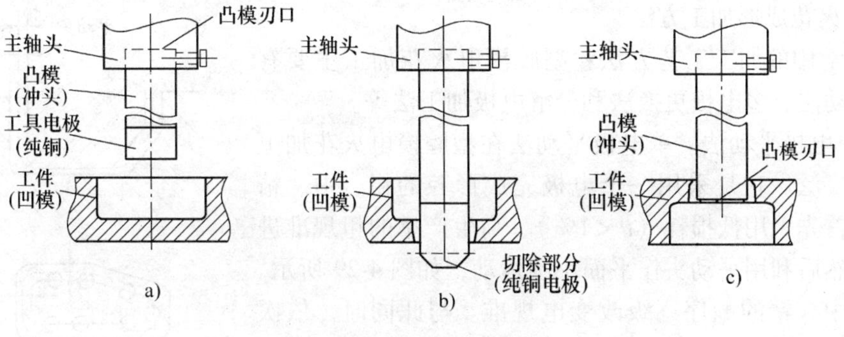

图 4-28　混合法穿孔加工

a）加工前　b）加工后　c）切除损耗部分

(2) 工具电极

1) 电极材料的选择。直接法凸模（电极）一般选优质高碳钢 T8A、T10A 或铬钢 Cr12、GCr15，硬质合金等，应注意凸、凹模不要选用同一种钢材型号，否则电火花加工时更不易稳定。间接法中可选纯铜、黄铜、钢、石墨等材料。

2) 电极的设计。由于凹模的精度主要决定于工具电极的精度，因而对它有较为严格的要求，要求工具电极的尺寸精度和表面粗糙度比凹模高一级，一般精度不低于 IT7，表面粗糙度 $Ra<1.25\mu m$，且直线度、平面度和平行度在 100mm 长度上不大于 0.01mm。

工具电极应有足够的长度。若加工硬质合金时，由于电极损耗较大，电极还应适当加长。

工具电极的截面轮廓尺寸除考虑配合间隙外，还要比预定加工的型孔尺寸均匀地缩小一个放电间隙。

3) 电极的制造。冲模电极的制造，一般先经普通机械加工，然后成形磨削。一些不易磨削加工的材料，可在机械加工后，由钳工精修。现在直接用电火花线切割加工冲模电极已获得广泛应用。

(3) 工件的准备：电火花加工前，工件（凹模）型孔部分要加工预孔，并留适当的电火花加工余量。余量的大小应能补偿电火花加工的定位、找正误差及机械加工误差。一般情况下，单边余量为 0.3 ~ 1.5mm 为宜，并力求均匀。对形状复杂的型孔，余量要适当加大。

(4) 电规准的选择及转换：电规准选择正确与否，将直接影响着模具加工工艺指标。应根据工件的要求、电极和工件的材料、加工工艺指标和经济效果等因素来确定电规准，并在加工过程中及时地转换。

冲模加工中，常选择粗、中、精三种规准。每一种又可分几档。对粗规准的要求是，生产率高（不低于 $50mm^3/min$）；工具电极的损耗小。转换中规准之前的表面粗糙度 $Ra<10\mu m$，否则将增加中精加工的加工余量与加工时间。所以，粗规准主要采用较大的电流，较长的脉冲宽度（$t_i=50\sim500\mu s$），采用铜电极时电极相对损耗应低于 1%。中规准用于过渡性加工，以减少精加工时的加工余量，提高加工速度。中规准采用的脉冲宽度一般为 $10\sim100\mu s$。精规准用来最终保证模具所要求的配合间隙、表面粗糙度、刃口斜度等质量指标，并在尽可能地提高其生产率，故应采用小的电流，高的频率、短的脉冲宽度（一般为 $2\sim6\mu s$）。

2. 电火花成形加工方法

(1) 常用的加工工艺方法：型腔模电火花加工主要有单电极平动法、多电极更换法和分解电极加工法等。

1) 单电极平动法。单电极平动法在型腔模电火花加工中应用最广泛。它是采用一个电极完成形腔的粗、中、精加工的。首先采用低损耗（$\theta<1\%$）、高生产率的粗规准进行加工，然后利用平动头作平面小圆运动，如图 4-29 所示。按照粗、中、精的顺序逐级改变电规准。与此同时，依次加大电极的平动量，以补偿前后两个加工规准之间型腔侧面放电间隙差和表面微观不平度差，实现型腔侧面仿型修

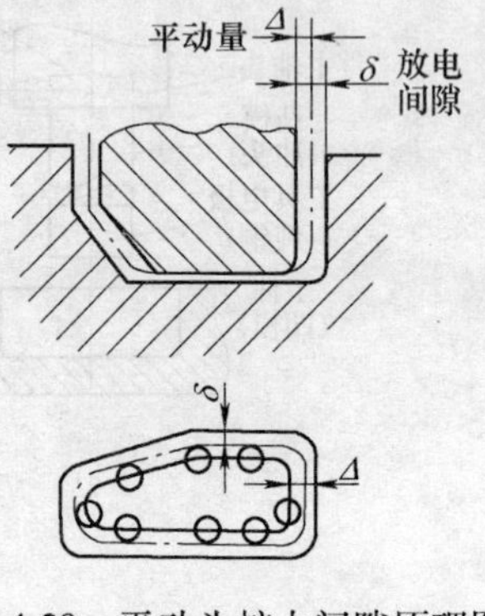

图 4-29 平动头扩大间隙原理图

光，完成整个型腔模的加工。

单电极平动法的最大优点是只需一个电极，一次装夹定位，便可达到 ±0.05mm 的加工精度，并方便了排除电蚀产物。它的缺点是难以获得高精度的型腔模，特别是难以加工出清棱、清角的型腔。

采用数控电火花加工机床时，是利用工作台按一定轨迹作微量移动来修光侧面的，为区别于夹持在主轴头上的平动头的运动，通常将其称作摇动。由于摇动轨迹是靠数控系统产生的，所以具有更灵活多样的模式，除了小圆轨迹运动外，还有方形、十字形运动，因此更能适应复杂型状的侧面修光的需要，尤其可以做到尖角处的"清根"，这是平动头所无法做到的。图 4-30a 所示为基本摇动模式；如图 4-30b 所示为工作台变半径圆形摇动。主轴上下数控联动，可以修光或加工出锥面、球面。

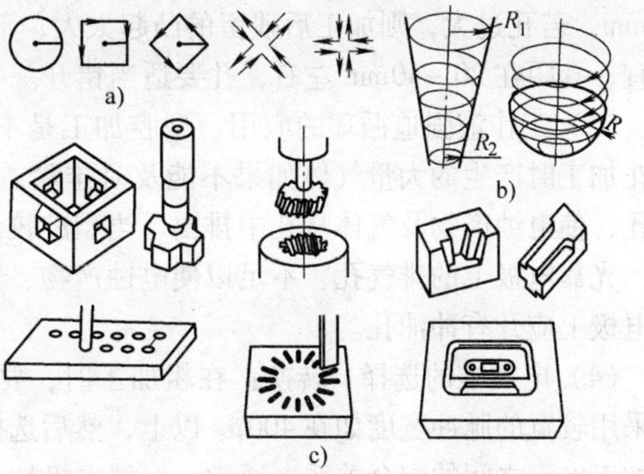

图 4-30　几种典型的摇动模式和加工实例

a）基本摇动模式　b）锥度摇动模式　c）数控联动加工实例

R_1—起始半径　R_2—终了半径　R—球面半径

2）多电极更换法。多电极更换法是采用多个电极依次更换加工同一个型腔，每个电极加工时必须把上一规准的放电痕迹去掉。一般用两个电极进行粗、精加工就可满足要求；当模具的精度和表面质量要求很高时，才采用三个或更多个电极进行加工，但要求多个电极的一致性好，制造精度高。

3）分解电极法。分解电极法是单电极平动加工法和多电极更换加工法的综合应用。它工艺灵活性强，仿形精度高，适用于尖角窄缝、沉孔、深槽多的复杂型腔模具加工。根据型腔的几何形状，把电极分解成主型腔和副型腔电极分别制造。先加工出主型腔，后用副型腔电极加工尖角、窄缝等部位的副型腔。此方法的优点是可以根据主、副型腔不同的加工条件，选择不同的加工规准，有利于提高加工速度和改善加工表面质量，同时还可以简化电极制造，便于修整电极。其缺点是更换电极时主型腔和副型腔电极之间要求有精确的定位。

近年来国外已广泛采用像加工中心那样具有电极库的 3～5 坐标数控电火花机床，事先把复杂型腔分解为简单表面和相应的简单电极，编制好程序，加工过程中自动更换电极和转换规准，实现复杂型腔的加工。同时，配合一套高精度辅助工具和夹具系统，可以大大提高电极的装夹定位精度，使采用分解电极法加工的模具精度大为提高。

（2）工具电极

1）电极材料的选择。为了提高型腔模的加工精度，在电极方面，首先是寻找耐蚀性高的电极材料，如纯铜、铜钨合金、银钨合金以及石墨电极等。由于铜钨合金和银钨合金的成本高，机械加工比较困难，故采用得较少，常用的为纯铜和石墨，这两种材料的共同特点是在宽脉冲粗加工时都能实现低损耗。

2）电极的设计。加工型腔模时的工具电极尺寸一方面与模具的大小、形状、复杂程度有关，而且与电极材料、加工电流、深度、余量及间隙等因素有关。当采用平动法加工时，还应考虑所选用的平动量。

3）排气孔和冲油孔设计。一般情况下，在不易排屑的拐角及窄缝处应开有冲油孔；而在蚀除面积较大以及电极端部有死角的部位开排气孔。冲油孔和排气孔的直径一般为 $\phi 1 \sim \phi 2$mm，若孔过大，则加工后残留的凸起太大，不易清除；孔的数目应以不产生蚀除物堆积为宜；孔距在 20～40mm 左右，孔要适当错开。

（3）工作液强迫循环的应用：型腔加工是不通孔加工，电蚀产物的排除比较困难，电火花加工时产生的大量气体如果不能及时排除，积累起来就会产生“放炮”现象。采用排气孔，使电蚀产物及气体从孔中排出。当型腔较浅时尚可满足工艺要求，但当型腔小而较深时，光靠电极上的排气孔，不足以使电蚀产物、气体及时排出，往往需要采用强迫冲油，这时电极上应开有冲油孔。

（4）电规准的选择、转换：在粗加工时，要求高生产率和低电极损耗，这时应优先考虑采用较宽的脉冲宽度如在 400μs 以上，然后选择合适的脉冲峰值电流，并应注意加工面积和加工电流之间的配合关系。通常，石墨电极加工钢时，最高电流密度为 $3 \sim 5\mathrm{A/cm^2}$，纯铜电极加工钢时可稍大些。

中规准与粗规准之间并没有明显的界限，应按具体加工对象划分。一般选用脉冲宽度为 20～400μs、电流峰值为 10～25A 进行中加工。

精加工窄脉宽时，电极损耗率较大，一般为 10%～20%，好在加工留量很小，一般单边不超过 0.1～0.2mm。表面粗糙度 *Ra* 值低于 1.25μm 时，一般都选用窄脉宽（$t_i = 2 \sim 20\mu s$）、小峰值电流（<10A）进行加工。

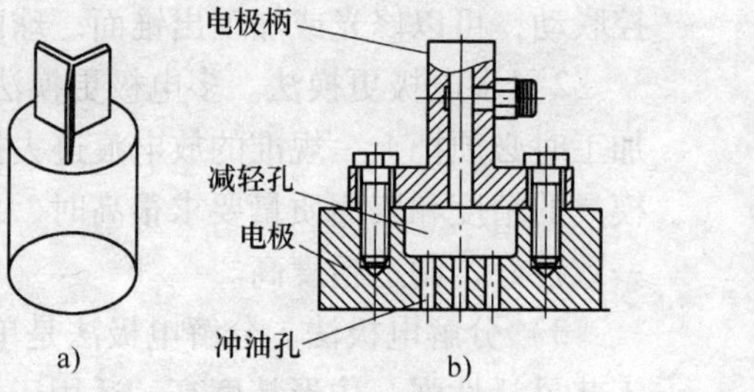

图 4-31　整体电极

3. 电极的设计

（1）电极的结构：电极的结构形式应根据电极外形尺寸的大小与复杂程度以及电极的结构工艺性等因素综合考虑。

1）整体电极。整体式电极由一整块材料制成，如图 4-31a 所示；若电极尺寸较大，则在内部设置减轻孔及多个冲油孔，如图 4-31b 所示。

2）组合电极。组合电极是将若干个小电极组装在电极固定板上，可一次性同时完成多个成形表面电火花加工的电极。图 4-32 所示的加工叶轮的工具电极即是由多个小电极组装构成的。

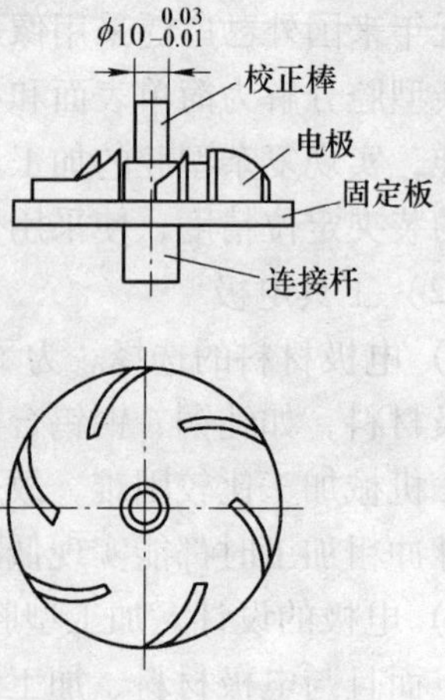

图 4-32　组合电极

采用组合电极加工时，生产率高，各型孔之间的位置精度也较准确。但是对组合电极来说，一定要各电极间的定位精度，并且每个电极的轴线要垂直于安装表面。

3）镶拼式电极。镶拼式电极是将形状复杂而制造困难的电极分成几块来加工，然后再镶拼成整体的电极。如图 4-33 所示，将 E 字形硅钢片冲模所用的电极分成三块，加工完毕后再镶拼成整体。这样既可保证电极的制造精度，得到尖锐的凹角，而且简化了电极的加工，节约了材料，降低了制造成本。

(2) 电极的尺寸：与主轴头进给方向垂直的电极尺寸称为水平尺寸，如图4-34所示。其计算时应加入放电间隙和平动量，即

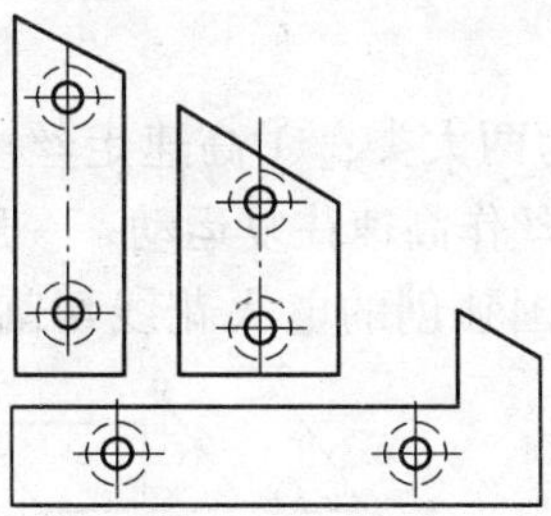

图4-33 镶拼式电极

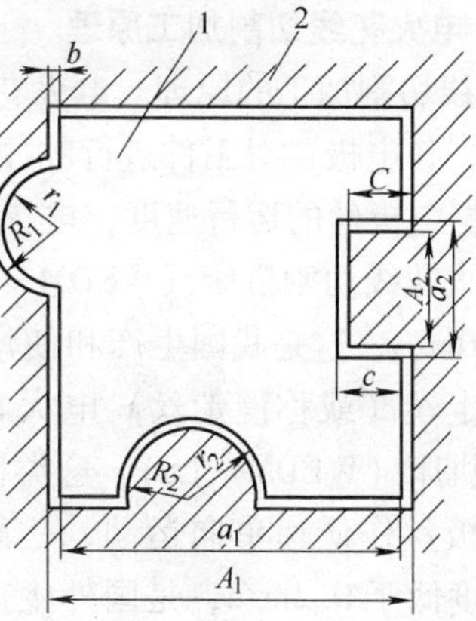

图4-34 电极水平尺寸缩放示意图
1—电极 2—工件

$$a = A \pm Kb \tag{4-4}$$

式中 a——电极水平方向尺寸；

A——型腔图样上名义尺寸；

K——与型腔尺寸注法有关的系数，直径方向（双边）$K=2$，半径方向（单边）$K=1$，中心距尺寸（不变尺寸）$K=0$；

b——电极单边缩放量（包括平动量和抛光量）。

$$b = S_L + H_{max} + h_{max} \tag{4-5}$$

式中 S_L——电火花加工时单面加工间隙；

H_{max}——前一规准加工时表面微观不平度最大值；

h_{max}——本规准加工时表面微观不平度最大值。

式（4-4）中的“±”号按缩、放原则确定，如图4-34所示中计算 a_1 时用“－”号，计算 a_2 时用“＋”号。

电极总高度的确定如图4-35所示，可按下式计算

$$H = l + L \tag{4-6}$$

式中 H——除装夹部分外的电极总高度；

l——电极每加工一个型腔，在垂直方向的有效高度，包括型腔深度和电极端面损耗量，并扣除端面加工间隙值；

L——考虑到加工结束时，电极夹具不和夹具模块或压板发生接触，以及同一电极需重复使用而增加的高度。

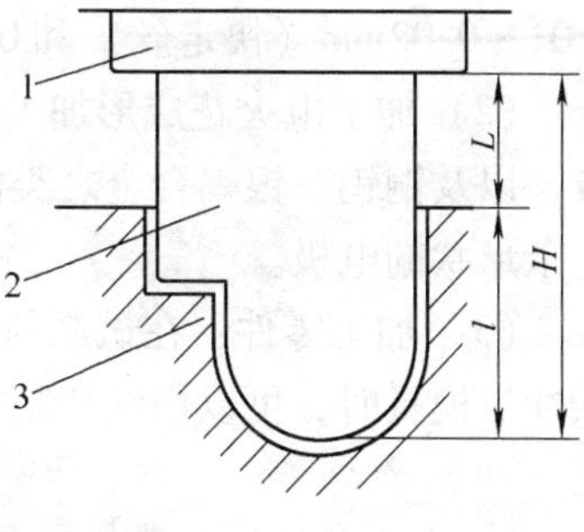

图4-35 电极高度尺寸的计算
1—夹具 2—电极 3—工件

4.2 电火花线切割加工

电火花线切割加工（Wire Cut EDM，WEDM）是在电火花加工基础上于20世纪50年代末在前苏联发展起来的一种新的工艺形式，是用线状电极（钼丝或铜丝）靠火花放电对工

件进行切割，故称为电火花线切割，简称线切割。它已获得广泛的应用，目前国内外的线切割机床已占电加工机床的60%以上。

4.2.1 电火花线切割加工原理

1. 线切割加工的原理　电火花线切割加工的基本原理是利用移动的细金属导线（铜丝或钼丝）作电极，对工件进行脉冲火花放电，切割成形。

根据电极丝的运行速度，电火花线切割机床通常分为两大类：①高速走丝（或称快走丝）电火花线切割机床（WEDM—HS）。这类机床的电极丝作高速往复运动，一般走丝速度为8～10m/s，这是我国生产和使用的主要机种，也是我国独创的电火花线切割加工模式。②低速走丝（或称慢走丝）电火花线切割机床（WEDM—LS）。这类机床的电极丝作低速单向运动，一般走丝速度低于0.2m/s，是国外生产和使用的主要机种。

图4-36所示为高速走丝电火花线切割工艺及装置的示意图。利用细钼丝4作工具电极进行切割，储丝筒7使钼丝作正反向交替移动，脉冲电源3提供脉冲电流。在电极丝和工件之间喷流工作液介质，工作台在水平面两个坐标方向各自按预定的控制程序，根据火花间隙状态作伺服进给移动，从而合成各种曲线轨迹，把工件切割成形。

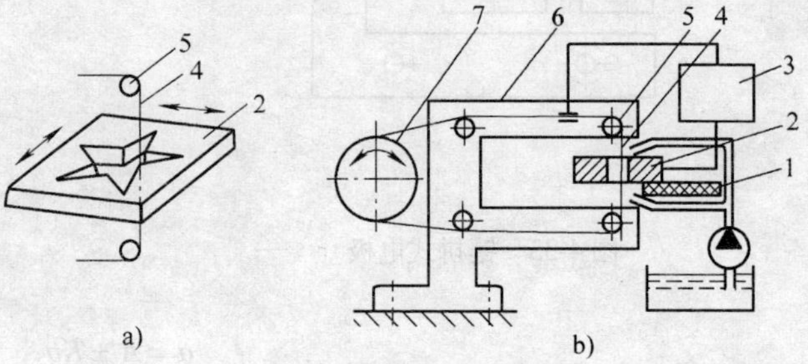

图4-36　电火花线切割原理

a）工件图　b）切割示意图

1—工作台　2—工件　3—脉冲电源　4—钼丝

5—导轮　6—丝架　7—储丝筒

2. 线切割加工的应用范围

（1）加工模具：适用于各种形状的冲模加工。调整不同的间隙补偿量，只需一次编程就可以切割凸模、凸模固定板、凹模及卸料板等。模具配合间隙、加工精度通常都能达到0.01～0.02mm（快走丝）和0.002～0.005mm（慢走丝）的要求。

（2）加工电火花成形加工用的电极：一般穿孔加工用的电极，带锥度型腔加工用的电极，以及铜钨、银钨合金之类的电极材料，用线切割加工特别经济。同时也适用于加工微细复杂形状的电极。

（3）加工零件：在试制新产品时，用线切割在坯料上直接割出零件。例如，在试制复杂冲压模具时，可以用线切割加工毛坯；又如，某机床配件损坏后，可用线切割快速完成加工。

4.2.2 电火花线切割加工设备

电火花线切割加工设备主要由机床本体、脉冲电源、控制系统、工作液循环系统和机床附件等几部分组成。图4-37和图4-38所示为高速和低速走丝电火花线切割机床结构图。

1. 机床本体　机床本体由床身、坐标工作台、运丝机构、丝架、工作液箱、附件和夹具等几部分组成。

（1）床身部分：床身一般为铸件，是坐标工作台、运丝机构及丝架的支承和固定基础。通常采用箱式结构，应有足够的强度和刚度。床身内部安置电源和工作液箱，考虑电源的发热和工作液泵的振动，有些机床将电源和工作液箱移出床身外另行安放。

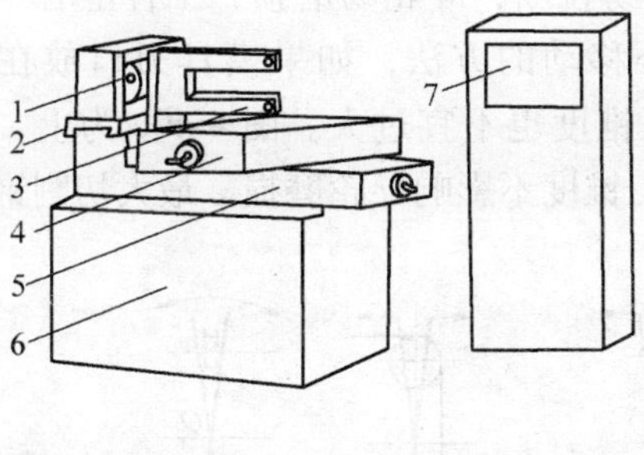

图 4-37　高速走丝电火花线切割机床结构
1—储丝筒　2—走丝溜板　3—丝架　4—上滑板
5—下滑板　6—床身　7—控制柜

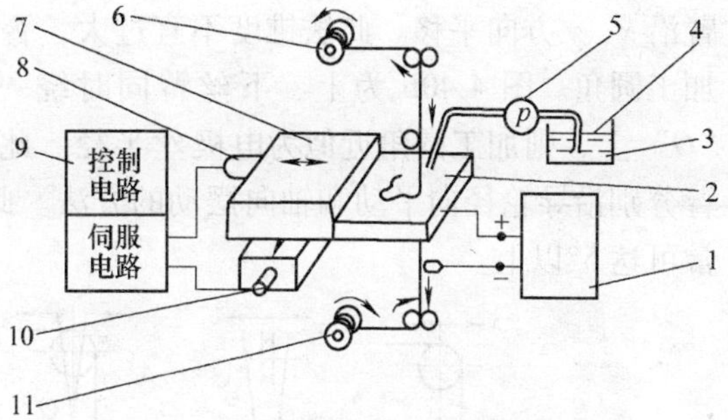

图 4-38　低速走丝电火花线切割机床结构
1—脉冲电源　2—工件　3—工作液箱　4—去离子水
5—工作液泵　6—新丝放丝卷筒　7—工作台
8—X 轴电动机　9—数控装置
10—Y 轴电动机　11—废丝卷筒

（2）坐标工作台部分：电火花线切割机床最终都是通过坐标工作台与电极丝的相对运动来完成对零件加工的。为保证机床精度，对导轨的精度、刚度和耐磨性有较高的要求。一般都采用“十”字滑板、滚动导轨和丝杆传动副将电动机的旋转运动变为工作台的直线运动，通过两个坐标方向各自的进给移动，可合成获得各种平面图形曲线轨迹。为保证工作台的定位精度和灵敏度，传动丝杆和螺母之间必须消除间隙。

（3）运丝机构：运丝系统使电极丝以一定的速度运动并保持一定的张力。在高速走丝机床上，一定长度的电极丝平整地卷绕在储丝筒上，丝张力与排绕时的拉紧力有关（目前大多数机床上自带恒张力装置），储丝筒通过联轴器与驱动电动机相连。为了重复使用该段电极丝，电动机由专门的换向装置控制作正反向交替运转。走丝速度等于储丝筒外径的线速度，通常为 8～10m/s。在运动过程中，电极丝由丝架支撑，并依靠导轮保持电极丝与工作台垂直或倾斜一定的几何角度（锥度切割时）。

低速走丝系统如图 4-39 所示。未使用的金属丝 2（绕有 1～3kg 金属丝）靠卷丝轮 1 使金属丝以较低的速度（通常 0.2m/s 以下）移动。为了提供一定的张力（2～25N），在走丝路径中装有一个机械式或电磁式张力机构 4 和 5。为了保证丝的平稳运行，采用几组导向器 7 导向。为了防止运丝过程中出现硬化现象而断丝，设置了退火装置 6。为实现断丝时能自动停车并报警，走丝系统中通常还装有断丝检测微动开关。用过的电极丝集中到卷丝筒上或送到专门的收集器中。

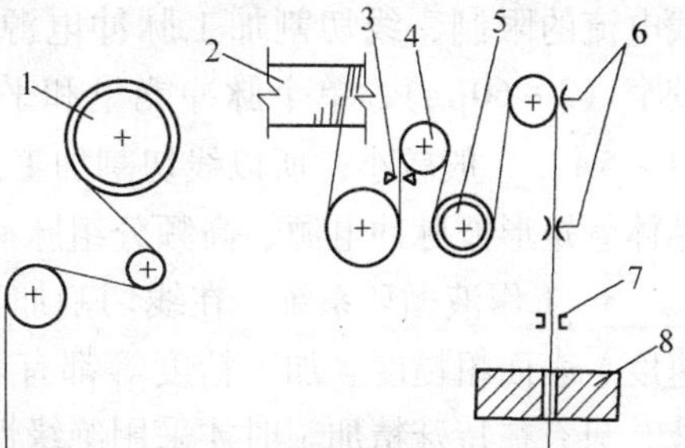

图 4-39　低速走丝系统示意图
1—卷丝轮　2—未使用的金属丝　3—拉丝模
4—张力电动机　5—电极丝张力调节轴
6—退火装置　7—导向器　8—工件

（4）锥度切割装置：为了切割有落料角的冲模和某些有锥度（斜度）的内外表面，有些线切割机床具有锥度切割功能。实现锥度切割的方法有多种，下面只介绍两种。

1）偏移式丝架。它主要用在高速走丝线切割机床上实现锥度切割。其工作原理如图 4-40 所示。图 4-40a 为上（或下）丝臂平动法，上（或下）丝

臂沿 x、y 方向平移。此法锥度不宜过大，否则钼丝易拉断，导轮易磨损，工件上有一定的加工圆角。图 4-40b 为上、下丝臂同时绕一定中心移动的方法，如果模具刃口放在中心“O”上，则加工圆角近似为电极丝半径。此法加工锥度也不宜过大。图 4-40c 为上、下丝臂分别沿导轮径向平动和轴向摆动的方法。此法加工锥度不影响导轮磨损，最大切割锥度通常可达 5°以上。

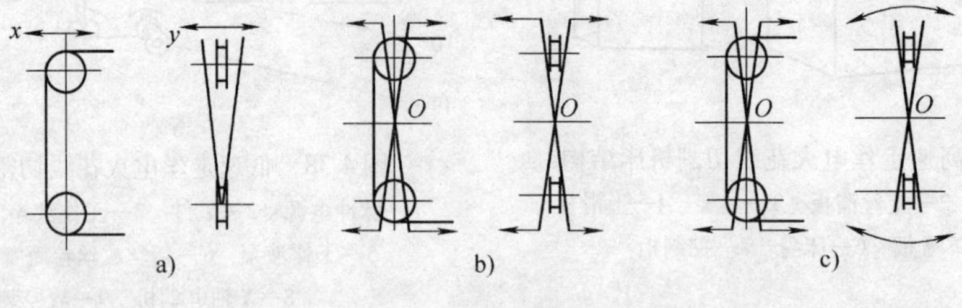

图 4-40　偏移式丝架实现锥度加工的方法

2）双坐标联动装置。它主要依靠上导向器作纵横两轴（称 u、v 轴）驱动，与工作台的 x、y 轴在一起构成 NC 四轴同时控制，如图 4-41 所示。这种方式的自由度很大，依靠功能丰富的软件，可以实现上下异形截面形状的加工。最大的倾斜角度 θ 一般为 ±5°，有的甚至可达 30°～50°（与工件厚度有关）。

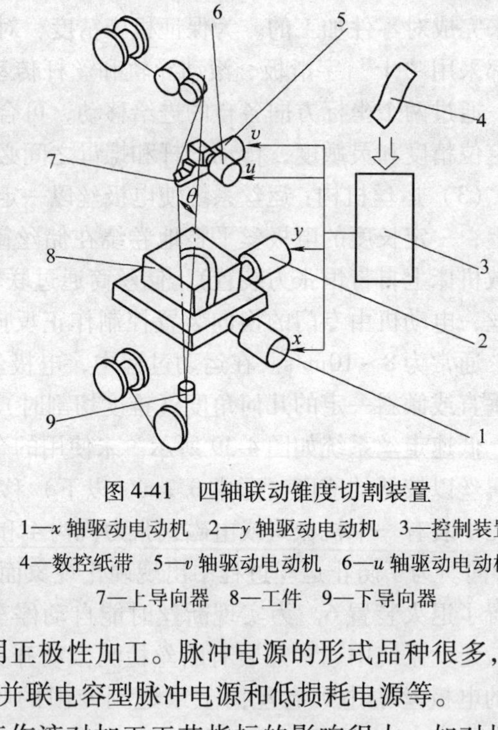

图 4-41　四轴联动锥度切割装置

1—x 轴驱动电动机　2—y 轴驱动电动机　3—控制装置　4—数控纸带　5—v 轴驱动电动机　6—u 轴驱动电动机　7—上导向器　8—工件　9—下导向器

在锥度加工时，保持导向间距（上下导向器与电极丝接触点之间的直线距离）一定，是获得高精度的主要因素。为此，有的机床具有 z 轴设置功能，并且一般采用圆孔方式的无方向性导向器。

2. 脉冲电源　电火花线切割加工脉冲电源与电火花成形加工所用的电源在原理上相同，不过受加工表面粗糙度和电极丝允许承载电流的限制，线切割加工脉冲电源的脉宽较窄（2～60μs），单个脉冲能量和平均电流（1～5A）一般较小，所以线切割加工总是采用正极性加工。脉冲电源的形式品种很多，如晶体管矩形波脉冲电源、高频分组脉冲电源、并联电容型脉冲电源和低损耗电源等。

3. 工作液循环系统　在线切割加工中，工作液对加工工艺指标的影响很大，如对切割速度、表面粗糙度、加工精度等都有影响。低速走丝线切割机床大多采用去离子水作工作液，只有在特殊精加工时才采用绝缘性能较高的煤油。高速走丝线切割机床使用的工作液是专用乳化液，目前供应的乳化液有 DX—1、DX—2、DX—3 等很多种，各有其特点，有的适于快速加工，有的适于大厚度切割，也有的是在原来工作液中添加某些化学成分来提高其切割速度或增加防锈能力等。工作液循环装置一般由工作液泵、液箱、过滤器、管道和流量控制阀等组成。对高速走丝机床，通常采用浇注式供液方式；而对低速走丝机床，近年来有些采用浸泡式供液方式。

4.2.3 电火花线切割加工工艺规律

线切割加工与电火花成形加工的工艺条件以及加工方式不尽相同。因此，它们之间的加工工艺过程以及影响工艺指标的因素也存在着较大差异。

1. 线切割加工的主要工艺指标

（1）切割速度：在保持一定的表面粗糙度的切割过程中，单位时间内电极丝中心线在工件上切过的面积总和称为切割速度，单位为 mm^2/min。最高切割速度是指在不计切割方向和表面粗糙度等条件下，所能达到的切割速度，通常高速走丝线切割速度为 $40 \sim 80mm^2/min$，它与加工电流大小有关。为比较不同输出电流脉冲电源的切割效果，将每安培电流的切割速度称为切割效率，一般切割效率为 $20mm^2/(min \cdot A)$。

（2）表面粗糙度：和电火花加工表面粗糙度一样，我国和欧洲常用轮廓算术平均偏差尺 Ra（μm）来表示，而日本常用月 R_{max}（μm）来表示。高速走丝线切割一般的表面粗糙度 $Ra=5 \sim 2.5\mu m$，最佳也只有 $Ra=1\mu m$ 左右。低速走丝线切割一般可达 $Ra=1.25\mu m$，最佳可达 $Ra=0.2\mu m$。

（3）电极丝损耗量：对高速走丝机床，用电极丝在切割 $10000mm^2$ 面积后电极丝直径的减少量来表示。一般直径减小不应大于 0.01mm。

（4）加工精度：加工精度是指所加工工件的尺寸精度、形状精度（如直线度、平面度、圆度等）和位置精度（如平行度、垂直度、倾斜度等）的总称。高速走丝线切割的尺寸精度可控制在 0.01 ~ 0.02mm，低速走丝线切割可达 0.005 ~ 0.002mm。

2. 电参数对工艺指标的影响

（1）脉冲宽度 t_i：当 t_i 增加时，单个脉冲能力增大，加工速度提高，但表面粗糙度变差。一般 $t_i=2 \sim 60\mu s$，在分组脉冲及光整加工时，$t_i \leqslant 0.5\mu s$。

（2）脉冲间隔 t_0：当 t_0 减小时平均电流增大，脉冲频率提高，切割速度加快。在脉冲间隔时间内，放电通道被消电离，附近的液体介质被恢复绝缘。因此，t_0 不能过小，以免引起电弧和断丝。一般取 $t_0=(4 \sim 8)t_i$。尤其是在刚切入或大厚度加工时，应取较大的 t_0 值。

（3）开路电压 $\hat{u}_i$：$\hat{u}_i$ 会引起放电峰值电流和电加工间隙的改变。随着 $\hat{u}_i$ 提高，加工间隙增大，排屑变易，切割速度和加工稳定性提高，但易造成电极丝振动，同时还会使丝损加大。

（4）放电峰值电流 $\hat{i}_e$：峰值电流是决定单个脉冲能量的主要因素之一。$\hat{i}_e$ 增大时，切割速度提高，表面粗糙度变差，电极丝损耗比加大甚至断丝。一般 $\hat{i}_e$ 小于 40A，平均电流小于 5A。低速走丝线切割加工时，因脉宽很窄，电极丝又较粗，$\hat{i}_e$ 有时大于 100A 甚至 500A。

（5）放电波形：在相同的工艺条件下，高频分组脉冲（见图 4-42）常常能获得较好的加工效果。电流波形的前沿上升比较缓慢时，电极丝损耗较少。不过当脉宽很窄时，必须要有陡的前沿才能进行有效的加工。

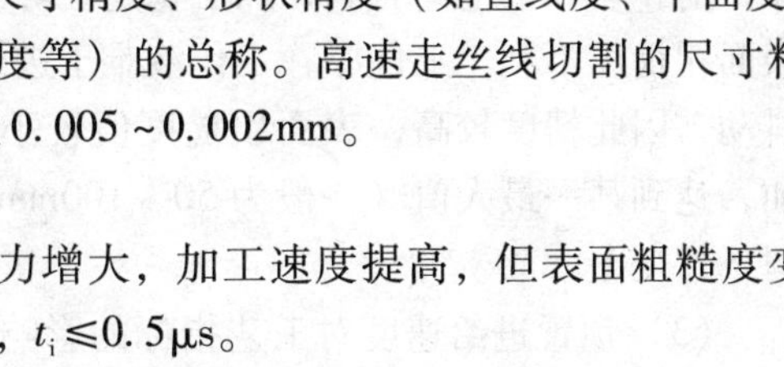

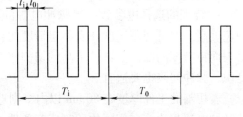

图 4-42　高频分组脉冲波形

3. 非电参数的影响

（1）电极丝及其移动速度对工艺指标的影响：对于高速走丝线切割，广泛采用 $\phi0.06 \sim \phi0.20$mm 的钼丝，其中 $\phi0.18$mm 用得最多，因它耐损耗，抗拉强度高，丝质不易变脆且较少断丝。提高电极丝的张力可减轻丝振的影响，从而提高精度和切割速度。丝张力的波动对加工稳定性影响很大。产生波动的原因是，导轮、导轮轴承磨损偏摆、跳动；电极丝在卷丝筒上缠绕松紧不均；正反运动时张力不一样；工作一段时间后电极丝伸长、张力下降。采用恒张力装置可以在一定程度上改善丝张力的波动。电极丝的直径决定了切缝宽度和允许的峰值电流。最高切割速度一般都是用较粗的丝实现的。在切割小模数齿轮等复杂零件时，采用细丝才能获得精细的形状和很小的圆角半径。随着走丝速度的提高，在一定范围内，加工速度也提高。提高走丝速度有利于电极丝把工作液带入较大厚度的工件放电间隙中，有利于电蚀产物的排除和放电加工的稳定。但走丝速度过高，将加大机械振动，降低精度和切割速度，表面粗糙度也恶化，并易造成断丝，一般以小于 10m/s 为宜。低速走丝线切割机床，电极丝的材料和直径有较大的选择范围。高生产率时可用 0.3mm 以下的镀锌黄铜丝，允许较大的峰值电流和气化爆炸力。精微加工时可用 0.03mm 以上的钼丝。由于电极丝张力均匀，振动较小，所以加工稳定性、表面粗糙度、精度指标等均较好。

（2）工件厚度及材料对工艺指标的影响：工件材料薄，工作液容易进入并充满放电间隙，对排屑和消电离有利，加工稳定性好。但工件太薄，电极丝易产生抖动，对加工精度和表面粗糙度不利。工件厚，工作液难于进入和充满放电间隙，加工稳定性差，但电极丝不易抖动，因此精度较高，表面粗糙度值较小。工件较薄时，切割速度最初随厚度的增加而增加，达到某一最大值（一般为 50 ~ 100mm）后开始下降，这是因为厚度过大时，冲液和排屑条件变差。

（3）预置进给速度对工艺指标的影响：预置进给速度（指进给速度的调节，俗称变频调节）对切割速度、加工精度和表面质量的影响很大。因此，应调节预置进给速度紧密跟踪工件蚀除速度，保持加工间隙恒定在最佳值上。这样可使有效放电状态的比例大，而开路和短路的比例少，使切割速度达到给定加工条件下的最大值，相应的加工精度和表面质量也好。如果预置进给速度调得太快，超过工件可能的蚀除速度，会出现频繁的短路现象，切割速度反而低，表面粗糙度也差，上下端面切缝呈焦黄色，甚至可能断丝；反之，进给速度调得太慢，大大落后于工件可能的蚀除速度，极间将出现开路，有时会时而开路时而短路，上下端面切缝呈焦黄色，这两种情况都将大大影响工艺指标。因此，应调节进给旋钮，使电压表的电流表针尽可能小的摆动，此时进给速度均匀、平稳，能最大程度提高加工速度和降低工件的表面粗糙度。

4. 合理的选择电参数　当脉冲电源的空载电压高，短路电流大，脉冲宽度大时，则切割速度高。但是切割速度和表面粗糙度的要求是互相矛盾的两个工艺指标，所以，必须在满足表面粗糙度的前提下再追求高的切割速度。而且切割速度还受到间隙消电离的限制，也就是说，脉冲间隔也要适宜。

若切割的工件厚度在 80mm 以内，则选用分组波的脉冲电源为好。它与同样能量的矩形波脉冲电源相比，在相同的切割速度条件下，可以获得较低的表面粗糙度。

无论是矩形波还是分组波，其单个脉冲能量小，则 Ra 值低，也即脉冲宽度小，脉冲间隔适当，峰值电压低，峰值电流小时，表面粗糙度较好。

选用矩形波、高电压、大电流、大脉冲宽度和大的脉冲间隔可充分消电离，从而保证加工的稳定性。

5. 合理调整进给的方法　整个变频进给控制电路有多个调整环节，其中大多安装在机床控制柜内部，出厂时已调整好，一般不应再变动。另有一个调节旋钮则安装在控制台操作面板上，操作工人可以根据工件材料、厚度及加工规准等来调节此旋钮，以改变进给速度。

不要以为变频进给的电路能自动跟踪工件的蚀除速度并始终维持某一放电间隙（即不会开路不走或短路），便错误地认为加工时可不必或可随便调节变频进给量，实际上某一具体加工条件下只存在一个相应的最佳进给量，此时钼丝的进给速度恰好等于工件实际可能的最大蚀除速度。如果设置的进给速度小于工件实际可能的蚀除速度（称欠跟踪或欠进给），则加工状态偏开路，无形中降低了生产率；如果设置好的进给速度大于工件实际可能的蚀除速度（过跟踪或过进给），则加工状态偏短路，实际进给和切割速度反而也下降，而且增加了断丝和短路的危险。实际上，由于进给系统中步进电动机、传动部件等有机械惯性及滞后现象，不论是欠进给或过进给，自动调节系统都将使进给速度忽快忽慢，加工过程变得不稳定。因此，合理调节变频进给，使其达到较好的加工状态是很重要的。

根据进给状态调整变频的方法见表4-1。

表 4-1　根据状态调整变频的方法

实频状态	进给状态	加工面状况	切割速度	电极丝	变频调整
过跟踪	慢而稳	焦褐色	低	略焦，老化快	应减少进给速度
欠跟踪	忽快忽慢，不均匀	不光洁，易出深痕	低	易烧丝，丝上有白斑伤痕	应加快进给速度
欠佳跟踪	慢而稳	略焦褐，有条纹	较快	焦色	应稍增加进给速度
最佳跟踪	很稳	发白，光洁	快	发白，老化慢	不需再调整

生产中也可以利用机床上的电压表和电流表来观察加工状态，调节变频进给旋钮，使电压表和电流表的指针摆动最小（不动），即处于较好的加工状态，这是一种调节合理的变频进给速度的方法。

4.2.4　电火花线切割的编程系统

1. 线切割控制系统　控制系统是进行电火花线切割加工的重要基础。控制系统的稳定性、可靠性、控制精度及自动化程度都直接影响到加工工艺指标和工人的劳动强度。

电火花线切割机床控制系统的具体功能包括：

（1）轨迹控制：即精确控制电极丝相对于工件的运动轨迹，以获得所需的形状和尺寸。

（2）加工控制：主要包括对伺服进给速度、电源装置、走丝机构、工作液系统以及其他的机床操作控制。此外，断电记忆、故障报警、安全控制及自诊断功能也是一个重要的方面。

数字程序控制（NC 控制）电火花线切割的控制原理是把图样上工件的形状和尺寸编制成程序指令，一般通过键盘输给计算机，计算机根据输入指令控制驱动电动机，由驱动电动机带动精密丝杆，使工件相对于电极丝作轨迹运动。图 4-43 所示为数字程序控制过程框图。

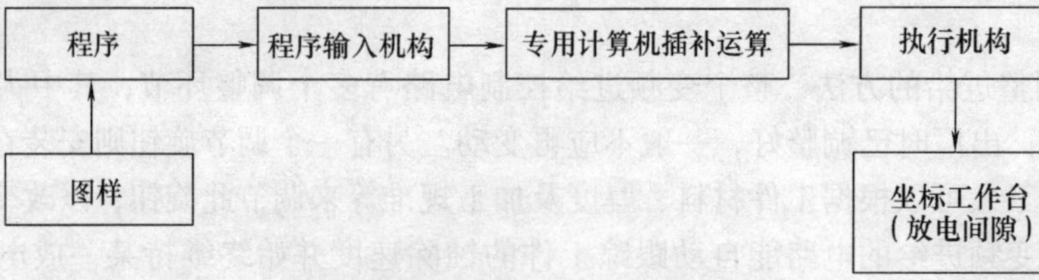

图 4-43　数字程序控制过程框图

数字程序控制方式是根据图样形状尺寸，经编程后用计算机进行直接控制加工。因此，只要机床的进给精度比较高，就可以加工出高精度的零件，而且生产准备时间短，机床占地面积少。目前高速走丝电火花线切割机床的数控系统大多采用较简单的步进电动机开环系统；而低速走丝线切割机床的数控系统则大多是伺服电动机加码盘的半闭环系统或全闭环数控系统。

常见的工程图形都可分解为直线和圆弧或及其组合。用数字控制技术来控制直线和圆弧轨迹的方法，有逐点比较法、数字积分法、矢量判别法和最小偏差法等。每种插补方法各有其特点。高速走丝数控线切割大多采用简单易行的逐点比较法。此法的线切割数控系统，x、y 两个方向不能同时进给，只能按直线的斜度或圆弧的曲率来交替地一步一个微米地分步“插补”进给。

线切割加工控制和自动化操作方面的功能很多，并有不断增强的趋势，这对节省准备工作量，提高加工质量很有好处，主要有下列几种：

（1）进给速度控制：能根据加工间隙的平均电压或放电状态的变化，通过取样和变频电路，不定期地向计算机发出中断申请插补运算，自动调整伺服进给速度，保持某一平均放电间隙，使加工稳定，提高切割速度和加工精度。

（2）短路回退：经常记忆电极丝经过的路线，发生短路时，减小加工规准并沿原来的轨迹快速后退，消除短路，防止断丝。

（3）间隙补偿：线切割加工数控系统所控制的是电极丝中心移动的轨迹。因此，加工有配合间隙冲模的凸模时，电极丝中心轨迹应向原图形之外偏移进行“间隙补偿”，以补偿放电间隙和电极丝的半径；加工凹模时，电极丝中心轨迹应向图形之内“间隙补偿”。

（4）图形的缩放、旋转和平移：利用图形的任意缩放功能可以加工出任意比例的相似图形；利用任意角度的旋转功能可使齿轮、电机定转子等类零件的编程大大简化，只要编一个齿形的程序，就可切割出整个齿轮；而平移功能则同样极大地简化了跳步的编程。

（5）适应控制在工件厚度变化的场合，改变规准之后，能自动改变预置进给速度或电参数（包括加工电流、脉冲宽度、间隔），不用人工调节就能自动进行高效率、高精度的加工。

（6）自动找中心：使孔中的电极丝自动找正后停止在孔中心处。

（7）信息显示：可动态显示程序号、计数长度等轨迹参数，较完善地采用计算机屏幕显示，还可以显示电规准参数和切割轨迹图形等。

此外，线切割加工控制系统还具有故障安全（断电记忆等）和自诊断等功能。

2. 线切割 3B 代码数控编程　目前高速走丝线切割机床一般采用 3B（个别扩充为 4B 或 5B）格式；低速走丝线切割机床通常采用国际上通用的 ISO（国际标准化组织）或 EIA（美

国电子工业协会）格式。为了便于国际交流和标准化，电加工学会和特种加工行业协会建议我国生产的线切割控制系统逐步采用ISO代码。

以下介绍我国高速走丝线切割机床应用较广的3B程序的编程要点。

常见的图形都是由直线和圆弧组成的，任何复杂的图形，只要分解为直线和圆弧就可依次分别编程。编程时需用的参数有五个：切割的起点或终点坐标x、y值，切割时的计数长度J（切割长度在x轴或y轴上的投影长度），切割时的计数方向G，切割轨迹的类型，称为加工指令Z。

（1）程序格式：我国快走丝数控线切割机床采用统一的五指令3B程序格式，即

BxByBJGZ

式中 B——分隔符，用它来区分并隔离x、y和J，B后的数字，如为0（零），则此0可以不写；

x、y——直线的终点或圆弧起点的坐标值（μm），编程时均取绝对值；

J——计数长度（μm）；

G——计数方向；

Z——加工指令。

加工指令分为直线L与圆弧R两大类。直线又按走向和终点所在象限而分为L_1、L_2、L_3、L_4四种；圆弧又按第一步进入的象限及走向的顺、逆圆而分为SR_1、SR_2、SR_3、SR_4及NR_1、NR_2、NR_3、NR_4八种，如图4-44所示。

计数方向分G_x或G_y，即可按x方向或y方向计数，工作台在该方向每走1μm即计数累减1，当累减到计数长度J=0时，这段程序即加工完毕。

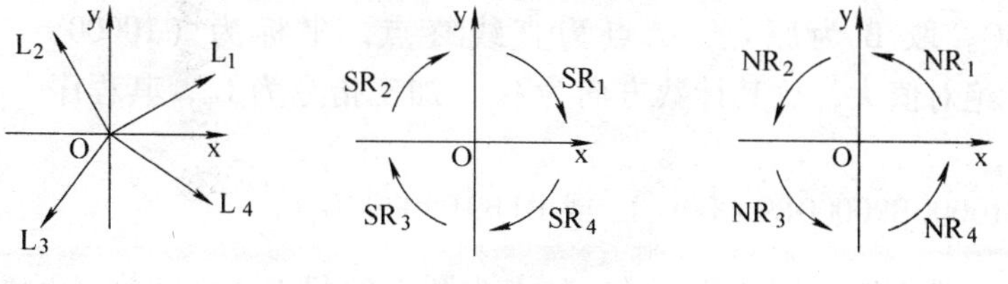

图4-44 直线和圆弧的加工指令

（2）直线的编程

1）把直线的起点作为坐标的原点。

2）把直线的终点坐标值作为x、y，均取绝对值，单位为μm，因x、y的比值表示直线的斜度，故也可用公约数将x、y缩小整倍数。

3）计数长度J，按计数方向G_x或G_y，取该直线在x轴或y轴上的投影值，即取x值或y值，以μm为单位。决定计数长度时，要和选计数方向一并考虑。

4）计数方向的选取原则。应取此程序最后一步的轴向为计数方向。不能预知时，一般选取与终点处的走向较平行的轴向作为计数方向，这样可减小编程误差与加工误差。对直线而言，取x、y中坐标绝对值较大的方向作为计数方向，其绝对值为计数长度J。

5）加工指令按直线走向和终点所在象限不同而分为L_1、L_2、L_3、L_4，其中与x轴正方向重合的直线算作L_1，与y轴正方向重合的算作L_2，与x轴负方向算作L_3，与y轴负方向的算作L_4。与x、y轴重合的直线，编程时x、y均可作0，且可省略不写。

(3) 圆弧的编程

1）把圆弧的圆心作为坐标原点。

2）把圆弧的起点坐标值作为 x、y，均取绝对值，单位为 μm。

3）计数长度 J 按计数方向取 x 或 y 轴上的投影值，以 μm 为单位。如果圆弧较长，跨越两个以上象限，则分别取计数方向 x 轴（或 y 轴）上各个象限投影值的绝对值相累加，作为该方向总的计数长度，也要和选计数方向一并考虑。

4）计数方向同样也取与该圆弧终点时走向较平行的轴向作为计数方向，以减少编程和加工误差。对圆弧来说，取终点坐标中绝对值较小的轴向作为计数方向（与直线相反）。最好也取最后一步的轴向作为计数方向。

5）加工指令对圆弧而言，按其第一步所进入的象限可分为 SR_1、SR_2、SR_3、SR_4 及 NR_1、NR_2、NR_3、NR_4 八种。

例 1 线切割 3B 编程实例。

切割如图 4-45 所示的轨迹，不考虑补偿，从 A 点正下方 5mm 开始切割，试编制其线切割程序。

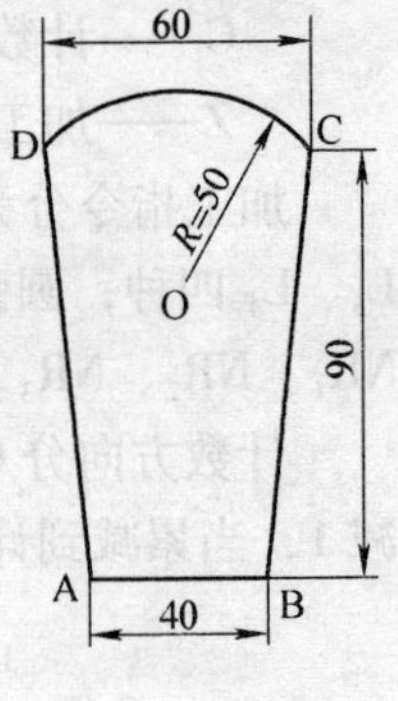

图 4-45 线切割编程图形

1）引导程序。从 A 点正下方 5mm 处向 A 点切割，该直线与 y 轴正方向重合，故其计数方向为 G_y，加工指令为 L_4，其程序为

$$BB5000B5000G_yL_4 \text{ 或 } BBB5000G_yL_4$$

2）直线 $\overline{AB}$。该直线与 x 轴正方向重合，故其计数方向为 G_x，加工指令为 L_1，其程序为

$$B4000BB4000G_xL_1 \text{ 或 } BBB4000G_xL_1$$

3）斜线 $\overline{BC}$。取 B 为原点，C 点为直线终点，坐标为（10000，90000），y 坐标绝对值大，故其计数方向为 G_y，加工指令为 L_1，其程序为

$$B10000B90000B90000G_yL_1 \text{ 或 } B1B9B90000G_yL_1$$

4）圆弧 $\overset{\frown}{CD}$。取圆弧的圆心为原点，C 点为圆弧的起点，坐标为（30000，40000），终点坐标为（-30000，40000），终点 y 坐标绝对值大，故其计数方向为 G_x，加工指令为 NR_1，其程序为

$$B30000B40000B60000\ NR_1$$

5）斜线 $\overline{DA}$。取起点 D 原点，该点为直线终点，坐标为（10000，-90000），y 坐标绝对值大，故其计数方向为 G_y，加工指令为 L_4，其程序为

$$B10000B90000B90000G_yL_4 \text{ 或 } B1B9B90000C_yL_4$$

目前的线切割基本上都使用微机自动编程，可将整个程序清单通过接口电路用打印机打印出来，或由计算机编程后直接输入线切割机或直接控制线切割机床加工，省去穿孔纸带或人工输入程序。实际线切割加工和编程时，要考虑钼丝半径 r 和单面放电间隙 s 的影响。对于切割孔，应将编程轨迹偏移减小（r+s）距离，对于外形，则应偏移增大（r+s）距离。生产中，单面放电间隙多取 0.01mm。

3. 线切割 ISO 代码数控编程　线切割的 ISO 代码和数控铣床的 ISO 代码有很多相似之处，主要有 G 指令、M 指令和 T 指令见表 4-2。具体的编程方法参考各机床的说明书。

表 4-2　常用的线切割加工指令

代码	功　能	代码	功　能
G00	快速移动,定位	G56	选择工作坐标系 3
G01	直线插补	G80	移动轴直到接触感知
G02	顺时针圆弧插补	G81	移动到机床的极限
G03	逆时针圆弧插补	G82	回到当前坐标的 1/2 处
G04	暂停	G84	自动取电极垂直
G17	XOY 平面选择	G90	绝对坐标编程
G18	XOZ 平面选择	G91	增量坐标编程
G19	XOZ 平面选择	G92	制定坐标原点
G20	英制单位	M00	暂停
G21	公制单位	M02	程序结束
G40	取消电极丝补偿	M05	忽略接触感知
G41	电极丝半径左补	M98	调用子程序
G42	电极丝半径右补	M99	子程序调用结束
G50	取消锥度补偿	T82	关工作液
G51	锥度左倾斜(沿电极丝运行方向,向左倾斜)	T83	开工作液
G52	锥度右倾斜(沿电极丝运行方向,向右倾斜)	T84	打开喷液
G54	选择工作坐标系 1	T85	关闭喷液
G55	选择工作坐标系 2		

4. 自动编程　数控线切割编程，是根据图样提供的数据，经过分析和计算，编写出线切割机床能接受的程序单。数控编程可分为人工编程和自动编程两类。人工编程通常是根据图样把图形分解成直线段和圆弧段，并且把每段的起点、终点，中心线的交点、切点的坐标一一定出，按这些直线的起点、终点，圆弧的中心、半径、起点、终点坐标进行编程。当零件的形状复杂或具有非圆曲线时，人工编程的工作量大并容易出错。

为了简化编程工作，目前已广泛利用电子计算机进行自动编程。自动编程使用专用的数控语言及各种输入手段，向计算机输入必要的形状和尺寸数据，利用专门的应用软件即可求得各交、切点坐标及编写数控加工程序所需的数据，编写出数控加工程序，并可由打印机打出加工程序单，可以直接将程序传输给线切割机床。

近来已出现了可输出两种格式（ISO 和 3B）的自动编程机。

值得指出，在一些 CNC 线切割机床上，本身已具有多种自动编程机的功能，或做到控制机与编程机合二为一，在控制加工的同时，可以“脱机”进行自动编程。例如，在国外的低速走丝线切割机床及近来我国生产的一些高速走丝线切割机都有类似的功能。

目前国内主要的线切割编程软件有 YH、Towedm、Autop、KS、Ycut、WAP 以及 CAXA 等。

4.2.5　电火花线切割加工工艺

1. 工件的装夹与找正

（1）工件的装夹：线切割加工中，工件的装夹对加工零件的定位精度有直接影响，特别在模具制造中尤为重要。

线切割加工的工件在装夹过程中需要注意如下几点:

1）确认工件的设计基准或加工基准面，尽可能使设计或加工的基准面与 X、Y 轴平行。

2）工件的基准面应清洁，无毛刺。经过热处理的工件，在穿丝孔内及扩孔的台阶处，要清理热处理残物及氧化皮。

3）工件装夹的位置应有利于工件找正，并应与机床行程相适应。

4）工件的装夹应确保加工中电极丝不会过分靠近或误切割机床工作台。

5）工件的夹紧力大小要适中，均匀，不得使工件变形或翘起。

线切割的装夹方法较简单，常见的装夹方式如图 4-46 所示。

（2）工件的找正：通过找正，使工件的定位基准与机床的工作台进给方向 X，Y 保持平行，这样才能保证被加工零件的位置精度。在实际生产中，往往采用按划线找正、用百分表找正等方法。其中按划线找正用于零件精度要求不严的情况下。

2. 电极丝的定位

（1）穿丝：加工工件前，应将电极丝从丝筒上解下从穿丝孔中穿入，然后重新缠绕到丝筒上。

（2）电极丝的垂直校正：切割前，还须对电极丝进行垂直校正，使电极丝与工作台垂直，无锥度切割功能的机床一般不需垂直校正。电极丝垂直校正的常用方法有两种：一种是利用找正块；另一种是利用校正器。

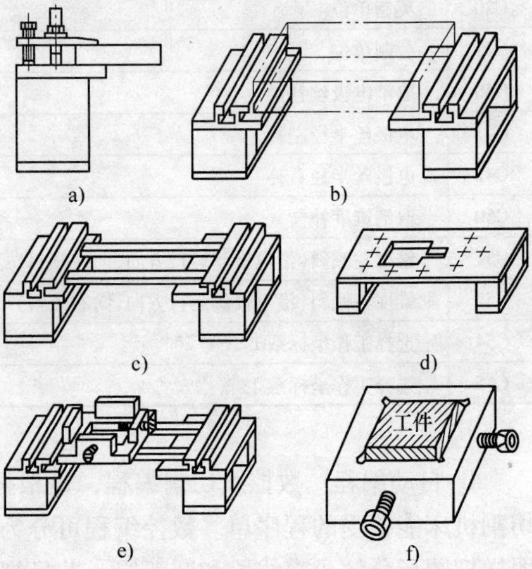

图 4-46　常见的装夹方式

a）悬臂支撑方式　b）两端支撑方式　c）桥式支撑方式　d）板式支撑方式　e）复式支撑方式　f）利用夹具的支撑方式

找正块一般采用互相垂直的两面进行，如图 4-47 所示。校正前，首先目测电极丝的垂直度，若明显不垂直，则调节上丝架的 U、V 轴，使其大致垂直；然后将找正块平放到工作台上，在弱加工条件下，将电极丝沿 X（或 Y）方向缓缓移动至找正块，观察火花放电的情况；若上下均匀，则表明电极丝在该方向上垂直度较好；若下面火花多，说明电极丝右倾，将 U（或 V）轴的值调小，反之亦然。如图 4-47 所示描述了这几种情况。

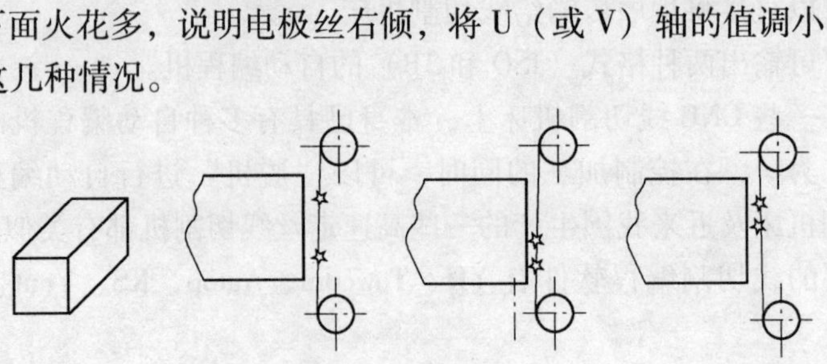

图 4-47　火花法校正电极丝垂直度

a）找正块　b）垂直度较好　c）垂直度较差（右倾）　d）垂直度较差（左倾）

3. 脉冲参数的选择　线切割加工时，可以改变的脉冲参数主要有电流峰值、脉冲宽度、脉冲间隔、空载电压。要求获得较好的表面粗糙度时，所选用的电参数要小；若要求获得较高的切割速度，脉冲参数要选大一些，但也不能太大，否则排屑困难导致加工不稳定，容易引起断丝等故障。脉冲参数的选择见表4-3。

表4-3　高速走丝线切割加工脉冲参数的选择

应　用	脉冲宽度 t_i/μs	电流峰值 I_e/A	脉冲间隔 t_0/μs	空载电压/V
快速切割或加工厚工件 $Ra>2.5\mu m$	20 ~ 40	>12	保证加工稳定，一般取 $t_0/t_i=4\sim8$	一般为70 ~ 90
半精加工 $Ra=1.25\sim2.5\mu m$	6 ~ 20	6 ~ 12		
精加工 $Ra<1.25\mu m$	2 ~ 6	4.8以下		

4.3　电化学及化学加工

电化学加工（Electro Chemical Machining，ECM）包括从工件上去除金属的电解加工和向工件上沉积金属的电镀、涂覆加工两大类。目前，电化学加工已经广泛用于民用、国防工业中。

电化学加工的原理是，当两铜片接上约10V的直流电源并插入 $CuCl_2$ 的水溶液中（此水溶液中含有 OH^- 和Cl负离子及 H^+ 和 Cu^{2+} 正离子），即形成通路如图4-48所示。导线和溶液中均有电流流过，在金属片（电极）和溶液的界面上，必定有交换电子的反应，即电化学反应。溶液中的离子将作定向移动，Cu^{2+} 离子移向阴极，在阴极上得到电子而进行还原反应，沉积出铜。在阳极表面Cu原子失掉电子而成为 Cu^{2+} 离子进入溶液。溶液中正、负离子的定向移动称为电荷迁移。在阳、阴电极表面发生得失电子的化学反应称之为电化学反应，利用这种电化学作用为基础对金属进行加工的方法即电化学加工。如图4-48所示中阳极上为电解蚀除，阴极上为电镀沉积，常用以提炼纯铜。其实任何两种不同的金属放入任何导电的水溶液中，在电场作用下，都会有类似情况发生。

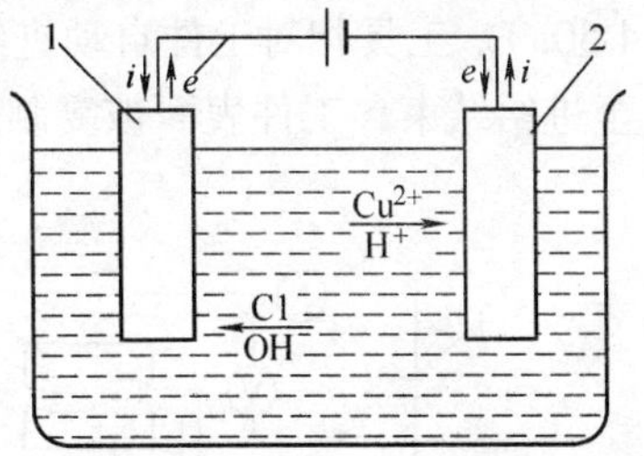

图4-48　电化学加工原理
1—阴极　2—阳极

按作用原理，电化学加工可分为三大类：第Ⅰ类是利用电化学阳极溶解来进行加工，主要有电解加工、电解抛光等；第Ⅱ类是利用电化学阴极沉积、涂覆进行加工，主要有电镀、涂镀、电铸等；第Ⅲ类是利用电化学加工与其他加工方法相结合的电化学复合加工工艺，目前主要有电化学加工与机械加工相结合，如电解磨削、电化学阳极机械加工（还包含有电火花放电作用）。其分类情况见表4-4。

表4-4　电化学加工的分类

类　别	加工方法	应用范围
Ⅰ	电解加工（阳极溶解）	形状、尺寸加工
	电解抛光（阳极溶解）	表面加工
Ⅱ	电镀（阴极沉积）	表面装饰
	局部涂镀（阴极沉积）	尺寸修复
	复合电镀（阴极沉积）	磨具制造
	电铸（阴极沉积）	复杂电极制造、复制复杂模具

（续）

类　别	加工方法	应用范围
Ⅲ	电解磨削（阳极溶解、机械刮除）	用于超精、光整、镜面加工
	电解电火花复合加工（阳极溶解、电火花腐蚀）	形状、尺寸加工
	电化学阳极机械加工（阳极溶解、电火花腐蚀）	形状、尺寸加工

4.3.1　电解加工

1. 原理与特点　电解加工是利用金属在电解液中的电化学的阳极溶解将工件加工成形的。图4-49所示为电解加工示意图。加工时，工具接电源的负极，工件接直流电源（10～20V）的正极，工具向工件缓慢进给，使两极之间保持较小的间隙（0.1～1mm），阳极工件的金属被逐渐电解腐蚀，具有一定压力（0.5～2MPa）的电解液从间隙中高速流过带走电解产物。

电解加工成形原理如图4-50所示。图中的细竖线表示通过阴极（工具）与阳极（工件）间的电流，竖线的疏密程度表示电流密度的大小。加工从阴极与阳极距离较近的地方开始，此处通过的电流密度较大，电解液的流速也常较高，阳极溶解速度也就较快（见图4-50a）。工具相对工件自动进给，工件表面就不断被电解，电解产物不断被电解液冲走，直至进给结束，工件表面被复制成与阴极工作面基本相似（见图4-50b）。

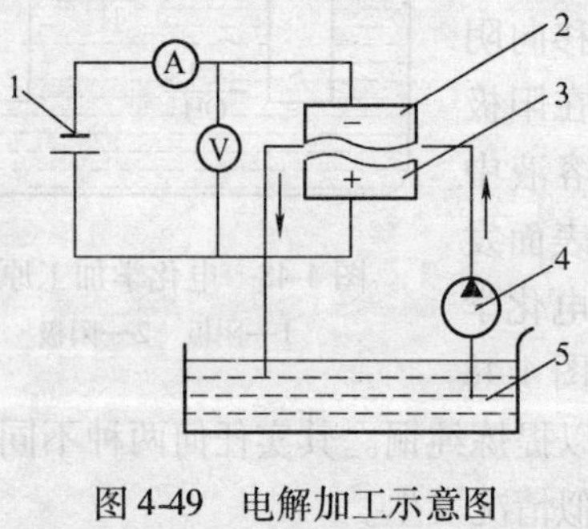

图4-49　电解加工示意图

1—直流电源　2—工具阴极　3—工件阳极　4—电解液泵　5—电解液

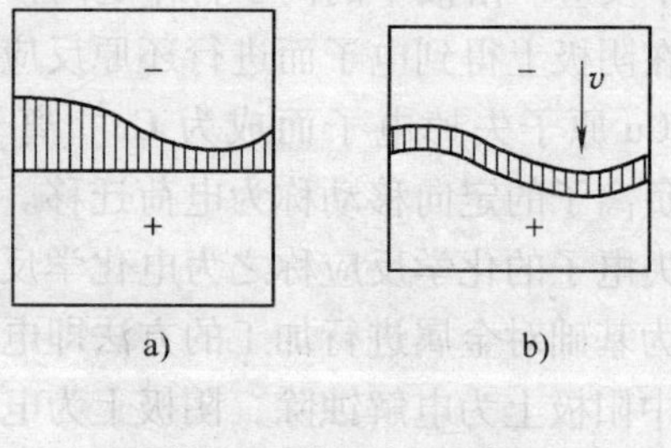

图4-50　电解加工原理

电解加工的特点如下：

1）加工范围广，可以加工硬质合金、淬火钢、不锈钢、耐热合金等高硬度、高强度及韧性金属材料，可加工叶片、锻模等各种复杂型面。

2）生产率较高，约为电火花加工的5～10倍，在某些情况下，比切削加工的生产率还高，且加工生产率不直接受加工精度和表面粗糙度的限制。

3）加工质量好，可以达到较低的表面粗糙度（$Ra=1.25\sim0.2\mu m$）和±0.1mm左右的平均加工精度。同时，不会产生残余应力和变形。

4）加工过程中阴极工具在理论上不会耗损，可长期使用。

2. 电解加工的应用　自1958年在镗线加工方面成功地采用了电解加工工艺并正式投产以来，逐渐在各种膛线、花键孔、深孔、内齿轮、链轮、叶片、异形零件及模具等方面获得了广泛的应用。

图4-51所示为电解加工型孔示意图。型孔加工一般采用端面进给法，为了避免锥度，阴极侧面必须绝缘。为了提高加工速度，可适当增加端面工作面积，使阴极内圆锥面的高度为1.5~3.5mm，工作端及侧成形环面的宽度一般取0.3~0.5mm，出水孔的截面积应大于加工间隙的截面积。

图4-52所示为电解加工整体叶轮示意图。叶轮上的叶片是逐个加工的，采用套料法加工，加工完一个叶片，退出阴极，分度后再加工下一个叶片。电解加工整体叶轮，只要把叶轮坯加工好后，直接在轮坯上加工叶片，加工周期大大缩短，叶轮强度高，质量好。

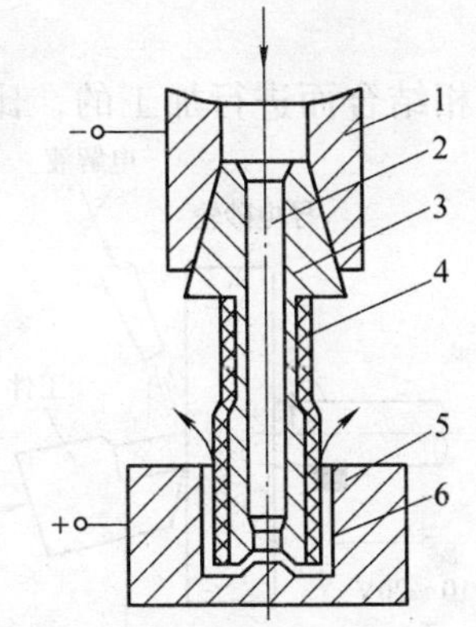

图4-51　电解加工型孔示意图

1—机床主轴套　2—进水孔　3—阴极主体
4—绝缘层　5—工件　6—工作端面

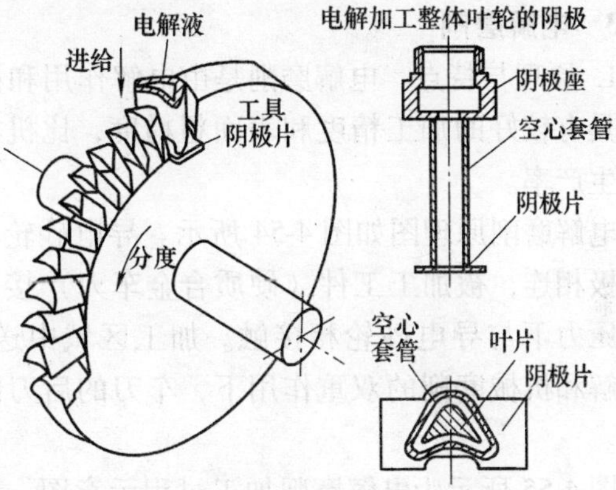

图4-52　电解加工整体叶轮示意图

4.3.2　电铸加工

1. 原理与特点　电铸加工是利用电化学加工中的阴极沉积现象进行的。其原理如图4-53所示。用导电的原模作阴极，用电铸材料（例如纯铜）作阳极，用电铸材料的金属盐如硫酸铜溶液作电铸镀液，保证金属盐溶液中的金属离子与阴极相同。在直流电源的作用下，阳极上的金属原子失去电子成为正金属离子进入镀液，并进一步在阴极上获得电子成为金属原子而沉积镀覆在阴极原模表面，阳极金属源源不断成为金属离子补充溶解进入电铸镀液，保持质量分数基本不变，阴极原模上电铸层逐渐加厚，当达到预定厚度时即可取出，设法与原模分离，即可获得与原模型面凹凸相反的电铸件。

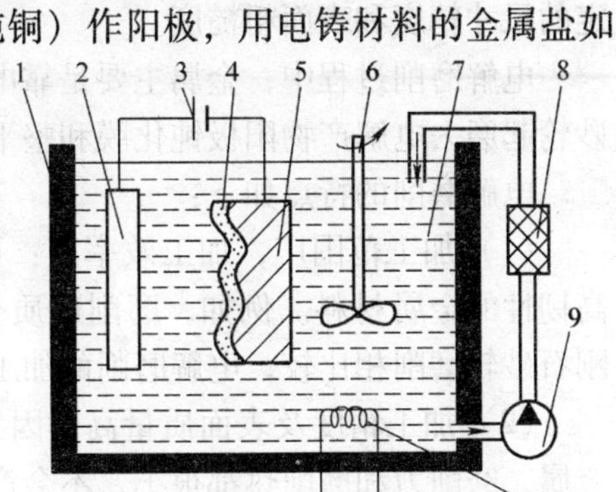

图4-53　电铸原理图

1—电镀槽　2—阳极　3—直流电源　4—电铸层
5—原模（阴极）　6—搅拌器　7—电铸液
8—过滤器　9—泵　10—加热器

电铸加工的特点为：

1）能准确、精密地复制复杂型面和细微纹路。

2）能获得尺寸精度高、表面粗糙度 $Ra<0.1\mu m$ 的复制品。同一原模生产的电铸件一致性极好。

3）借助石膏、石蜡、环氧树脂等作为原模材料，可把复杂零件的内表面复制为外表面，外表面复制为内表面，然后再电铸复制，适应性广泛。

电铸加工的主要工艺过程为：原模表面处理→电铸至规定厚度→衬背处理→脱模→清洗干燥→成品。

2. 电铸加工的应用　电铸加工主要应用在以下几方面：

1）复制精细的表面轮廓花纹，如唱片模、工艺美术品模、纸币、证券、邮票的印刷版。

2）复制注塑用的模具和电火花型腔加工用的电极工具。

3）制造复杂、高精度的空心零件和薄壁零件，如波导管等。

4）制造表面粗糙度标准样块、反光镜、表盘、异形孔喷嘴等特殊零件。

4.3.3　电解磨削

1. 原理与特点　电解磨削是由电解作用和机械磨削作用相结合而进行加工的，比电解加工具有较好的加工精度和表面粗糙度，比机械磨削有较高的生产率。

电解磨削原理图如图 4-54 所示。导电砂轮与直流电源的阴极相连，被加工工件（硬质合金车刀）接阳极，它在一定压力下与导电砂轮相接触。加工区域中送入电解液，在电解和机械磨削的双重作用下，车刀的后刀面很快就被磨光。

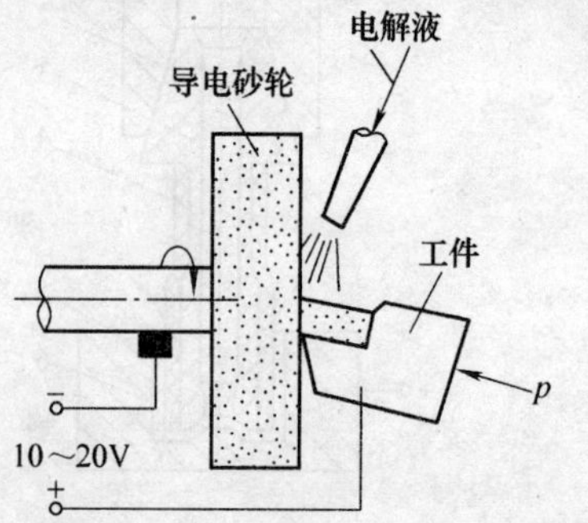

图 4-54　电解磨削原理图

图 4-55 所示为电解磨削加工过程示意图。电流从工件 3 通过电解液 5 而流向磨轮，形成通路，于是工件（阳极）表面的金属在电流和电解液的作用下发生电解作用（电化学腐蚀），被氧化成为一层极薄的氧化物或氢氧化物薄膜 4，一般称它为阳极薄膜。但刚形成的阳极薄膜迅速被导电砂轮中的磨料刮除，在阳极工件上又露出新的金属表面并被继续电解。这样，由电解作用和刮除薄膜的磨削作用交替进行，使工件连续地被加工，直至达到一定的尺寸精度和表面粗糙度。

电解磨削过程中，金属主要是靠电化学作用腐蚀下来，砂轮起磨去电解产物阳极钝化膜和整平工件表面的作用。

电解磨削的特点如下：

(1) 加工范围广，加工效率高：可加工任何高硬度与高韧性的金属材料。例如，磨削硬质合金时，与普通的金刚石砂轮磨削相比较，电解磨削的加工效率要高 3 ~ 5 倍。

(2) 加工精度及表面质量高：因为砂轮并不主要磨削金属，磨削力和磨削热都很小，不会产生磨削毛刺、裂纹、烧伤现象，一般表面粗糙度 Ra 可优于 0.16μm。

(3) 砂轮的磨损量小

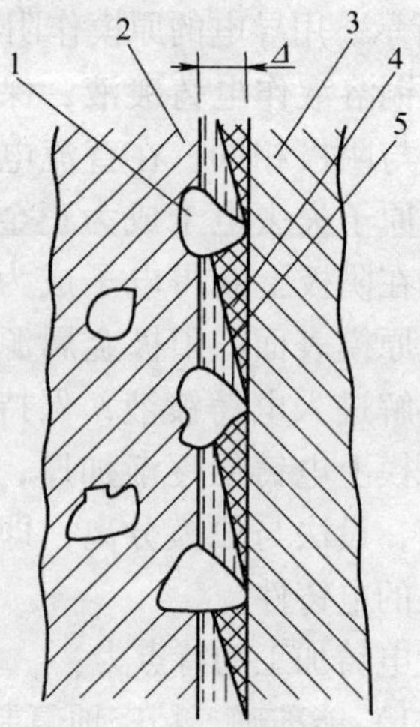

图 4-55　电解磨削加工过程示意图

1—磨粒　2—结合剂　3—工件

4—阳极薄膜　5—电极间隙及电解液

2. 电解磨削的应用　电解磨削广泛应用于平面磨削、内外圆磨削和成形磨削。图 4-56a、b 所示分别为立轴矩台平面磨削、卧轴矩台平面磨削的示意图。图 4-57 所示为电解成形磨削示意图，其磨削原理是将导电磨轮的外圆圆周按需要的形状进行预先成形，然后进行电解磨削。

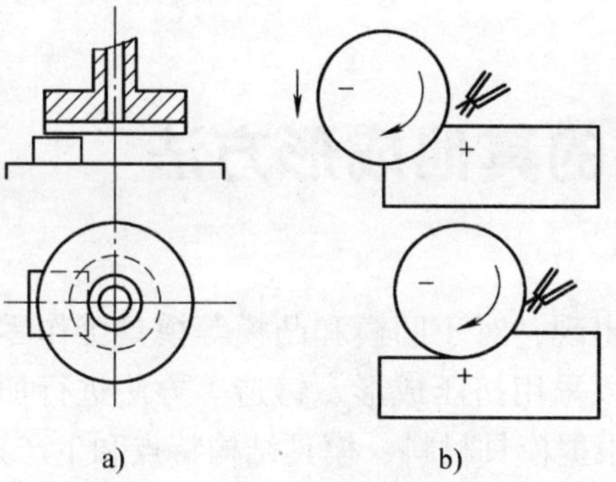

图 4-56　平面磨削示意图

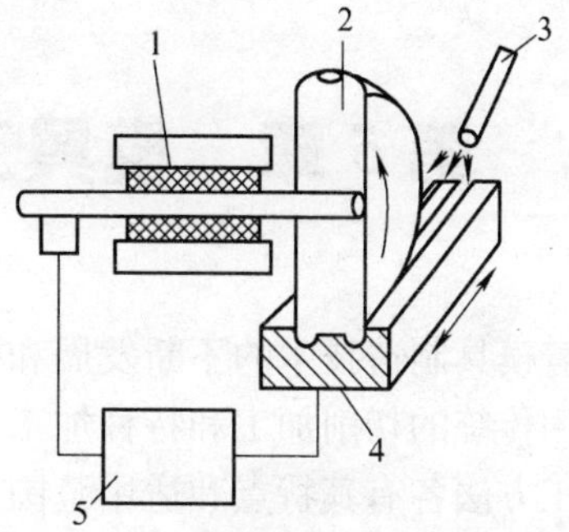

图 4-57　电解成形磨削示意图
1—绝缘层　2—磨轮　3—喷嘴
4—工件　5—加工电源

复习思考题

1. 电火花成形加工的机理是什么？
2. 机械式平动头的工作原理是什么？
3. 什么是极性效应？试叙述其应用场合。
4. 如何在加工中处理好加工速度、电极损耗和加工质量之间的关系？
5. 电火花穿孔加工和成形加工常采用哪些加工方法？
6. 编制加工如图 4-58 所示凸模轮廓的 3B 程序，从图中 0 点开始逆时针切割，已知电极丝的直径为 0.18mm，单面放电间隙为 0.01mm。

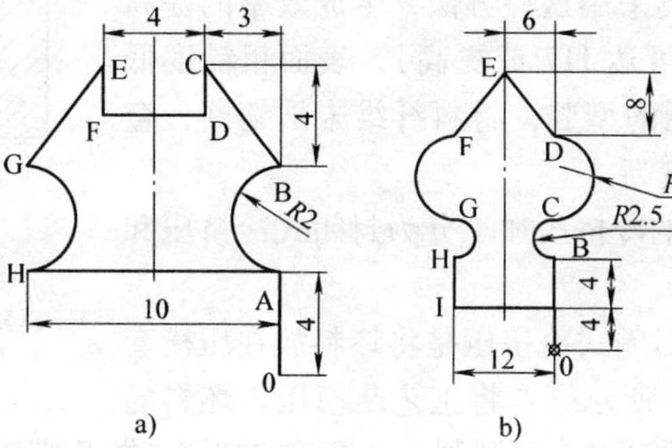

图 4-58　凸模工作部分外形轮廓图
a）凸模 1　b）凸模 2

7. 电化学加工的原理是什么？有哪些应用？

第 5 章　模具工作零件的其他成形方法

随着模具制造技术的不断发展和模具新材料的出现，对于凹模和凸模等模具工作零件，除了采用传统的切削加工和特种加工方法外，还可以采用挤压成形、铸造等方法进行加工。这些加工方法各有其特点和适用范围，在应用时可根据模具材料、模具结构特点和生产条件等因素进行选择。

5.1　挤压成形

模具工作零件可用挤压方法成形，常用的有冷挤压成形和热挤压成形。

5.1.1　冷挤压成形

冷挤压成形是在常温条件下，将淬硬的工艺凸模压入模坯，使坯料产生塑性变形，以获得与工艺凸模工作表面形状相同的内成形表面。

冷挤压方法适用于加工有色金属、低碳钢、中碳钢，以及部分有一定塑性的工具钢为材料塑料模具型腔、压铸模型腔、锻模型腔和粉末冶金压模的型腔。型腔冷挤压工艺具有以下特点：①可以加工形状复杂型腔，尤其适合于加工某些难于进行切削加工的形状复杂的型腔。②挤压过程简单迅速，生产率高；一个工艺凸模可以多次使用。对于多型腔凹莫采用这种方法，生成效率的提高更明显。③加工精度高（可达 IT7 或更高），表面粗糙度低（$Ra=0.16\mu m$）。④冷挤压的型腔，材料纤维未被切断，金属组织更为紧密，型腔强度高。

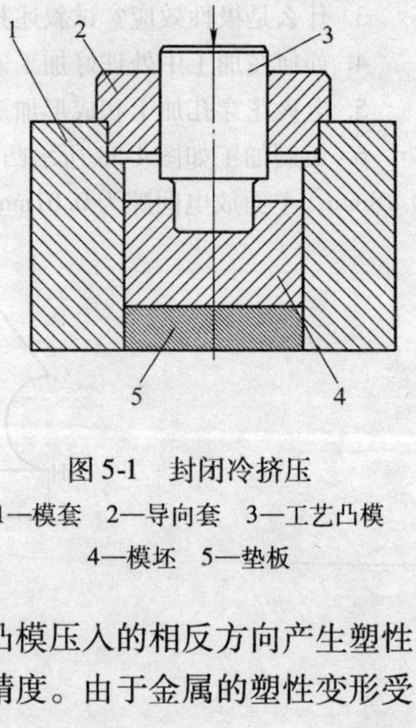

图 5-1　封闭冷挤压

1—模套　2—导向套　3—工艺凸模　4—模坯　5—垫板

1. 冷挤压方式　型腔的冷挤压加工分为封闭式冷挤压和敞开式冷挤压。

（1）封闭式冷挤压：封闭式冷挤压是将坯料放在压模套内进行挤压加工，如图 5-1 所示。在将工艺凸模压入坯料的过程中，由于坯料的变形受到模套的限制，金属只能朝着工艺凸模压入的相反方向产生塑性流动，迫使变形金属与工艺凸模紧密贴合，提高了型腔的成形精度。由于金属的塑性变形受到限制，所以需要的挤压力较大。

对于精度要求较高、深度较大、坯料体积较小的型腔也采用各种挤压方式加工。

由于封闭式冷挤压是将工艺凸模和坯料约束在导向套和模套内进行挤压，促使工艺凸模获得良好的导向外，还能防止凸模断裂或坯料崩裂飞出。

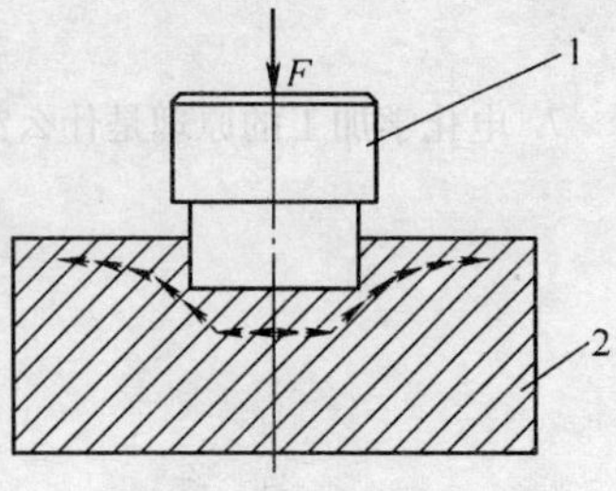

图 5-2　敞开式冷挤压模

1—工艺凸模　2—模坯

（2）敞开式冷挤压：敞开式冷挤压在挤压型腔毛坯外面不加模套，如图 5-2 所示。这种方式在挤压前，其工艺准备较封闭式简单。被挤压金属的塑性流动，不但沿工艺凸模的轴线方向，也沿半径方向（如图5-2中箭头所示）流动。因此敞开式冷挤压只宜在模坯的端面与型腔在模坯端面上的投影面积之比较大，即模坯厚度与型腔深度之比较大的情况下采用。否则，坯料向外胀大会产生很大翘曲，使型腔的精度降低甚至使坯料开裂报废。所以，敞开式冷挤压，只在加工要求不高的浅型腔采用。

2. 冷挤压的工艺准备

（1）冷挤压设备的选择：冷挤压所需要的力，与冷挤压方式，模坯材料及其性能，挤压时的润滑情况等许多因素有关，一般采用下列公式计算：

$$F = pA \tag{5-1}$$

式中 F——挤压力（N）；

A——型腔投影面积（mm^2）；

p——单位挤压力（MPa），见表5-1。

表5-1 坯料抗拉强度与单位挤压力的关系 （单位：MPa）

坯料抗拉强度 σ_b	250~300	300~500	500~700	700~800
单位挤压力 p	1500~2000	2000~2500	2500~3000	3000~3500

（2）工艺凸模和模套设计

1）工艺凸模。工艺凸模在工作时要承受很大的挤压力，其工作表面和流动金属之间作用着极大的摩擦力。因此，工艺凸模要有足够的强度、硬度和耐磨性。在选择工艺凸模材料和结构时，应满足上述要求。此外，凸模材料还要求有良好的切削加工性。根据型腔要求选用工艺凸模材料及所能承受的单位挤压力见表5-2。其热处理硬度应达到61~64HRC。

表5-2 工艺凸模材料的选用

工艺凸模形状	选用材料	能承受的单位挤压力 p/MPa
简单	T8A、T10A、T12A	2000~2500
中等	CrWMn、9CrSi	
复杂	Cr12V、Cr12MoV、CrTiV	2500~3000

工艺凸模的结构如图5-3所示。它由以下三个部分组成：

①工作部分。如图5-3所示中的 L_1 段。工作时这部分长度要挤入型腔坯料中，因此，这部分的尺寸应和型腔设计尺寸一致，其精度比型腔精度高一级；表面粗糙 $Ra=0.32\sim0.08\mu m$。一般将工作部分长度取为型腔深度的1.1~1.3倍。端部圆角半径 r 不应小于0.2mm。为了便于脱模，在可能情况下将工作部分做出1:50的脱模斜度。

②导向部分。如图5-3所示中的 L_2 段。用来和导向套的内孔配合，以保证工艺凸模和工作台面垂直，在挤压工程中可防止凸模偏斜，以保证正确压入。一般取 $D=1.5d$；$L_2>(1\sim1.5)D$。外径 D 与导套配合为H8/h7，表面粗糙度 $Ra=1.25\mu m$。端部的螺孔是为了便于将工艺凸模从型腔中脱出而设计的。脱模情况如图5-4所示。

③过渡部分。过渡部分是工艺凸模工作端和导向端的连接部分。为减少工艺凸模的应力集中，防止挤压时断裂，过渡部分应采用较大半径的圆弧平滑过渡，一般 $R\geqslant5mm$。

2）模套。在封闭式冷挤压时，将型腔毛坯置于模套中进行挤压。模套的作用是限制模坯金属的径向流动，防止坯料破裂。模套有以下两种：

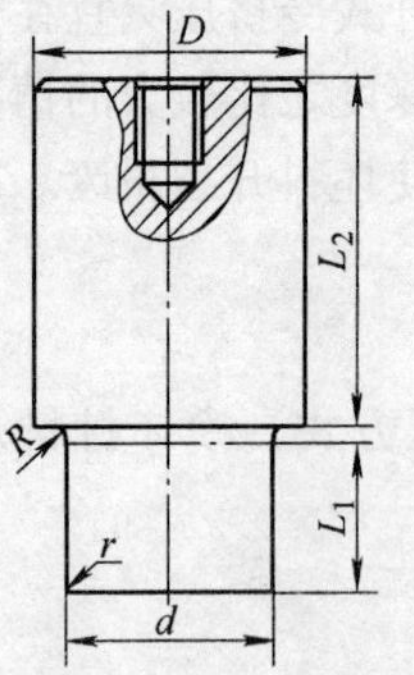

图 5-3　工艺凸模

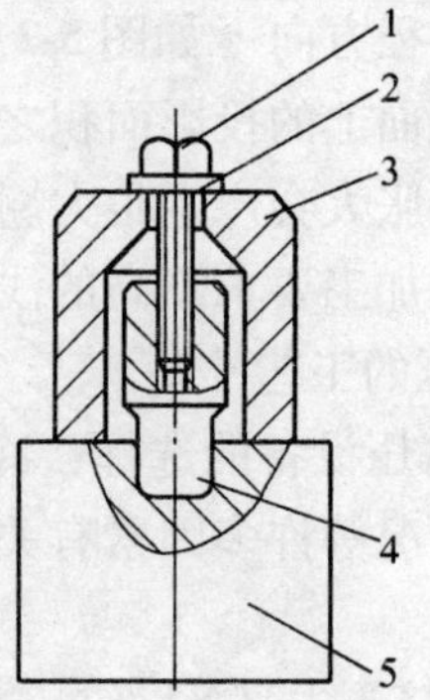

图 5-4　螺钉脱模

1—脱模螺钉　2—垫圈　3—脱模套

4—工艺凸模　5—模坯

①单层模套。图 5-5 所示为单层模套。实验证明，对于单层模套，比值 r_2/r_1 越大则模套强度越大。但当 $r_2/r_1>4$ 以后，即使再增加模套的壁厚，强度的增大已不明显，所以实际应用中常取 $r_2=4r_1$。

②双层模套。图 5-6 所示为双层模套。将有一定过盈量的内、外层模套压合成为一个整体，使内层模套在尚未使用前，预先受到外层模套的径向压力而形成一定的预应力。这样就可以比同样尺寸的单层模套承受更大的挤压力。由实践和理论计算证明，双层模套的强度约为单层模套的 1.5 倍。各层模套尺寸分别为：$r_3=(3.5\sim4)r_1$；$r_2=(1.7\sim1.8)r_1$。内模套与坯料接触部分的表面粗糙度 $Ra=1.25\sim0.16\mu m$。

单层模套和内模套的材料一般选用 45 钢、40Cr 等材料制造，热处理硬度 43～48HRC。外层模套材料为 Q235 或 45 钢。

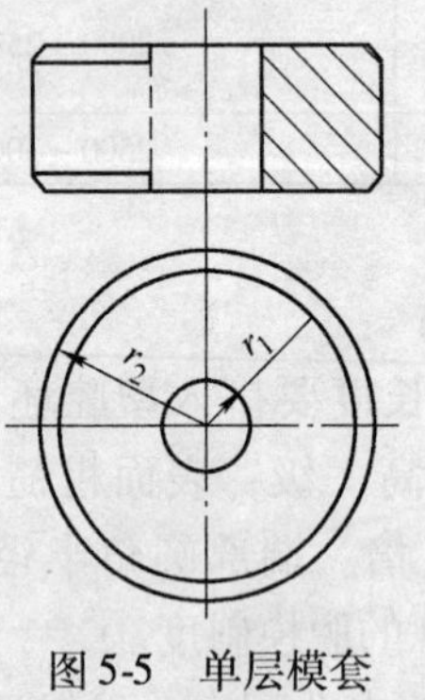

图 5-5　单层模套

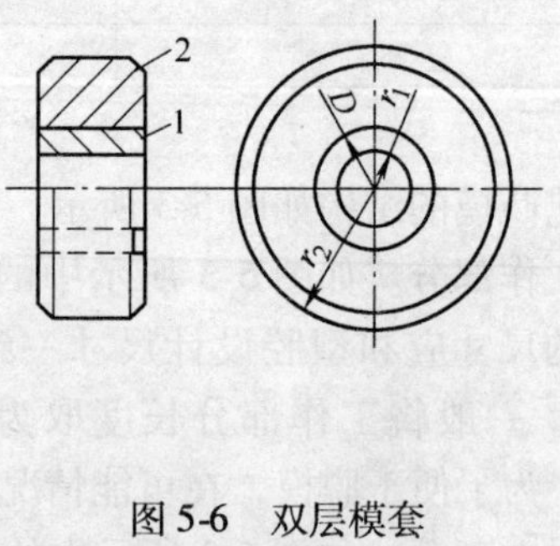

图 5-6　双层模套

1—内模套　2—外模套

（3）模坯准备：为了便于进行冷挤压加工，模坯材料应具有低的硬度和高的塑性，型腔成形后其热处理变形应尽可能小。

宜于采用冷挤压加工的材料有铝及铝合金、铜及铜合金、低碳钢、中碳钢、部分工具钢及合金钢，如 10、20、20Cr、T8A、T10A、3Cr2W8V 等。

坯料在冷挤压前必须进行热处理（低碳钢退火至 100～160HBW，中碳钢球化退火至 160～200HBW），提高材料的塑性，降低强度以减小挤压时的变形抗力。

封闭式冷挤压坯料的外形轮廓，一般为圆柱体或圆锥体，其尺寸按以下经验公式确定（见图5-7a）。

$$D=(2\sim2.5)d \qquad (5\text{-}2)$$
$$h=(2.5\sim3)h_1$$

式中 D——坯料直径（mm）；

d——型腔直径（mm）；

h——坯料高度（mm）；

h_1——型腔深度（mm）。

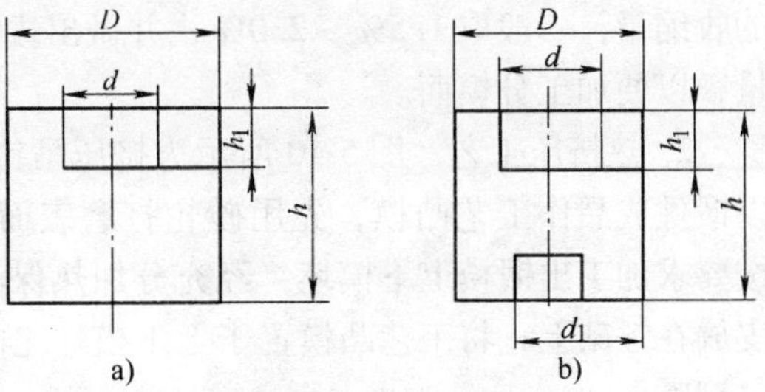

图5-7 模坯尺寸

a）无减荷穴模坯 b）有减荷穴模坯

有时为了减小挤压力，可在模坯底部加工出减荷穴，如图5-7b所示。减荷穴的直径$d_1=(0.6\sim0.7)d$，减荷穴处切除的金属体积约为型腔体积的60%。但当型腔底面需要同时挤出图案或文字时，坯料不能设置减荷穴，相反应将模坯顶面作成球面，如图5-8a所示，或在模坯底面垫一块和图案大小一致的垫块，如图5-8b所示，以使图案文字清晰。

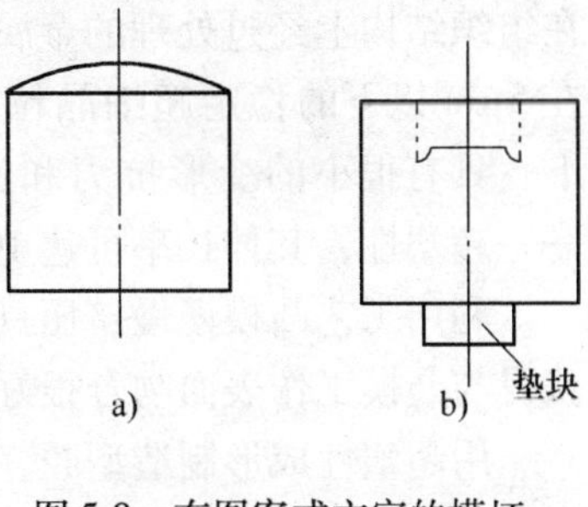

图5-8 有图案或文字的模坯

3. 冷挤压时的润滑 在冷挤压过程中，工艺凸模与坯料通常要承受2000~3500MPa的单位挤压力。为了提高型腔的表面质量和便于脱模，以及减小工艺凸模和模坯之间的摩擦力。从而减少工艺凸模破坏的可能性，应当在凸模与坯料之间施以必要的润滑。为保证良好润滑，防止在高压下润滑剂被挤出润滑区，最简便的润滑方法是将经过去油清洗的工艺凸模与坯料在硫酸铜饱和溶液中浸渍3~4s，并涂以凡士林或机油稀释的二硫化钼润滑剂。

另一种较好的润滑方法是将工艺凸模进行镀铜或镀锌处理，而将坯料进行除油清洗后，放入磷酸盐溶液中进行浸渍，使坯料表面产生一层不溶于水的金属磷酸盐薄膜，其厚度一般为5~15μm。这层金属磷酸盐薄膜与基体金属结合十分牢固，能承受高温（其耐热能力可达600℃）、高压，具有多孔性组织，能储存润滑剂。挤压时再用机油稀释的二硫化钼作润滑，涂于工艺凸模和模坯表面，就可以保证高压下坯料与工艺凸模隔开，防止在挤压过程中产生凸模和坯料粘附的现象。在涂润滑剂时，要避免润滑剂在文字或花纹内堆积，影响文字、图形的清晰。

5.1.2 热挤压成形

将毛坯加热到锻造温度，用预先准备好的工艺凸模压入毛坯而挤压出型腔的制模方法称为热挤压法或热反印法。热挤压制模方法简单，周期短，成本低。所成形的模具，内部纤维连续，组织致密。因此，耐磨性好，强度高，寿命长。但由于热挤压温度高，型腔尺寸不易掌握，且表面容易出现氧化。故常用于尺寸精度要求不高的锻模制造。其制模工艺过程如图5-9所示。

1. 工艺凸模 热挤压成形可采用锻件做工艺凸模。由于未考虑冷缩量，做出的锻模只能加工形状、尺寸精度要求较低的锻件，如起重吊钩、吊环螺钉等产品。零件较复杂而精度要求较高时，必须事先加工好工艺凸

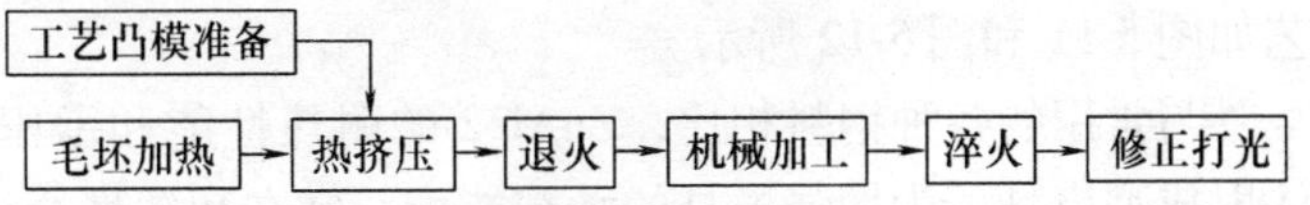

图5-9 热挤压法制模工艺过程

模。工艺凸模材料可用T7、T8或5CrMnMo等。所有尺寸应按锻件尺寸放出锻件本身及型腔的收缩量，一般取1.5%～2.0%，并做出拔模斜度。在高度方向应加放5～15mm的加工余量，以便加工分模面。

2. 热挤压工艺　图5-10所示为挤压吊钩锻模的示意图。以锻件成品作工艺凸模，先用砂轮打磨表面并涂以润滑剂；按要求加工出锻模上下模坯，经充分加热保温后，去掉氧化皮放在锤砧上；将工艺凸模置于上下模坯之间，施加压力锻出型腔。

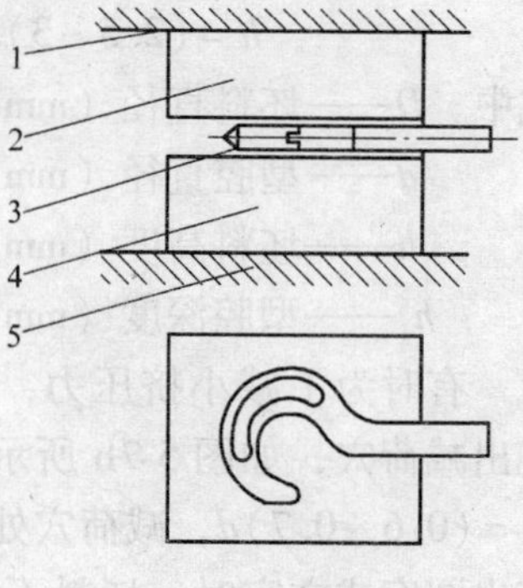

图5-10　热挤压法制造吊钩锻模示意图
1—上砧　2—上模坯　3—工艺凸模　4—下模坯　5—下砧

3. 后续加工　热挤压成形的模坯，经退火、机械加工（刨分模面、铣飞边槽等）、淬火及磨光等工序制成模具。

5.1.3　超塑成形

1. 超塑成形原理和应用　目前实用的超塑成形技术多是在组织结构上经过处理的金属材料，这种材料具有晶粒直径在5μm以下的稳定超细晶粒，它在一定的温度和变形速度下，具有很小的变形抗力和远远超过普通金属材料的塑性——超塑性，其伸长率可达100%～2000%。凡伸长率超过100%的材料均称为超塑性材料。

利用工艺凸模慢慢挤压具有超塑性的模具坯料，并保持一定的温度就可在较小的压力下获得与凸模工作表面吻合很好的型腔，这就是模具型腔超塑成形的基本原理。

用超塑性成形制造型腔，是以超塑性金属为型腔坯料，在超塑性状态下将工艺凸模压入坯料内部，以实现成形加工的一种工艺方法。采用这种方法制造型腔，由于材料变形抗力低，不会因大的塑性变形而断裂，也不硬化，对获得形状复杂的型腔十分有利，与型腔冷挤压相比，可大大降低挤压力。此外，模具从设计到加工都得到简化。

锌铝合金ZnAl22、ZnAl27、ZnAl14等均具有优异的超塑性能。ZnAl22是制作塑料模具的材料。利用超塑性成形型腔，对缩短制造周期，提高塑料制品质量，降低产品成本，加速新产品的研制，都有突出的技术经济效益。

近年来，国内将超塑性挤压技术应用于模具钢获得成功，Cr12MoV、3Cr2W8V等钢的锻模型腔，用超塑性挤压方法可一次压成，经济效益十分显著。

2. 超塑性合金ZnAl22的性能　超塑性合金ZnAl22的成分和性能见表5-3。这种材料为锌基中含铝（$w_{Al}=22\%$），在275℃以上时是单相的α固溶体，冷却时分解成两相，即α(Al)＋β(Zn)的层状共析组织（也称为珠光体）。如在单相固溶体时（通常加热到350℃）快速冷却，可以得到5μm以下的粒状两相组织。在获得5μm以下的超细晶粒后，当变形温度处于250℃时，其伸长率δ可达1000%以上，即进入超塑性状态。在这种状态下将工艺凸模压入（挤压速度在0.01～0.1mm/min）合金材料内部，能使合金产生任意的塑性变形，其成形压力远小于一般冷挤压时所需的压力。经超塑性成形后，再对合金进行强化处理获得两相层状共析组织，其强度σ_b可达400～430MPa。超塑合金ZnAl22的超塑性和强化处理工艺如图5-11和图5-12所示。

与常用的各种钢料相比，ZnAl22的耐热性能和承压能力比较差，所以多用于制造塑料注射成型模具，为增强模具的承载能力，常在超塑性合金外围用钢制模框加固。在注射成型模具温度较高的浇口部位采用钢制镶件结构来弥补合金熔点较低的缺点。

表 5-3 ZnAl22 的主要成分和性能

主要成分(%)				性能								
				熔点	密度	在 250℃时		恢复正常温度时			强化处理后		
w_{Al}	w_{Cu}	w_{Mg}	w_{Zn}	θ/°C	ρ/g · cm^{-3}	σ_b/MPa	δ(%)	σ_b/MPa	δ(%)	HBW	σ_b/MPa	δ(%)	HBW
20 ~ 24	0.4 ~1	0.001 ~0.1	余量	420 ~ 500	5.4	8.6	1125	300 ~ 330	28 ~ 33	60 ~ 80	400 ~ 430	7 ~ 11	86 ~ 112

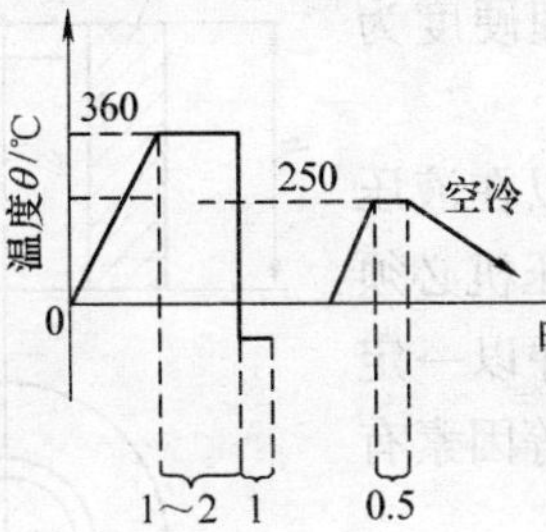

图 5-11 ZnAl22 超塑性处理工艺

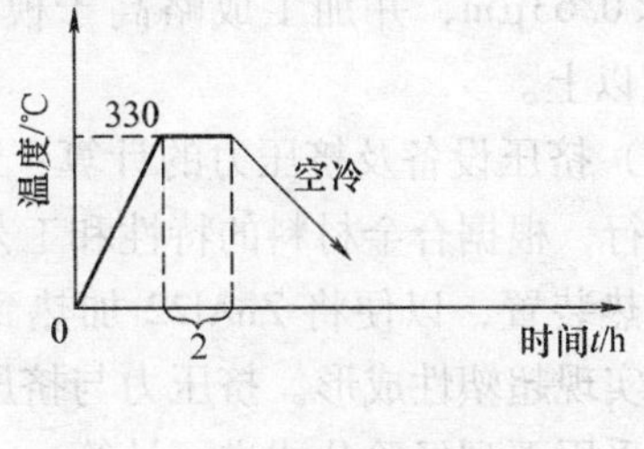

图 5-12 ZnAl22 强化处理工艺

3. 超塑性成形工艺 用 ZnAl22 制造塑料模型腔的工艺过程如下：

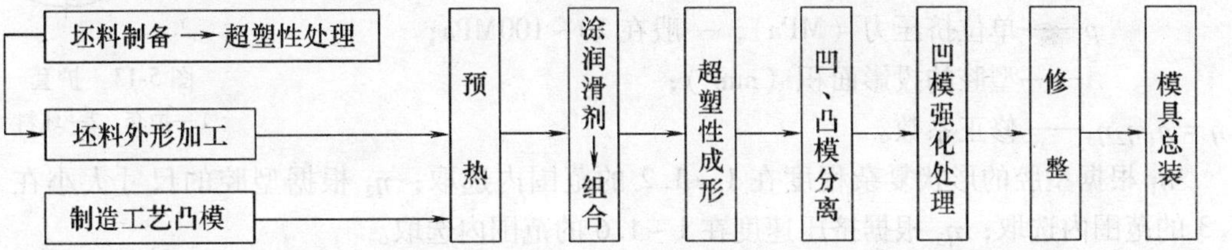

（1）坯料准备：由于以 ZnAl22 为型腔材料的凹模大多做成组合结构。型腔的坯料尺寸可按体积不变原理（即模坯成形前后的体积不变），根据型腔的结构尺寸进行计算。在计算时应考虑适当的切削加工余量（压制成形后的多余材料用切削加工方法去除）。坯料与工艺凸模接触的表面粗糙度 $Ra<0.63\mu m$。

一般 ZnAl22 合金在出厂时均已经过超塑性处理。因此只需选择适当类型的原材料，切削加工成形腔坯料后即可进行挤压。若材料规格不能满足要求，可将材料经等温锻造成所需形状，在特殊情况下还可用浇铸的方法来获得大规格的坯料。但是，经重新锻造或浇铸的 ZnAl22 已不具有超塑性能，必须进行超塑性处理。

（2）工艺凸模：工艺凸模可以采用中碳钢、低碳钢、工具钢或 HPb59—1 等材料制造。工艺凸模一般可不进行热处理，其制造精度和表面粗糙度的要求应比型腔的要求高一级。在确定工艺凸模的尺寸时，要考虑模具材料及塑料制件的收缩率，其计算公式如下：

$$d = D[1 - \alpha_{l_1} t_1 + \alpha_{l_2}(t_1 - t_2) + \alpha_{l_3} t_2] \tag{5-3}$$

式中 d——工艺凸模的尺寸（mm）；

D——塑料制件尺寸（mm）；

α_{l_1}——凸模的线（膨）胀系数（°C^{-1}）；

α_{l_2}——ZnAl22 的线（膨）胀系数（°C^{-1}）；

α_{l_3}——塑料的线（膨）胀系数（°C^{-1}）；

t_1——挤压温度（℃）；

t_2——塑料注射温度（℃）。

α_{l_3} 可在 0.003 ~0.006 的范围内选取，α_{l_1}、α_{l_2} 可按照工艺凸模及塑料类别从有关手册查得。

（3）护套：ZnAl22 在超塑性状态下，屈服极限低、伸长率高，工艺凸模压入毛坯时，金属因受力会发生自由的塑性流动而影响成形精度。因此，应按图 5-13 所示使型腔的成形过程在防护套内进行。由于护套的作用，变形金属的塑性流动方向与工艺凸模的压入方向相反，使变形金属与凸模表面紧密贴合，从而提高了型腔的成形精度。护套的内部尺寸由型腔的外部形状尺寸决定，可比坯料尺寸大 0.1～0.2mm，内壁表面粗糙度 $Ra < 0.63\mu m$，并加工成略高于模坯高度。护套的热处理硬度为 42HRC 以上。

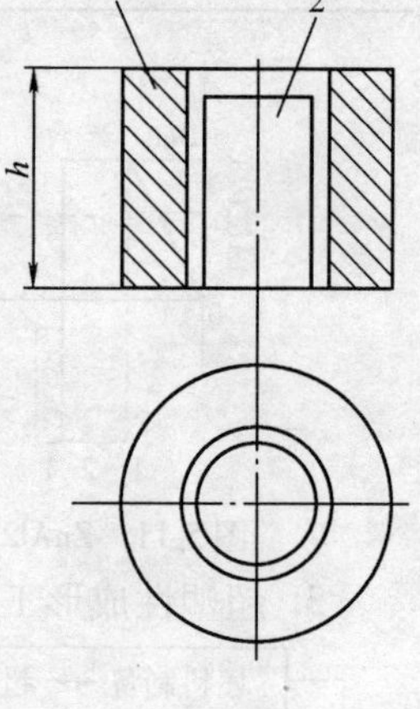

图 5-13　护套
1—护套　2—坯料

（4）挤压设备及挤压力的计算：对 ZnAl22 的挤压，可以在液压机上进行，根据合金材料的特性和工艺要求，压制型腔的液压机必须设置加热装置，以便将 ZnAl22 加热到 250℃后保持恒温，并以一定的压力实现超塑性成形。挤压力与挤压速度、型腔复杂程度等因素有关。可采用下列经验公式进行计算

$$F = pA\eta \tag{5-4}$$

式中　F——挤压力（N）；

p——单位挤压力（MPa），一般在 20～100MPa；

A——型腔的投影面积（mm^2）；

$\eta = \eta_1\eta_2\eta_3$——修正系数。

η_1 根据型腔的形状复杂程度在 1～1.2 的范围内选取；η_2 根据型腔的尺寸大小在 1～1.3 的范围内选取；η_3 根据挤压速度在 1～1.6 的范围内选取。

（5）润滑：合理的润滑可以减小 ZnAl22 流动时与工艺凸模之间的摩擦阻力，降低单位挤压力，同时可以防止金属粘附，易于脱模，以获得理想的型腔尺寸和表面粗糙度。所用润滑剂应能耐高温，常用的有 295 硅脂、201 甲基硅油、硬脂酸锌等。但使用时其用量不能过多，并应涂抹均匀，否则在润滑剂堆积部位不能被 ZnAl22 充满，影响型腔精度。

图 5-14a 所示是用 ZnAl22 注射模制作的尼龙齿轮。制造尼龙齿轮注塑模型腔的加工过程如图 5-14b 所示。

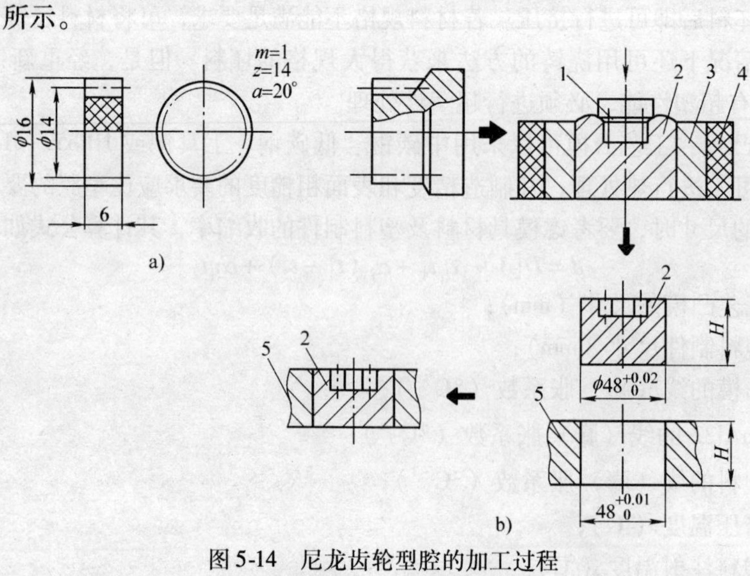

图 5-14　尼龙齿轮型腔的加工过程
a）尼龙齿轮　b）型腔加工过程
1—工艺凸模　2—模坯　3—护套　4—电阻式加热圈　5—固定板

5.2 铸造成形

5.2.1 锌合金模具

用锌合金材料制造工作零件的模具称为锌合金模具。锌合金可以用于制造冲裁、弯曲、成形、拉深、注塑、吹塑、陶瓷等模具的工作零件，一般采用铸造方法进行制造。

1. 模具用锌合金的性能　用于制造模具的材料必须具有一定的强度、硬度和耐磨性。同时还必须满足制造工艺方面的要求，如流动性、偏析、高温状态下形成裂纹的倾向等。制造模具的锌合金以锌为基体，由锌、铜、铝、镁等元素组成，其物理力学性能受合金中各元素质量分数的影响。因此，使用时必须对各元素的质量分数进行适当选择。表5-4是两种用作模具材料的化学成分；表5-5列出了锌合金模具材料的性能。

表5-4　锌合金模具材料的化学成分　(%)

w_{Al}	w_{Cu}	w_{Mg}	w_{Pb}	w_{Cd}	w_{Fe}	w_{Sn}	w_{Zn}
3.9~4.2	2.85~3.35	0.03~0.06	<0.008	<0.001	<0.02	微量	其余
4.10	3.02	0.049	<0.0015	<0.0007	<0.009	微量	其余

表5-5　锌合金模具材料的性能

密度 ρ/g·cm^{-3}	熔点 t_r/℃	凝固收缩率 (%)	抗拉强度 σ_b/MPa	抗压强度 σ_{bc}/MPa	抗剪强度 τ/MPa	布氏硬度 HBW
6.7	380	1.1~1.2	240~290	550~600	240	100~115

表5-5所列锌合金的熔点为380℃时，浇注温度为420~450℃，这一温度比锡、铋低熔点合金高，所以，也称中熔点合金。这种合金有良好的流动性，可以铸出形状复杂的立体曲面和花纹。熔化时对热源无特殊要求，浇铸简单，不需要专用设备。

2. 锌合金模具制造工艺　锌合金模具的铸造方法，按模具用途和要求以及工厂设备条件不同大致有以下几种：

（1）砂型铸造法：砂型铸造锌合金模具与普通铸造方法相似，不同之处是它采用敞开式铸型。

（2）金属型铸造法：金属型铸造法是直接用金属制件，或用加工好的凸模（或凹模）作为铸型铸造模具的方法。在某些情况下也可用容易加工的金属材料制作一个样件作铸型。

（3）石膏型铸造法：利用样件（或制件）翻制出石膏型，用石膏型浇注锌合金凸模或凹模。石膏型适于铸造有精细花纹或图案的型腔模。

铸件表面粗糙度主要取决于铸型的表面粗糙度或铸型材料的粒度，粒度越细，铸件表面粗糙度 *Ra* 越低，越美观。

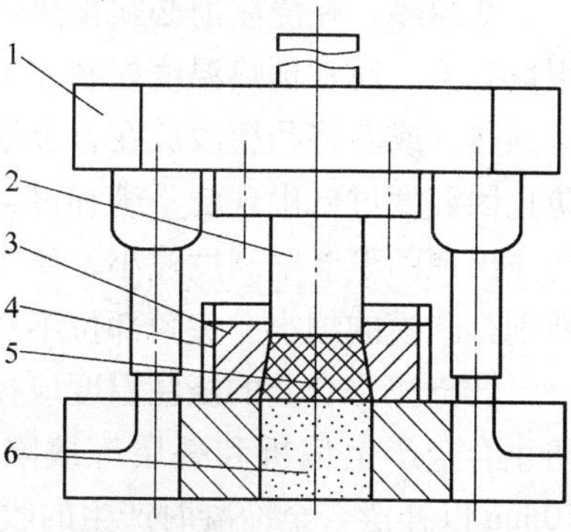

图5-15　锌合金冲裁凹模铸造
1—模架　2—凸模　3—锌合金凹模
4—模框　5—漏料孔芯　6—干砂

1）图5-15所示是锌合金凹模的铸造示意图。凸模采用高硬度的金属材料制作，刃口锋利；凹模采用锌合金材料。

在铸造之前应作好下列准备工作：按设计要求加工好凸模，经检验合格后将凸模固定在上模座上；在下模座上安放模框（应保证凸模位于模框中部），正对凸模安放漏料孔芯；完成凹模的浇注和装配调试工作。

模内浇注法工艺顺序框图如下：

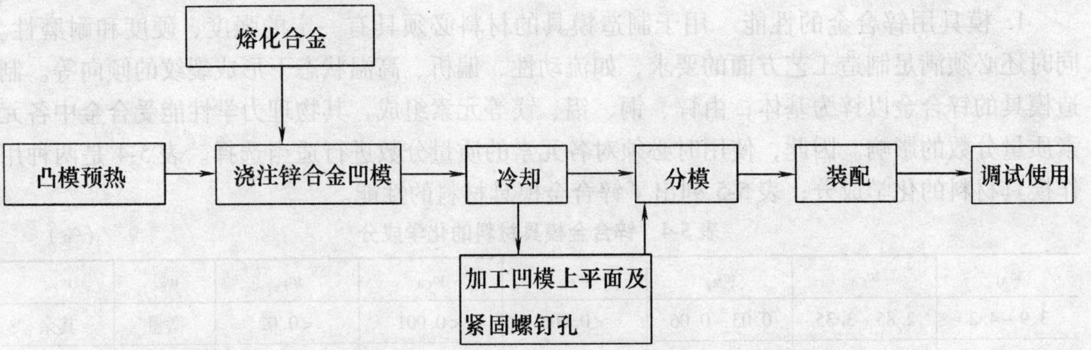

模内浇注法适用于合金用量在20kg以下的冷冲模的浇注。浇注合金用量在20kg以上的模具，冷凝时所散发的热量较大，为了防止模架受热变形，可以在模架外的平板上单独将凹模（或凸模）浇出后，再安装到模架上去，这种方法称为模外浇注法。模内浇注法与模外浇注法没有本质上的区别，主要区别在于浇注时是否使用模架，后者用平板代替模架的下模座。这两种方法适用于浇注形状简单，冲裁各种不同板料厚度的冲裁模具。

①熔化合金。可采用坩埚或薄钢板焊成的熔锅，将锌合金砸成碎块，放在锅中用箱式电炉、焦碳炉等加热熔化。注意，熔化容器、搅拌、除渣等与合金接触的工具都必须涂刷一层膨润土或氧化锌，以防止合金与铁合金工具直接接触。因合金在熔化过程中要不断吸收气体，温度越高吸收越多，因此为了避免在合金凝固时不能完全析出所吸收的气体，待合金完全熔化之后，需加入干燥的氯化锌或氯化铵进行除气精炼处理，以防合金模具出现气孔。其用量为合金重量的0.1%～0.3%。除气剂必须干燥，以免发生爆溅。精炼时可在合金表面覆盖一层木炭粉。合金的熔化温度应控制在450～500℃，温度过高锌容易与铁起作用，形成锌化铁（脆性化合物），导致合金性能下降，使镁烧损严重，吸气过多，流动性变差。

②预热。在浇注前必须预热凸模，以保证浇注质量。预热温度同浇注方式和浇注合金的用量有关。通常预热温度控制在150～200℃最佳。可以采用氧-乙炔焰、喷灯直接对凸模进行预热，或者将凸模浸放在合金熔液中预热。对于形状复杂的凸模预热，温度要稍高些，以防止因温度过低出现浇不满和过大的铸造圆角，增加凹模上平面机械加工的工作量，还可以防止出现凹模竖壁高度过小，使模具报废的现象。采用氧-乙炔焰预热时火焰温度不宜过高，特别是凸模的细小、尖角部位不宜过高。

③浇注。合金的浇注温度应控制在420～450℃。浇注时应将浮渣清除干净，搅拌合金，防止合金产生偏析和叠层等缺陷。考虑到合金冷凝时的收缩，凹模的浇注厚度要增加约10mm以补偿合金冷凝时产生的收缩。

浇注锌合金凹模的模框，可采用2～4mm厚的钢板焊接而成，其长、宽、高尺寸根据凹模的设计尺寸确定。也可用1.5～2mm厚的钢板作成四个Γ形件，用U形卡子固定，组成模框，如图5-16所示。这种模框的尺寸大小可以根据凹模尺寸作相应的调整，使用方便，制作简单，通用性好，可反复使用。也可根据凹模外形尺寸的大小和模具结构，单独加工一个钢制厚模框，并预先在该模框上加工出紧固螺钉孔、销孔和预留孔，如图 5-17 所示。将此模框安装在模架上，在预留孔内浇注合金，冷却后只对凹模的上平面进行适当加工。这种模框的优点是合金用量少，但模框加工比较复杂，主要用于小型冲裁模。

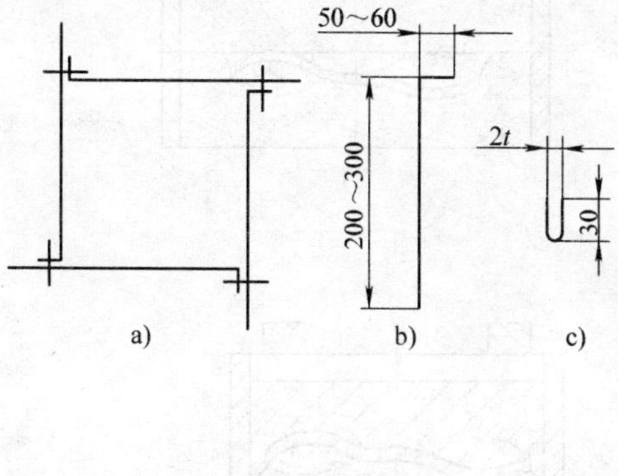

图 5-16　可调式模框

a）可调模框　b）Γ 形钢板　c）U 形卡子

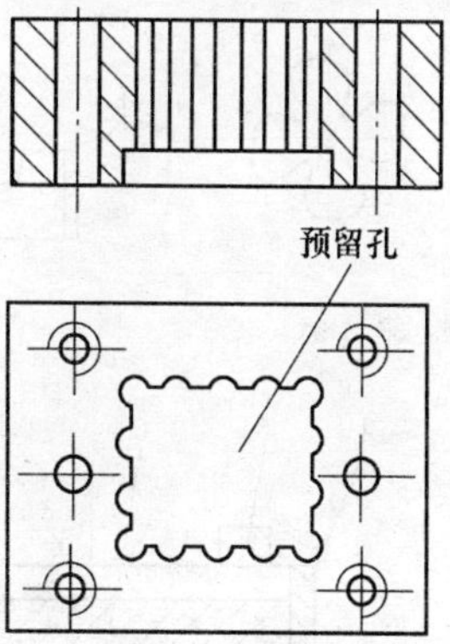

图 5-17　厚模框

锌合金凹模的漏料孔可采用机械加工方法获得，也可在浇注时使用漏料孔芯浇出。漏料孔芯可用耐火砖或红砖磨制而成（此法简单、易行，但铸造后表面粗糙），也可用型砂制造（此法制作过程复杂，但形状准确，表面平整光滑）。砂芯在合金冷却收缩时，对收缩的阻力较小，可以降低收缩产生的内应力，防止合金凹模收缩胀裂。此外，还可采用铁芯或用 1.5～2mm 的钢板弯制成漏料孔芯框架，内填干沙做漏料孔芯。后者主要用于模外浇注法铸造中型模具。

2）图 5-18 所示为鼓风机叶片冲模，采用金属型铸造。其工艺过程为：

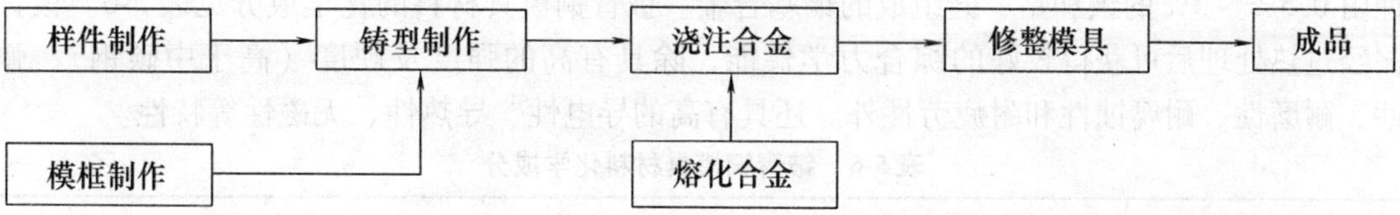

①制作样件。样件的形状及尺寸精度、表面质量等直接影响锌合金模具的精度和表面质量，所以样件是制模的关键。样件厚度应和制件厚度一致，当用手工制作样件时，对某些样件还要考虑合金的冷却收缩对尺寸的影响。图 5-18a 所示为鼓风机叶片的样件，可以用板料经手工制作后拼接而成。但这样制得的样件，形状及尺寸精度都比较低，对板金工的技术水平要求比较高。比较简单的办法是用原有的制件制成样件。

为了便于分模和取出样件，样件上的垂直表面应光滑平整，不允许有凹陷，最好有一定的拔模斜度。

②铸型制作。制作铸型可按以下顺序进行，首先将模样置于砂型内并找正，然后把模样下部的型砂撞紧撞实，清除分型面上的型砂，撒上分型砂，如图 5-18b 所示。将另一砂箱置于砂箱 1 上制成铸型，如图 5-18c 所示。将上、下砂箱打开，把预先按尺寸制造的铁板模框放上，并压上防止模框移位的压铁，如图 5-18d、e 所示。

③浇注合金。考虑到合金冷凝时的收缩，故浇注合金的厚度应为所需厚度的2～3倍。当开始冷凝时要用喷灯在上面及周围加热使其均匀冷凝固化。完成图5-18d所示的浇铸后取出样件，将其放入图5-18e所示的模框内浇铸，即可制成鼓风机叶片冲压模的工作零件。

最后进行落砂、清理和修整即得模具的成品零件。

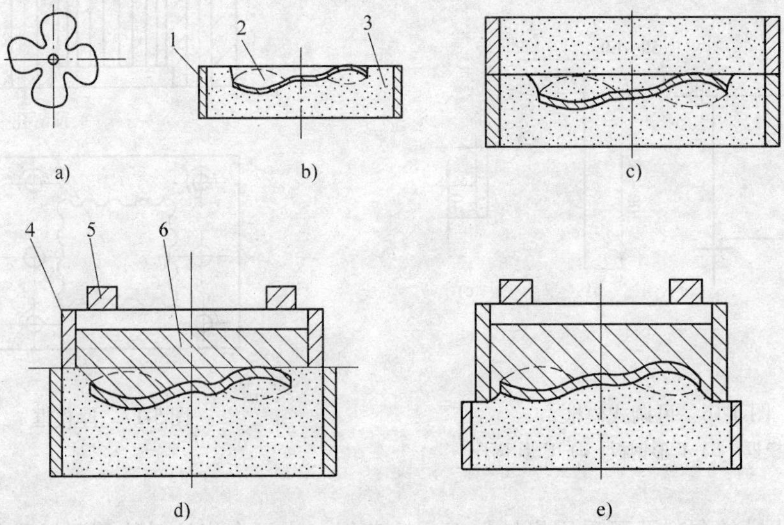

图5-18　金属型铸造

a）鼓风机叶片　b）、c）铸型制作　d）、e）浇注

1—砂箱　2—模型　3—型砂　4—模框　5—压铁　6—锌合金

5.2.2　铍铜合金模具

铍铜合金也称铍青铜（工业上把除锌以外的其他元素的铜合金称为青铜），铍青铜是一种由0.5%～3%的铍和钴、硅组成的铜基合金。铍青铜模具材料的化学成分见表5-6。铍青铜经过热处理后可获得较好的综合力学性能，除具有高的强度及硬度（高于中碳钢）、弹性、耐磨性、耐腐蚀性和耐疲劳性外。还具有高的导电性、导热性、无磁性等特性。

表5-6　铍青铜模具材料化学成分　（%）

代　号	w_{Be}	w_{Co}	w_{Si}	w_{Cu}
QBe2	1.90～2.15	0.35～0.65	0.20～0.35	其余
QBe2.75	2.50～2.75	0.35～0.65	0.20～0.35	其余

镀铜合金适于制作模具需要量大、切削加工困难、形状复杂的精密塑料成型模具。

图5-19所示是用金属模型浇铸镀铜合金的示意图。其工艺过程如下：

母模制作→压铸箱组装→浇入熔料→对熔料加压→脱模、抛磨处理→切去浇口及废料→热处理→装配

铸造模具的精度取决于铸型的加工精度，所以对铸型尺寸、形状及表面粗糙度要求都比较高。模型设计时要考虑脱模斜度、收缩量、加工余量等因素。由于合金熔点较高，一般在

880℃左右，所以模型选用耐热模具钢（3Cr2W8V），热处理硬度为42～47HRC。

5.2.3 陶瓷型铸造

陶瓷型铸造是在砂型铸造的基础上发展起来的一种铸造工艺。陶瓷型是用质地较纯、热稳定性较高的耐火材料制作而成，用这种铸型铸造出来的铸件具有较高的尺寸精度（IT8～IT10），表面粗糙度 *Ra* 可达10～1.25μm。所以这种铸造方法也称陶瓷型精密铸造。目前陶瓷型铸造已成为铸造大型厚壁精密铸件的重要方法，在模具制造中常用于铸造形状特别复杂、图案花纹精致的模具，如塑料模、橡皮模、玻璃模、锻模、压铸模和冲模等。用这种工艺生产的模具，其使用寿命往往接近或超过机械加工生产的模具。但是，由于陶瓷型铸造的精度和表面粗糙度还不能完全满足模具的设计要求，因此对要求较高的模具可与其他工艺结合起来应用。

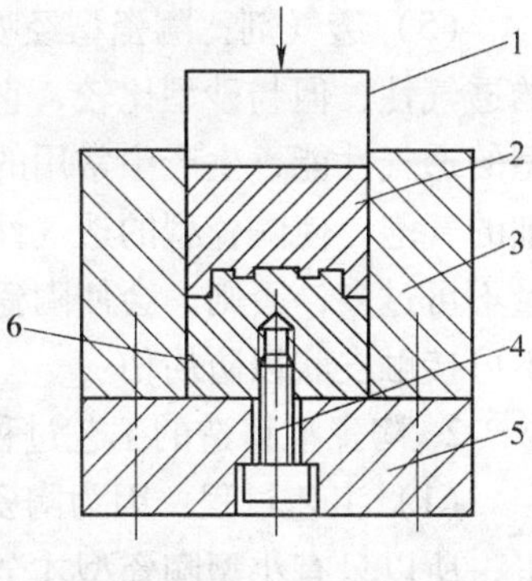

图5-19　铍铜合金铸造示意图

1—加压装置　2—铍铜合金凹模　3—铸造模框　4—脱模螺钉　5—垫板　6—母模

1. 陶瓷型材料　制陶瓷型所用的造型材料包括耐火材料、粘结剂、催化剂、脱模剂、透气剂等。

（1）耐火材料：陶瓷型所用耐火材料要求杂质少、熔点高、高温热膨胀系数小。可用作陶瓷型耐火材料的有刚玉粉、铝钒土、碳化硅及锆砂（$ZrSiO_4$）等。

（2）粘结剂：陶瓷型常用的粘结剂是硅酸乙酯水解液。硅酸乙酯的分子式为$(C_2H_5O)_4Si$，它不能起粘结剂的作用，只有水解后成为硅酸溶胶才能用作粘结剂。所以可将溶质硅酸乙酯和水在溶剂酒精中通过盐酸的催化作用发生水解反应，得到硅酸溶液即硅酸乙酯水解液，以用作陶瓷型的粘结剂。为了防止陶瓷型在喷烧及焙烧阶段产生大的裂纹，水解时往往还要加入质量分数为0.5%左右的醋酸或甘油。

对不同的耐火材料与硅酸乙酯水解液的配比见表5-7。

表5-7　耐火材料与水解液的配比（重量比）

耐火材料种类	耐火材料∶水解液	耐火材料种类	耐火材料∶水解液
刚玉粉或碳化硅粉	2∶1	铝钒土粉	10∶(3.5～4)
		石英粉	5∶2

（3）催化剂：硅酸乙酯水解液的pH值通常在0.2～0.26之间，其稳定性较好，当与耐火粉料混合成浆料后，并不能在短时间内结胶，为了使陶瓷浆能按要求的时间内结胶，必须加入催化剂。所用的催化剂有氢氧化钙、氧化镁、氢氧化钠以及氧化钙等。

通常用氢氧化钙和氧化镁作催化剂，加入方法简单，易于控制。其中氢氧化钙的作用较强烈，氧化镁则较缓慢。加入量随铸型大小而定，对大型铸件，氢氧化钙的加入量为每100ml硅酸乙酯水解液约0.35g，其结胶时间为8～10min，中小型铸件用量为0.45g，结胶时间为3～5min。

（4）脱模剂：硅酸乙酯水解液对模型的附着性能很强，因此在造型时为了防止粘模，影响型腔表面质量，须用脱模剂使模型与陶瓷型容易分离。常用的脱模剂有上光蜡、变压器油、全损耗系统用油（机油）、有机硅油及凡士林等。上光蜡与全损耗系统用油同时使用效果更佳，使用时应先将模型表面擦干净，用软布蘸上光蜡，在模型表面涂成均匀薄层，然后用干燥软布擦至均净光亮，再用布蘸上少许全损耗系统用油涂擦均匀，即可进行灌浆。

（5）透气剂：陶瓷型经喷烧后，表面能形成无数显微裂纹，在一定程度上增进了铸件的透气性，但与砂型比较，它的透气性还是很差，故须往陶瓷浆料中加入透气剂以改善陶瓷型的透气性能，生产中常用的透气剂是双氧水。双氧水加入后会迅速分解放出氧气，形成微细的气泡，使陶瓷型的透气性提高。双氧水的加入量为耐火粉重量的0.2%～0.3%，其用量不可过多，否则，会使陶瓷型产生裂纹、变形及气孔等缺陷。使用双氧水时应注意安全，不可接触皮肤以防灼伤

2. 陶瓷型铸造的工艺过程及特点

（1）工艺过程：因为陶瓷型所用的材料一般为刚玉粉、硅酸乙酯等，这些材料都比较贵，所以只有小型陶瓷型才全部采用陶瓷浆料灌制。对于大型陶瓷型，如果也全部采用陶瓷浆造型则成本太高。为了节约陶瓷浆料、降低成本，常采用带底套的陶瓷型．即与液体金属直接接触的面层用陶瓷材料灌注，而其余部分采用砂底套（或金属底套）代替陶瓷材料。因浆料中所用耐火材料的粒度很细、透气性很差，而采用砂套可使这一情况得到改善，使铸件的尺寸精度提高，表面粗糙度减小。带砂底套陶瓷型铸造的工艺过程如图5-20所示。

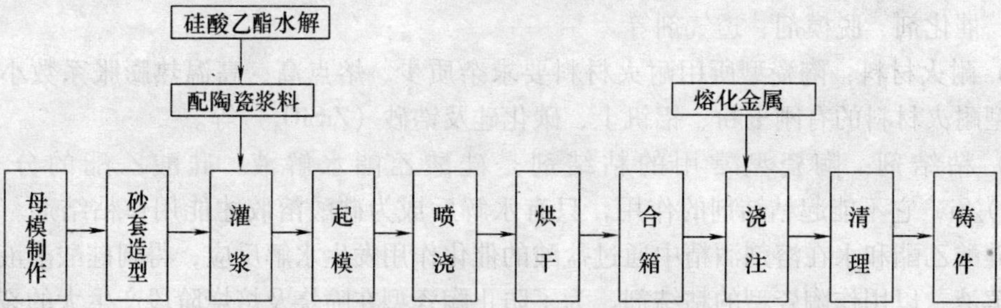

图5-20　用水玻璃砂底套的陶瓷型的造型过程

1）母模制作：用来制造陶瓷型的模型称为母模。因母模的表面粗糙度对铸件的表面粗糙度有直接影响，故母模的表面粗糙度应比铸件的表面粗糙度低，一般铸件要求 $Ra=10\sim2.5\mu m$，其母模表面要求 $Ra=2.5\sim0.63\mu m$。制造带砂底套的陶瓷型需要粗、精两个母模，模母模轮廓尺寸应比精母模尺寸均匀增大或缩小，两者间相应尺寸之差就决定了陶瓷层的厚度，一般为10mm左右。带砂底套的陶瓷型造型工艺如图5-21所示。

2）砂套造型。如图5-21b所示，将粗母模置于垫板上，外面套上砂箱，在母模上面竖两根圆棒后，填水玻璃砂，击实后起模，并在砂套上打小气孔，吹注二氧化碳使其硬化，即得到所需的水玻璃砂底套。砂底套顶面的两孔，一个作为浇注陶瓷液的浇注系统，另一个是浇注时的侧冒口。

3）浇注和喷烧。为了获得陶瓷层，在精母模外套上砂底套，使两者间的间隙均匀，将预先搅拌均匀的陶瓷材料从浇注系统注入，充满间隙，如图5-21c所示。待陶瓷浆液结胶、硬化后起模，点火喷烧，并吹压缩空气助燃，使陶瓷型内残存的水分和少量的有机物质去除，并使陶瓷层强度增加，如图5-21d所示。火焰熄灭后移入高温炉中焙烧，带水玻璃砂底套的陶瓷型焙烧温度为300～600℃，升温速度约100～300 ℃/h，保温1～3h左右。出炉温度在250℃以下，以免产生裂纹。

最后将陶瓷型按图5-22a合箱，经浇注、冷却、清理即得到所需要的铸件，如图5-22b所示。

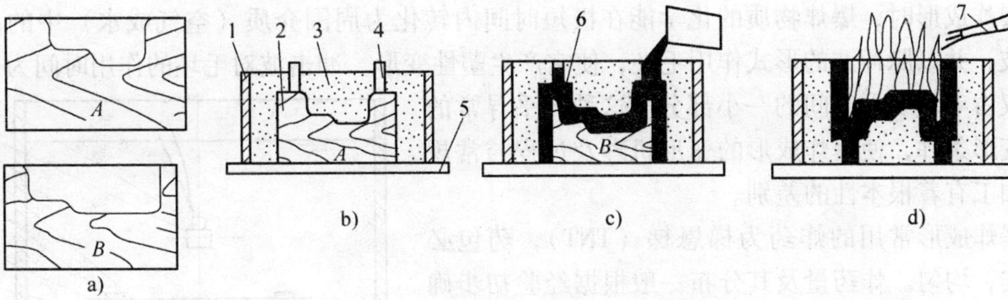

图 5-21　带砂底套的陶瓷型造型工艺

a）模样　b）砂套造型　c）浇注　d）起模喷烧

1—砂箱　2—模样　3—水玻璃砂　4—侧冒口及浇注系统　5—垫板　6—陶瓷浆　7—空气喷嘴

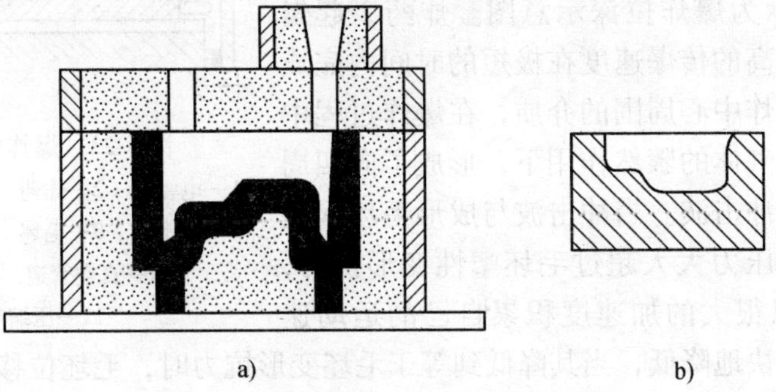

图 5-22　合箱

a）备注铸的陶瓷型　b）铸件

（2）特点

1）铸件尺寸精度高，表面粗糙度小。由于陶瓷型采用热稳定性高、粒度细的耐火材料，灌浆层表面光滑，故能铸出表面粗糙度较小的铸件。其表面粗糙度可达 $Ra = 10 \sim 1.25\mu m$。由于陶瓷型在高温下变形较小，故铸件尺寸精度也高，可达 IT8 ~ IT10。

2）投资少、生产准备周期短。陶瓷型铸造的生产准备工作比较简易，不需复杂设备，一般铸造车间只要添置一些原材料及简单的辅助设备，很快即可投入生产。

3）可铸造大型精密铸件。熔模铸造虽也能铸出精密铸件，但由于自身工艺的限制，浇注的铸件一般比较小，最大铸件只有几十公斤，而陶瓷型铸件最大可达十几吨。

5.3　爆炸成形

爆炸成形是利用爆炸物质在爆炸瞬间释放出巨大的化学能对金属毛坯进行加工的高能高速成形方法。除高能高速成形共有的特点外，爆炸成形还具有以下特点：

（1）简化设备：一般情况下，爆炸成形无需使用冲压设备，这不仅省去了设备费用，而且也使生产条件得到简化。

（2）适于大型零件成形：用常规成形方法加工大型零件，不但需要制造大型模具，而且需要大台面的专用设备，因此，由于生产条件而使大型零件的生产受到限制。爆炸成形不但不需专用设备，而且模具及工装制造简单，周期短，成本低。因此，爆炸成形适于大型零件的成形，尤其适用于小批量或试制特大型冲压。

爆炸成形可以用于板材剪切、冲孔、弯曲、拉深、翻边、胀形、扩口、缩口、压花等工艺，也可用于爆炸焊接、表面强化、构件装配及粉末压制等。

爆炸成形时，爆炸物质的化学能在极短时间内转化为周围介质（空气或水）中的高压冲击波，并以脉冲波的形式作用毛坯，使它产生塑性变形。冲击波对毛坯的作用时间为微秒级，仅占毛坯变形时间的一小部分。这种异乎寻常的高速变形条件，使爆炸成形的变形机理及过程与常规冲压加工有着根本性的差别。

爆炸成形常用的炸药为梯恩梯（TNT），药包必须密实，均匀。炸药量及其分布一般根据经验初步确定后，经试验最后确定。爆炸成形时，应特别注意人身及周围的安全。

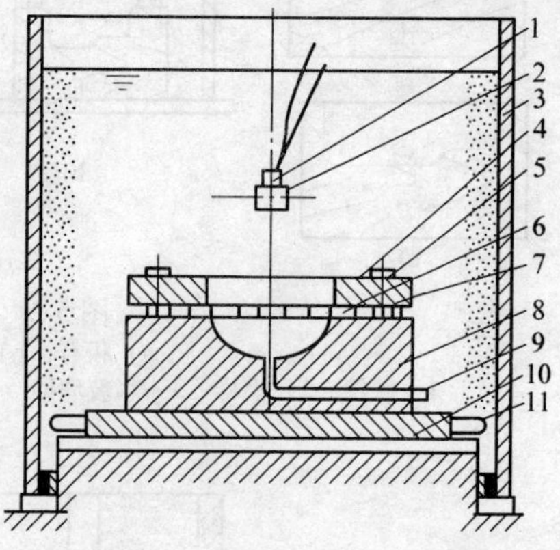

图 5-23　爆炸成形的示意图

1—电雷管　2—炸药　3—水筒　4—压边圈　5—螺栓　6—毛坯　7—密封　8—凹模　9—真空管道　10—缓冲装置　11—压缩空气管路

如图 5-23 所示为爆炸拉深示意图。炸药 2 起爆后，爆炸物质以极高的传爆速度在极短的时间内完成爆轰过程。位于爆炸中心周围的介质，在爆炸过程中生产的高温和高压气体的骤然作用下，形成了向四周急速扩散的高压力冲击波。当冲击波与成形毛坯 6 接触时，由于冲击波压力大大超过毛坯塑性变形抗力，毛坯开始运动并以很大的加速度积累自己的运动速度。冲击波压力很快地降低，当其降低到等于毛坯变形抗力时，毛坯位移速度达最大值。这时毛坯 6 所获得的动能，使它在冲击波压力低于毛坯变形抗力和在冲击波停止作用以后仍能继续变形，并以一定的速度贴近凹模 8，从而完成成形过程。

5.4　电液成形

电液成形或称电水成形，是利用液体中强电流脉冲放电所产生的强大冲击波对金属进行加工的一种高能高速成形方法。电液成形时能量易于控制，成形过程稳定，操作方便，生产率高，便于组织生产。但由于受到设备容量限制，此法还只限于中小型零件的加工，主要用于板材的拉深、胀形、翻边、冲裁等。

1. 电液成形方法　电液成形的电能释放有两种形式：通过火花间隙（见图 5-24）或细导线（螺丝）（见图 5-25）释放电能。

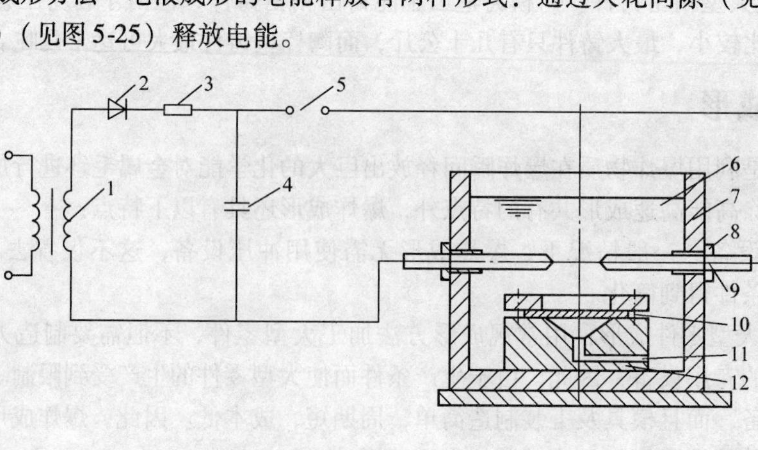

图 5-24　电液成形原理图（火花间隙放电）

1—升压变压器　2—整流器　3—充电电阻　4—电容器　5—辅助（空气）间隙　6—主（液体）间隙　7—液体容腔　8—绝缘子　9—电极　10—坯料　11—抽气孔　12—凹模

2. 电液成形装置

（1）充电回路：包括高压直流电源、充电电阻和电容器。

（2）放电回路：包括电容器、高压·（空气）间隙开关和主放电间隙（或接爆丝）。电容器能储存的最大电能取决于电容和充电电压。

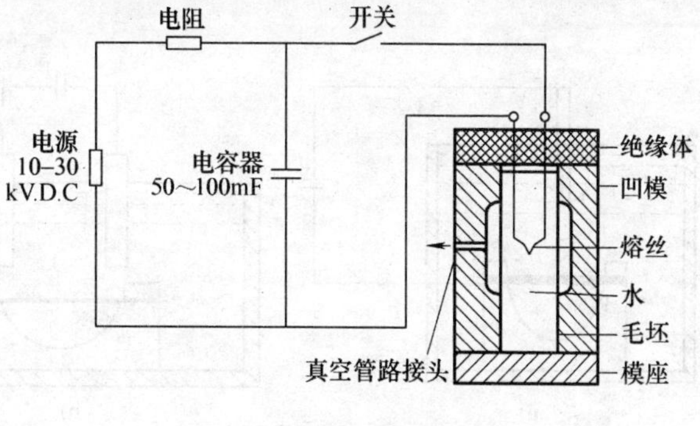

图 5-25　细导线放电

接通电源后，来自电网的交流电经变压器及整流器后变为高压直流并向电容器充电，当充电电压达到一定数值时辅助间隙被击穿，高电压瞬时加到两放电电极所形成的主放电间隙上，放电时间极为短促（几或几十微秒），只要放电回路电阻足够小，大部分能量就会集中在液体间隙中，这时液体产生强力的冲击波。

液体介质一般都用水。电液成形只需一个凹模，凹模常用材料有碳钢结构钢、铸铁、锌铝合金、塑料和水泥等。

电液成形适合用于平板坯料制造带局部压印、加强肋、孔和各种翻边的复杂零件成形，尤其是用管形坯料制造带环形槽或纵向加强肋、压印、不规则形状孔和翻边的成形件。锌铝合金、塑料和水泥等。

电液成形的变形速度很高，可以压制高强度耐热合金和各种特种材料，如钼、铌、钨、镍、钛及铍合盒。贴模精度 0.02 ~ 0.05mm。与爆炸成形相比，电液成形操作安全，能量容容易控制，容易实现机械化，但所需设备要复杂得多。

如果在电液成形中，采用金属爆炸丝（直径通常为 1mm 的铝丝）来取代电极间隙，电容器放电时，强大的脉冲电流会使金属丝迅速熔化并蒸发成为高压气体，并在介质中形成冲击波，同样使坯料产生塑性变形。这是电液成形的另一种形式，称为电爆成形。

电爆成形时，电极间的金属丝必须是良导电体，生产中所采用的金属丝有钢丝、铜丝、铝丝等。如用铝、镁等金属粉末代替金属丝还能增大电爆成形的作用效果。

图 5-26 所示为电爆成形的两种形式：导线放电法和金属粉末放电法。

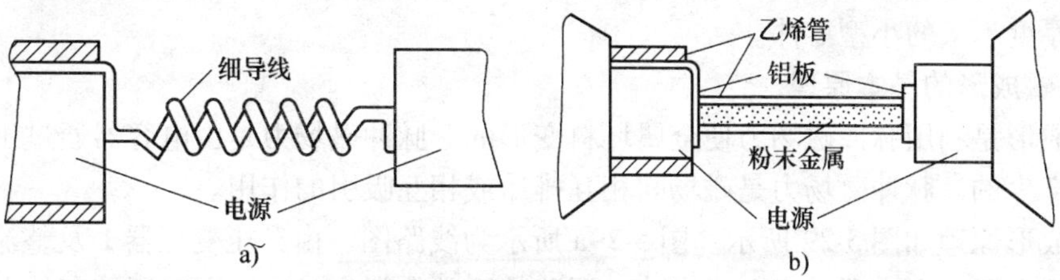

图 5-26　电爆成形的两种形式

a）导线放电法　b）金属粉末放电法

按电极数量可分单极式和双极式两种（见图 5-27），单极式中另一极由坯料代替。

电极材料可采用铜、黄铜、钢、不锈钢等。

电液成形装置可分为开式成形和闭式（见图 5-28）成形两种形式。闭式成形可提高能量的利用率，一般情况下，开式成形时的能量利用率仅为 10% ~20%，而闭式成形可达到 30%。

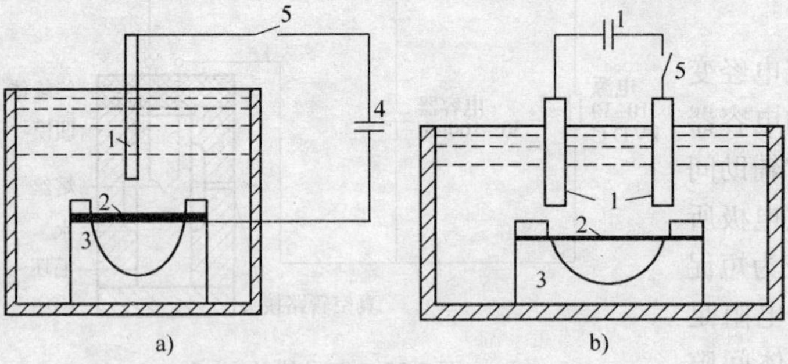

图 5-27　电液成形的电极数

a）单极式　b）双极式

1—电极　2—坯料（图 a 中兼作电极）　3—模具　4—电容器　5—开关

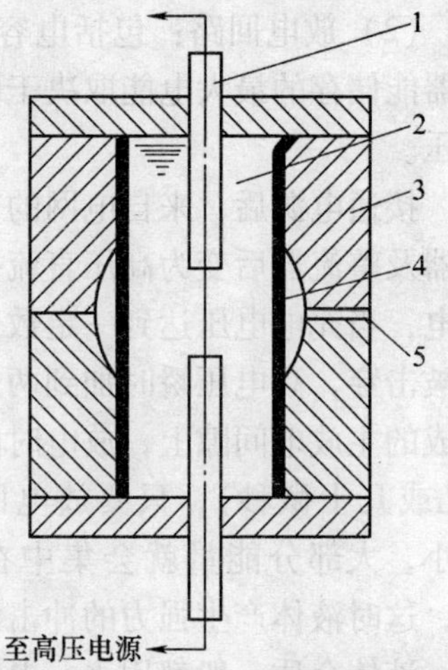

图 5-28　对向式电极的闭式电液成形装置

1—电极　2—水　3—组合式凹模　4—管坯　5—抽气孔

5.5　电磁成形

电磁成形技术逐渐发展成为制造业中一种新型的金属塑性加工方法。它是利用脉冲磁场对金属毛坯进行压力加工的高速高能成形的一种加工方法。所谓高速高能加工一般指应变速率在 100m/s 以上的变形加工，但电磁成形工艺可使金属变形速度达到 180 ~300m/s。功率可达几兆瓦。

电磁成形主要用于金属板材的冲孔、压印或压花以及管材的胀形、缩颈、冲孔、翻边等。电磁成形还可应用于焊接、装配、冲裁、精密冲压和粉末压实等加工过程中，还可以与其他工艺相结合，组成复合型工艺。电磁成形除了具有高能成形的一般特点外，还可在惰性气体或真空中对坯料进行加工，能量和磁压力能准确控制，其设备复杂，但操作简单，目前用于加工厚度不大的小型零件。

5.5.1　电磁成形的基本原理

电磁成形是利用脉冲磁场力使金属坯料变形的。脉冲磁场力是由电容器通过工作线圈瞬间放电所产生的。脉冲磁场力是磁场间相互排斥或相互吸引的作用。

电磁成形原理如图 5-29 所示。图 5-29a 所示为线路图，由升压变压器 1 及整流器 2 组成的高压直流电源向电容器 4 充电，当放电回路的开关 5 闭合时，电容器所储存的电荷在放电回路中形成很强的脉冲电流。由于放电回路的阻抗很低，所以在成形线圈 6 中的脉冲电流，在极短的时间内（10 ~20μs）迅速地增长和衰减，并在周围的空间形成一个强大的变化磁场。管坯 7 位于成形线圈内部，在此变化磁场作用下，于管坯（导体材料）内产生感应电流，方向与线圈电流方向相反，这一感应电流所产生的反向磁通阻止初始磁通穿过管坯，迫使磁力线密集在线圈和管坯的间隙内。图 5-29b 所示为磁场分布图，密集的磁力线具有扩张的特性，因而管坯表面各部分都受到沿半径向内的电磁斥力，这一磁力和磁通密度平方成正比，与管坯与线圈间的环形面积成反比。如果磁力达到管坯材料的屈服点，则管坯便产生塑性变形，并以高速贴向管坯内的模腔而成形（图中未示出模具）。

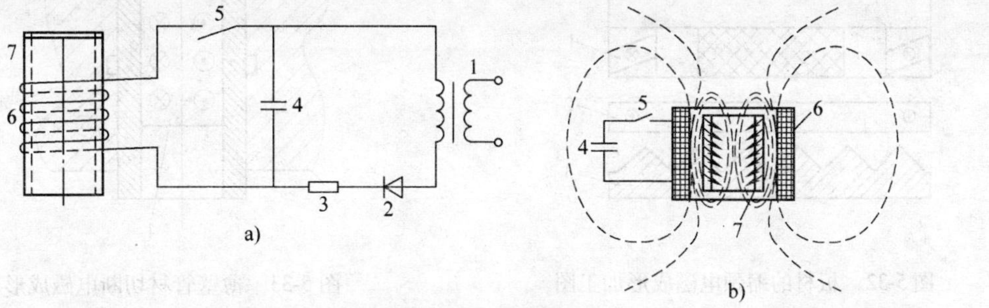

图5-29　电磁成形原理

a）线路图　b）磁场分布图

1—升压变压器　2—整流器　3—阻流电阻　4—电容器　5—开关　6—成形线圈　7—坯管

5.5.2　电磁成形加工基本方法和特点

1. 电磁成形加工的基本方法　电磁成形加工在工业制造中的应用方法很多，其主要有两种基本办法。

（1）对管材的电磁成形加工：对于管材的电磁成形加工还可以细分为内向压缩成形加工和外向胀形成形加工如图5-30所示。当工件处于线圈的外部，模具的内部时，工件将在电磁力的作用下向外胀形，如图5-31所示。该方法常用于管材的胀形、翻边等的加工。与此相反，当工件处于线圈的内部，模具的外部时，工件则产生内向的压缩。该方法还可用于管材的缩颈等加工。

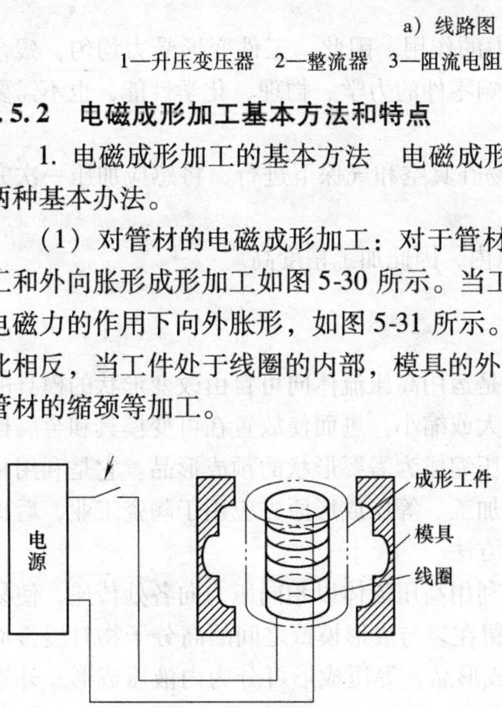

图5-30　管材工件的电磁成形原理图

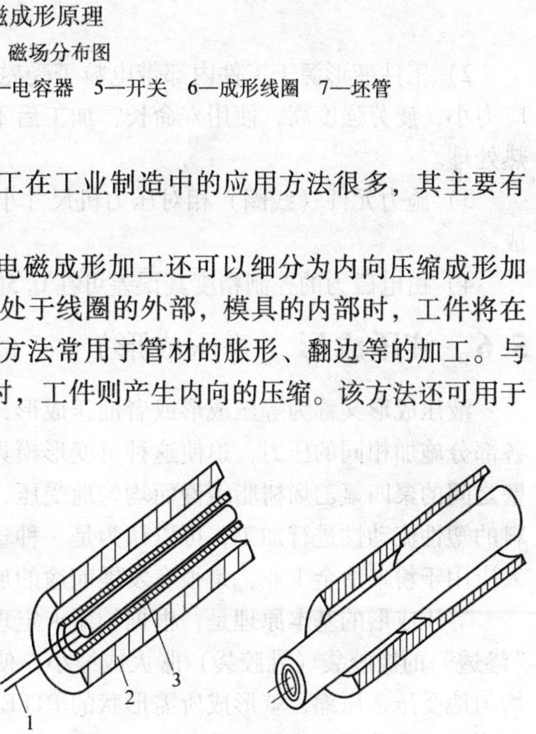

图5-31　管材胀形图

1—线圈　2—模具　3—管坯

（2）对板材的电磁成形加工：由于受设备能量的限制，所以对板材有一定的要求，如材料的电导率、厚度等。还可以实现对板材的连续加工，使设备加工成柔性，如图5-32所示的缩颈等加工。

（3）对切断的电磁成形加工：电磁成形加工还适用于薄板和薄壁管材的切断，如图5-33所示。

2. 电磁成形加工的工艺特点

1）非机械接触性加工：电磁力是工件变形的动力，它不同于一般的机械力，工件变形时施力设备无需与工件进行直接接触，因此工件表面无机械擦痕，也无需添加润滑剂，工件表面质量较好。

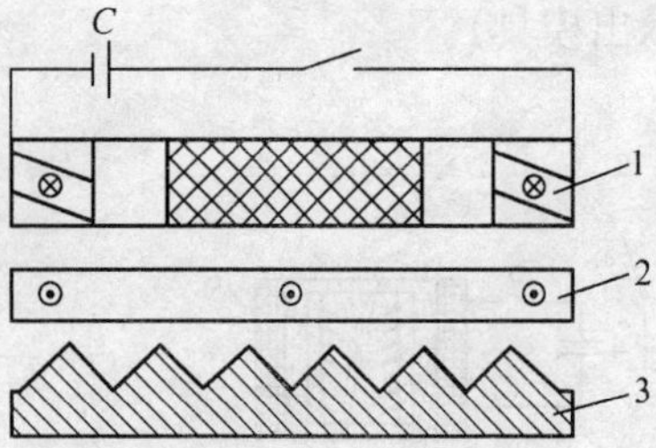

图 5-32　板材的缩颈电磁成形加工图
1—线圈　2—板材　3—模具

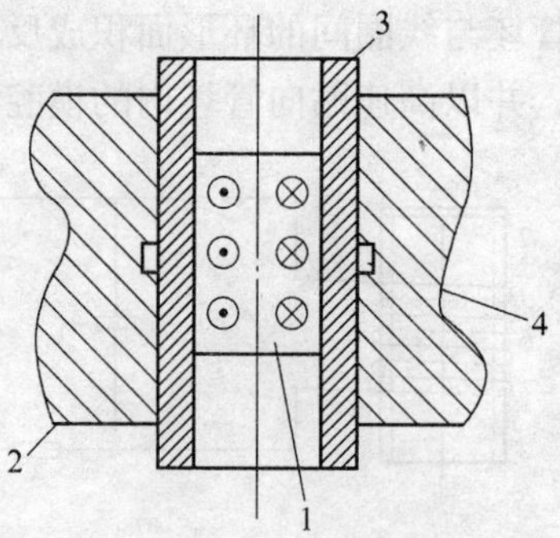

图 5-33　薄壁管材切断电磁成形
1—线圈　2—模具　3—薄壁管材　4—刃口

2）工件变形源于工件内部带电粒子受磁场力的作用。因此，工件变形受力均匀，残余应力小，疲劳强度高，使用寿命长，加工后不影响零件的力学、物理、化学性能，也不需要热处理。

3）施力元件（线圈）相对压力机尺寸小，易在真空和气保下进行，将感应加压一次完成。

4）由电磁力的控制精度其误差可在 0.5% 以内，因此加工精度高。

5.6　液压成形（等压成形）

液压成形又称为等压成形或者油压成形，它是运用高压流体向可自由改变形状的模具的各部分施加相同的压力，迫使这种可变形模具胀大或缩小，进而使放置在可变模具和金属模壁之间的聚四氟乙烯树脂缓慢而均匀地受压，被压缩成为需要形状的预成形品。它是利用材料的塑性流动性进行加工，可以认为是一种塑性加工。等压成形原先应用于陶瓷工业，后扩大应用于粉末冶金工业，是很有发展前途的加工方法。

等压成形的基本原理是，根据帕斯卡定理，利用高压流体以相同压力向各处传递，使易“渗透”的橡胶袋（乳胶袋）胀大或缩小，使停留在袋与成形模壁之间的高分子物料缓慢而均匀地受压、压缩，就形成所需形状的 PTFE 预成形品。等压成形可分为内液压成形、外液压成形、内外液压成形三种方法。

等压成形具有四大特点：加工设备简单，投资少，易形成生产线；模具结构简单，操作方便，属安全生产；预成形品受压均匀，质量可保证，预成形品合格率较高；与模压成形比较，用料少，成本低，经济效益好。

图 5-34 ~ 图 5-37 所示为液压成形工艺的主要操作流程。

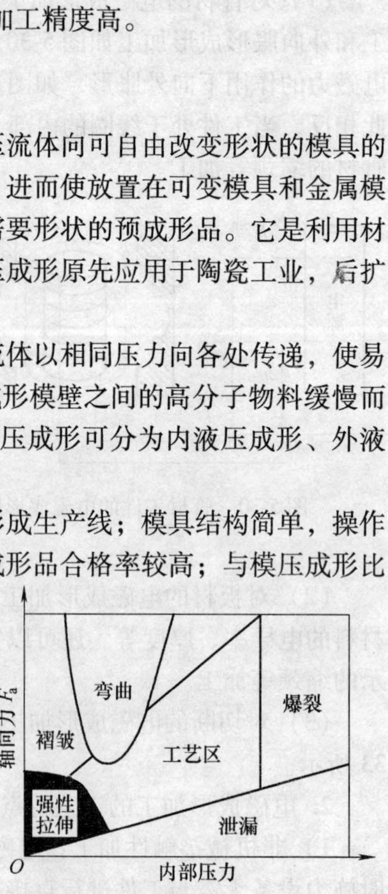

图 5-34　液压成形工作示意图

5.6.1　内液压成形方法

向橡胶袋（乳胶袋）里注入高压液体（水）时，袋随着液体压力的不断增高而缓慢地变大，直到模具内壁和袋外侧之间的树脂粉料被压实为止，称为内液压成形方法。

内液压法用的袋永远固定在模具的某一适当位置上。

模具要承受高压，又称为压力室。压力室就是模具。对不同形状的制品，或同一形状不同规格的制品，必须备有一个相应形状和规格的压力室，即必须有一相应模具。

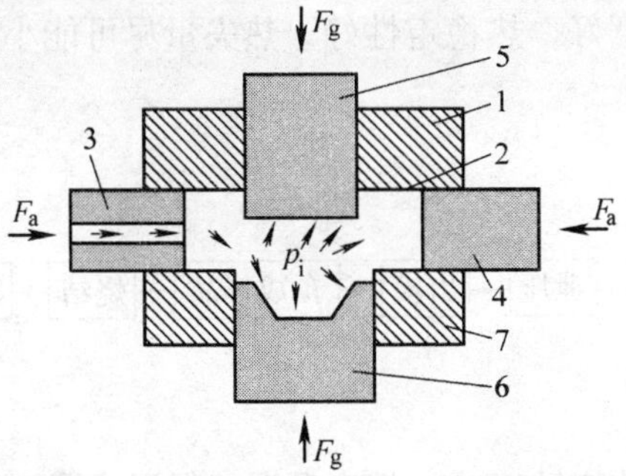

图 5-35　液压成形操作步骤——膨胀

F_a—合并力　F_g—反作用力　p_i—内部压力

1、7—模上下部分　2—工件　3—芯棒（有二次液压进油口）　4—芯棒　5—反压力凸模　6—凹模

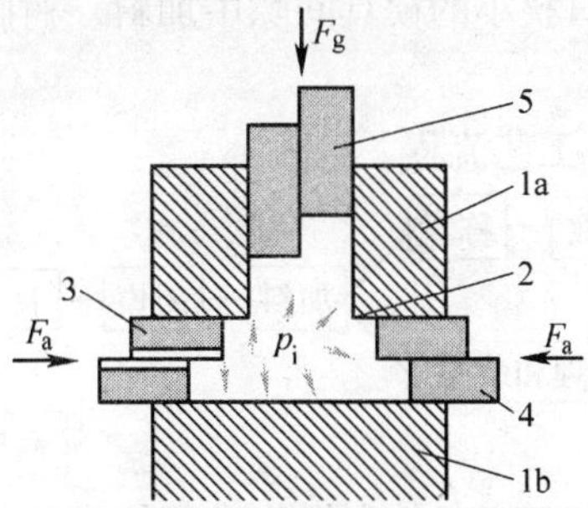

图 5-36　液压成形操作步骤——位移

1a、1b—模上下部分　2—工件　3—芯棒（有二次液压进油口）　4—芯棒　5—反压力凸模

（1）设备、模具、液体

1）设备。成形设备除了同模压成形用的捣碎、过筛、填料混合等设备外，通常还有一个关键设备，即一台成形时物料施压的高压泵。高压泵的最大工作压力为 30MPa 以上，也有用电动试压泵，其型号为 SY—600 型。

2）模具。内液压法模具类似于高压容器，它既要保证产品形状和满足加工工艺要求，又要承受较高压力。由于压力介质如水的不可压缩性，模具应有足够的强度，以承受约 25～30MPa 成形压力而不变形。成形腔要求镀硬铬 0.01～0.03mm，表面粗糙度 $Ra=1.6\sim0.2\mu m$。对于一些长度较长的模具，要求有较小的不影响制品尺寸的锥度，以方便脱模操作。进水口必须有可靠的密封性，常用锥度为 20°～30°的密封形式。模具结构按产品状态和技术要求确定，具体要求是操作方便，安全可靠，结构合理，劳动强度不大为原则。

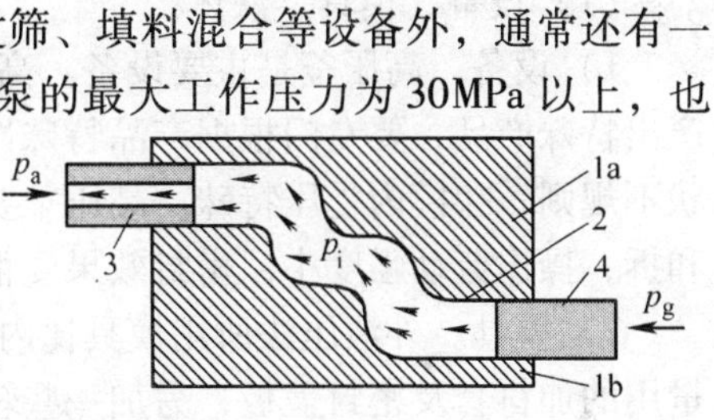

图 5-37　液压成形操作步骤——校准

F_a—密封压力　p_i—内部压力　F_g—反作用力

注：图中件号名称同图 5-36。

根据产品的形状、用途和要求，内液压法的模具可分为容器类、套筒类、球壳状类、平板类以及其他类型。

3）橡胶袋（乳胶袋）。不管用橡胶袋或乳胶袋，其要求应符合液压成形的质量指标，一般要求厚度均匀、弹性好、强度高、无针孔、不渗透液体等，具体指标要根据产品质量，成形工艺，操作方便等要求，由用户向橡胶袋制造单位提出具体指标。从实践中了解到，乳胶袋比橡胶袋好些，具体体现在弹性、厚度、强度等方面。

4）液体。液压成形用的液体有水、油、水油乳化液三种。水是用的最多的一种液体，水来源丰富、廉价、易得，与橡胶袋无化学作用，一旦在成形过程中橡胶袋破裂，水侵入料中，料干燥一下仍可使用。而油或水-油乳化液渗透料中，就难以清除，会报废料。但利用水作液压不利于高压泵的保养，而油和水-油乳化液会使橡胶袋溶胀，对高压泵的保护比较有利。

（2）成形工艺

1）原料。PTFE 树脂压缩比小，在较低压力下，有良好的流动性，有利于在复杂形状和加料口狭小的模具间隙中加料。树脂应有机械强度好，热稳定性好，热失量尽可能小等性能。

2）工艺流程

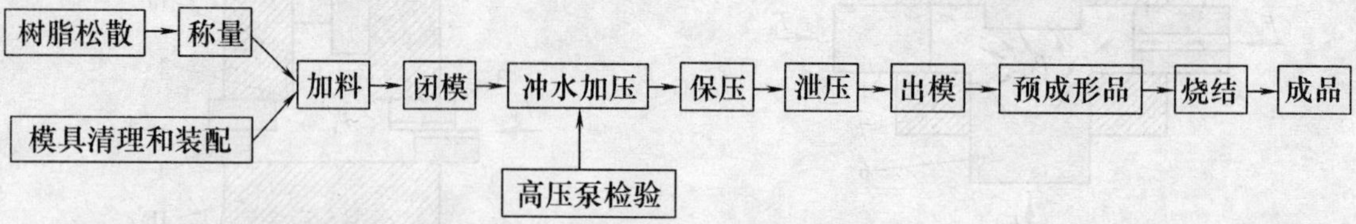

烧结工序条件和操作过程均类似于模压成形中的烧结工艺，都有升温、保温、降温冷却三个过程。

5.6.2 外液压成形方法

橡胶袋施加高压液体时，橡胶袋随着液体压力的不断增加而缓慢缩小，直到将橡胶袋内侧和模具外壁之间的 PTFE 粉料压实为止，这种方法称为外液压成形方法。这种方法适用于生产一些内壁光滑、壁厚长径比大的管道、车削大板用的大型长毛坯以及大面积厚板。

（1）设备、模具、液体

1）设备。高压釜是主要设备。高压釜有通用釜、专用高压釜两种。通用高压釜不能生产出特殊产品，要专门根据产品特殊性设计采用专用的高压釜，专用高压釜的结构复杂，形状不规则，在模内受压特殊。高压釜要求承受工作压力为 30MPa；具有良好的密封性；易装和拆，操作劳动强度小；密封效果要很好等技术性能。

2）模具。外液压法所用模具比内液压法简单，以薄壁管道为例，仅需芯捧和控制加料量用的加料套及密封盖板，另加一些轻金属做成的零部件。

3）液体。外液压法所用液体同内液压法，有水、油、水-油乳化液三种。

（2）成形工艺：工艺流程同内液压法的工艺流程，在外液压法的操作过程中，基本类同内液压法。须注意的是为了排除釜中的空气，在釜盖上或在合适的位置开一个可启闭的小孔供充水时排除气体。树脂料中空气的排除，在不影响工艺和制品质量的部位留有储气孔之类的结构，便于压缩时物料中排除的气体储藏于此处，可达到排除粉料中气体的目的。

5.6.3 内外液压成形方法

此法受压成形时，随着液体压力不断增加而缓慢变大，与此同时，模具外侧和橡胶袋内侧同时受压。它们的液压力来自同一高压水泵的压力，其压力相等，方向相反，模具的内压力和外压力同时升降，实际上模具在整个液压成形过程中，不受任何压力的影响，只起到固定制品形状的作用，称为内外液压成形。

（1）设备、模具、液体

1）设备。主要是一台高压泵，同外液压法中的高压泵。

2）模具。由于内外液压作用，模具壳体受压相等，方向相反，对模具壳体不构成压力的威胁，一般壳体的壁厚 6 ~ 8mm 足够了。其实壳体就是模具，模具就是壳体。

3）液体。所用液体同内液压法，有水、油、水-油乳化液三种。

（2）成形工艺：此法的成形工艺和操作过程基本同于内液压法或外液压法。

在内外液压法的成形操作中，将 PTFE 树脂分次加入橡胶袋外壳之间的间隙中，然后将端面法兰用盖板密封，再将整个管件放入高压釜中取得制件，先卸下法兰、芯模、橡胶袋等，最后卸下压制用的加长段，换上烧结用的加长段，准备烧结。图5-38所示是以壳体为模的内外液压成形的管件示意图。

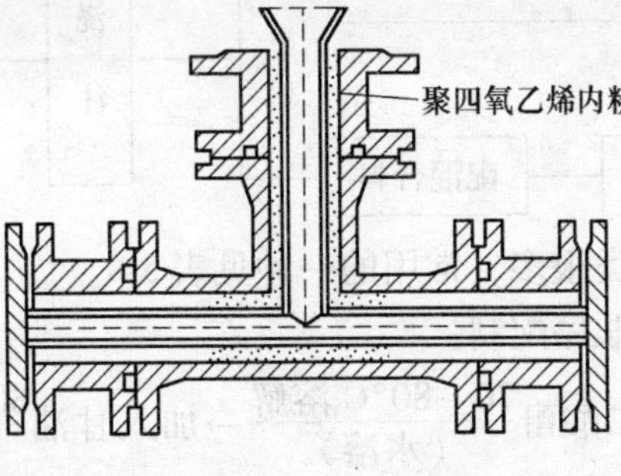

图5-38　聚四氟乙烯内衬管配件加料示意图

5.7　合成树脂模具的制造

用合成树脂制作模具有以下两种方法：湿式叠层法和浇注法。前者是把添加了硬化剂的树脂浸渗在玻璃纤维内，按模型逐次层叠起来，硬化后即为所需的模具零件。玻璃纤维的增强作用使模具有较好抗弯性能。由于用叠层法制造模具很费工时，除特殊情况外，一般都采用浇注法制造模具。浇注法制模是用加入硬化剂的树脂，浇注在用模框围起来的模型上，树脂固化后与模型分离即成模具零件。

5.7.1　制造模具的树脂

合成树脂的种类很多，制作模具用的树脂有以下几种：

（1）聚酯树脂：这种树脂可在常温常压下进行硬化，有机械强度高，成形方法容易，化学性能稳定等特点。因为聚酯树脂硬化时的收缩量大，所以制作模具时必须考虑树脂收缩对模具制造精度的影响。

（2）酚醛树脂：酚醛树脂本身很脆，必须加入各种填料后方能获得所要求的性能。这种树脂的原材料丰富，价格低廉。

（3）环氧树脂：环氧树脂是热固性树脂中收缩性最小的一种，若加入填料后其收缩率更小（约为0.1%），具有高的机械强度，在常温下能耐一般酸、碱、盐和有机溶剂等化学药品的侵蚀。但其制品抗冲击性能低、质脆，需要加入适量的填充剂、稀释剂、增韧剂等来改善其性能。

（4）塑料钢：塑料钢是铁粉和塑料的混合物，其质量分数分别为80%和20%，加入特殊固化剂，不要加压，加热，经2h左右即可固化成金属一样的制品。另外也能像黏土一样自由造型。塑料钢可作拉深模，其缺点是价格昂贵。

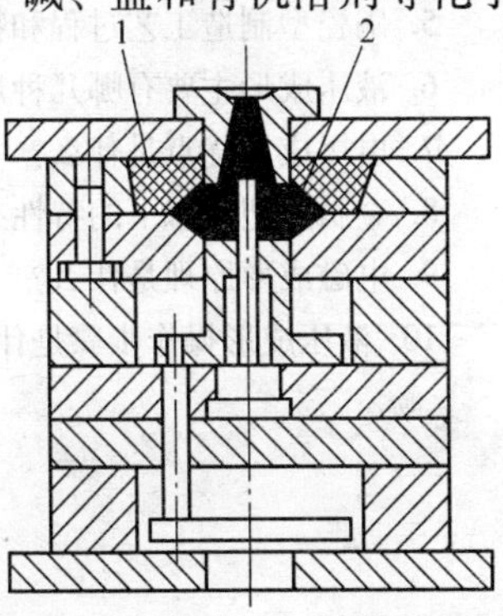

图5-39　环氧树脂型腔模结构
1—塑料凹模　2—环氧树脂型腔

5.7.2　树脂模具的制作工艺

由于各种树脂模具的使用要求及结构尺寸不同，其制作工艺过程也相差较大。图5-39所示是采用环氧树脂制作的注射模型腔。仅模具的型腔用环氧树脂制作，其余部分仍采用金属材料制成。由于环氧树脂承受不了注射过程中的合模和注射压力，因此可用金属框架来增强凹模。环氧树脂型腔模的制作工艺过程如下：

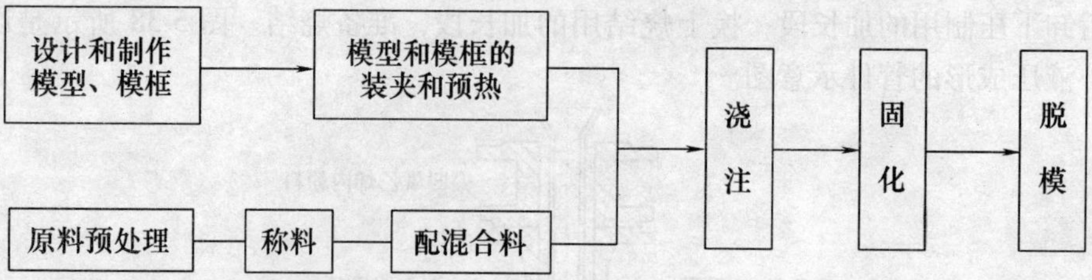

环氧树脂混合料的配方种类很多，常用的一种见表5-8。

环氧树脂混合料可按以下顺序配制：

环氧树脂6207及顺丁烯二酸酐$\xrightarrow[\text{（水溶）}]{70\sim80^{\circ}\text{C 溶解}}$加入甘油$\xrightarrow[\text{水溶}]{80\sim90^{\circ}\text{C 溶入}}$加入环氧树脂634→加入铝粉搅拌均匀$\xrightarrow[\text{保温}]{80\sim90^{\circ}\text{C}}$抽真空至无气泡→取出浇注

将浇注好的模具放入90℃的烘箱保温3h，升温至120℃保温3h，再升温至180℃保温20h，然后缓慢冷却，就可开模取出模型。在需要的情况下还可以对环氧树脂型腔进行机械加工。

表5-8　环氧树脂混合料的配方

材料名称	规　格	重量比	材料名称	规　格	重量比
环氧树脂6207	工业用	83	金属铝粉	100～200	220
环氧树脂634	工业用	17	甘油	工业用	5
顺丁烯二酸酐	化学纯	48			

复习思考题

1. 简述热挤压制模工艺过程。
2. 超塑性成形技术有哪些？主要应用于哪些领域？
3. 简述超塑性成形工艺过程？
4. 锌合金模具的制模工艺过程？
5. 陶瓷型制造工艺过程和特点是什么？
6. 液压成形主要有哪几种形式？
7. 电爆成形优点是什么？
8. 金属超塑状态下的特性有哪些？
9. 电磁成形原理是什么？
10. 液压成形操作步骤是什么？

第 6 章　模具的研抛

模具表面通常是指模具成形零件上，直接参与制品内、外形状成形的表面。模具表面的质量反映了成形零件表面的几何特征和表面层特性，对成形制品的外观质量与模具使用寿命具有重要影响。因此，在模具设计与制造中，对模具表面质量的要求越来越高。目前在模具制造过程中，以降低零件表面粗糙度为主要目的，提高模具零件表面质量的重要工序是研磨与抛光加工。近年来逐步发展起来一些模具表面研抛加工的新方法，如电动抛光、电解修磨抛光、超精研抛、超声波抛光、挤压研磨等。这大大提高了模具质量和使用寿命，缩短了模具制造周期，降低了模具制造成本。

6.1　研磨与抛光

6.1.1　研磨

研磨是将研具表面嵌入磨料或敷涂磨料并添加润滑剂，在一定的压力作用下，使研具和工件接触并作相对运动，通过磨料作用，从工件表面切去一层极薄的切屑，使工件具有准确的尺寸，准确的几何形状和较低的表面粗糙度。

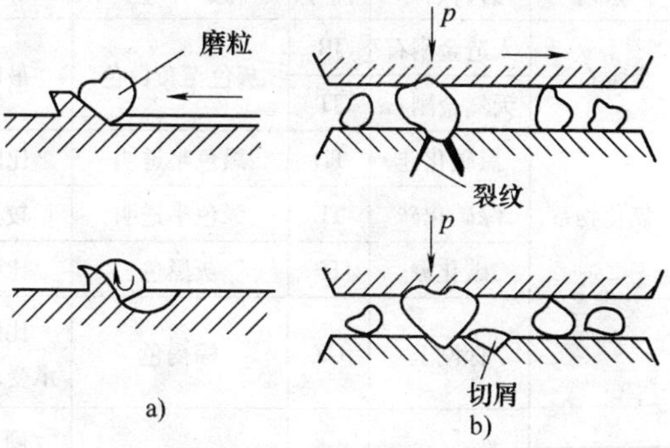

图 6-1　研磨时磨粒的切削作用

1. 研磨的工作原理　磨粒的切削作用如图 6-1a 所示，分为滑动切削作用和滚动切削作用两类。前者磨粒基本固定在研具上，靠磨粒在工件表面上的滑移进行切削；后者磨粒基本上是自由状态的，在研具和工件间滚动，靠滚动来切削。在研磨脆性材料时，除上述作用外，还有如图 6-1b 所示的情况，磨粒在压力作用下，使加工面产生裂纹，随着磨粒的运动，裂纹不断地扩大、交错，以致形成碎片，成为切屑脱离工件。

2. 研磨的分类

（1）湿研磨：湿研磨即在研磨过程中将研磨剂涂抹在研具或工件上，用分散的磨粒进行研磨。研磨剂中除磨粒外还有煤油、全系统损耗用油（机油）、油酸、硬脂酸等物质。磨粒在研磨过程中有的嵌入了研具，个别的嵌入了工件，但大部分存在于研具与工件之间，如图 6-2a 所示。磨粒的切削作用以滚动切削为主，生产效率高，但加工出的工件表面一般没有光泽，加工的表面粗糙度一般可达到 $Ra = 0.025\mu m$。

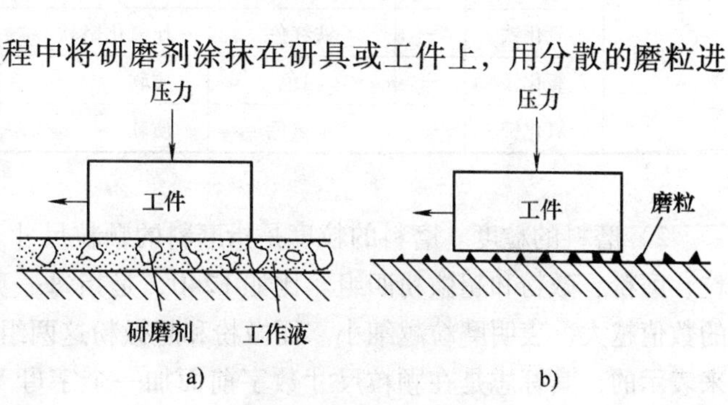

图 6-2　湿研磨与干研磨

a）湿研磨　b）干研磨

（2）干研磨：干研磨即在研磨以前，先将磨粒压入研具，用压砂研具对工件进行研磨。这种研磨方法一般在研磨时不加其他物质，如图 6-2b 所示。这种方法的生产效率不如湿研磨，但可以达到很高的尺寸精度和很低的表面粗糙度。

（3）抛光：抛光加工多用来使工件表面显现光泽，在抛光过程中，化学作用比在研磨中要显著得多。抛光时，工件的表面温度比研磨时要高（抛光速度一般比研磨速度要高），有利于氧化膜的迅速形成，从而能较快地获得高的表面质量。

抛光加工是模具制造过程中的最后一道工序。抛光工作的好坏直接影响模具的使用寿命、成形制品的表面粗糙度、尺寸精度等。随着现代制造技术的发展，引用了电解、超声波加工等技术，出现了电解抛光、超声波抛光以及机械-超声波抛光等抛光新工艺，可以减轻劳动强度，提高抛光速度和质量。

3. 磨料与研磨剂

（1）磨料

1）磨料的种类。磨料的种类很多，一般是按硬度来划分的。常用磨料的种类及用途见表 6-1。

表 6-1 常用磨料的种类及用途

系列	磨料名称	代号	颜色	硬度和强度	用途	
					工件材料	应用范围
金刚石系	人造金刚石	JR	灰色至黄白色	最硬	硬度合金、光学玻璃	粗研磨 精研磨
	天然金刚石	JT				
氧化物系	黑碳化硅	TH	黑色半透明	比刚玉硬，性脆而锋利	铸铁、黄铜	
	绿碳化硅	TL	绿色半透明	较黑碳化硅硬而脆	硬质合金	
	碳化硼	TP	灰黑色	比碳化硅硬而脆	硬质合金、硬铬	
刚玉系	棕刚玉	GZ	棕褐色	比碳化硅稍软，韧度好，能承受较大压力	淬硬钢及铸铁	
	白刚玉	GB	白色	硬度比棕刚玉高，而韧度稍低，切削性能好		
	铬钢玉	GG	紫红色	韧度比白刚玉高		
	单晶刚玉	GD	透明、无色	多棱，硬度高，强度高		
氧化物	氧化铬	—	深绿色	质软	淬硬钢、铸铁、黄铜	极细的精研磨（抛光）
	氧化铁	—	铁红色	比氧化铬软		
	氧化镁	—	白色	质软		
	氧化铈	—	土黄色	质软		

2）磨料的粒度。磨料的粒度是指磨料的颗粒尺寸。磨料可按其颗粒尺寸的大小分为磨粒、磨粉、微粉和超微粉四组。比如 F240，是指每一英寸筛网长度上有 240 个孔，粒度号的数值越大，表明磨粒越细小。而微粉和超微粉这两组磨料的粒度号数是以颗粒的实际尺寸来表示的，其标志是在颗粒尺寸数字前面加一个字母 W，有时也可将其折合成筛孔号。例如，W20，是表示磨料颗粒的实际尺寸在 20～14μm 之间，折合筛孔号为 500。

有关磨粉、微粉和超微粉的粒度分类，颗粒尺寸范围，分选与测定方法及其主要用途见

表6-2。表6-2中没有列出粒度在F12~F80的磨粒组，这是因为它们的颗粒尺寸较大，不适于作研磨加工的磨料。

表6-2　磨料粒度的分类及分选与测定方法表

组别	粒度号数	折合筛孔号	颗粒尺寸/μm	美国A·O标准	前苏联分钟剂	分选与测定方法	用途
磨粉	F100	—	160~125	—		筛选法分选、联合分析测定	磨具砂布砂纸粗研磨
	F120		125~100				
	F150		100~80				
	F180		80~63				
	F240		63~50		5		
	F280		50~40		7		
微粉	W40	320	40~28		10	水选法分选、显微镜分析测定	粗研磨
	W28	400	28~20	302	15		
	W20	500	20~14	302	30		
	W14	600	14~10	303	60		
	W10	800	10~7	303	120		
	W7	1000	7~5	304	240		
	W5	1200	5~3.5	305	480		
超微粉	W3.5	1500	3.5~2.5	306	—	水选法分选、显微镜分析测定	半精研精研磨
	W2.5	2000	2.5~1.5	307			
	W1.5	2500	1.5~1	308			
	W1	3000	1~0.5	309			
	W0.5		0.5~更细				

3）磨料的硬度。磨料的硬度是指磨料表面抵抗局部外作用的能力，而磨具（如油石）的硬度则是粘结剂粘结磨料在受外力时的牢固程度，它是磨料的基本特性之一。研磨的加工就是利用磨料与被研工件的硬度差来实现的，磨料的硬度越高，它的切削能力越强。

4）磨料的强度。磨料的强度是指磨料本身的牢固程度，也就是当磨粒锋刃还相当尖锐时，能承受外加压力而不被破碎的能力。

（2）研磨剂：研磨剂是磨料与润滑剂合成的一种混合剂。常用的研磨剂有液体和固体（或膏状）两大类。

1）液体研磨剂。液体研磨剂由研磨粉、硬脂酸、航空汽油、煤油等配制而成。

2）固体研磨剂。固体研磨剂是指研磨膏。常用的有抛光用研磨膏、研磨用研磨膏、研磨硬性材料（如硬质合金等）用研磨膏三大类。一般是选择多种无腐蚀性载体，如硬脂酸、硬脂、硬蜡、三乙醇胺、肥皂片、石蜡、凡士林、聚乙二醇硬脂酸脂、雪化膏等，加不同磨料来配制研磨膏。

4. 研磨工艺　研磨工艺方案的采用正确与否，直接影响到研磨质量。

（1）研具：在研磨加工中，研具是保证研磨工件几何精度的重要因素。因此，对研具的材料、精度和表面粗糙度都有较高的要求。

研具材料应具备技术条件有：组织结构细致均匀；有很高的稳定性和耐磨性；有很好的嵌存磨料的性能；工作面的硬度应比工件表面硬度稍低。嵌砂研具的常用材料是铸铁，它适于研磨淬火钢。铸铁因有游离碳的存在，故可起到润滑剂的作用。球墨铸铁比一般的铁容易嵌存磨粒，而且嵌得均匀牢固，能得到较好的研磨效果，同时还能增加研具本身的耐用度。

除铸铁以外的金属研具，还有低碳钢、铜、黄铜、青铜、铅、锡、钳锡合金、铝、巴氏合金等材料。非金属研具主要使用木、竹、皮革、毛毡、玻璃、涤纶织物等。无论使用哪种材料，其目的主要是使加工表面光滑。

（2）研磨运动轨迹：研磨时，研具与工件之间所作的相对运动，称为研磨运动。在研磨运动中，研具（或工件）上的某一点在工件（或研具）表面上所走过的路线，就是研磨运动的轨迹。研磨时选用不同的运动轨迹能使工件表面各处都受到均匀的研削。

常用的手工研磨运动形式有直线、摆线、螺旋线和仿“8”字形等几种。不论哪一种轨迹的研磨运动，其共同特点都是工件的被加工面与研具工作面作相密合的研磨运动。这样的研磨运动既能获得比较理想的研磨效果，又能保持研具的均匀磨损，提高研具的耐用度。

（3）研磨余量

1）研磨预加工余量的确定。工件在研磨前的预加工很重要，它将直接影响到以后的研磨加工精度和研磨余量。研磨前预加工的精度要求和余量的大小，要结合工件的材质、尺寸、最终精度、工艺条件以及研磨效率等来确定。对面积大或形状复杂且精度要求高的工件，研磨余量应取较大值。预加工的质量高，研磨量取较小值。

2）研磨中研磨余量的确定。为了达到最终的精度要求，工件往往须经过粗研、半精研、精研等多道研磨工序才能完成。淬硬钢件双向平面研磨余量的实例见表6-3。

表6-3 淬硬钢件双向平面研磨余量的实例

工序名称		加工余量/mm	磨料粒度	表面粗糙度 Ra/μm
备料成形		$1^{+0.1}_{-0.2}$	—	3.2
淬火前粗磨		0.35～0.05	F46	0.8
淬火后精磨		0.05～0.01	F60	0.4
Ⅰ次	粗研	0.011～0.003	W5～W7	0.1
Ⅱ次		0.004～0.001	W3.5	0.05
Ⅰ次	半精研	0.0015～0.0005	W2.5	0.025
Ⅱ次		0.0005～0.0003	W1.5	0.012
精研		达到最后公称尺寸	W1～W1.5	0.008

注：其中Ⅰ次粗研为敷砂粗研磨。

（4）研磨的压力、速度和时间

1）研磨的压力。研磨过程中，工件与研具的接触面积由小到大，适当地调整研磨压力，可以获得较高的效率和较低的表面粗糙度。在一定范围内，研磨压力与生产效率成正比。研磨压力一般取0.01～0.5MPa。手工粗研磨的压力约为0.1～0.2MPa；精研磨的压力约为0.01～0.05MPa。对于机动研磨来说，因机床开始起动时摩擦力很大，研磨压力可调小些，在研磨过程中，可调到某一定值，研磨终了时，为获得高精度，研磨压力可再减小些。实践表明，在所用压力范围内，工件表面粗糙度是随着研磨压力的降低而降低的。当研磨压力在0.04～0.2MPa范围内时，对降低工件表面粗糙度收效较为显著。一般对较薄的平面工件，允许的最大压力以0.3MPa为好。

2）研磨的速度。在一定的条件下，提高研磨速度可以提高研磨效率。一般研磨速度应在10～150m/min之间。对于精密研磨来说，其研磨速度应选择在30m/min以下。一般手工粗研磨每分钟约往复40～60次；精研磨每分钟约往复20～40次。

3）研磨的时间：研磨时间和研磨速度这两个研磨要素是密切相关的，它们都同研磨中工件所走过的路程成正比。

对于粗研磨来说，为获得较高的研磨效率，其研磨时间主要根据磨粒的切削快慢来决定；对于精研磨来说，试验曲线表明，研磨时间在1～3min范围，对研磨效果的改变已变缓，超过3min，对研磨效果的提高没有显著变化。

如图6-3所示，用F200金刚石研磨块手工研磨电火花加工后的毛坯（表面粗糙度*Rz*为30μm），研磨2min后*Rz*达到14μm，4min后*Rz*达到10μm，然后随着研磨时间的增加，工件表面粗糙度非常缓慢地变化，18min后*Rz*达到0.6μm，为F200金刚石磨具所能达到的最低表面粗糙度值。

为提高表面研磨效率，缩短总的研磨时间，对每种粒度的磨料所对应的最佳研磨时间应严格控制。如图6-3所示，F200金刚石研具，手工研磨的最佳研磨时间以3min左右为宜。

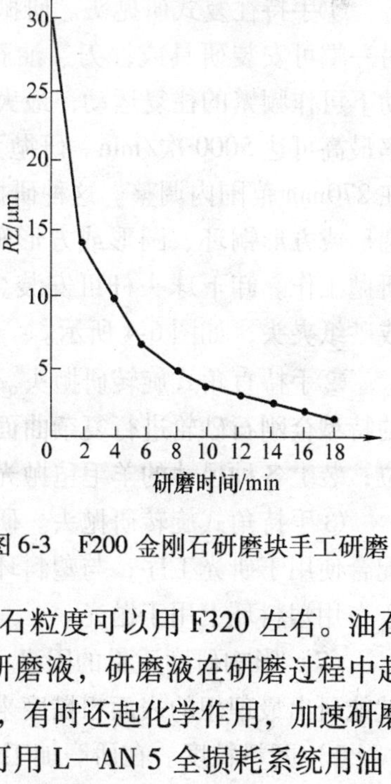

图6-3　F200金刚石研磨块手工研磨

（5）研磨的步骤：工件表面粗糙度数值要求的越低，抛光之前研磨的工序也就越多，而表面粗糙度数值的降低是循序渐进的。例如，进行Ⅰ次粗研磨，可以使工件表面呈暗光泽，表面粗糙度*Ra*达0.1μm；进行Ⅱ次粗研磨，可以使工件表面呈亮光泽面，表面粗糙度*Ra*达0.05μm；进行Ⅰ次半精研磨，可使工件表面呈镜状光泽，表面粗糙度*Ra*达0.025μm；进行Ⅱ次半精研磨，可使工件表面呈雾状镜面，表面粗糙度*Ra*达0.012μm；进行最终精研磨（抛光），可使工件表面呈镜面，表面粗糙度*Ra*达0.008μm。

（6）常用的研磨方法及工具

1）手工研磨

①用油石进行研磨。当型面存在较大的加工痕迹时，油石粒度可以用F320左右。油石粒度的选择见表6-4。硬的油石会加深痕迹，研磨时须使用研磨液，研磨液在研磨过程中起调和磨料的作用，使磨料分布均匀，也起润滑和冷却的作用，有时还起化学作用，加速研磨过程。常用的研磨液是L—AN15全损耗系统用油。精研时可用L—AN 5全损耗系统用油1份、煤油3份，透平油或锭子油少量，轻质矿物油或变压器油适量。

表6-4　油石的粒度选择

油石的粒度	F320	F400	F600	F800
能达到的表面粗糙度 *Ra*/μm	1.6	1.0	0.40	0.32

②用砂纸进行研磨。研磨用砂纸有氧化铝、碳化硅、金刚砂砂纸。砂纸粒度采用F60～F600。研磨时可用比研磨零件材料软的竹或硬木压在砂纸上进行，研磨液可使用煤油、轻油。研磨过程中必须经常将砂纸与研磨零件清洗，砂纸粒度从粗到细逐步加以改变。

③用磨粒进行研磨。用油石和砂纸不能研磨的细小部分或文字或花纹，可在研磨棒上用油沾上磨粒进行研磨。对凹的文字、花纹可将磨粒沾在工件上用铜刷反复刷擦。

磨粒有氧化铝、碳化硅、金刚砂等。粒度选择见表6-5。

表6-5　磨料的粒度选择

粒　度	能达到的表面粗糙度 $Ra/\mu m$	粒　度	能达到的表面粗糙度 $Ra/\mu m$
F100 ~ F120	0.80	W28 ~ W14	0.10 ~ 0.20
F120 ~ F320	0.20 ~ 0.80	≤W14	<0.10

④用研磨膏研磨。用竹棒、木棒作为研磨工具沾上研磨膏进行研磨。手工研磨一般将研磨膏涂在研具上。研磨膏在使用时要用煤油或汽油稀释。

2）手持研抛工具的应用。一种用于模具研磨、抛光的手持研抛工具是电动抛光机。电动抛光机带有三种不同的研抛头，电动机通过软轴与手持研抛头连接，可使研抛头作旋转运动或往复运动。使用不同的研抛头，配上不同的磨削头，可以进行各种不同的研抛工作。

①手持往复式研抛头。研抛头的一端与软轴连接，另一端可安装研具或锉刀、油石等。研抛头在软轴传动下可作频繁的往复运动，最大行程为20mm，往复频率最高可达5000次/min。研抛头工作端可按加工需要在270mm范围内调整。这种研抛头应用的研具主要以圆形或方形铜环、圆形或方形塑料环配上球头杆进行研抛工作。卸下球头杆可安装金刚石锉刀、油石夹头或砂纸夹头，如图6-4所示。

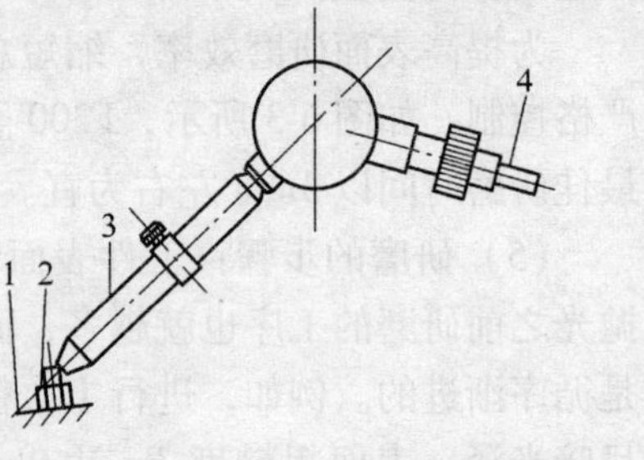

图6-4　手持往复式研抛头的应用
1—研磨工件　2—研抛环
3—球头杆　4—软轴

②手持直角式旋转研抛头。研抛头在软轴传动下作高速旋转运动，可装夹 $\phi 2 \sim \phi 12$mm 的特型金刚石砂轮进行复杂曲面的修磨。装上打光球用的轴套，用塑料研磨套可研抛圆弧部位；装上各种尺寸的羊毛毡抛光头可进行抛光工作。

③手持角式旋转研抛头。研抛头呈角式，因此便于伸入型腔。应用的研具主要是与铜环配合使用于研光工序；与塑料环配合使用于抛光、研光工序；将尼龙纤维圆布、羊毛毡紧固于布用塑料环上用于抛光。

（7）影响研磨质量的因素：在实际研磨过程中，并不是选择了最细的磨料（如W0.5）就能研出最理想的表面粗糙度来，还有很多因素影响研磨质量。

1）磨料粒度。在研磨加工中，磨粉和微粉这两组粒度号数较大的磨料，常用于加工余量大的粗研磨加工，零件表面粗糙度 Ra 可达0.025μm，而粒度号数小的超微粉磨料，则适于微量切削的精研磨加工，零件表面粗糙度 Ra 可达0.008μm。磨料的粒度越细，所获得的尺寸精度越高，表面粗糙度越低。所以在选用磨料粒度时，应根据预加工形成的原始表面粗糙度、加工余量、工件成品要求的表面粗糙度等因素综合考虑。

2）研磨运动轨迹。不同的研磨运动轨迹对研磨表面质量的影响也不相同，其中，直线往复式研出的表面粗糙度最差。这是因为运动的方向性强，单纯的直线往复运动其研磨纹路是平行的，易使切痕重复加深，不利于表面粗糙度的改善。而其他如螺旋式、"8"字形式、摆线式、正弦曲线式研磨轨迹的共同特点是，运动的方向在不断地变化，研磨纹路是纵横交错的。

3）研磨压力。在所用压力范围内工件表面粗糙度随着研磨压力的降低而降低。从某种意义上说，研磨的切削能力和工件表面粗糙度是由研磨压力来决定的。研磨压力的增加，使在同样研磨条件下磨粒承受的载荷也增加，如果研磨压力过大，使磨粒切入深度加深，切削作用加快，磨料的粉碎也加快，这时工件所获得的表面粗糙度就较高。为此，要获得较低的表面粗糙度值，则需合理地选择研磨压力。

4）工件材质的硬度。当研磨软质材料工件时，磨粒容易嵌入工件表面，使研痕加深，因而破坏了工件的表面。为了得到较低的表面粗糙度值，可采用干研磨或者采用材质较软的研具进行研磨。

一般来说，被研工件的表面粗糙度是随着被研工件材料硬度的增加而得到改善的。因此，对于淬硬钢的工件，可通过提高淬火硬度的方法来改善研磨条件。

6.1.2 抛光

在所有的机械加工痕迹都消除，获得洁净的金属表面以后，就可以开始抛光加工。通过抛光可以获得很高的表面质量，表面粗糙度 Ra 可达 0.008μm，并使加工面呈现光泽。由于抛光是工件的最后一道精加工工序，要使工件达到尺寸、形状、位置精度和表面粗糙度的要求，加工余量应适当，一般在 0.005～0.05mm 范围内较为适宜，不能太大，这可根据工件尺寸精度而定，有时加工余量就留在工件的公差以内。

1. 抛光方法　目前常用的抛光方法有以下几种：

（1）机械抛光：机械抛光是靠切削和材料表面塑性变形去掉被抛光后的凸部而得到平滑面的抛光方法，一般使用油石条、羊毛轮、砂纸等，以手工操作为主，特殊零件如回转体表面，可使用转台等辅助工具，表面质量要求高的可采用超精研抛的方法。超精研抛是采用特制的磨具，在含有磨料的研抛液中，紧压在工件被加工表面上，作高速旋转运动。利用该技术可以达到 $Ra = 0.008$μm 的表面粗糙度，是各种抛光方法中最高的。光学镜片模具常采用这种方法。

（2）化学抛光：化学抛光是让材料在化学介质中表面微观凸出的部分较凹部分优先溶解，从而得到平滑面。这种方法的主要优点是不需复杂设备，可以抛光形状复杂的工件，可以同时抛光很多工件，效率高。化学抛光的核心问题是抛光液的配制。化学抛光得到的表面粗糙度 Ra 一般为 10μm。

（3）电解抛光：电解抛光基本原理与化学抛光相同，即靠选择性的溶解材料表面微小凸出部分，使表面光滑，与化学抛光相比，可以消除阴极反应的影响，效果较好。电解修磨抛光是近年来发展起来的一种高效率加工工艺，它能大大提高模具质量和使用寿命，缩短模具制造周期，降低模具制造成本。电化学抛光过程分为以下两步：

1）宏观整平。溶解产物向电解液中扩散，材料表面粗糙度下降，$Ra > 1$μm。

2）微光平整。阳极极化，表面光亮度提高，$Ra < 1$μm。

（4）超声波抛光：将工件放入磨料悬浮液中并一起置于超声波场中，依靠超声波的振荡作用，使磨料在工件表面磨削抛光。超声波加工宏观力小，不会引起工件变形，但工装制作和安装较困难。超声波加工可以与化学或电化学方法结合，在溶液腐蚀、电解的基础上，再施加超声波振动搅拌溶液，使工件表面溶解产物脱离，表面附近的腐蚀或电解质均匀；超声波在液体中的空化作用还能够抑制腐蚀过程，利于表面光亮化。

（5）流体抛光：流体抛光是依靠高速流动的液体及其携带的磨粒冲刷工件表面达到抛

光的目的，常用方法有磨料喷射加工、液体喷射加工、流体动力研磨等。流体动力研磨是由液压驱动，使携带磨粒的液体介质高速往复流过工件表面。介质主要采用在较低压力下流动性好的特殊化合物（聚合物状物质）并掺上磨料制成，磨料可采用碳化硅粉末。

（6）磁研磨抛光：磁研磨抛光是利用磁性磨料在磁场作用下形成磨料刷，对工件磨削加工。这种方法加工效率高，质量好，加工条件容易控制，工作条件好，采用合适的磨料，表面粗糙度 Ra 可以达到 0.1μm。

2. 抛光工具

（1）手工抛光工具

1）平面用抛光器。平面用抛光器的制作方法如图 6-5 所示。抛光器手柄的材料为硬木，在抛光器的研磨面上，用刀刻出大小适当的凹槽，在离研磨面稍高的地方刻出用于缠绕布类制品的止动凹槽。

若使用粒度较粗的研磨剂进行研磨加工时，只需将研磨膏涂在抛光器的研磨面上进行研磨加工即可。

2）球面用抛光器。图 6-6 所示为球面用抛光器，它的制作方法与平面用抛光器基本相同。抛光凸形工件的研磨面，其曲率半径一定要比工件曲率半径大 3mm；抛光凹形工件的研磨面。其曲率半径比工件曲率半径小 3mm。

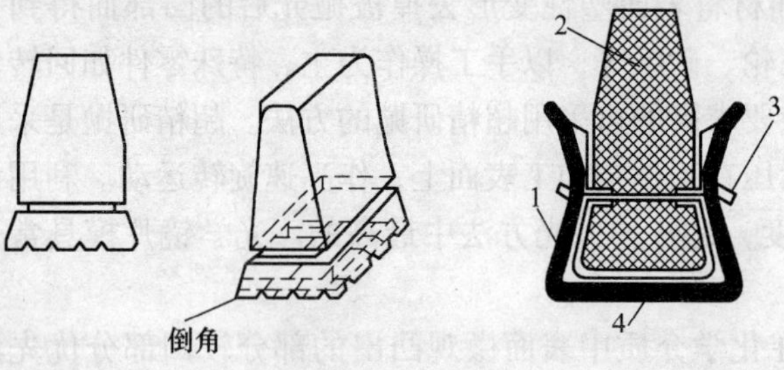

图 6-5　平面用抛光器

1—人造皮革　2—木质手柄　3—钢丝或铝丝　4—尼龙布

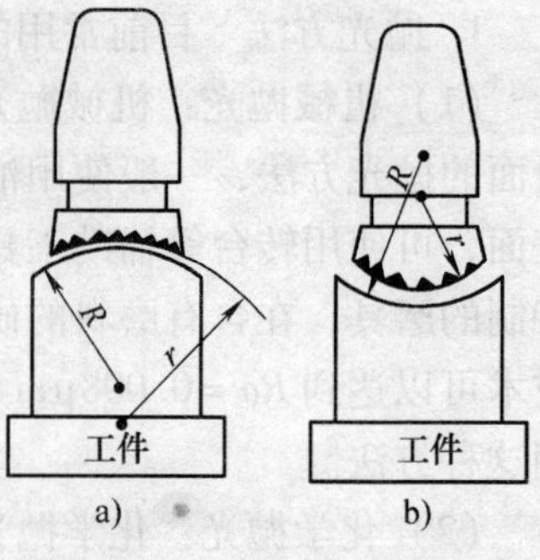

图 6-6　球面用抛光器

a）抛光凸形工件　b）抛光凹形工件

3）自由曲面用抛光器。对于平面或球面的抛光作业，其研磨面和抛光器保持密接的位置关系，故不在乎抛光器的大小。但是自由曲面是呈连续变化的，使用太大的抛光器时，容易损伤工件表面的形状。因此，对于自由曲面应使用小型抛光器进行抛光，抛光器越小，越容易模拟自由曲面的形状，如图 6-7 所示。

（2）电动抛光机的应用：模具工作零件型面的手工研磨和抛光工作量大。因此，在模具行业中正在逐步扩大应用电动抛光机以提高抛光效率和降低劳动强度。

电动抛光机常用两种抛光方法。

1）加工面为平面或曲率半径较大的规则面时，采用手持角式旋转研抛头或手持直身式旋转研抛头，配用铜环，抛光膏涂在工件上进行抛光加工。

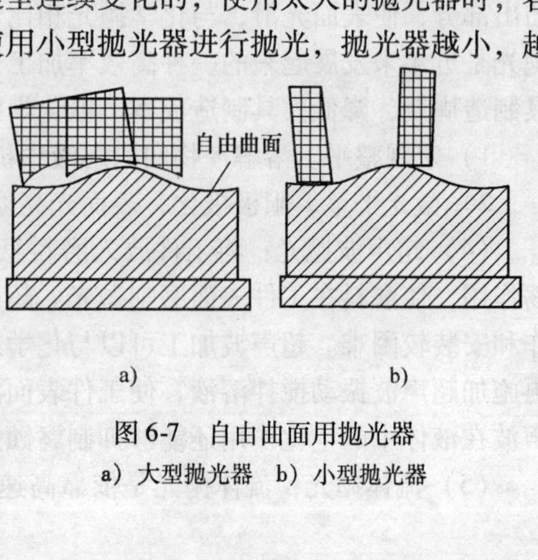

图 6-7　自由曲面用抛光器

a）大型抛光器　b）小型抛光器

2）加工面为小曲面或复杂形状的型面时，采用手持往复式研抛头，配用铜环，抛光膏涂在工件上进行抛光加工。

（3）新型抛光磨削头：它是采用高分子弹性多孔性材料制成的一种新型磨削头，这种磨削头具有微孔海绵状结构，磨料均匀，弹性好，可以直接进行镜面加工。使用时磨削力均匀，产热少，不易堵塞，能获得平滑、光洁、均匀的表面。弹性磨料配方有多种，分别用于磨削各种材料。磨削头在使用前可用砂轮修整成各种需要的形状。

3. 抛光工艺

（1）影响可抛光性的因素：抛光可达到的表面粗糙度值取决于三个因素。

1）抛光工艺要求。抛光是工件的最后一道精加工工序，对研磨的工艺要求也适用于抛光。

2）模具工作零件的钢材等级或材质。钢材中所含的杂质是不理想的成分，要改善模具钢的性能，可采用真空抽气冶炼法和电炉去杂质冶炼法。

3）钢材的热处理。模具钢的硬度越高则越难进行研磨和抛光，但是较硬的模具钢可以得到较低的表面粗糙度值。因此，可以通过提高模具钢的淬硬性来提高其可抛光性。

（2）抛光工序的工艺步骤：抛光的工艺步骤要根据操作者的经验，使用的工具，设备情况和材料的性能等决定。通常采用两种方法进行抛光。

1）选定抛光膏的粒度。先用硬的抛光工具抛光，再换用软质抛光工具最终精抛。

2）选用中硬的抛光。工具先用较粗粒度的抛光膏，再逐步减小抛光膏的粒度进行抛光加工。

（3）抛光中可能出现的缺陷及解决方法：抛光中的主要问题是所谓“过抛光”，其结果是抛光时间越长，表面反而越粗糙。这主要产生两种现象，即产生“桔皮状”利“针孔状”缺陷。过抛光问题一般在机抛时产生，而手抛很少出现这种过抛光现象。

1）“桔皮状”问题。抛光时压力过大且时间过长时，会出现这种情况。较软的材料容易产生这种过抛光现象。其原因并不是钢材有缺陷，而是抛光用力过大，导致金属材料表面产生微小塑性变形所致。解决方法是，通过氮化或其他热处理方式增加材料的表面硬度；对于较软的材料，采用软质抛光工具。

2）“针孔状”问题。由于材料中含有杂质，在抛光过程中，这些杂质从金属组织中脱离下来，形成针孔状小坑。解决方法是，避免用氧化铝抛光膏进行机抛；在适当的压力下作最短时间的抛光，采用优质合金钢材。

6.2 电解修磨抛光

模具零件经电火花加工后表面会产生一层硬化层，硬化层硬度一般为 600～1300HV（600HV 相当于 55HRC）。电加工表面在精修前，应去除硬化层，或采用一种软化的方法，从而减少钳工的修整工作量和缩短模具的制造周期。作为这种方法，有化学抛光、电解抛光、电解修磨、液体抛光等。化学抛光、电解抛光由于采用无机酸作电解液，因此对环境有一定污染，目前较少采用，现较为广泛采用的是电解修磨抛光。

6.2.1 电解修磨抛光的原理及特点

1. 电解修磨抛光的原理　在电解修磨抛光的过程中，以被加工的工件为阳极，修磨工具即磨头为阴极，两极由一低压直流或脉冲电源供电，两极间通以电解液。修磨工具与工件表面接触并进行锉磨，此时工件表面被溶解并生成很薄的氧化膜，这层氧化膜不断地被修磨工具中的磨粒所刮除，使工件表面露出新的金属表面，并继续被电解。这样，由于电解作用和刮除氧化膜作用的交替进行，达到去除氧化膜和降低表面粗糙度的目的。图 6-8 所示为电解修磨抛光的原理图。

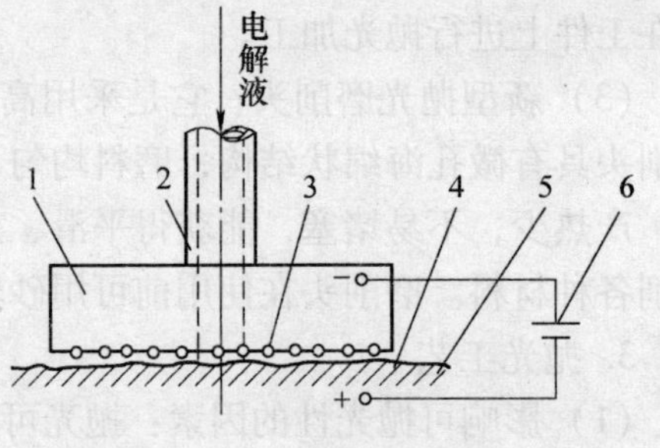

图 6-8　电解修磨抛光原理图

1—修磨工具(阴极)　2—电解液管　3—磨粒　4—电解液　5—工件(阳极)　6—电源

2. 电解修磨抛光的特点

1）抛光速度快，节省时间。与手工抛光相比，电解修磨抛光可节省工时 50%～70%。

2）抛光后型腔精度高。抛光无砂纸划痕，获得无任何条纹的光滑表面。经电解修磨抛光后的表面采用油石及砂纸能较容易地抛光到 $Ra<0.2\mu m$。

3）用电解修磨抛光的方法去除硬化层时，模具工作零件型面原始粗糙度 $Ra=6.3\sim3.2\mu m$ 即可，这相当于电火花加工中标准加工所得到的表面粗糙度。这时工具电极损耗小，表面波纹度也低，对已产生的表面波纹，用电解修磨法也能基本去除。

4）对型腔中用一般修磨工具难以精修的部位及形状，如图 6-9 所示的深槽、窄槽及不规则圆弧、棱角等，采用异形磨头能较准确地按照原型腔进行修磨，这时效果更为显著。

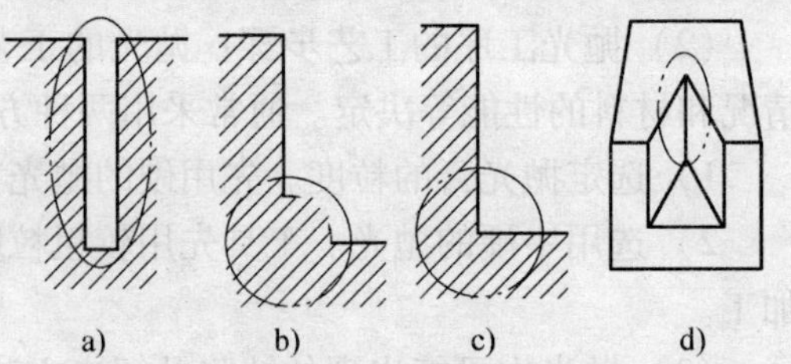

图 6-9　用一般修磨工具难以精饰的部位

5）电解修磨抛光是基于电化学腐蚀原理利用电能、化学能和机械能的综合作用去除金属的，它不会使工件引起热变形或产生应力，工件硬度也不影响腐蚀速度，可抛硬质合金、粉末冶金制品、EDM 火花硬层及各种塑胶、压铸、冲压模具。

6）装置结构简单，操作方便，工件电压低，电解液无毒，便于推广。

6.2.2　电解修磨抛光的设备

电解修磨抛光的设备示意图，如图 6-10 所示。

1. 修磨方法（见图 6-10）

1）工件 8 放在工作槽 6 内，使磁铁 7 吸附在其上。

2）把选用的磨头 3 插入手柄 2 内。

3）开动泵 12，调节合适的流量，将电源限位转换开关选至 3 档，接通直流电源 4。

4）握住手柄 2，使磨头 3 在被加工表面慢慢移动，并稍加压力，加工表面即发生电化学反应。

5）立即用热水冲洗电解修磨抛光后的工件。

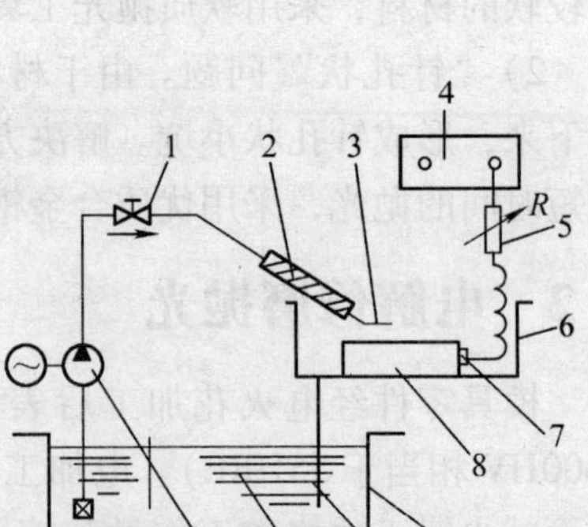

图 6-10　电解修磨抛光的设备示意图

1—阀门　2—手柄　3—磨头　4—电源　5—电阻　6—工作槽　7—磁铁　8—工件　9—电解液箱　10—回液管　11—电解液　12—泵

2. 工作液循环系统（见图 6-10）　工作液循环系统包括电解液箱 9，离心式水泵 12，控制流量的阀门 1，导管及工作槽 6。电解液箱中间由隔板分开，起着电解液过滤的作用。泵的进液口应由0.125mm铜网过滤。考虑到电解液的腐蚀，箱体及导管材料应尽可能地采用塑料及铜材制成。

3. 加工电源　可采用全波桥式整流，晶闸管调压、斩波后以等脉宽的矩形波输出，最大输出电流10A，电压0~24V，也可采用一般的稳压直流电源。

4. 修磨工具

（1）导电油石：它是采用树脂作粘结剂将石墨和磨料（碳化硅或氧化铝）混合压制而成。由于型腔型面复杂，为了增加抛光的接触面积，并使被抛光型面的去除量比较均匀，最好按被加工型面将导电油石修整成相似形状。

（2）人造金刚石导电锉刀：为了抛光模具工作零件上的窄缝、沟槽和角、根等部位，专门提供各种形状的导电锉刀。采用快速埋砂电镀法将金刚石磨料镀到各种形状的金属基体上制成各种形状的导电锉刀。使用导电锉刀导电性能较好，可以采用较高的电流密度抛光，以获得较高的生产效率。

6.2.3　电解液

电解液在电解修磨抛光中的作用很大，它直接影响加工表面质量和生产率。选用的电解液应该无毒害，加工生产率较高，但杂散腐蚀又要求较小，常用食盐水、氯化钠、硝酸钠等单组电解液较难满足上述要求。电解液选用每升水中溶入150g硝酸钠（$NaNO_3$）、50g氯酸钠（$NaClO_3$）的溶液，在加工过程中会产生微量的氨气。因硝酸钠是强氧化剂，容易燃烧，使用时应注意勿使它与有机物混合或受强烈振动。

6.2.4　电解修磨抛光工艺过程

1. 模具加工要求　要求模具型腔电火花加工至中规准为止，表面粗糙度 Ra = 6.3~3.2μm。

2. 脱脂　脱脂的目的在于使电解加工的阳极溶解能顺利地进行，可用有机溶剂或在表6-6所列的溶液中脱脂。

表6-6　电解修磨抛光脱脂液

溶液名称	$NaOH$	$NaCO_3$	$Na_3PO_4 12H_2O$	Na_2SiO_3
溶液浓度/g·L^{-1}	50	30	50	10
溶液温度/℃	80~110			
清洗时间/min	5~10			

3. 电解修磨抛光　将磁铁正极吸附在工件上，将选用的修磨工具插入手柄喷嘴内，开动泵，调节到合适的流量（0.5~1L/min），电源限流电阻转换开关选至3档，接通直流电源，握住手柄，使磨头在被加工表面上慢慢移动，并稍加压力，加工表面即发生电化学反应。其电蚀产物为棕色或黑绿色絮状物。加工电流约7~8A，若工具接触面积太小时，可将转换开关选至1或2档上，直至硬化层被除去为止。平面修磨速度为0.5~2cm^2/min，应注意勿使修磨工具在某一局部时间太长，以免造成凹坑。电解修磨抛光后的工件应立即用热水冲洗，然后用细油石（F500以上）或研磨膏进一步抛光，对暂不能进一步抛光的工件可短期置于亚硝酸钠溶液中保存。

经电解修磨抛光的模具表面无任何机械划痕，表面粗糙度 Ra 可达0.4~0.2μm，但是加工表面会附有极薄一层四氧化三铁组成的黑膜，所以必须经过手工抛光或电动抛光机高速抛光来去除。实践证明，电解修磨抛光是一种行之有效的模具抛光方法，用它来抛光型腔模的角部、根部、窄缝和沟槽以及复杂的型面比手工抛光可节省工时50%～70%。

6.2.5 影响电解修磨抛光的主要因素

1. 磨料粒度 电解修磨抛光修磨工具的磨料粒度对表面粗糙度和生产效率有一定的影响。

导电油石粒度对加工表面粗糙度和比生产率的影响（工件材料为Cr12）见表6-7。

表6-7 导电油石粒度对加工表面粗糙度和比生产率的影响

粒度参数	F100	F150	F280	F320	F400
加工前表面粗糙度 Ra/μm	5.2～5.4	2.9～3.3	3～3.5	4.5～5	3～3.5
加工后表面粗糙度 Ra/μm	0.84～1.3	0.78～0.76	0.5～0.54	0.36～0.56	0.28～0.3
比生产率/g·(A·min)$^{-1}$	4.6×10^{-3}	2.6×10^{-3}	4.1×10^{-3}	3.3×10^{-3}	2.6×10^{-3}

2. 冲波形的影响 电解修磨抛光一般采用直流电源对模具钢，如5CrMnMo、T8、45、Cr12、CrWMn等进行加工。其比生产率在2.6×10^{-3}～4.1×10^{-3}g/A·min范围内变化，因材料不同而异。当加工含铬量较高的材料，如Cr12时，采用脉冲矩形波加工其比生产率可提高30%左右，如图6-11所示。

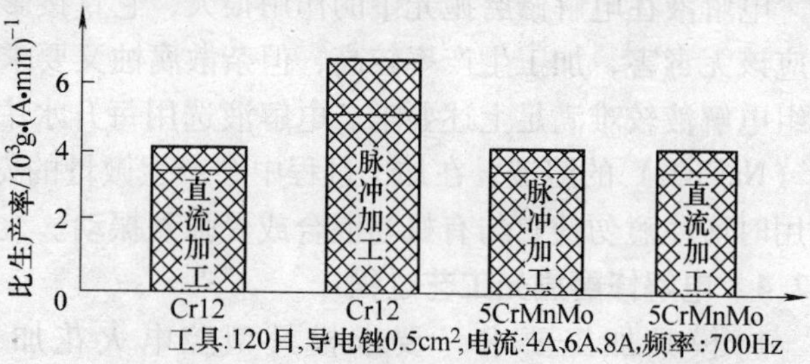

图6-11 直流与脉冲修磨抛光与比生产率

3. 电流、抛光时间的影响 电解修磨抛光去除金属量基本与加工电流和时间成正比。在一定的电流下抛光时间较长，表面粗糙度也较小，以原始表面粗糙度Ra=5～7μm为例，若在电流为5A时加工1min，其表面粗糙度减少1/2，6min后表面粗糙度减至1/8，见表6-8。大量试验表明，对Ra=5～10μm的电加工表面，经过1min/cm² 左右的修磨抛光，硬化层基本去除。但要提高到Ra=1.25μm必须要用3min/cm² 左右的时间，除去表层厚度在0.1mm左右。一般来说，开始应用大电流加工（5～10A），然后降低电流进行抛光（2～4A），这样可以提高抛光效率。

表6-8 电解修磨抛光时间对表面粗糙度值 *Ra* 的影响

加工时间/min	加工前	加工后
	表面粗糙度/μm	
1	5～7	2.6～3.2
2	5～7	1～1.5
3	5～7	0.75～1.3
6	5～7	0.68～0.72

注：工件材料为T8，面积为3cm²，电流为5A，工具为导电锉刀。

6.3 超精研抛

超精研抛加工方法是一种具有均匀复杂轨迹的光整加工方法。通过介于工件和工具间的磨料及加工液，工件及研具作相互机械摩擦，使工件达到所要求的尺寸与精度的加工方法。超精研抛加工是一种新运动形式的复合光整加工技术，具有研磨和抛光超精加工的特点，因此称这种加工方法为“超精研抛”。但精密研磨的效率较低，如干研速度一般为10～30m/min；湿研速度为20～120m/min，对加工环境要求严格，如有磨料大粒或异物混入时，将使表面产生很难去除的划伤。

6.3.1 超精研抛的工作原理

1. 超精研抛运动原理（见图6-12） 超精研抛加工的磨头1被制成圆环体，用火漆粘接到磨具座上。超精研抛头与磨具座的组件称为超精研抛具。超精研抛具安装在超精研抛机床的主轴上，由分离传动和采取隔振措施的电动机带动作高速旋转。超精研抛具受主轴箱内的压力弹簧作用，将装夹在工作台上的工件2压紧。工件浸泡在超精研抛液池中。工作台3由机床侧面一对具有同偏心量的双偏心轮4带动，其轴作同向同步旋转，这时，被一对偏心轴带动的工作台作旋摆运动。为了使工件能在全部待加工表面上均得到研磨，则需另外给工作台一个直线运动（由移动溜板5来产生）。这时工作台得到的合成运动轨迹，称为次摆线。再加一个研抛具的高速旋转运动，合成了复杂、均匀而又细密的超精研抛运动轨迹。

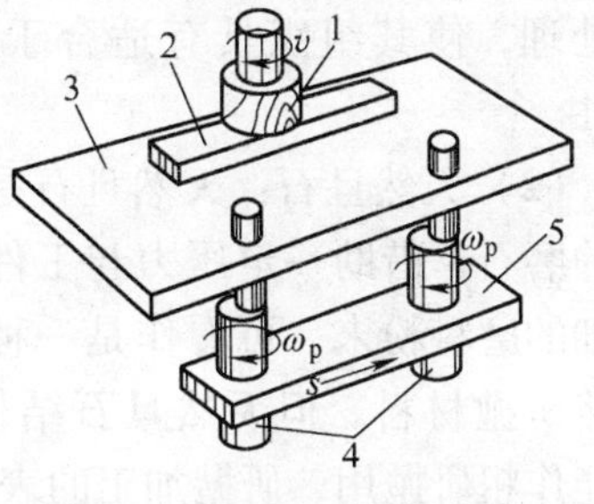

图6-12 超精研抛加工运动原理
1—磨头 2—工件 3—回转工作台
4—双偏心轮 5—移动溜板

2. 超精研抛的特点

（1）高速、高效、轨迹复杂的研磨特性：超精研抛速度为120～150m/min，超精研抛效率一般为研磨的15倍。超精研抛轨迹网纹交点在纵横两个方向上的间距大致相等，在超精研抛的工件表面上每一点的研抛几率几乎相同，轨迹网纹均匀细密。

（2）可直接加工出镜面：超精研抛由于研抛轨迹复杂均密，因而从加工原理上消除了“中间白带”。同时因为超精研抛是在研抛液中进行加工的，所以从加工条件上消除了灼焦、划伤等表面缺陷，即使由于偶然的原因，工件的表面侵入灰尘、杂质、微屑等也会被液流推移到研抛液池底，不致伤害被加工表面。

（3）在自由磨粒的研液中超精加工：超精研抛加工时，将工件浸泡在超精研抛液池中，研抛液中的自由磨粒在研抛力的作用下，不断地翻滚，使其各刃边均能充分地发挥作用。同时研抛液还具有冷却润滑作用，能及时排除因研抛过程中工件与研抛头剧烈摩擦和去除微屑时产生的局部切削热。

6.3.2 超精研抛具

1. 超精研抛具的组成 超精研抛加工使用的超精研抛具由超精研抛头和超精研抛头座两部分组成。超精研抛头是直接“携带”磨料（指超精研抛液中的自由磨粒）的部分。研抛头的形状先制成短圆柱形，再将其中心部位挖成小圆形空洞。

研抛头的材料有两种：一种是脱脂木材，另一种是高质量的细毛毡。如图6-13所示，研抛头座1是连接研抛头3与机床主轴的座体。研抛头座的形状，其主体制成圆柱体，上部制有内螺纹，用以与机床主轴相连，研抛头的下端面，可用火漆2粘接研抛头。研抛头座用黄铜或不锈钢制成，这是为了在超精研抛过程中耐磨，并保证浸泡在研抛液中不会锈蚀。

2. 研抛头材料

（1）脱脂木材：研抛头材料的种类、硬度、组织均匀程度和松脆性等均直接影响超精研抛加工的质量。脱脂木材则具有优异的研抛性能，即具有较高的研抛液浸含性，松脆性和研抛刚度，能保持其正确的几何形状，能镶嵌和“携带”大量的磨料，且容易形成“壳膜化”层。

研抛加工用的脱脂木材选取优质天然木材（圆柏、香杉、桧木、紫杉、水青冈、银杏树等）中组织均匀程度优异的结构，再加以人工脱脂变性处理，使其组织具有适合于研抛加工要求的特性。

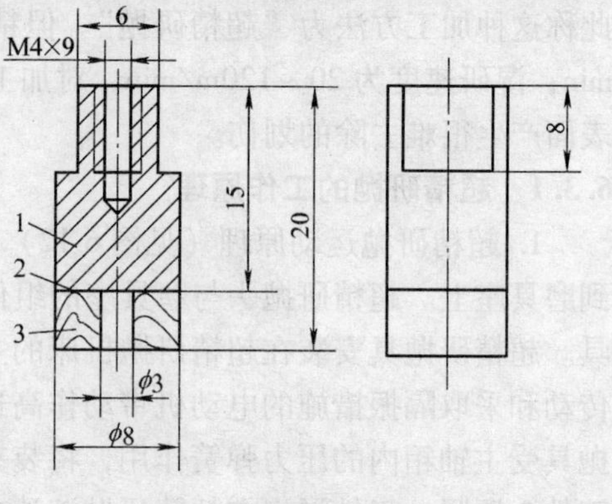

图 6-13　脱脂木材研抛具

1—研抛头座　2—火漆　3—研抛头（脱脂木材）

（2）天然旦石：天然旦石是一种性质比较松软的磨石，借助一定压力与工件摩擦能自行脱落微细的磨料粉末，可看作是一种本身带有磨料的天然研抛材料。但天然旦石结构组织比较粗糙，只能作粗研抛用，研抛加工的表面粗糙度 Ra 一般可达 0.16μm。由于使用旦石进行研抛基本上属于半固结磨料研抛，而不是自由磨粒研抛，因此其研抛性能较差。

（3）细毛毡研抛头：最终研抛的修饰研抛头使用精制无杂质的细毛毡。其组织纤维和粘结剂均细，材质松软，弹性大，气孔容积大，因此对研抛液和磨料的浸含性高。研抛的“抽打”作用好，能降低表面粗糙度和提高工件的表面光亮度，并能将微小的毛刺清除干净，可作修饰工件表面之用。

3. 研抛头的形状与尺寸　研抛头与修饰研抛头均制成空心圆片。研抛头端面上任意点半径的圆周速度为

$$v=\frac{\pi nd}{1000}$$

式中　n——研抛具的转速（r/min）；

v——任意点半径的圆周速度（m/min）；

d——研抛点直径（mm）。

当研抛点直径 d 趋于0时，则 v 趋于0，故切削作用也很小，所以将中心部位挖空。为使整个被研抛表面边缘部分不留下空白，可按下列经验公式计算选择研抛头外径 D。

$$D=B-2e+(3\sim5\text{mm}) \tag{6-1}$$

式中　D——研抛头外径（mm）；

B——工件被研抛表面的宽度（mm）；

e——研抛旋摆偏心量（mm）。

研抛头挖空直径 d_1 见表 6-9。

表 6-9　超精研抛头挖空直径 d_1 尺寸的选择　（单位：mm）

研抛工序	粗研抛	精研抛
d_1	$[(1/3\sim1/4)\ D]^{+0.02}_{0}$	$[(1/2\sim1/3)\ D]^{+0.02}_{0}$

6.3.3　超精研抛液

1. 超精研抛液的作用　超精研抛液由研抛剂（自由磨粒）及其介质（纯水）组成。自

由磨粒在研抛过程中相当于无数多的微型刃具。微细的自由磨粒采用三氧化二铬，以不同的比例与纯水混合，搅拌均匀。

2. 超精研抛液的组成

(1) 超精研抛磨料：超精研抛剂最好采用工业用三氧化二铬作自由磨粒。三氧化二铬有两种：一种是高纯的，还有一种是普通的。一般采用纯度（质量分数）为99%的二级普通三氧化二铬即可满足研抛要求。

(2) 研抛介质：纯水是一种良好的研抛介质，要求其清洁而又无杂质，一般用蒸馏水。其制法简单，成本低廉。

3. 超精研抛液的配方　粗研抛的研抛液浓度高，即研抛剂占的比例高，使用磨料粒度较粗；精研抛的研抛液浓度低，使用磨料粒度较细。

在研抛过程中，可不断地向工件被研抛表面流入或注入研抛液，为防止研抛剂在水中沉淀，可在研抛液中添加少量的重铬酸钾和聚乙烯醇。其配方见表6-10。

表6-10　防止研抛剂沉淀的研抛液配制

成分		三氧化二铬	重铬酸钾	聚乙烯醇	纯水
成分	名称	三氧化二铬	重铬酸钾	聚乙烯醇	纯水
	分子式	Cr_2O_3	$K_2Cr_2O_7$	$(CH_2—CHOH)_x$	H_2O
混合体积比		1	16	16	10000

为了提高研抛质量与研抛效率，采用液中研抛。其研抛液配方见表6-11。

表6-11　液中研抛的超精研抛液配方

研抛液种类	配方（体积比）		
	研抛剂	纯水	乳化液
纯水介质研抛液	1	10000	—
乳化液介质研抛液	1	—	20000

6.3.4　超精研抛工艺参数

1. 超精研抛加工余量　因为超精研抛加工的工件表面一般需要加工到镜面，所以在确定研抛加工余量时，应考虑到研抛前工序加工形成的表面粗糙度。研抛前工件的表面粗糙度值越低，即表面越光洁，研抛达到镜面所需的时间越短，研抛效率越高。研抛前表面足够光洁时，则可直接使用预制的“壳膜化”研抛头加工。

2. 超精研抛压力　选择合适的研抛压力，才能获得良好的研抛效果。一般精研抛采用较低的研抛压力，修饰清理研抛采用更低的研抛压力。选取研抛压力见表6-12。

表6-12　研抛压力的选取

项 目 名 称	粗研抛	精研抛	修饰清理研抛
研抛压力/N	10～30	5～10	5～10

3. 超精研抛机的运动参数

(1) 超精研抛具的线速度 v：粗研抛主要考虑生产效率高，可选择70～100m/min；精研抛可选择40～60m/min。

（2）旋摆振幅 A：旋摆圆的直径称为旋摆振幅，旋摆振幅等于 2 倍的旋摆偏心量。旋摆偏心量一般取 1～2mm，旋摆振幅一般取 2～4mm。

（3）旋摆频率 f：旋摆圆的转数称为旋摆频率，一般旋摆频率越高，研抛效率越高。在机床具有高运动平稳性能保证不影响研抛质量的条件下，可选取高的旋摆频率。普通刚度与精度的超精研抛机床选取旋摆频率 $f=60\sim300$ 次/min，机床不会产生振动，能获得满意的研抛质量。

（4）直线往复运动进给量 s：工件（工作台）的直线往复运动进给量越大，研抛的生产率越高；进给量越小，一般对改善研抛表面粗糙度越有利。但进给量过小，容易产生爬行，当进给量趋近于零时，表面粗糙度值会变大。选择过小的进给量，会大大降低研抛效率。

一般选取 $s=0.5\sim2\text{mm/s}$。

6.4 超声波抛光

6.4.1 超声波抛光的基本原理及设备

1. 超声波抛光的基本原理　频率超过 16000Hz 的振动波称为超声波。超声波抛光用的超声波频率为 16000～25000Hz。超声波区别于普通声波的特点是，频率高，波长短，能量大，传播过程中反射、折射、共振、损耗等现象显著。

超声波抛光的原理是利用工具端面作超声频振动，通过磨料悬浮液抛光脆硬材料的一种加工方法，如图 6-14 所示。加工时，在抛光区加入带有磨料的工作液，并使抛光工具 4 对工件 6 保持一定的静压力（3～5N），推动抛光工具作平行于工件表面的往复运动，运动频率为每分钟 10～30 次。超声换能器 2 产生 16000Hz 以上的超声频纵向振动，并借助于变幅杆 3 把振幅放大到 10～20μm，驱动抛光工具端面作超声振动，迫使工作液中悬浮的磨粒以很大的速度和加速度不断地撞击、磨削被加工表面，把加工区域的材料粉碎成很细的微粒，并从材料上打击下来，虽然每次打击下来的材料很少，但由于每秒钟打击次数多达 16000 次以上，所以仍有相当量的材料被打击下来。与此同时工作液受工具端面超声振动作用而产生的高频、交变的液压正负冲击波和“空化”作用，促使工作液钻入被加工材料的微裂缝处，加剧了机械破坏作用。此外，正负交变的液压冲击也使悬浮工作液在加工间隙中强迫循环，使变钝的磨粒及时得到更新，切屑能够及时地排除。超声振动使工具具有自刃性，能防止磨具气孔堵塞，提高了磨削性能。

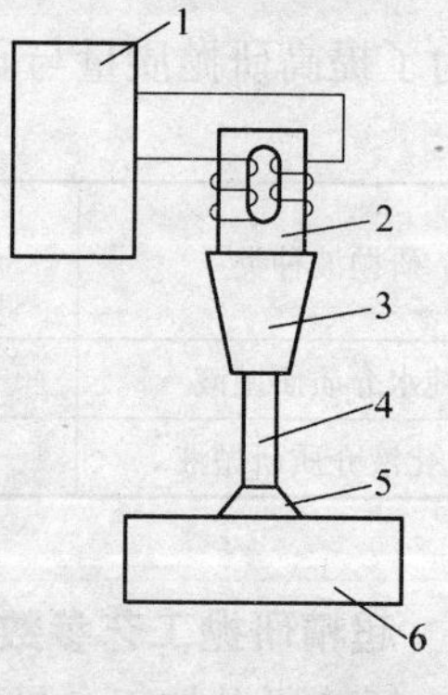

图 6-14　超声波抛光原理示意图
1—超声发生器　2—换能器
3—变辐杆　4—抛光工具
5—磨料悬浮液　6—工件

由此可见，超声波抛光是磨粒在超声振动作用下的机械撞击和磨削作用，以及超声空化作用的综合结果，其中磨粒的撞击作用是主要的。

2. 超声波抛光机　超声波抛光机一般包括超声频电振荡发生器、将电振荡转换成机械振动的换能器和机械振动系统。图 6-15 所示是 SDY—022 型超声波抛光机原理框图。

（1）超声发生器：超声发生器也称超声波或超声频电振荡发生器，其作用是将工频交流电转变为有一定功率输出的超声频振荡，以提供工具端面往复振动和去除被加工材料的能量。

（2）换能器：换能器的作用是将高频电振荡转换成机械振动，目前实现这一目的可利

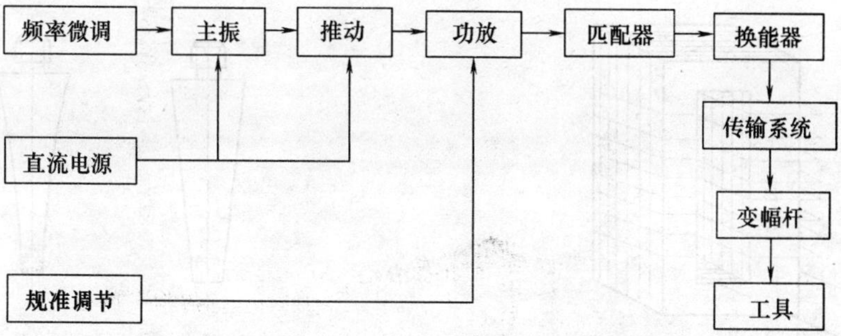

图 6-15　SDY—022 型超声波抛光机原理框图

用压电效应和磁致伸缩效应两种方法。

1）压电效应超声波换能器。石英晶体、钛酸钡（$BaTiO_3$）以及锆钛酸铅（$ZrPbTiO_3$）等物质在受到机械压缩或拉伸变形时，在它们两对面的界面上将产生一定的电荷，形成一定的电势；反之，在它们的两界面上加以一定的电压，则产生一定的机械变形，如图 6-16 所示。这一现象称为“压电效应”。如果两面加上 16000Hz 以上的交变电压，则该物质产生高频的伸缩变形，使周围的介质作超声振动。为了获得最大的超声波强度，应使晶体处于共振状态，故晶体片厚度应为声波半波长或整倍数。

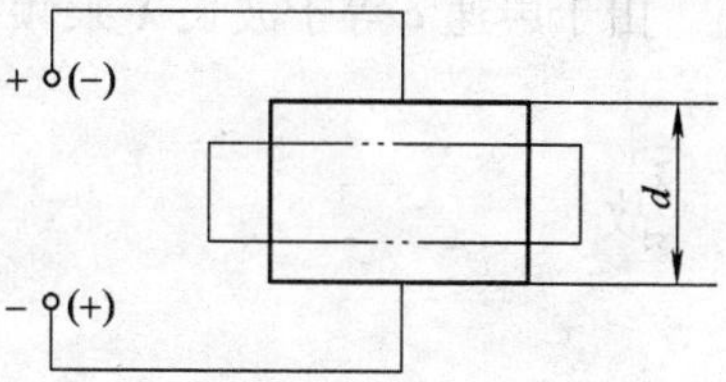

图 6-16　压电效应

石英晶体的伸缩量太小，3000V 电压才能产生 0.01μm 以下的变形。钛酸钡的压电效比石英晶体大 20 ~30 倍，但效率和机械强度不如石英晶体。锆钛酸铅具有二者的优点，一般可用做超声波清洗和小功率超声波抛光机的换能器，常制成圆形薄片，两面镀银，先加高压直流电进行极化，一面为正极，另一面为负极。使用时，常将两片迭在一起，正极在中间，负极在两侧，经上端块 1 和下端块 5 用螺钉 2 夹紧，下端块 5 和变幅杆 6 相连。为了导电引线方便，可将一镍片 3 加在两压电陶瓷 4 正极之间作为接线端片，如图 6-17 所示。

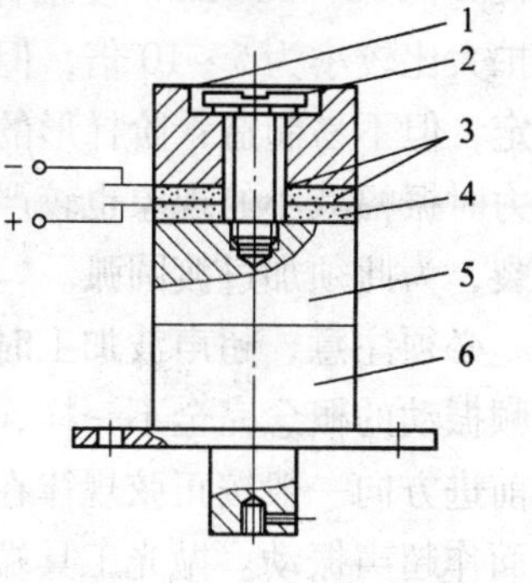

图 6-17　压电陶瓷换能器

1—上端块　2—压紧螺钉　3—导电镍片
4—压电陶瓷　5—下端块　6—变幅杆

2）磁致伸缩效应超声波换能器。铁、钴、镍及其合金的长度能随着所处的磁场强度的变化而伸缩的现象称为磁致伸缩效应。

为了减少高频涡流损耗，超声波抛光机中常用纯镍片叠成封闭磁路的镍棒换能器，如图 6-18 所示。在两芯柱上同向绕以线圈，通入高频电流使之伸缩，它比压电式换能器有较高的机械强度和较大的输出功率，常用于中功率和大功率的超声波抛光机中。

（3）变幅杆：压电或磁致伸缩的变形量很小，即使在其共振条件下振幅也不超过 0.005 ~0.01mm，不能直接用来加工。超声波抛光需 0.01 ~0.02mm 的振幅，因此必须通过一个上粗下细的杆子将振幅加以放大，此杆称为振幅扩大棒或变幅杆，如图 6-19 所示。

为了获得较大的振幅，应使变幅杆的固有振动频率和外激振动频率相等，处于共振状态。为此，在设计、制造变幅杆时，应使其长度等于超声波的半波长或其整倍数。

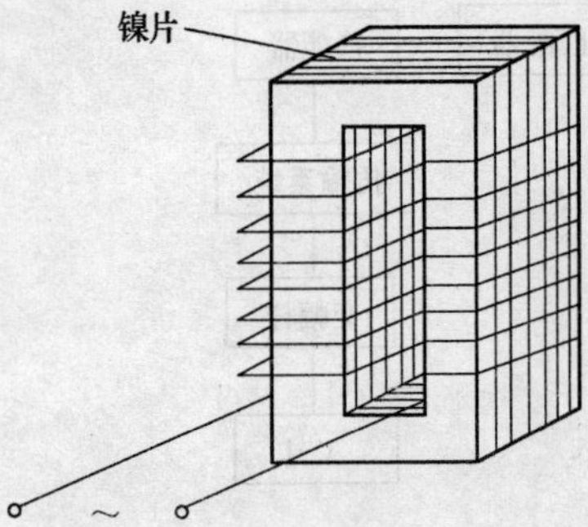

图 6-18　磁致伸缩换能器

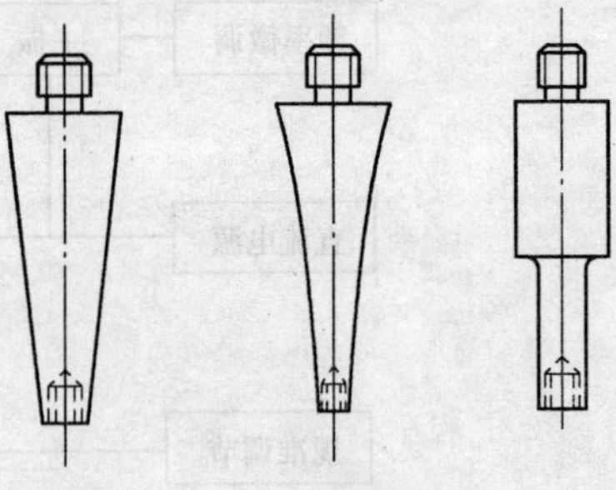

图 6-19　变幅杆

a) 锥形　b) 指数形　c) 阶梯形

由于声速 c 等于波长 λ 乘频率 f，即

$$c = \lambda f \tag{6-2}$$

故

$$\lambda = \frac{c}{f}$$

$$L = \frac{\lambda}{2} = \frac{c}{2f}$$

式中　λ——超声波的波长（m）；

c——超声波在物质中的传播速度（m/s），（在钢中 $c = 5050\text{m/s}$）；

f——超声波频率（Hz），加工时 f 可在 16000～25000Hz 内调节以获得共振状态。

由此可以算出超声波在钢铁中传播的波长 $\lambda = 0.31 \sim 0.2\text{m}$，故钢变幅杆的长度一般在半波长 $L = 100 \sim 160\text{mm}$。变幅杆可制成锥形、指数形、阶梯形等，如图 6-19 所示。锥形的振幅扩大比较小为 5～10 倍，但易于制造；指数形的振幅扩大比中等为 10～20 倍，使用性能稳定，但不易制造；阶梯形的振幅扩大比较大为 20 倍以上，且易于制造，但当它受到负载阻力时振幅减小的现象也较严重，不稳定，而且在粗细过渡的地方容易产生应力集中而疲劳断裂，为此须加过渡圆弧。

必须注意，超声波加工时并不是整个变幅杆和工具都是在作上下高频振动，它和低频或工频振动的概念完全不一样，超声波在金属棒杆内主要以纵波形式传播，引起杆内各点沿波的前进方向一般按正弦规律在原地作往复振动，并以声速传导到抛光工具端面，使抛光工具端面作超声振动。抛光工具端面的运动参数为：

瞬时位移量　$s = A\sin\omega t$　(6-3)

最大位移量　$s_{\max} = A$

瞬时速度　$v = \omega A\cos\omega t$

最大速度　$v_{\max} = \omega A$

瞬时加速度　$a = -\omega^2 A\sin\omega t$

最大加速度　$a_{\max} = -\omega^2 A$

式中　A——位移的振幅（mm）；

ω——超声波的角频率（rad/s），$\omega = 2\pi f$；

f——超声频率（Hz）；

t——时间（s）。

设超声振幅 $A=0.002\text{mm}$，频率 $f=20000\text{Hz}$，则可算出抛光工具端面的最大速度 $v_{max}=\omega A=2\pi f=251.3\text{mm/s}$，最大加速度 $a_{max}=\omega^2 A=31582880\text{mm/s}^2=31582.9\text{m/s}^2=3223g$，即是重力加速度 g 的3000余倍，由此可见，加速度是很大的。

（4）抛光工具：超声波发生器发出的超声频电振荡经换能器转换成同一频率的机械振动，超声频的机械振动再经变幅杆放大后传给抛光工具，使磨粒和工作液以一定的能量冲击工件，进行抛光加工。为了减少超声振动在传递过程中的损耗和便于操作，抛光工具直接固定在变幅杆上，变幅杆和换能器设计成手持式工具杆的形式，并通过弹性软轴与超声波发生器相连接，如图6-20所示。

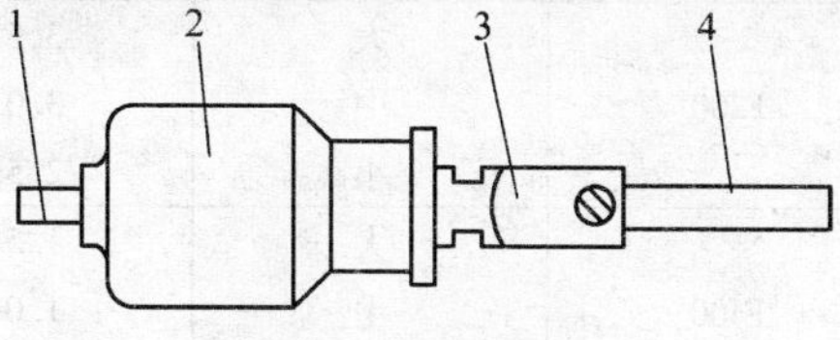

图6-20 手持式工具杆

1—软轴 2—换能器 3—变幅杆 4—抛光工件

超声波抛光工具分固定磨料抛光工具和游离磨料抛光工具。固定磨料抛光工具是选用不同材质和粒度的磨料制成的成形磨具，对应各种不同形状的模具，固定磨料抛光工具有三角、平面、圆、扁平、弧形等几种基本形状。其特点为硬度大，生产效率高。材质中以烧结金刚石油石、电镀金刚石锉刀、烧结刚玉油石、细颗粒混合油石等最为常用。

利用固定磨料抛光工具作粗抛光，一般表面粗糙度 Ra 能达到 $1.25\sim0.63\mu\text{m}$，如要得到更低的表面粗糙度，应采用游离磨料抛光工具配以抛光剂进行精抛光。

游离磨料抛光工具一般为软质材料，如黄铜、竹片、桐木、柳木等，根据要求可以削成各种形状使用。因弹性物质不能进行切削，故工具本身的误差和平面度不会全部反映到被抛光工件上，因而有可能用低精度的抛光工具加工出精度较高的工件来。

抛光工具的重量和长度对振动性能影响很大。抛光工具的长度是取稍长于表6-13中的参考长度，抛光工具装入变幅杆紧固，通过逐次减短2~3mm，以调谐频率，直至完全谐振。其实际表现为谐振指示电流表有一最大值，手摸工具头有滑感，滴水于工具头上有嗞嗞声，甚至被雾化。

表6-13 抛光工具参考长度

工具材料	标准长度/mm	工具材料	标准长度/mm
铜片、棒	$(57\sim67)N+8$	木片	$(76\sim86)N+8$
竹片	$(76\sim86)N+8$		

注：表中“N”为整倍数，如1，2，3等。

6.4.2 超声波抛光工艺及特点

1. 超声波抛光工艺

（1）超声波抛光的表面质量及其影响因素：超声波抛光具有较好的表面质量，不会产生表面烧伤和表面变质层。其表面粗糙度 Ra 可以达到小于 $0.16\mu\text{m}$，基本上能满足塑料模以及其他模具表面粗糙度的要求。超声波抛光的表面，其表面粗糙度数值的高低，取决于每粒磨料每次撞击工件表面后留下的凹痕大小，它与磨料颗粒的直径，被加工材料的性质，超声振动的振幅以及磨料悬浮工作液的成分等有关。

磨料粒度是决定超声波抛光表面粗糙度数值高低的主要因素，随着选用磨料粒度的减小，工件表面的粗糙度也随之降低。采用同一种粒度的磨料而超声振幅不同，则所得到的表面粗糙度也不同。各种磨料粒度在大、中、小三种不同超声振幅下所能达到的最终表面粗糙度见表6-14。

表6-14 磨料粒度与表面粗糙度 （单位：μm）

金刚石研磨块粒度	输出超声振幅	表面粗糙度	金刚石研磨块粒度	输出超声振幅	表面粗糙度
F200	大	3.5	F600	大	0.7
	中	3.0		中	0.6
	小	2.5		小	0.4
F400	大	1.5	F1000	大	0.25
	中	1.0		中	0.2
	小	0.8		小	0.15

（2）磨料及工作液的选用

1）磨料的选用。磨料的粒度要根据加工表面的原始表面粗糙度和要求达到的表面粗糙度来选择。通常如果电加工的表面粗糙度从 $Ra=3.2\mu m$ 降至 $Ra=0.16\mu m$ 以下，须经过从粗抛到精抛的多道工序。

超声波抛光具有如图6-21所示的特征，抛光初期表面粗糙度能迅速得到改善，但随着操作时间的延长，表面粗糙度稳定在某一数值。因此，选用某种粒度的磨料抛光到出现表面粗糙度值不能继续减小时，应及时改用更细粒度的磨料，这样可获得最快的抛光速度。

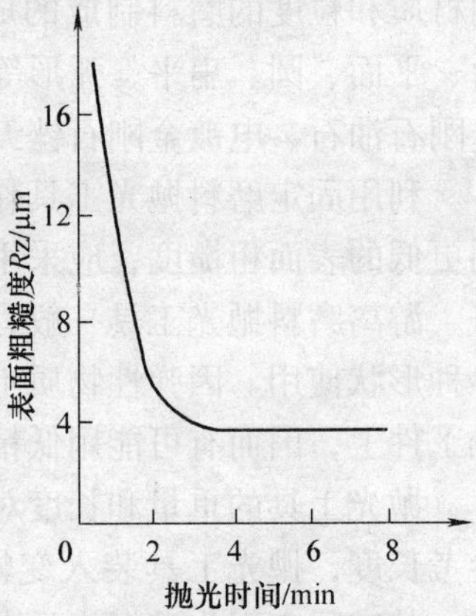

图6-21 超声波抛光特征

2）工作液的选用。超声波抛光用的工作液，可选用煤油、汽油、润滑油或水。磨料悬浮工作液体的性能对表面粗糙度的影响比较复杂。实践表明，用煤油或润滑油代替水可使表面粗糙度有所改善。在要求工件表面达到镜面光亮度时，也可以采用干抛方式，即只用磨料，不加工作液。

（3）抛光速度、抛光余量与抛光精度

1）抛光速度。超声波抛光速度的高低与工件材料、硬度及磨具材料有关，一般表面粗糙度从 $Ra=5\mu m$ 降低到 $Ra=0.04\mu m$，其抛光速度为 $10\sim15min/cm^2$。

2）抛光余量。超声波抛光电火花加工表面时，最小抛光余量应大于电加工变质层或电蚀凹穴深度，以便将热影响层抛去。电火花粗规准加工的抛光量约为0.15mm；中精规准加工的抛光量为0.02～0.05mm。为了保证抛光效率，一般要求电加工后的表面粗糙度 $Ra<2.5\mu m$，最大也不应 $Ra>5\mu m$。

3）抛光精度。抛光精度除与被抛光件原始表面粗糙度有很大关系。如原始表面粗糙度 $Ra=16\sim25\mu m$，为达到表面粗糙度 $Ra=0.4\sim0.8\mu m$，则需抛除的深度约为 $25\mu m$ 以上，抛除量小，较易保持精度。所以对那些尺寸精度要求较高的工件，抛光前工件表面粗糙度 Ra 不应高于 $2.5\mu m$，这样不仅容易保持精度，而且抛光效率也高。现电火花加工表面粗糙度 Ra 可以达到 $2.5\mu m$，所以采用超声波抛光作为电加工后处理工艺是合理的。

2. 超声波抛光的特点

1）抛光效率高，适用于工具钢、合金工具钢以及硬质合金等。

2）能高速地去除电火花加工后形成的表面硬化层和消除线切割加工的黑白条纹。

3）显著降低表面粗糙度 *Ra* 值。超声波抛光的表面粗糙度 *Ra* 值可达 0.012μm。

4）对于窄槽、圆弧、深槽等的抛光尤为适用。抛光方法和磨具材料与传统手工抛光相比没有更高要求。

5）采用超声波抛光，可提高已加工表面的耐磨性和耐腐蚀性。

6.5 挤压珩磨

挤压珩磨又称挤压切削研磨抛光技术，它是利用液压动力挤出半固态的研磨料，通过被加工内外表面，利用粘弹性介质中磨料的“切削”作用，有控制地去除工件材料表面毛刺，实现对零部件的切削、研磨、抛光的加工方法。这是国际上新兴的一种先进抛光工艺。

6.5.1 挤压珩磨的基本原理

挤压珩磨是利用一种含磨料的半流动状态的粘性磨料介质，在一定压力下强迫通过被加工表面，由磨料颗粒的刮削作用去除工件表面微观不平材料的工艺方法。图 6-22 所示为挤压珩磨加工过程的示意图。工件 4 安装并压紧在夹具 2 中，夹具与上、下磨料室 3、5 相连，磨料室内充以粘性磨料 1，由活塞 6 对粘性磨料施加压力，并作往复挤压运动，使粘性磨料在一定压力作用下反复在工件待加工表面上滑移通过，从而达到表面抛光或去毛刺的目的。

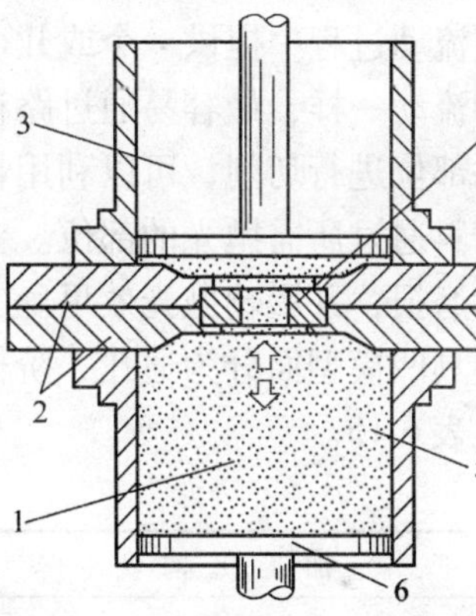

图 6-22　挤压珩磨加工过程示意图

1—粘性磨料　2—夹具

3—上部磨料室　4—工件

5—下部磨料室　6—液压操纵活塞

6.5.2 挤压珩磨的工艺特点

（1）抛光效果：加工后的表面粗糙度与原始状态和磨料粒度等有关，一般可降低为加工前表面粗糙度值的 1/10，最低的粗糙度 *Ra* 可以达到 0.025μm。磨料流动加工可以去除在 0.025mm 深度的表面残余应力；可以去除前面工序（如电火花加工、激光加工等）形成的表面变质层和其他表面微观缺陷。

（2）材料去除速度：材料去除量在 0.01 ~ 0.1mm 之间，加工时间通常为 1 ~ 5min，最多十几分钟即可完成。对一些小型零件，可以多件同时加工，效率可大大提高。对多件装夹的小零件的生产率每小时可达约 1000 件。

（3）加工精度：切削均匀，每次“进给量”可以保持在被切削量的 10% 以内，因此，也不致于破坏零件原有的形状精度。由于去除量很少，可以达到较高的尺寸精度，一般尺寸精度可控制在微米的数量级。

6.5.3 粘性磨料介质

粘性磨料介质是将磨料与特殊的基体介质均匀混合而成，其作用相当于切削加工中的刀具，是实现加工的最关键因素，其性能直接影响到抛光效果。粘性磨料介质一般由基体介质、添加剂、磨料三种成分均匀混合而成。

1）基体介质。它是一种半固态、半流动状态的聚合物，其成分属于一种粘弹性的橡胶类高分子化合物，主要起着粘结磨料颗粒的作用。当加工孔径较大或孔形比较简单的表面时，一般使用较稠粘的基体介质；而加工小孔和长弯曲孔或细孔、窄缝时，应使用低粘度或较易流动的基体介质。

2）添加剂。这是为获得理想的粘性、稠性、稳定性而加入到基体介质中的成分，包括增稠剂、减粘剂、润滑剂等。

3）磨料。磨料一般使用氧化铝、碳化硼、碳化硅，当加工硬质合金等坚硬材料时，可以使用金刚石粉。磨料粒度范围为 F80 ~ F1200；质量分数范围为 10% ~60%。应根据不同的加工对象确定具体的磨料种类、粒度、含量。

粗磨料可获得较快的去除速度，细磨料可以获得较小的表面粗糙度。故一般抛光时用细磨料；去毛刺时用粗磨料；对微小孔的抛光应使用更细的磨料。此外，还可利用细磨料作为添加剂来调配基体介质的稠度。在实际使用中常是几种粒度的磨料混合使用，以获得较好的性能。

6.5.4 挤压珩磨的夹具

夹具的主要作用除了用来安装、夹紧零件，容纳介质并引导它通过零件外，更重要的是在介质流动过程中提供一个或几个“干扰”，以控制介质的流程。因为粘性磨料介质和其他流体的流动一样，最容易通过路程最短、截面最大、阻力最小的途径。为了引导介质到所需的零件部位进行切削，可以利用特殊设计的夹具，在某些部位进行阻挡、拐弯、干扰，迫使粘性磨料通过所需抛光的部位。夹具内部的密封必须可靠，因为微小的泄漏都将引起夹具和工件的磨损，并影响抛光效果。

模具凹模型面分为通孔、阶梯孔、型腔、凸模型面等四种类型，型面和夹具的加工机构分类见表 6-15。

表 6-15　加工机构分类

型面	加工机构	模具种类	型面	加工机构	模具种类
通孔	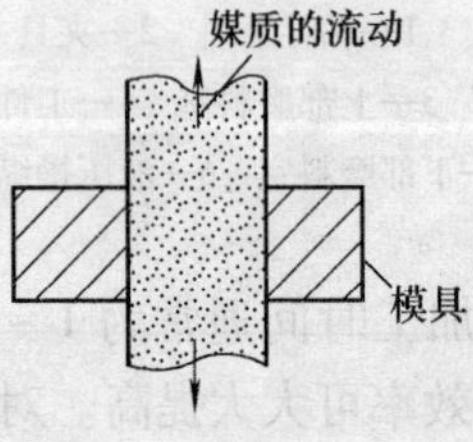	粉末冶金模具 挤压模 拉丝模 冲压模具 塑料模具	凹模型腔	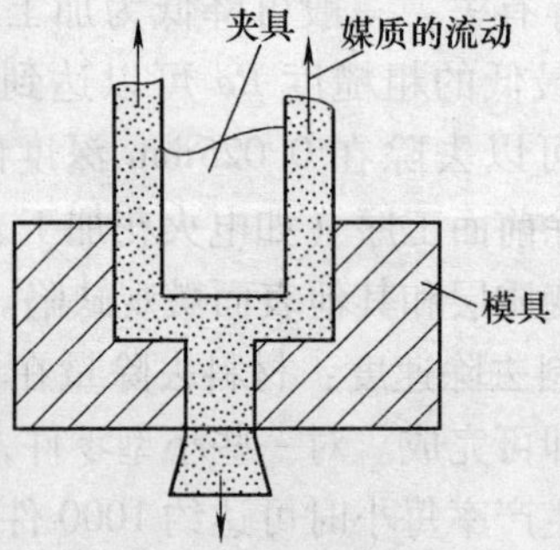	冲压模具 塑料模具 铸钢模 玻璃模
阶梯孔	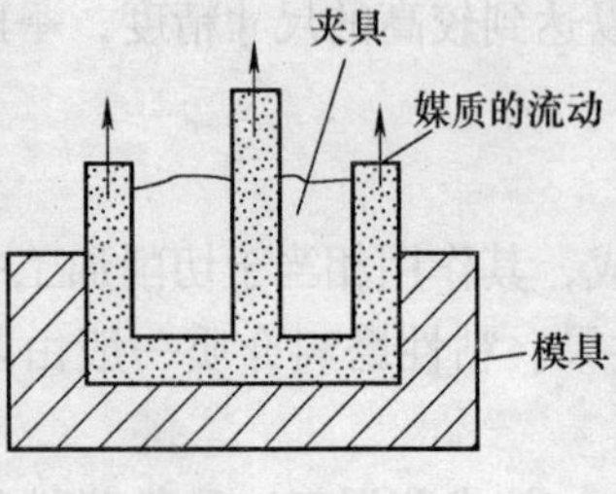	锻模 压形模 冲压模具 塑料模具	凸模或型芯	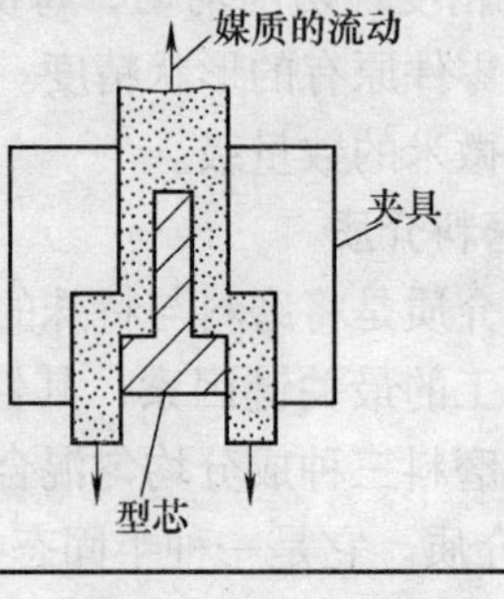	冲压模具 塑料模具 锻模

在对阶梯孔的抛光过程中，由于介质流经大小孔径时的阻力不同，若不设置型芯夹具，

则 A 和 B 的部位就难以产生研磨压力，A 和 B 的交点角附近的流动媒质也减少，只有 C 部能达到研磨的效果，如图 6-23a 所示。因此，需要放置如图 6-23b 所示的型芯夹具对介质通过的横截面进行调整，以达到研磨压力均匀的目的。

图 6-24 所示的齿轮模具，有可能对最底部 A 处的齿形面进行挤压研磨，应配备型芯夹具形成通道。图 6-25 所示为挤压研磨底部不穿的型腔的夹具。对凸模外型挤压研磨，夹具就做成将凸模包围起来的结构。

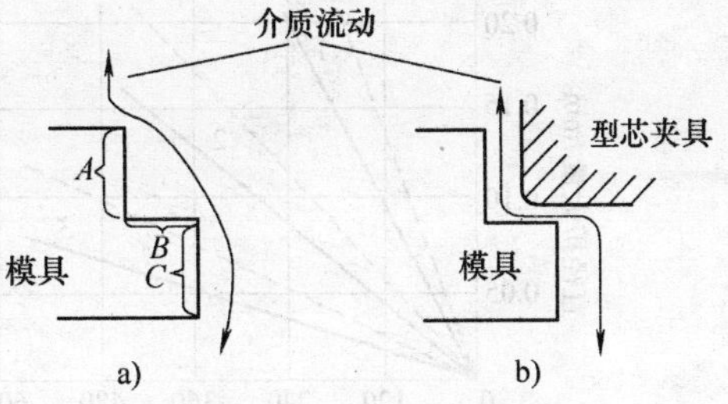

图 6-23　介质的流动

a）不设型芯夹具　b）设型芯夹具

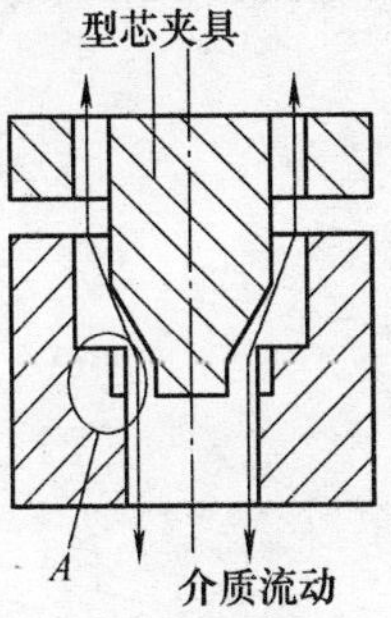

图 6-24　齿轮模具

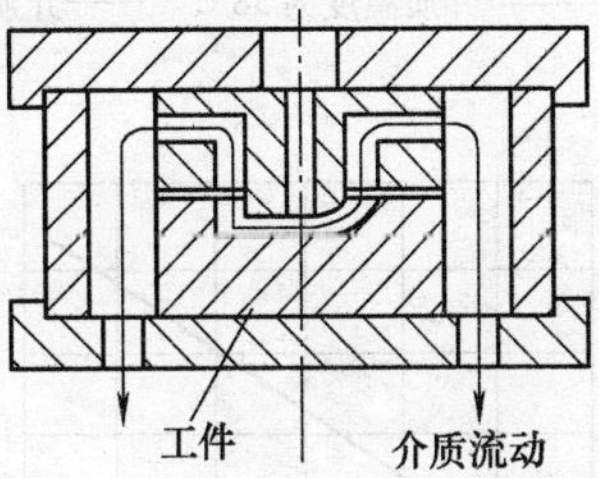

图 6-25　挤研底部不穿型腔的夹具

6.5.5　挤压珩磨的加工后处理

挤压珩磨结束后，在工件和夹具中填充了介质，须将其取出。由于介质本身的结合力强，因此，当剥离介质有困难时，则可准备少量介质使其与工件上的介质相互结合而简单地引出。手接触不到之处可用压缩空气清洗，如果将用压缩空气吹过的模具凸、凹模型面放在有机溶液中浸渍，介质很容易地被溶解而清洗得更好，如果与超声波清洗方法合用效果会更好。

6.5.6　挤压珩磨工艺参数和工艺规律

挤压珩磨工艺参数除了粘性磨料介质的稠粘度、磨料种类和粒度外，主要的还有挤压压力，磨料介质的流动速度（或单位时间介质流量）和加工时间等。挤压压力、流量、加工时间由挤压珩磨机控制。挤压压力一般控制在 3～15MPa 范围内，流量一般控制在 7～25L/min，加工时间由几分钟到几十分钟范围内。

1. 挤压压力　单位时间的研磨量大体上随挤压压力的增大而增加，如图 6-26 所示。图示的加工试件为冷轧钢，孔径为 1mm，孔长为 2mm。

2. 磨料介质的流动速度

1）磨料介质的流动速度随挤压压力的增加而增加，如图 6-27 所示。试件与图 6-26 的相同，介质温度为 38℃。

2）磨料介质的流动速度随介质温度的增高而增加，如图 6-28 所示。试件材料为冷轧钢，孔径 6. 35mm，孔长 6. 35mm，挤压压力为 6. 2MPa。

3）加工时间：工件表面粗糙度最初随加工时间的增加而迅速改善，但达到一定粗糙度后，再增加抛光时间，表面粗糙度却不再改善，如图 6-29 所示。试件材料为钢，磨料为碳化硅，粒度为 F60，介质流速为 3. 43mL/s。

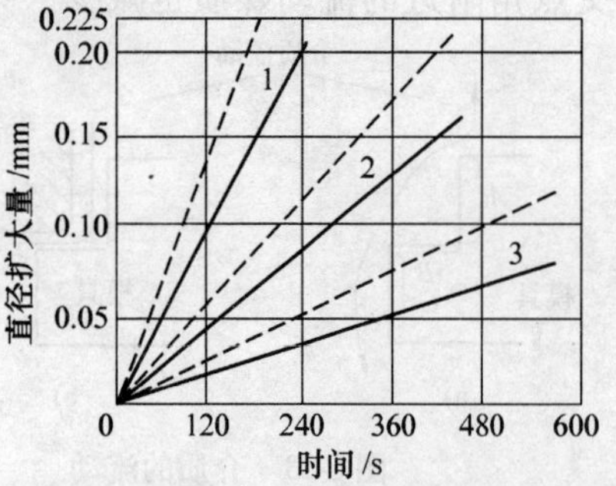

图 6-26 挤压压力、温度与材料去除速度的关系

1—压力为 4116kPa 2—压力为 3430kPa 3—压力为 2740kPa

注：-------介质温度为 38℃ ——介质温度为 32℃。

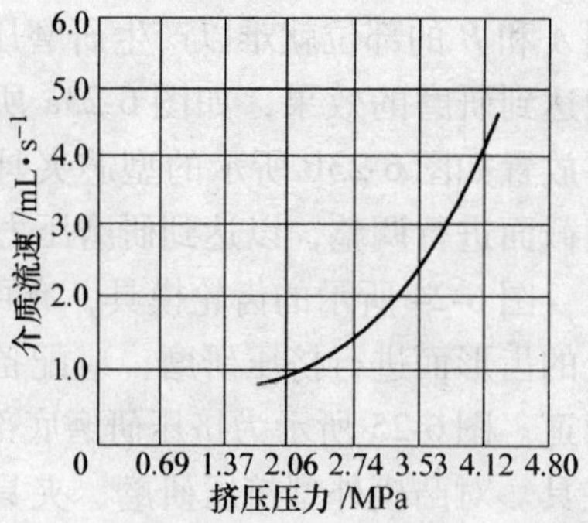

图 6-27 介质流速与挤压压力的关系

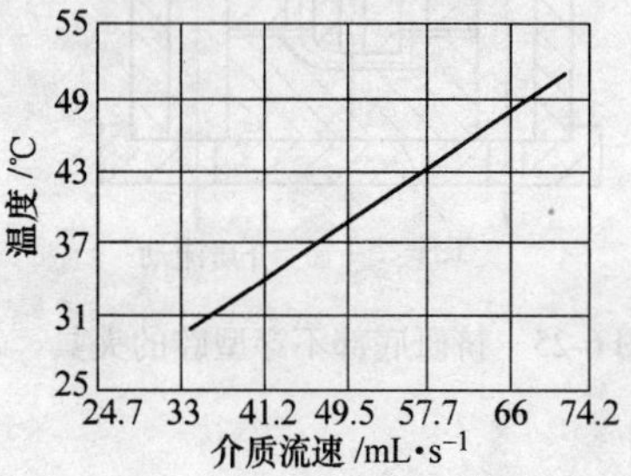

图 6-28 介质流速与温度的关系

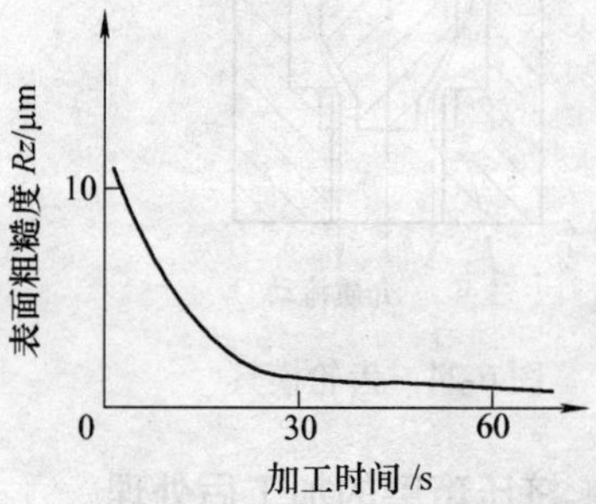

图 6-29 表面粗糙度随加工时间而变化的关系

6.5.7 挤压珩磨的应用

1. 铝型材挤压模 铝型材挤压模凹模型腔复杂，精度要求高，经电火花加工，其表面粗糙度 $Ra=2.5\mu m$，通常手工研磨需 1 ~ 4h，而挤压研磨只需 5 ~ 15min，加工表面糙度 $Ra=0.25\mu m$，其抛光质量均匀，且流向与挤压铝型材时的流向一致，有助于提高产品质量。

由于挤压型材品种的不断增加和规格的大型化，形状的复杂化，尺寸的精密化，材料的高强化等原因，对挤压模的制造和使用寿命提出了更高的要求。将经过电加工后的模具工作零件型面，分别采取手工研磨和挤压研磨再加超声波清洗，然后进行 PCVD（等离子体化学气相沉积）表面强化，发现经挤压研磨加超声波清洗的模具，TiN 涂层更致密，与基体结合牢固，性能优于手工研磨后的 TiN 涂层，使用寿命能提高 3 倍左右。挤压研磨与超声波清洗相结合的精密研磨工艺能有效地改善工件表面性质，为模具工作零件型面表面强化提供了优良的表面状态。

图 6-30 所示为麻花钻头挤压凹模，材料为镍铬高温耐热钢。内型面为精铸原始表面，表面粗糙度 $Ra=2\sim2.5\mu m$。介质挤压压力为 10MPa，挤压时间为 7min，挤压研磨后表面粗糙度 $Ra=0.4\sim0.5\mu m$。采用挤压研磨方法解决了型腔研磨抛光的难题，且抛光均匀，提高了效率。

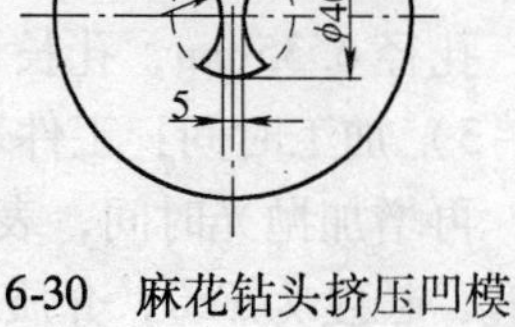

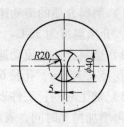

图 6-30 麻花钻头挤压凹模

2. 合金钢落料模 图 6-31 所示为落料凹模，材料为 Cr12MoV，硬度为 62HRC。内腔由快速走丝线切割加工成

形，线切割后表面粗糙度 $Ra=3.2\mu m$。介质挤压压力为10MPa，挤压时间为8min，挤压研磨后表面粗糙度 $Ra=0.4\mu m$，单边研磨量为0.015～0.03mm。

3. 硬质合金落料模　图6-32所示的凹模材料为硬质合金。内腔用慢走丝线切割加工成形，表面粗糙度 $Ra=1.6\mu m$。介质挤压压力为10MPa，挤压时间为15min，挤压研磨后表面粗糙度 $Ra=0.2\mu m$，单边研磨量为0.015～0.03mm。

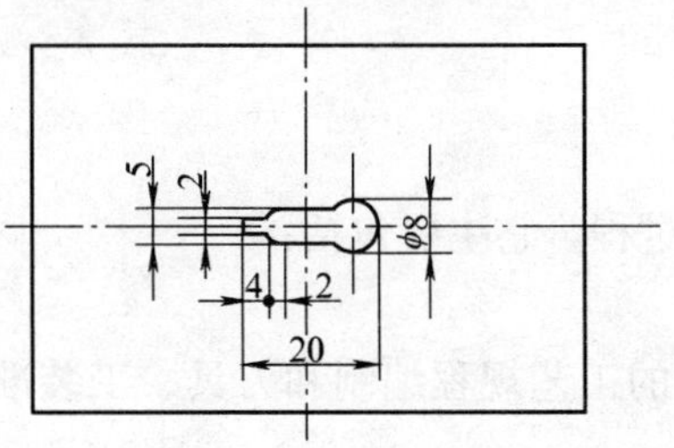

图6-31　落料凹模

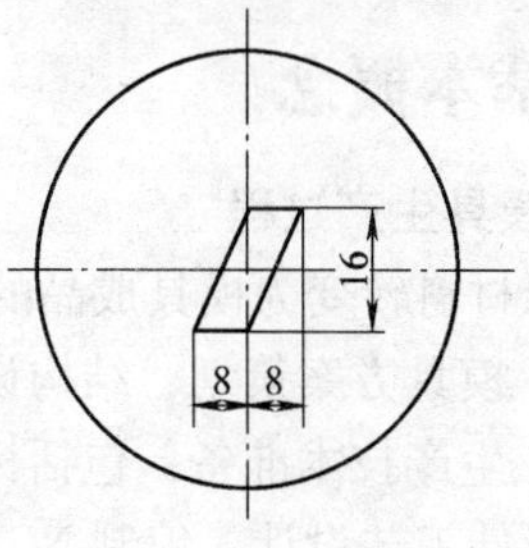

图6-32　硬质合金凹模

复习思考题

1. 简述研磨的基本原理。
2. 影响研磨质量的因素有哪些？
3. 简述抛光工艺的特点。
4. 说明电解修磨抛光工作原理，工艺特点以及在模具加工中的应用。
5. 简述超精研抛的工作原理。
6. 说明超声波的加工原理以及在模具加工中的应用。
7. 说明挤压研磨的原理，工艺特点以及在模具制造中的应用。

第7章　模具工艺规程设计

7.1　基本概念

7.1.1　模具生产过程

将原材料转变为模具成品的全过程称为模具生产过程。它主要包括：

（1）模具方案策划、结构设计。

（2）生产技术准备：包括标准件配购，普通零件的工艺规程编制和刀具、工装准备等，以及成形件工艺设计、编制 NC、CNC 加工代码程序。

（3）模具成形件加工：根据加工工艺规程，采用 NC、CNC 程序进行成形加工、孔系加工，或采用电火花、成形磨削等传统工艺加工，并穿插适当的热处理工艺。

（4）装配与试模：按装配工艺规程进行装配、试模。

（5）验收与试用：根据模具的验收技术标准与规定，对模具试冲制件（冲件、塑件等）和模具性能、工作参数等进行检查、试用，合格验收。

7.1.2　模具工艺过程及其组成

模具零件主要有标准、通用零件和成形件两大类。其中标准、通用零件主要分以下三类：

（1）板类零件：包括各种模板，如座板、支撑板、垫板、凸凹模固定板等。

（2）圆柱形零件：包括导柱、推杆与复位杆、定位销等。

（3）套类零件：包括导套、定位圈、凸模保护套等。

成形件主要指凸模或型芯，凹模或型腔。冲模凹模常呈拼块式结构。

可见模具零件多为规则表面(平面、内外回转面)构成，基本上采用普通机械加工方法。只是模具成形件的型面较为复杂，常由二、三维型面构成，常须采用成形加工工艺。

模具生产过程中直接改变生产对象的形状、尺寸、相对位置和性质等，使其成为半成品或成品的部分称为模具工艺过程。上述机械加工、成形加工都是工艺过程，因此模具零件的工艺过程内容多，进一步细分如图 7-1 所示。

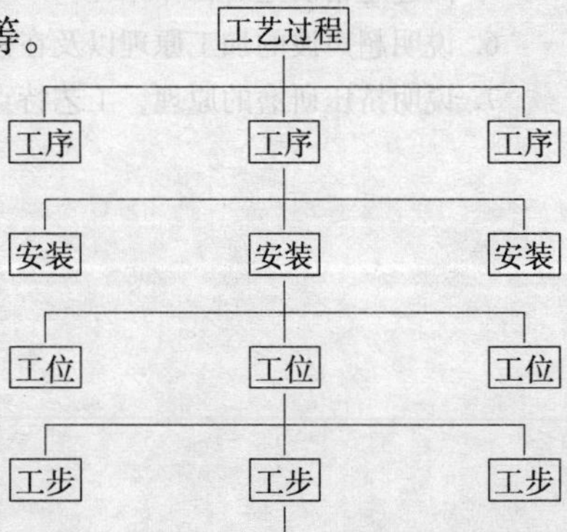

图 7-1　工艺过程组成

以导柱为例，图 7-2 所示为限位导柱。其大批生产的工艺过程见表 7-1。

表 7-1　限位导柱的工艺过程

工序号	工序名称	工序内容	设备
1	下料	$\phi35\times105$	—
2	车	车端面，钻顶尖孔	车床
3	车	车全部外圆，切槽、倒角	车床
4	热处理	淬火回火 50～55HRC	—
5	钳工	研磨顶尖孔	—
6	磨	磨 $\phi28k6$ 及 $\phi20f7$，留 1μm 研磨余量，磨 10°锥面	外圆磨床
7	钳工	研磨 $\phi28k6$ 及 $\phi20f7$ 至尺寸，抛光圆角及锥面	—
8	检验	—	—

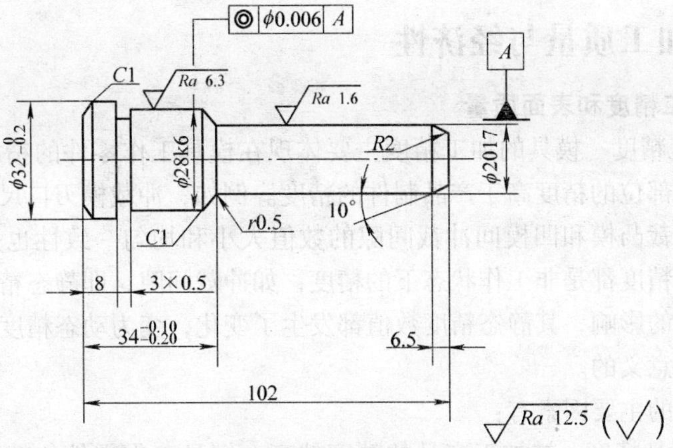

图 7-2 限位导柱零件图

7.1.3 生产纲领和生产类型

不同的生产类型，其生产过程和生产组织、车间的机床布置、毛坯的制造方法、采用的工艺装备、加工方法以及工人的熟练程度等都有很大的不同，因此在制订工艺路线时必须明确该产品的生产类型。不同生产类型的加工工艺过程举例如图 7-3 所示。

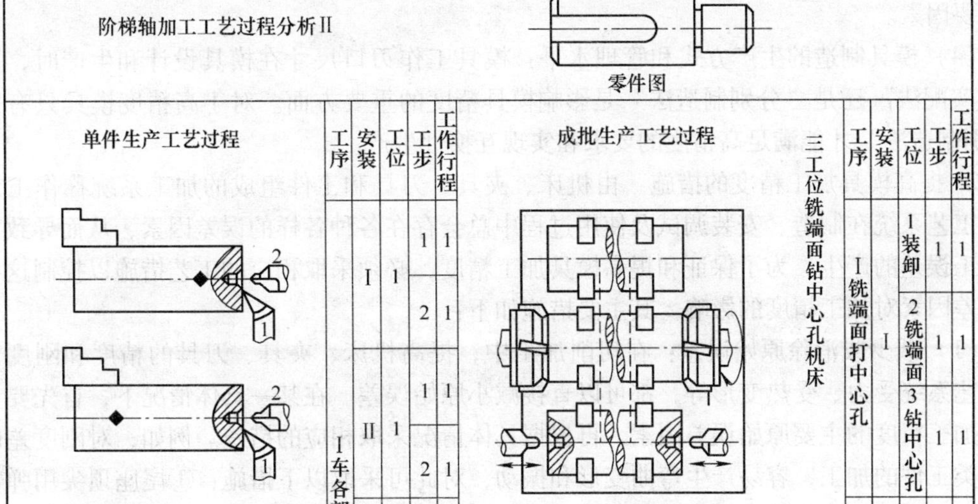

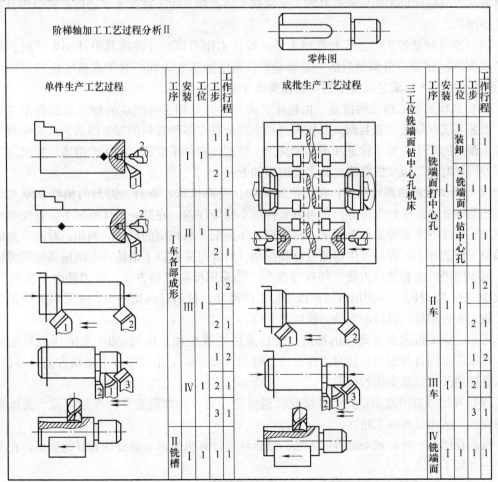

图 7-3 不同生产类型的加工工艺过程

7.2 模具的加工质量与经济性

7.2.1 模具的加工精度和表面质量

1. 模具的加工精度 模具的加工精度主要体现在模具工作零件的精度和相关部位的配合精度。模具工作部位的精度高于产品制件的精度。例如，冲裁模刃口尺寸的精度要高于产品制件的精度，冲裁凸模和凹模间冲裁间隙的数值大小和均匀一致性也是主要精度参数之一。平时测量出的精度都是非工作状态下的精度，如冲裁间隙，即静态精度，而在工作状态时，受到工作条件的影响，其静态精度数值都发生了变化，变为动态精度，这种动态冲裁间隙才是真正有实际意义的。

影响模具精度的主要因素有：

（1）被加工产品精度：被加工产品的精度越高，模具工作零件的精度就越高。模具精度的高低不仅对产品制件的精度有直接影响，而且对模具的生产周期、生产成本都有影响。

（2）模具加工技术手段的水平：模具加工设备的加工精度如何，设备的自动化程度如何，是保证模具精度的基本条件。今后模具精度更大地依赖模具加工技术手段的高低。

（3）模具装配钳工的技术水平：模具的最终精度很大程度依赖装配调试来完成，模具光整表面的粗糙度也主要依赖模具钳工来完成。因此模具钳工技术水平如何是影响模具精度的重要因素。

（4）模具制造的生产方式和管理水平：模具工作刃口尺寸在模具设计和生产时，是采用“实配法”还是“分别制造法”是影响模具精度的重要方面。对于高精度模具只有采用“分别制造法”才能满足高精度的要求和实现互换性生产。

2. 提高模具加工精度的措施 由机床、夹具、刀具和工件组成的加工系统称作工艺系统。工艺系统在制造、安装调试及使用过程中总会存在各种各样的误差因素，从而导致了工件加工误差的产生。为了保证和提高模具加工精度，必须采取相应的工艺措施以控制这些原始误差因素对加工精度的影响。其主要措施如下：

（1）减少或消除原始误差：在切削加工中，提高机床、夹具、刀具的精度和刚度，减小工艺系统受力、受热变形等，都可以直接减小原始误差。在某一具体情况下，首先要查明影响加工精度的主要原始误差因素，再根据具体情况采取相应的措施。例如，对刚度差的细长轴类工件的加工，容易产生弯曲变形和振动，对此可采取以下措施：①尾座顶尖用弹性顶尖，减少因进给力和热应力使工件压弯变形。②采用反向进给方式，使工件由“压杆”变成较稳定的“拉杆”。③使用跟刀架以增加工件刚度，抵消径向切削力。④采用大主偏角车刀及较大的进给量，以抑制振动，使切削平稳。

再如，保证机床重要部位的精度，还可采用“就地加工法”，如牛头刨床总装配完成后，在刨床上用自身刨刀直接对工作台进行刨削，以保证工作台面与主运动方向的平行度。此法既简单又直接减少原始误差。

（2）补偿或抵消原始误差：补偿或抵消误差，是人为地制造新的原始误差，去抵消原有的误差，从而提高加工精度。

误差补偿是一种有效而经济的方法，结合现代计算机技术，能够达到好的效果，在实际生产中得到了广泛运用。

3. 模具表面质量 表面质量是指零件加工后的表层状态，它直接影响零件的工作性能，尤其是可靠性和使用寿命。表面质量的主要内容有表面层的几何形状特征和表面层的物理力学性能的变化。

（1）表面层的几何形状特征：表面层的几何形状特征也就是加工后的实际表面与理想表面的几何形状的偏离量。主要分为两部分：①表面粗糙度。即表面的微观几何形状误差，评定的参数主要有轮廓算术平均偏差 Ra 或轮廓微观不平度十点平均高度 Rz。实际应用时可根据测量条件和参数的优先使用条件确定使用 Ra 或 Rz。②波度。即介于宏观几何形状误差与表面粗糙度之间的周期性几何形状误差。零件图上一般不注明波度的等级要求。波度主要产生于工艺系统的振动，应作为工艺缺陷设法消除。

（2）表面层的物理力学性能的变化。主要是指：①表面层的加工硬化。②表面层材料相组织的变化。③表面层的残余应力。

7.2.2 模具的技术经济分析

对模具技术经济分析的主要指标有模具精度和表面质量（如前所述）、模具生产周期、模具生产成本和模具的使用寿命。它们相互制约，又相互依存。在模具生产过程中应根据设计要求和客观情况，综合考虑各项指标。

1. 模具生产周期　模具生产周期是从接受模具订货任务开始到模具试模鉴定后交付合格模具所用的时间。模具生产周期的长短是衡量一个模具企业生产能力和技术水平的综合标志之一，也关系到模具企业在激烈的市场竞争中有无立足之地。同时，模具生产周期的长短也是衡量一个国家模具技术管理水平高低的标志。影响模具生产周期的主要因素有：

（1）模具技术和生产的标准化程度：模具标准化程度是一个国家模具技术和生产发展到一定水平的产物。目前，我国模具技术的标准化已有良好的基础，有模具基础技术标准、各种模具设计标准、模具工艺标准、模具毛坯和半成品件标准以及模具检验和验收标准等。由于我国企业的小而全和大而全状况，使得模具标准件的商品化程度还不高，这是影响模具生产周期的重要因素。

（2）模具企业的专门化程度：企业的专门化程度越高，产品生产周期越短，产品质量和经济性就越能得到保证，因此现代工业的发展趋势是企业分工越来越细。但是目前我国模具企业的专门化程度还较低，各模具企业应生产自己最擅长的模具类型，有明确和固定的服务范围，同时各模具企业间还要互相配合搞好协作化生产，才能缩短模具生产周期。

（3）模具生产技术手段的先进程度：模具设计、生产、检测手段的现代化程度也是影响模具生产周期的重要因素。要大力推广和普及模具 CAD/CAM 技术和网络技术，这样会使模具的设计效率得到大幅度提高。在模具的机械加工中，毛坯下料采用高速锯床、阳极切割和砂轮切割等高效设备；粗加工采用高速铣床、强力高速磨床；精密加工采用高精度的数控机床，如数控仿形铣床、数控光学曲线磨床、高精度数控电火花线切割机床、数控连续轨迹坐标磨床等。推广先进快速的制模技术，将使模具生产技术手段提高到一个新的水平。

（4）模具生产的经营和管理水平：向管理要效益，研究模具企业生产的规律和特点，采用现代化的理念和方法管理企业，也是影响模具生产周期的重要因素。

2. 模具生产成本　模具生产成本是指企业为生产和销售模具所支付的费用的总和。模具生产成本包括原材料费、外购件费、外协件费、设备折旧费、经营开支等，从性质上分为生产成本、非生产成本和生产外成本。一般的模具生产成本是指与模具生产过程有直接关系的生产成本。影响模具生产成本的主要因素有：

（1）模具结构的复杂程度和模具功能的高低：现代科学技术的发展使得模具向高精度和多功能自动化方向发展，相应地也使模具生产成本有所提高。

（2）模具精度的高低：模具的精度和刚度越高，模具生产成本也越高。模具精度和刚度应该与客观需要的产品制件的要求及生产纲领的要求相适应。

（3）模具材料的选择：在模具生产成本中，原材料费占25%～30%，特别是因模具工作零件材料类别的不同，相差较大。所以应该正确地选择模具材料，使模具工作零件的材料类别首先应该和要求的模具使用寿命相匹配，同时应采取各种措施充分发挥材料的效能。

（4）模具加工设备：模具加工设备正在向高效、高精度、高自动化、多功能的方向发展，这使得模具生产成本也相应地提高了。

（5）模具的标准化程度和企业生产的专门化程度：模具的标准化程度和企业生产的专门化程度是制约模具生产成本和生产周期的重要因素，应通过模具工业体系的改革，有计划、有步骤地解决。

3. 模具使用寿命　模具使用寿命是指模具在保证产品零件质量的前提下所能加工的制件的总数量，它包括工作面的多次修磨和易损件更换后的使用寿命。

模具使用寿命＝工作面的一次使用寿命×修磨次数×易损件的更换次数

影响模具使用寿命的主要因素有：

（1）模具结构：合理的模具结构有助于提高模具的承载能力，减轻模具承受的热-机械负荷水平。例如，模具可靠的导向机构对于避免凸模和凹模间的互相啃伤是至关重要的。因此，对截面尺寸变化处理得是否合理，对模具使用寿命的影响较大。

（2）模具材料：应根据产品零件生产批量的大小选择模具材料。生产的批量越大，对模具的使用寿命要求越高，此时应选择承载能力强、抗疲劳破坏能力好的高性能模具材料。另外应注意模具材料的冶金质量可能造成的工艺缺陷及工作时的承载能力的影响，采取必要的措施来弥补冶金质量的不足，以提高模具使用寿命。

（3）模具加工质量：模具零件在机械加工、电火花加工以及锻造、预处理、淬火、表面处理过程中的缺陷都会对模具的耐磨性、抗咬合能力、抗断裂能力产生显著的影响。例如，模具表面残存的刀痕、电火花加工的显微裂纹、热处理时的表层增碳和脱碳等缺陷都会对模具的承载能力和使用寿命产生影响。

（4）模具工作状态：模具工作时，使用设备的精度与刚度、润滑条件、被加工材料的预处理状态、模具的预热和冷却条件等都会对模具使用寿命产生影响。例如，薄料的精密冲裁对压力机的精度、刚度尤为敏感，必须选择高精度、高刚度的压力机，才能获得良好的效果。

（5）产品零件状况：被加工零件材料的表面质量状态、材料硬度、伸长率等力学性能，以及被加工零件的尺寸精度等都与模具使用寿命有直接的关系。

模具的技术经济指标之间是互相影响和互相制约的，而且影响因素也是多方面的。在实际生产过程中要根据产品零件和客观需要综合平衡，抓住主要矛盾，取得最佳的经济效益来满足生产需要。

7.3 审查图样、选择毛坯

7.3.1 审查零件图与装配图

1. 审查设计图样的完整性和正确性　审查是否有足够的视图以及尺寸、公差和技术要求是否标注齐全漏，应提出修改意见。

2. 审查零件的技术要求　零件的技术要求包括加工表面的尺寸公差、形位公差及表面粗糙度以及热处理要求和其他技术要求。应分析这些技术要求是否合理，在现有的生产条件下能否达到要求，或还需要采取什么工艺措施才能加工。

3. 审查零件的选材是否恰当　零件材料应尽量采用国产品种，减少使用贵重金属。此外，选用材料还应适合于加工方法。例如，当冷冲模的凹模和塑料模的型腔需先淬硬后用电火花或线切割加工时，就不宜用碳素工具钢，而应选用合金工具钢。

4. 审查零件的结构工艺性　零件结构工艺性的好坏对其工艺过程的影响非常大，不同结构的两个零件尽管都能满足使用性能的要求，但它们的加工方法和制造成本却可能有很大的差别。良好的结构工艺性就是在满足使用性能要求的前提下，能以较高的生产率和最低的成本方便地加工出来。这是一项复杂而细致的工作，尤其需要凭借丰富的实践经验和理论知识来完成。

7.3.2 确定零件各表面的加工方法

模具零件的表面形状有平面、内外圆柱面、成形面和不同截面形状的通槽、半通槽及不同形状的台阶孔。

成形表面是指在模具中直接决定产品零件形状、尺寸精度的表面及与这些表面协调的相关表面。例如，冲裁模中的凹模、凸模工作表面及与工作表面协调相关的卸料板、固定板等型孔表面。如图7-4所示的弯曲模凸模的成形表面就是指由*R*4.8、*R*7.8、86°、33°等尺寸构成的二维曲面。成形表面的加工方法，主要是电火花加工、成形磨削，或者采用数控成形铣削及研磨、抛光等精饰加工。

不同截面形状的通槽、半通槽及不同形状的台阶孔，这些多在工具铣床上进行加工，如图7-5所示。

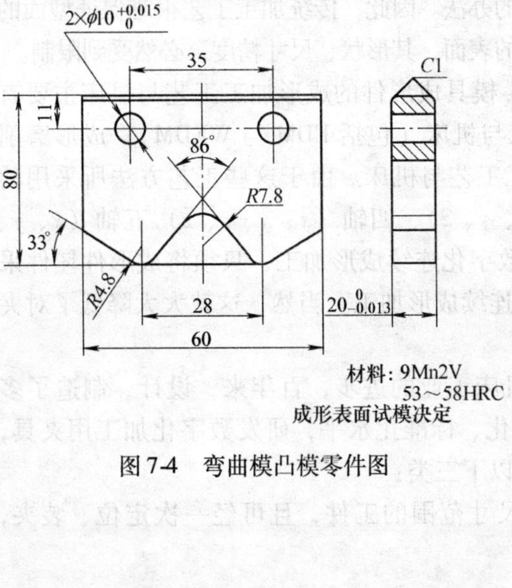

图7-4　弯曲模凸模零件图

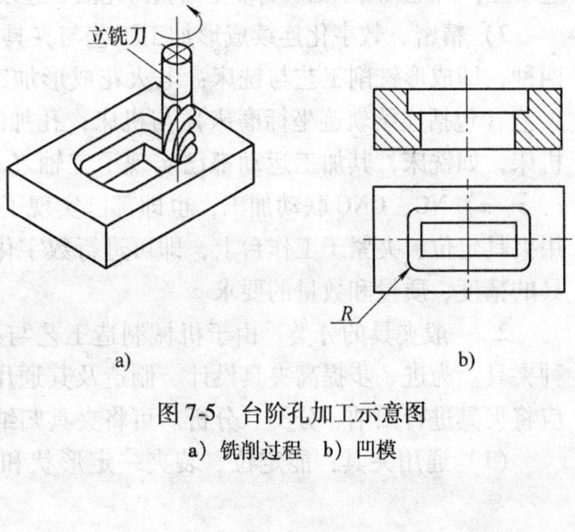

图7-5　台阶孔加工示意图

a）铣削过程　b）凹模

选择表面加工方法时，一般先根据表面的精度和粗糙度要求选定最终加工方法，然后再确定前面准备工序的加工方法，可以分成几步（阶段）来达到此要求。选择时还要考虑零件的结构形状、尺寸精度、材料和热处理要求，考虑生产率要求和经济效益，以及工厂的生产条件等，合理确定各表面的加工方法。

7.4 工件的装夹

7.4.1 定位元件

工件在夹具中定位时除了正确应用六点定位原理和合理选择定位基准外，还要合理选择定位元件。各类定位元件结构虽然各不相同，但在设计时应满足以下共同要求：①定位工作面精度要求高。如尺寸精度常为IT6 ~ IT8 级，表面粗糙度一般为0.2 ~ 0.8μm。②要有足够的强度和刚度。③定位工作表面要有较好的耐磨性，以便长期保持定位精度。一般定位元件多采用低碳钢渗碳淬火或中碳钢淬火，淬火硬度为58 ~ 62HRC。④结构工艺性要好，以便于制造、装配、更换及排屑。

1. 模具加工用夹具的特点　模具零件分标准件与非标准成形件（如凸模与凹模）两类。因此，在工件加工中所用夹具，则各有其特点。

（1）标准件加工用夹具：由于模具的标准零件主要有三类，即呈六面体的板件，圆柱体形零件与套形零件，而且都须进行批量加工的通用机械零件。因此，模具标准件加工用夹具与一般机械零件加工用夹具相同。

（2）模具成形件等非标件加工用夹具：模具成形件主要指凸模（或型芯）与凹模，以及带有与冲模凸模形状相同，形状尺寸精度相近型孔的卸料板等零件。这些零件大都由二维、三维型面，以及孔、槽等结构要素所构成的零件。同时，其形状、尺寸、位置精度要求很高。一般需达到0.001 ~ 0.02mm 范围。因此，须进行二维、三维连续的成形加工，才能满足其要求。所以精密、连续成形加工是模具制造过程中的关键技术。

目前采用的成形加工工艺有两种。

1）传统成形加工工艺与夹具。即采用通用机床（如铣床、磨床）配上相应的夹具或靠模装置进行分段成形加工。如依靠成形磨削夹具进行冲模成形凸模的分段成形磨削；采用通用立铣成形加工塑料模型腔，只能依赖样板边测量、边加工的办法。因此，传统加工工艺很难保证型面的连续性，只能采用手工研磨使型面获得光洁、连续的表面，其形状、尺寸精度，必然受到限制。

2）精密、数字化连续成形加工工艺与夹具。模具成形件的成形加工工艺与机床主要有四种，即成形铣削工艺与铣床：电火花成形加工与机床（包括 EDM 与 WEDM）；成形磨削工艺（包括连续轨迹坐标磨床）与机床；孔加工工艺与机床。由于这些工艺方法所采用的机床，如铣床，其加工运动都已实现了三轴（x、y、z）、四轴（x、y、z、$\bar{z}$）五轴（x、y、z、$\bar{z}$、$\bar{x}$）NC、CNC 联动加工，也即都已实现了数字化连续成形加工，只须将成形件坯件采用夹具定位、夹紧于工作台上，即可进行数字化连续成形加工。当然，这就大大降低了对夹具的精度、质量和数量的要求。

2. 一般夹具的分类　由于机械制造工艺与机床工业的进步，百年来，设计、制造了多种夹具。为进一步提高夹具设计、制造及其通用化、标准化水平，研发数字化加工用夹具，应将夹具进行归纳、分类、分析。可将夹具归纳以下三类：

（1）通用夹具：能定位、装夹一定形状和尺寸范围的工件，且可经一次定位、装夹，可顺序加工若干加工面；适用于某种加工工艺与机床，能较好地适应加工工序与加工对象变换用的夹具，称为通用夹具。

通用夹具有一个重要特点，即标准化、系列化程度与水平高，已形成了专业化生产，提供相应机床配套，有些通用夹具已成为机床必备的附件。例如：

1）车床必配的三爪自定心卡盘及与之相配套的顶尖、拨盘、鸡心夹头、花盘等。

2）铣床必配的回转工作台、万能分度头。

3）平面磨床必配的磁力工作台。

（2）专用夹具

1）针对某一工件或针对工件加工的某一工序设计、制造的夹具，称为专用夹具

①模具成形凸模与凹模拼块成形磨削用的分中夹具、正弦夹具、成形磨削万能夹具。

②电火花成形加工工艺与机床上用的二维、三维平动头等。

③车床用的加工锥度的夹具，加工锥螺纹的夹具以及加工球面、圆弧用夹具等，也都是专用夹具。

④铣床用的斜面、大圆弧用专用夹具以及各种靠模铣削成形面夹具等。

2）调整或更换个别定位元件或夹紧元件，使能定位、装夹形状相似的一组工件或用于某一工件的一道工序上的万能可调夹具。此时，则成为加工该组工件或成为某一工件一道加工工序用的专用夹具。图 7-6 所示为万能可调夹具实例，即万能可调液压台虎钳。此夹具分

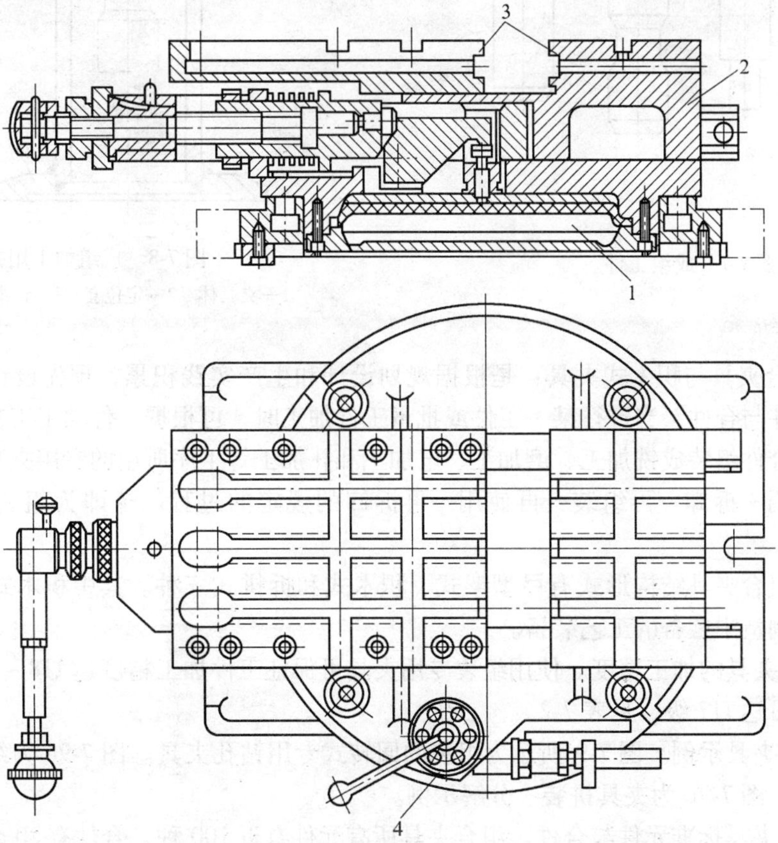

图 7-6　万能可调液压虎钳

1—传动装置　2—夹具体　3—钳口　4—操纵阀

为两部分：一为通用的夹具体2与液压夹紧力的传动装置1；二为适应工件形状的可调，或可更换的定位元件或夹紧元件，如图7-6中的钳口3即随工件形状进行更换。

常用的此类夹具还有卡盘、花盘、台虎钳、钻模等。由于此类夹具经调整、更换定位或夹紧元件后，即可改变其使用性质，使其具有经济价值较高的专用性。因此，可视为专用夹具。

3）针对一组几何形状、工艺过程、定位基准与夹紧方向、施力点相似的工件加工用的夹具，称为成组夹具。其针对性很明确，也可视为专用夹具一种。

图7-7所示为一组加工孔的工件。工件的形状、工艺、定位基准均相同。

如图7-8所示，为图7-7所示的成组工件钻孔所用的成组加工（钻孔）用夹具（钻模）。只需更换定位套2，钻模板3即可成为加工成组工件中的每个具有一定批量工件上的孔。压板4为可调夹紧元件。

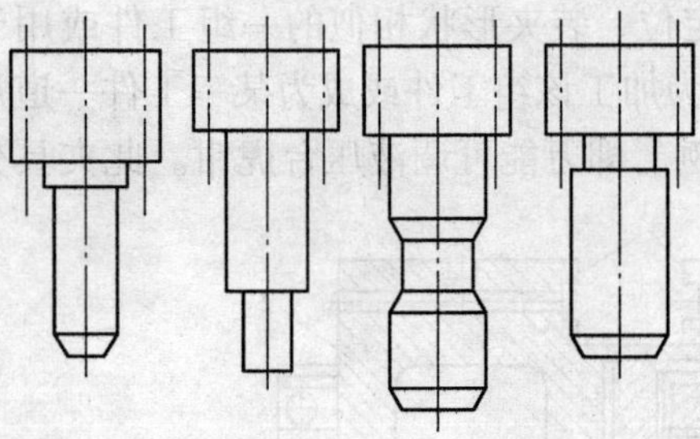

图7-7 成组工件

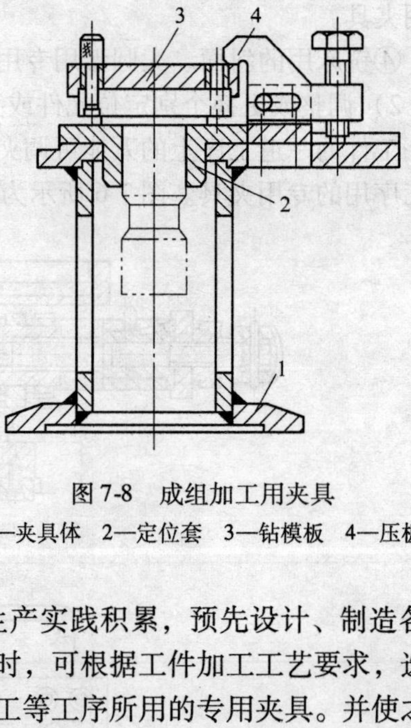

图7-8 成组加工用夹具

1—夹具体 2—定位套 3—钻模板 4—压板

（3）组合夹具与积木式夹具：是根据规划设计和生产实践积累，预先设计、制造各种标准系列元件与合件，当进行某一工件或批量工件加工时，可根据工件加工工艺要求，选用相关元件与合件组装成铣加工、磨加工、电加工和孔加工等工序所用的专用夹具。并使之符合组装—使用—拆卸—再组装—再使用—再拆卸的规定的过程。这即为组合夹具的全部内容。

常用的组合夹具结构形式有弓型架式、积木式和拆拼式三种。其中积木式应用最为广泛，为模具制造中常备的工艺装备。

1）组合夹具的加工精度。使用组装专用夹具可保证工件加工精度达IT8～IT9级，若进行精确调整可达IT7级，见表7-2。

2）组合夹具示例。图7-9所示为组装的回转式专用钻孔夹具。图7-9a为组装回转式钻孔专用夹具；图7-9b为夹具拼装、分解示例。

3）组合夹具标准元件与合件。组合夹具所有元件有近100种，合件有20余种。综合起来有8类元件与合件见表7-3。

表 7-2　组装专用夹具的加工精度

类　别	精度项目	每 100mm 上精度/mm	
		一般精度	提高精度
钻床夹具	钻铰两孔间距离误差	±0.10	±0.05
	钻铰两孔的平行度误差	0.10	0.03
	钻铰两孔的垂直度误差	0.10	0.03
	钻铰上、下两孔同轴度误差	0.03	0.02
	钻铰圆周孔角度误差	±5′	±1
	钻铰圆周孔圆角直径距离误差	±0.10	0.03
	钻铰孔与底面垂直度误差	0.10	0.03
	钻铰斜孔的角度误差	±10′	±5′
镗床夹具	镗两孔的孔距误差	±0.10	±0.02
	镗两孔的平行度误差	0.04	0.01
	镗两孔的垂直度误差	0.05	0.02
	镗前后两孔的同轴度误差	0.03	0.01
铣刨夹具	加工斜面及斜孔的角度误差	8′	2′
	加工平面的平行度误差	0.05	0.03
磨床夹具	磨斜面的角度误差	5′	1′
	磨两面的平行度误差	0.03	0.015
	磨孔与平面的垂直度误差	0.03	0.015
	磨孔与基面的距离误差	±0.02	±0.01
车床夹具	加工孔与孔之间距离误差	±0.05	±0.02
	加工孔面与基准平面的平行度误差	0.05	0.02
	加工孔与基准平面的垂直度误差	0.03	0.02

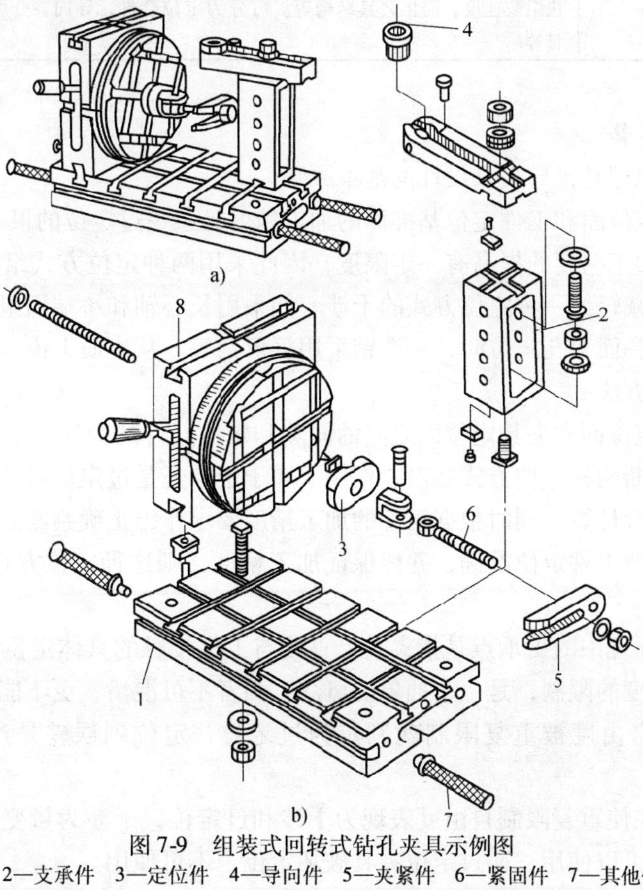

图 7-9　组装式回转式钻孔夹具示例图

1—基础件　2—支承件　3—定位件　4—导向件　5—夹紧件　6—紧固件　7—其他件　8—合件

表7-3　组合夹具用8类元件的名称与作用

序　　号	元件名称	元件、合件的作用
1	基础	是组合夹具的夹具体。是作为夹具所用的定位、夹紧、支承等元件与合件均装于其上、组装成工件加工用专用夹具的基础板
2	支承件	是起将定位件、导向件，以及相关合件，与基础件连接作用元件；支承件还可用作不同形状与高度的支承与定位平面或定位件使用；组装为小型夹具时，可代替基础板，作为基础件使用
3	定位件	其定位作用有二：一是用于夹具所需各元件之间定位，保证装配精度，连接强度与刚度的作用；二是作为被加工工件在夹具中精确定位的定位件使用
4	导向件	1. 用于保证刀具，相对被加工工件的正确位置 2. 有的导向件，可用于被加工工件的定位基准用 3. 可作为组合夹具中活动元件的导向
5	夹紧件	1. 是主要用来夹紧工件于定位基准面上的元件 2. 也可用作组合夹具中垫板或挡块使用
6	紧固件	1. 主要有螺栓、螺母、垫圈等 2. 为保证紧固可靠、元件间连接强度高、刚度好，其螺栓、螺母多采用细牙螺纹，并选用优质材料、进行精密加工和相应的热处理工艺，以保证紧固
7	辅助元件	如手柄、起重柄、支承钉等
8	合件	由若干相应元件装配成固定组件使用，称合件。合件可提高组合夹具的通用性，加快组装速度，简化夹具结构等。可分为定位合件，导向、分度、支承合件或夹具工具等

7.4.2　夹具定位要求

1）六点定位原理是指导夹具设计的基本原则。

2）提高夹具定位面和工件定位基准面的加工精度是避免过定位的根本方法。

3）由于夹具加工精度的提高有一定限度，因此采用两种定位方式组合定位时，应以一种定位方式为主，减轻另一种定位方式的干涉。如采用长心轴和小端面组合或短心轴和大端面组合，或工件以一面双孔定位时，一个销采用菱形销等。从本质上说，这也是另一种提高夹具定位面精度的方法。

4）利用工件定位面和夹具定位面之间的间隙和定位元件的弹性变形来补偿误差，减轻干涉。在分析和判断两种定位方式在误差作用下属于干涉还是过定位时，必须对误差、间隙和弹性变形进行综合计算，同时根据工件的加工精度要求作出正确判断。从广义上讲，只要采用的定位方式能使工件定位准确，并能保证加工精度，则这种定位方式就不属于过定位，可以使用。

5）六点定位原理中的支承点是指夹具上直接与工件接触的具体定位元件，而定位点是指定位方式对自由度的限制，是一个抽象的概念，两者不可混淆，更不能替代使用。

6）不可仅凭自由度被重复限制就判定为过定位，定位副误差是产生过定位的根本因素。

7）误差的存在使重复限制自由度表现为干涉和过定位，干涉为量变阶段，过定位为质变阶段。干涉夹具可以使用，而过定位夹具破坏定位，不可使用。

7.4.3　定位基准选择示例

例　图 7-10 所示为车床进刀轴架零件，若已知其工艺过程为划线→粗、精刨底面和凸台→粗、精镗 ϕ32H7 孔→钻、扩、绞 ϕ16H9 孔。试选择各工序的定位基准并确定各限定几个自由度。

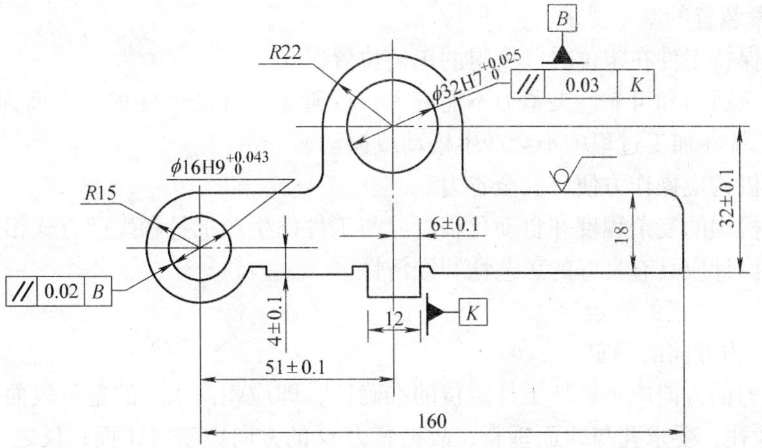

图 7-10　车床进刀轴架零件

解　(1) 第一道工序：划线。当毛坯误差较大时，采用划线的方法能同时兼顾到几个不加工面对加工面的位置要求。选择不加工面 *R*22 外圆和 *R*15 外圆为粗基准，同时兼顾不加工的上平面与底面距离 18mm 的要求，划出底面和凸台的加工线。

(2) 第二道工序：按划线找正，刨底面和凸台。

(3) 第三道工序：粗、精镗 ϕ32H7 孔。加工要求为尺寸 32 ±0. 1mm、6 ±0. 1 mm 及凸台侧面 *K* 的平行度 0. 03mm。根据基准重合原则选择底面和凸台为定位基准，底面限制三个自由度，凸台限制两个自由度，无基准不重合误差。

(4) 第四道工序：钻、扩、绞 ϕ16H9 孔。除孔本身的精度要求外，本工序还应保证的位置要求为尺寸 4 ±0. 1mm、51 ±0. 1mm 及两孔的平行度 0. 02mm。根据精基准选择原则，可以有三种不同的方案：

1) 底面限制三个自由度，*K* 面限制两个自由度。此方案加工两孔采用了基准统一原则，夹具比较简单。尺寸 4 ±0. 1mm 基准重合；尺寸 51 ±0. 1 mm 的工序基准是孔 ϕ32H7 的中心线，而定位基准是 *K* 面，定位尺寸为 6 ± 0. 1mm，存在基准不重合误差，其大小等于 0. 2mm；两孔平行度 0. 02mm 也有基准不重合误差，其大小等于 0. 03mm。可见，此方案基准不重合误差已经超过了允许的范围，不可行。

2) ϕ32H7 孔限制四个自由度，底面限制一个自由度。此方案对尺寸 44 ±0. 1mm 有基准不重合误差，且定位销细长，刚度较差，所以也不好。

3) 底面限制三个自由度，ϕ32H7 孔限制两个自由度。此方案可将工件套在一个长的菱形销上来实现，对于三个设计要求均为基准重合，仅 ϕ32H7 孔对于底面的平行度误差将会影响两孔在垂直平面内的平行度，应当在镗 ϕ32H7 孔时加以限制。

综上所述，第三种方案基准基本上重合，夹具结构也不太复杂，装夹方便，故应采用。

7.4.4 工件在夹具中的夹紧

工件在夹具上获得正确位置后，还必须将工件夹紧，以保证其在加工过程中不致因受到切削力、惯性力、离心力或重力等外力的作用而产生位置偏移或振动，即保持其正确的加工位置不变。

1. 对夹紧装置的基本要求

1）应能保持工件在定位时已获得的正确位置。

2）夹紧应适当和可靠。夹紧力不能过大，以避免工件产生变形或表面损伤；也不能过小，以保证工件在加工过程中不会产生松动或振动。

3）夹紧机构应操作方便，安全省力。

4）夹紧机构的复杂程度和自动化程度应与工件的生产批量和生产方式相适应。

5）结构设计应具有良好的工艺性和经济性。

2. 夹紧力三要素的确定

（1）夹紧力方向的确定

1）夹紧力的方向应不破坏工件定位的准确性，即应朝向主要的定位表面。图 7-11 所示为直角支座镗孔，要求孔与 A 面垂直，故夹紧力 Q 的方向应朝向 A 面；反之，若压向 B 面，当工件 A、B 两面有垂直度误差时，就会使孔不垂直于 A 面而可能报废。

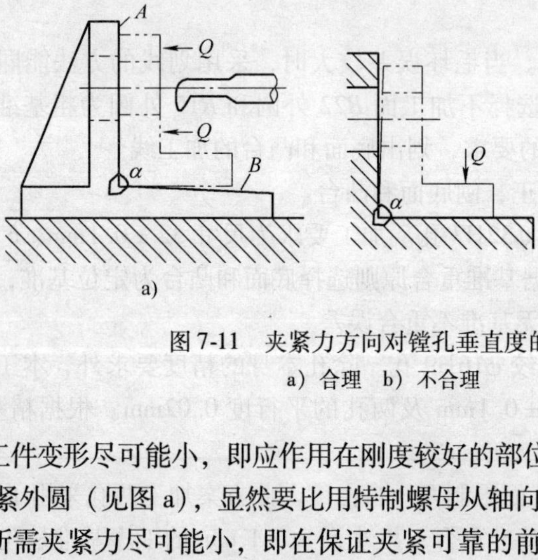

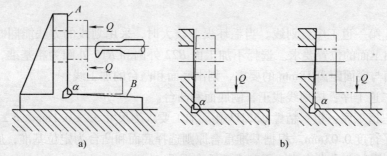

图 7-11 夹紧力方向对镗孔垂直度的影响

a）合理 b）不合理

2）应使工件变形尽可能小，即应作用在刚度较好的部位。如图 7-12 所示的套筒，用三爪自定心卡盘夹紧外圆（见图 a），显然要比用特制螺母从轴向夹紧工件变形要大（见图 b）。

3）应使所需夹紧力尽可能小，即在保证夹紧可靠的前提下尽量减小夹紧力。为此，应使夹紧力的方向最好与切削力、工件的重力方向重合，这时所需要的夹紧力为最小。

（2）夹紧力作用点的确定

1）夹紧力应落在支承元件上或由几个支承元件所形成的支承面内。如图 7-13a 所示，夹紧力作用在支承面范围之外，会使工件倾斜或移动。图 7-13b 则是合理的。

2）夹紧力作用点应落在工件刚度较好的部位上。这对刚度较差的工件尤其重要，如图 7-14 所示，将作用点由中间的单点改成两旁的两点夹紧，变形情况则大为改善，且夹紧也较可靠。

3）夹紧力作用点应尽可能靠近被加工表面，以减小切削力对工件造成的翻转力矩。必要时应在工件刚度差的部位增加辅助支承并施加夹紧力，以免振动和变形，如图 7-15 所示。

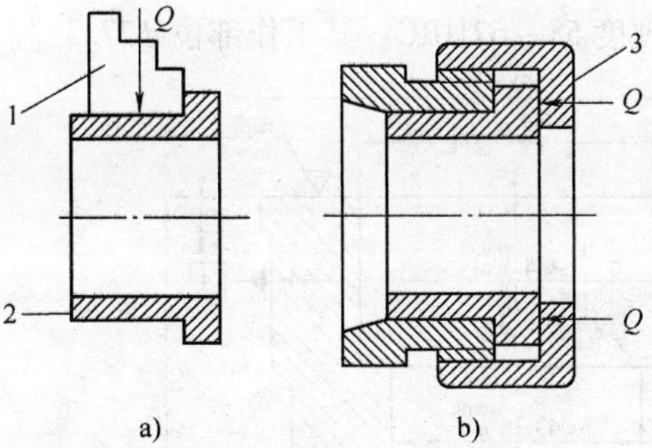

图 7-12　夹紧力方向与工件刚度的关系

1—卡盘　2—工件　3—螺母

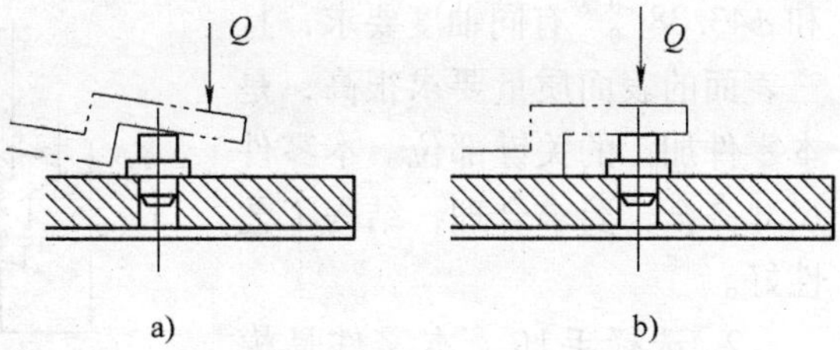

图 7-13　夹紧力作用点应在支承面内

a）不合理　b）合理

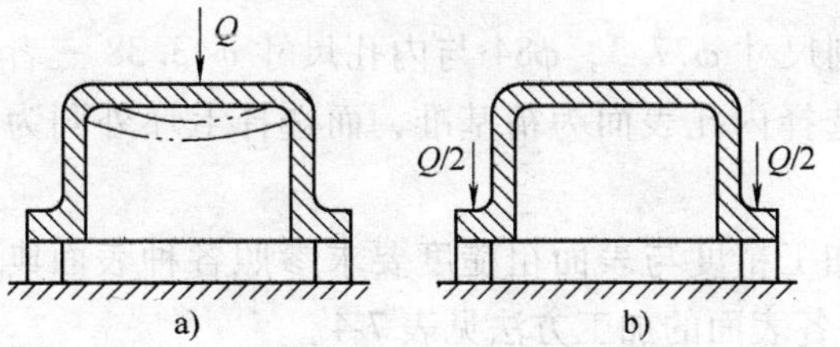

图 7-14　夹紧力作用点应在刚度较好的部位

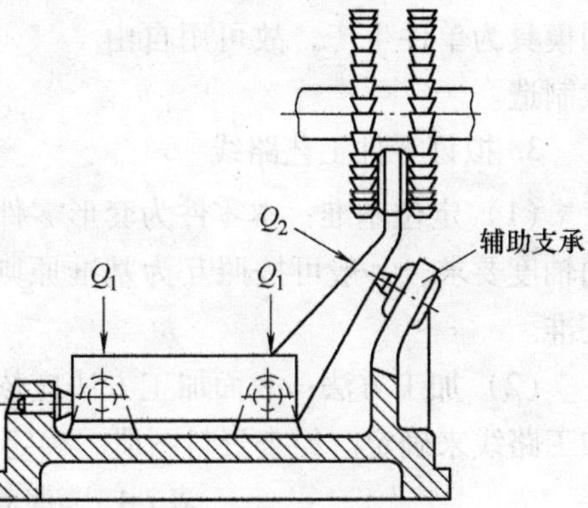

图 7-15　夹紧力作用点应尽可能靠近被加工表面

（3）夹紧力大小的确定

夹紧力大小要适当，过大会使工件变形，过小则在加工时工件会松动而造成报废甚至发生事故。

当设计机动如气动、液压、电动等夹紧装置时，则需要计算夹紧力的大小，以便决定动力部件如汽缸、活塞的直径等的尺寸。

计算夹紧力时，一般根据切削原理的公式求出切削力的大小，必要时算出惯性力、离心力的大小，然后与工作重力及待求的夹紧力组成静平衡力系，列出平衡方程式，即可算出理论夹紧力，再乘以安全因数 K，即得所需的实际夹紧力。K 值在粗加工时取 2.5 ~3，精加工时取 1.5 ~2。

7.5　典型模具零件的加工工艺分析

7.5.1　罩壳落料—拉深模的凸凹模加工

1. 工艺性分析　图 7-16 所示为罩壳落料—拉深模的凸凹模，材料为 Cr12，渗碳、淬火 56 ~62HRC。

本零件既是罩壳零件毛坯的落料凸模又是它首次拉深的凹模。其固定方式是以 $\phi84^{+0.035}_{-0.013}$ 部位与固定板配合（配合种类为过渡配合 H7/m6），然后与固定板一起用螺钉、销钉紧固在模座上。本凸凹模的材料为Cr12，经淬火、回火后硬度58 ~ 62HRC。其工作部位$\phi 77.3_{-0.02}^{0}$和$\phi 43.38_{0}^{+0.09}$有同轴度要求，且三表面的表面质量要求很高，是本零件加工的关键部位。本零件尺寸齐全，要求合理，结构工艺性好。

2. 选择毛坯　本零件是模具最重要的工作零件，直接对工件进行冲压，要求硬度高，强度好，故应选择锻件为毛坯形式。因模具为单件生产，故可用自由锻制造。

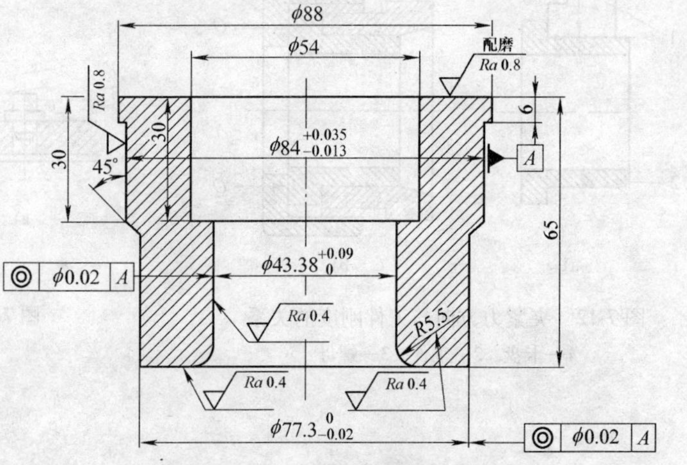

图7-16　罩壳落料—拉深模的凸凹模

3. 拟订零件工艺路线

（1）定位基准：本零件为套形零件，外圆尺寸$\phi 77.3$，$\phi 84$与内孔尺寸$\phi 43.38$三者有同轴度要求，一般可按照互为基准原则，故选择内孔表面为精基准，而选择毛坯外圆为粗基准。

（2）加工方法：表面加工方法应依据其加工精度与表面粗糙度要求参照各种表面典型加工路线来确定。经查资料图册，确定本零件各表面的加工方法见表7-4。

表7-4　罩壳落料—拉深模的凸凹模加工方法

加工表面	加工要求		加工方法
	精度等级	表面粗糙度 $Ra/\mu m$	
$\phi 77.3_{-0.02}^{0}$	IT6	$Ra0.4$	粗车—半精车—粗磨—精磨
$\phi 43.38_{0}^{+0.09}$	IT9	$Ra0.4$	打孔—半精车—粗磨—精磨
$\phi 84_{+0.013}^{+0.035}$	IT6	$Ra0.8$	粗车—半精车—粗磨
$R5.5$圆弧面	IT9	$Ra0.4$	粗车—半精车—修光
上平面	IT14	$Ra0.8$	粗铣（或粗车）—半精铣（或粗车）—粗磨
下平面	IT14	$Ra0.4$	粗铣（或粗车）—半精铣（或粗车）—粗磨—精磨
其余表面	IT14	$Ra6.3$	粗车—半精车

（3）工艺路线

1）备料。毛坯须经锻造并经退火处理。

2）车

①夹毛坯外圆车$\phi 88 \times 6$。

②掉头夹$\phi 88 \times 6$粗车，半粗车外圆$\phi 84$与$\phi 77.3$（均留磨量），车$C2$。

③打孔，半精车内圆$\phi 43.38 \times 35$（留磨量），倒圆角$R5.5$（留磨量）。

④掉头平总长（两端留磨量）车$\phi 54 \times 30$内圆。

3）热处理。淬火并回火。

4）磨

①粗、精磨内圆 $\phi 43.38^{+0.09}_{0}$。

②上心轴（二类工具）磨 $\phi 84^{+0.035}_{-0.013}$，$\phi 77.3^{0}_{-0.02}$。

5）车，修光 $R5.5$ 圆弧面。

4. 确定各工序余量，计算工序及寸及偏差

（1）毛坯余量（总余量）的确定：查“机械制造工艺设计简明手册”（以下简称“简明手册”），计算零件重量 G 为

$$G \approx [\pi(42^2 - 27^2) \times 65 \times 7.8]\text{kg} \approx 1.65\text{kg}。$$

按一般精度，复杂系数为 S_1，查得单边余量 1.5 ~ 2mm。本例为自由假造应适当放宽，取单边余量为3mm。

（2）各工序余量的确定：查“简明手册”得各加工表面加工余量。各工序单边余量见表7-5。

表 7-5　各工序单边余量

	总余量	粗车	半精车	粗磨	精磨
$\phi 77.3$	3	1.4	1.1	0.4	0.1
$\phi 43.38$	3	1.5	1.0	0.4	0.1
$\phi 84$	3	1.5	1.1	0.4	—
$R5.5$	3	1.8	1.1	修光 0.1	—
上平面	3	1.7	1.1	0.3	—
下平面	3	1.6	1.0	0.3	—

（3）各工序尺寸偏差的确定：各种加工方法的经济精度和经济表面粗糙度可查图册，查得与本例有关加工方法和尺寸偏差见表 7-6 ~ 表 7-9。

表 7-6　加工方法及其精度和表面粗糙度

加 工 方 法	粗车	半精车	粗磨	精磨	修光
经济精度	IT12	IT10	IT8	IT6	IT6
经济表面粗糙度 Ra/μm	12.5	6.3	0.8	0.4	0.4

表 7-7　尺寸 $\phi 77.3^{0}_{-0.02}$ 的各工序尺寸偏差确定

工 序 名 称	工序余量(单边)/mm	经 济 精 度	工序尺寸偏差/mm	表面粗糙度 Ra/μm
精磨	0.1		$\phi 77.3^{0}_{-0.02}$	0.4
粗磨	0.4	h8（$^{0}_{-0.046}$）	$\phi 77.5^{0}_{-0.046}$	0.8
半精车	1.1	h10（$^{0}_{-0.12}$）	$\phi 78.3^{0}_{-0.12}$	6.3
粗车	1.4	h12（$^{0}_{-0.3}$）	$\phi 80.5^{0}_{-0.3}$	12.5

表 7-8　尺寸 $\phi 84^{+0.035}_{+0.013}$ 的各工序尺寸偏差确定

工 序 名 称	工序余量(单边)/mm	经 济 精 度	工序尺寸偏差/mm	表面粗糙度 Ra/μm
粗磨	0.4		$\phi 84^{+0.035}_{-0.013}$	0.8
半精车	1.1	h10（$^{0}_{-0.14}$）	$\phi 84.8^{0}_{-0.14}$	6.3
粗车	1.5	h12（$^{0}_{-0.35}$）	$\phi 87^{0}_{-0.35}$	12.5

表 7-9　尺寸 $\phi43.38^{+0.09}_{0}$ 的各工序尺寸偏差确定

工序名称	工序余量(单边)/mm	经济精度	工序尺寸偏差/mm	表面粗糙度 Ra/μm
精磨	0.1		$\phi43.38^{+0.09}_{0}$	0.4
粗磨	0.4	H8（$^{+0.039}_{0}$）	$\phi43.18^{+0.039}_{0}$	0.8
半精车	1.19	H10（$^{+0.1}_{0}$）	$\phi42.38^{+0.1}_{0}$	6.3
打孔	1.5	H12（$^{+0.25}_{0}$）	$\phi40^{+0.25}_{0}$	12.5

5. 确定各工序工时定额　可查“简明手册”（略）。

6. 填写工艺规程　见模具零件加工工艺过程卡（见表 7-10）。

表 7-10　模具零件加工工艺过程卡

零件名称	凸凹模	零件编号	CM—1—09
模具名称	落料拉伸复合模	模具编号	CM—1—00
材料牌号	Cr12	件　数	1
毛坯种类	锻件	毛坯尺寸	见毛坯图

工序号	工序名称	工序内容	设备	二类工具	工时	备注
1	备料	下料锻造并经退火处理				
2	车	1. 夹毛坯外圆车 $\phi88\times22$ 2. 夹 $\phi88\times22$ 粗车与半精车上段外圆至 $\phi84.8^{\ 0}_{-0.014}$，粗车与半精车下段外圆至 $78.3^{\ 0}_{-0.12}$（长度尺寸留磨量 0.3） 3. 打孔至 $\phi40$，半精车至 $\phi42.38^{+0.1}_{0}\times35$ 倒圆角至 R5.6 4. 调头夹下段外圆平总长至 65.6，车 $\phi54\times30$	车床			
3	热处理	淬火并回火，检查硬度 58～62HRC	内圆磨床			
4	磨	粗、精磨内孔 $\phi43.38^{+0.09}_{0}$	内圆磨床			
5	磨	上心轴磨 $\phi84^{+0.035}_{+0.013}$，$\phi77.3^{\ 0}_{-0.02}$	外圆磨床	心轴		
6	车	修光 R5.5	车床			
7	磨	磨下平面	平面磨床	等高垫块		

编制	×××	×月×日	审核	×××	×月×日

7.5.2　继电器壳盖成形模的型芯、型腔加工

1. 编制型腔、型芯加工工艺规程时的前期工作　由于塑料制件的内外部形状主要是由型腔和型芯直接成形的，型腔、型芯加工质量的好坏将直接影响塑料制件的形状、尺寸精度及其表面质量，一些塑料制件之间往往还存在一定的装配要求和塑料制件在部件中的使用动作要求，所以型腔、型芯是塑料模具中非常重要和关键的零件。

为了确保塑料模具型腔、型芯的加工质量，模具加工工艺编制人员在制模厂家接到客户的制模订单并签订了制模合同后，有必要做以下前期准备工作：

1）在设计、制造前要会同模具设计人员向委托方充分了解塑料制件的用途和各项动作、装配、使用要求以及生产批量等情况；分析、研究塑料制件图样或塑料制件实样（如没有

的话，可快速成形一个实样）。

2）在模具设计图样完成后，仔细分析、研究、消化模具图样，这一过程包括明确型腔、型芯的结构原理，型腔、型芯的装配精度，型腔、型芯的形状、尺寸精度、表面质量等一系列技术要求。

3）根据型腔、型芯的加工精度，加工成本，模具交货期以及本厂制造设备的实际情况，考虑选择和编制合理加工工艺规程的方法。

4）根据型腔、型芯的形状，尺寸公差，表面质量和加工工艺过程，考虑各机床加工顺序和热处理方法。事实上，即使是类似的零件，其加工程序也不完全相同。

在编制加工工艺过程时，工艺编制人员必须对下列事项进行探讨：

1）根据零件精度和加工形状，决定精加工工序。

2）根据零件精度和加工形状，决定精加工机床。

3）根据零件精度，决定检验所需尺寸精度的测量工具和测量方法。

4）为达到零件规定的形状和尺寸精度，必须明确与精加工工序相关的工艺事项，包括定位基准面、安装面和安装方法、测量基准面、使用的工具、出切削加工引起的变形、精加工余量。

5）根据零件热处理的要求，决定精加工前的热处理方法。

6）根据零件材料和热处理的种类，决定粗加工或半精加工的形状、尺寸（必须考虑零件热处理过程中所引起的材料变形量）。

7）根据零件粗加工或半精加工所需的形状、尺寸精度，决定粗加工或半精加工的工序。

8）根据零件粗加工或半精加工所需的形状、尺寸精度，决定用何种机床和应使用哪一台机床加工。

9）根据模具零件图样中对钢材材质的技术要求，决定零件毛坯的形状和尺寸。

2. 典型型腔、型芯加工工艺规程的编制　在分析、研究了编制型腔、型芯加工工艺规程时的前期准备工作后，可依据塑料模型腔、型芯的加工工艺过程，编制出成形典型塑料制件的型腔（如图7-17所示的继电器壳盖成形模型腔）和型芯（如图7-18所示继电器壳盖成形模型芯）的加工工艺过程。

（1）继电器壳盖塑模型腔的加工工艺过程见表7-11。

表7-11　继电器壳盖塑模型腔加工工艺过程

工 序 号	工 序 名 称	工 序 内 容
1	备料	137mm×105mm×70mm
2	铣削	粗铣外形六面至133.5mm×101.5mm×66.5mm
3	平磨	粗磨外形六面至132.8mm×100.8mm×65.8mm，保证互相垂直的三个基准面和平行面的垂直度及平行度在0.02mm/100mm之内
4	划线	按图样形状、尺寸，根据设计基准进行型腔形状和孔以及螺孔中心的划线工作
5	数控铣	粗铣内腔面至46mm×19mm×47.5mm（内腔底面出气孔凸出处铣至46mm），用ϕ8.0mm和ϕ1.0mm的钻头分别钻ϕ9.6mm的通孔和ϕ2.00mm的台阶孔，用ϕ12.0mm和ϕ5.0mm的铣刀分别铣ϕ12.0mm和ϕ5.0mm且深至4.40mm的沉孔
6	钳	用ϕ5.1mm的钻头钻4个螺孔底孔至28.0mm，并倒角$C1$，并攻制M6的螺孔
7	预热处理	退火至180～200HBW，消除粗加工引起的内应力
8	初检	用游标卡尺和游标深度尺测量、检查型腔外形和内腔各尺寸

（续）

工序号	工序名称	工序内容
9	热处理	淬火和回火至硬度54～58HRC
10	平磨	精磨外形六面至132mm×100mm×65mm，并保证垂直度和平行度在0.005mm/100mm之内，同时保证沉孔深度为4.00mm
11	中检	用千分尺测量、检验外形尺寸
12	电火花加工	分别用粗、中、精铜电极对型腔内侧面48.24mm×21.10mm×49.15mm（47.35mm）和ϕ2.6mm×ϕ2.20mm×1.40mm（深）进行电火花成形加工至下限尺寸要求，表面粗糙度Ra=1.25μm；用ϕ0.3mm的电极丝对ϕ0.65mm的孔进行放电穿孔加工；按要求对ϕ0.65mm和ϕ9.6mm的通孔进行线切割加工
13	终检	按图样要求采用内径千分尺和深度百分表或显微镜等测量仪器对型腔各形状和尺寸进行最终测量检验
14	光整加工	钳工研磨、抛光48.24mm×21.10mm×49.15mm的内腔面和ϕ0.65mm和ϕ9.6mm的内孔面以及ϕ2.6mm×ϕ2.20mm×1.40mm（深）的内孔圆锥面至表面粗糙度Ra=0.2μm
15	钳	钳工去毛刺、倒角、清洗，黏性胶布粘贴处理，以转入装配阶段

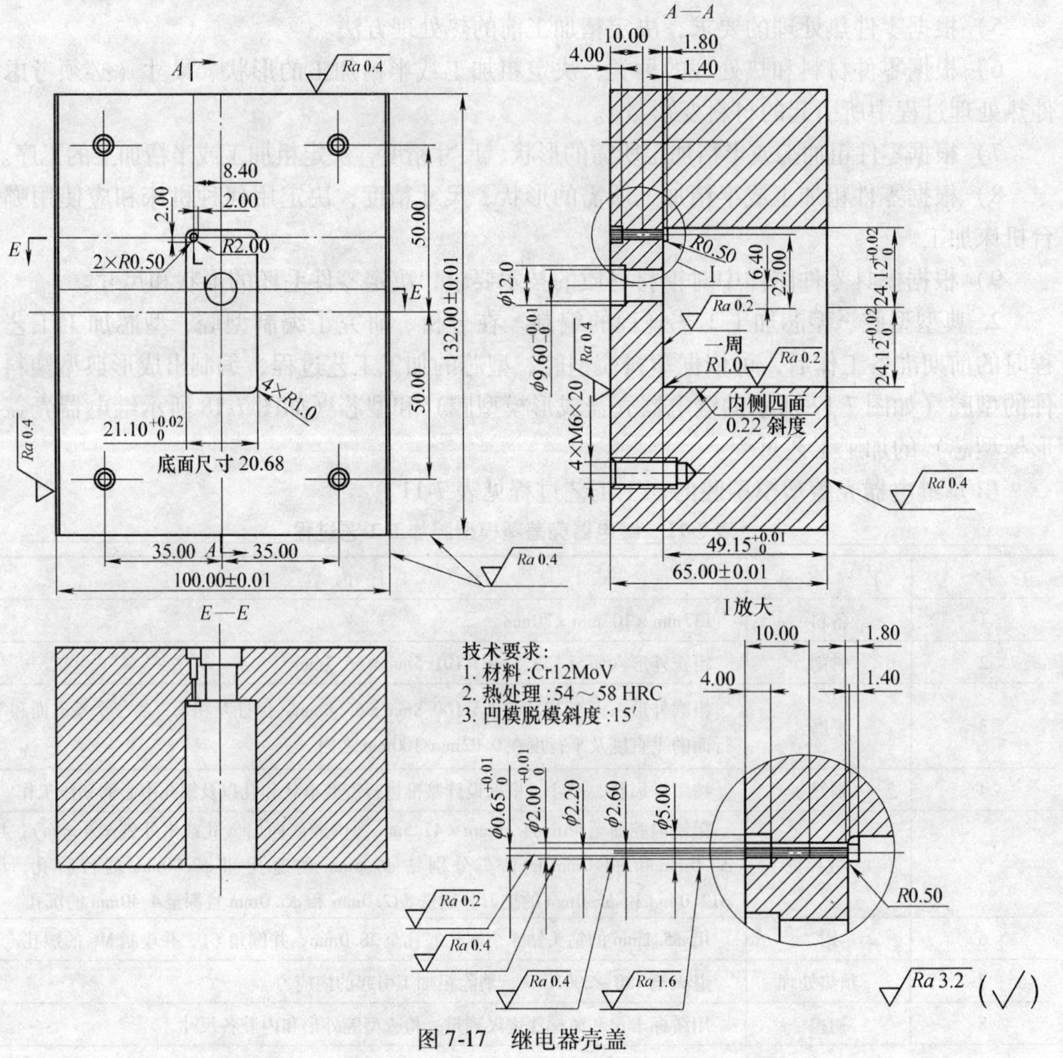

图7-17　继电器壳盖

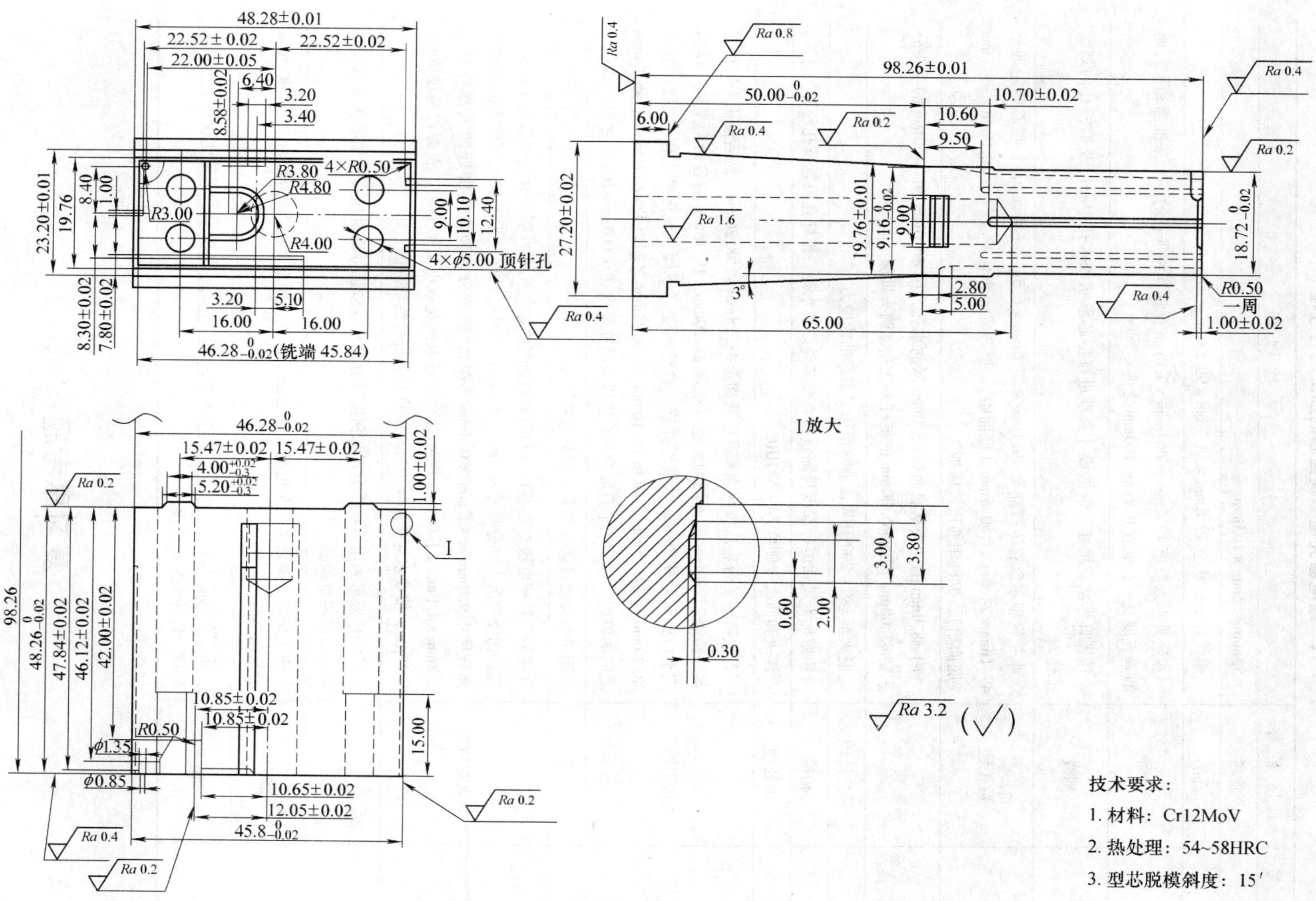

技术要求：

1. 材料：Cr12MoV
2. 热处理：54~58HRC
3. 型芯脱模斜度：15′

图 7-18　继电器壳盖成形模型芯

（2）继电器壳盖塑模型芯的加工工艺过程见表7-12。

表7-12　继电器壳盖塑模型芯的加工工艺过程

工序号	工序名称	工序内容
1	备料	53mm×32mm×103mm
2	铣削	粗铣外形形状至49.8mm×28.7mm×99.8mm
3	平磨	粗磨外形六面至49.1mm×28.0mm×9.0mm保证互相垂直的三个基准面和平行面的垂直度及平行度在0.2mm/100mm之内
4	划线	按图样形状、尺寸，根据设计基准进行型芯形状和水孔中心以及推杆孔的划线工作
5	数控铣	半精铣型芯台肩压脚部至49.1mm×28.0mm×6.5mm（底面始）；型芯固定部至49.1mm×24.0mm×50.5mm（底面始）；型芯成形部至47.1mm×20.0mm×99.1mm（底面始），也可用通用铣床加工
6	钳	用ϕ8.0mm的钻头从底面钻65.0mm深的水孔，用ϕ6.0mm和ϕ4.0mm的钻头分别钻83.00mm深的ϕ5.00mm的推杆避让孔，调头贯通
7	预热处理	退火至180～200HBW，消除粗加工引起的内应力
8	初检	用游标卡尺和游标深度尺测量检查型芯外形和水孔、推杆孔位置及孔径各尺寸
9	热处理	淬火和回火至硬度54～58HRC
10	成形磨	首先精磨无台肩压脚两面和高度两面至48.28mm和98.26mm，然后使用平口钳夹紧并精磨27.20mm的外圆面、退刀槽及23.20mm，19.16mm的各阶台平面，再利用平口钳夹紧48.28mm的平面并修正砂轮角度（或倾斜成形磨工作台面），磨削23.20mm与19.76mm之间和19.16mm与18.72mm之间以及46.28mm与45.84mm之间的斜面，并保证垂直度和平行度以及斜度要求在0.005mm/10mm之内
11	中检	用千分尺或投影仪测量检验外形各尺寸
12	电火花加工	用粗、精铜电极对型芯顶面和四侧面加强肋通气孔凹入部分放电成形加工；对型芯顶面浇口沉入部分尺寸9.6mm×7.6mm×1.0m（深）、型芯侧面宽度方向的凹入部分尺寸9.0mm×4.7mm×0.4mm（深）、型芯分型面安装脚处凹入部分尺寸5.2mm×4.0mm×1.0mm（深）分别进行电火花放电成形加工，表面粗糙度Ra=1.25μm；按要求对4×ϕ5.00mm的推杆孔进行线切割加工
13	终检	按图样要求采用内径千分尺和深度百分表或显微镜等测量仪器对型芯各形状尺寸进行最终测量检验
14	光整加工	钳工研磨、抛光加强肋板槽和各电加工部位，要求研磨抛光至表面粗糙度Ra=0.2～0.4μm
15	钳	钳工对型芯去毛刺，按图样要求倒角、清洗，成形部位要求用黏性胶布进行粘贴处理，以转入装配阶段

复习思考题

1. 模具生产的过程包括哪几个环节？
2. 模具零件的工艺过程有哪些内容？

3. 影响模具精度的主要因素有哪几个方面?
4. 影响模具生产成本的主要因素有哪些?
5. 影响模具使用寿命的主要因素有哪些?
6. 模具制造前审查图样都要审查哪些内容?
7. 模具小批量和大批量生产分别用什么类型的夹具?
8. 夹紧力三要素如何来确定?

第8章　模具装配

模具装配就是根据模具的结构特点和技术条件，以一定的装配顺序和方法，将符合图样技术要求的零件，经协调加工，组装成满足使用要求的模具过程。因此，模具装配的质量直接影响制件的冲压质量、模具的使用、维修和模具使用寿命。

8.1　概述

模具装配的重要问题是用什么样的组织形式及装配、工艺方法达到装配精度要求，如何根据装配精度要求来确定零件的制造公差，从而建立和分析装配尺寸链，确定经济合理的装配工艺方法和零件的制造公差。

8.1.1　模具装配及其技术要求

1. 模具装配及其工艺过程　模具装配是模具制造工艺全过程的最后工艺阶段，包括装配、调整、检验和试模等工艺内容。

模具装配按其工艺顺序进行初装、检验、初试模、调整、总装与试模成功的全过程，称为模具装配工艺过程。模具装配工艺过程，如图8-1所示。

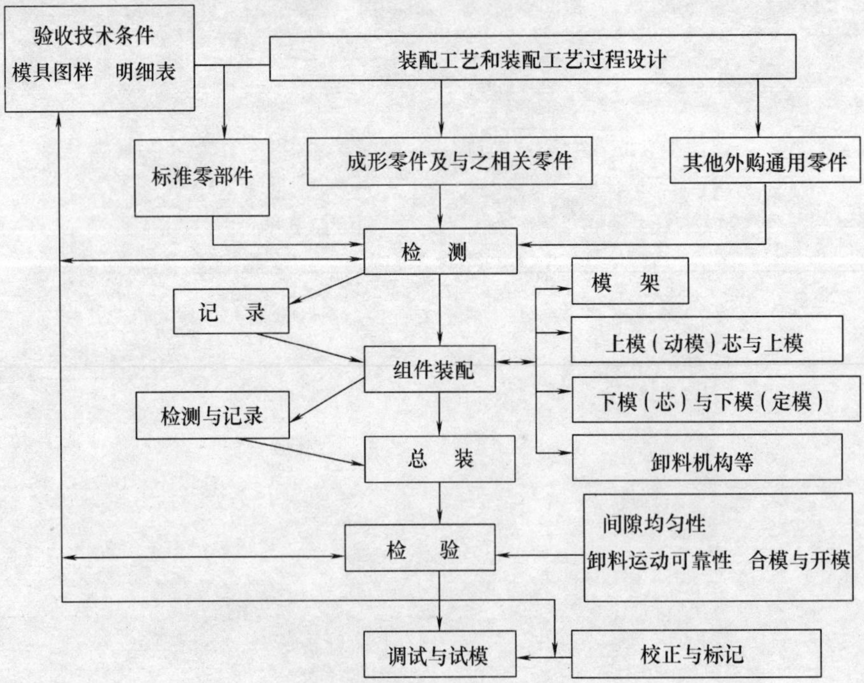

图8-1　模具装配工艺过程

2. 模具装配工艺要求　模具装配时要求相邻零件，或相邻装配单元之间的配合与连接均须按装配工艺确定的装配基准进行定位与固定，以保证其间的配合精度和位置精度，从而保证凸模（或型芯）与凹模（或型腔）间能精密、均匀地配合和定向开合运动，以及其他辅助机构如卸料、抽芯与送料等运动的精确性。因此，评定模具精度等级、质量与使用性能技术要求为：

1）通过装配与调整，使装配尺寸链的精度能完全满足封闭环（如冲模凸、凹模之间的间隙）的要求。

2）装配完成的模具，其冲压、塑料注射、压铸出的制件（冲件、塑件、压铸件）完全满足合同规定的要求。

3）装配完成的模具使用性能与使用寿命，可达预期设定的、合理的数值与水平。模具使用性能与使用寿命、确定模具装配精度和装配质量有关。模具性能与使用寿命是一项综合性评价模具设计与制造水平的指标。

8.1.2　模具装配的组织形式及方法

正确的选择模具装配的组织形式和方法是保证模具装配质量和提高装配效率的有效措施。模具装配的组织形式，主要取决于模具的生产批量的大小。通常有固定式装配和移动式装配两种。

（1）固定式装配：固定式装配是指从零件装配成部件或模具的全过程是在固定的工作地点完成。它可以分为集中装配和分散装配两种形式。

1）集中装配。集中装配是指从零件组装成部件或模具的全过程，由一个组（或工人）在固定地点完成。这种装配形式需要调整的部位较多，装配周期长、效率低、工作地点面积大，必须由技术水平较高的工人来承担，适用于单件、小批量或装配精度要求较高的装配。

2）分散装配。分散装配是指将模具装配的全部工作，分散为各部件的装配和总装配，在固定的地点完成。这种装配形式由于参与装配的工人多、工作面积大、生产效率高、装配周期较短，适用于批量模具的装配。

（2）移动式装配：移动式装配是指每一装配工序按一定的时间完成，装配后的部件或模具经传送工具输送到下一个工序。根据传送工具的运动情况可分为断续移动式和连续移动式两种。

1）断续移动式。断续装配是指每一组装配工人在一定的周期内完成一定的装配工序，组装结束后由传送工具周期性地输送到下一道装配工序。该方式对装配工人的技术水平要求低，装配效率高、周期短，适用于大批量模具的装配工作。

2）连续移动式。连续装配形式是指装配工作在输送工具以一定速度连续移动的过程中完成。其装配的分工原则基本与断续移动式相同，不同的是传送工具作连续运动，装配工作必须在一定的时间内完成。该方式对装配工人的技术水平要求低，但必须熟练，装配效率高、周期短，适用于大批量模具的装配工作。

8.2　装配尺寸链和装配工艺方法

8.2.1　模具的装配尺寸链

模具装配中，将与某项精度指标有关的各个零件尺寸依次排列，形成一个封闭的链形尺寸组合，称为装配尺寸链。其特征是封闭性，即组成尺寸链的有关尺寸按一定顺序首尾相接构成封闭图形，没有开口，如图 8-2b 所示。

1. 装配尺寸链的组成　组成装配尺寸链的每一个尺寸称为装配尺寸链环，如图 8-2a 所示，共有五个尺寸链环（A_0、A_1、A_2、A_3、A_4）。尺寸链环可分为封闭环和组成环两大类。

（1）封闭环的确定：在装配过程中，间接得到的尺寸称为封闭环，它往往是装配精度要求或是技术条件要求的尺寸，用 A_0 表示，如图 8-2 中的 A_0 尺寸。在尺寸链的建立中，首先要正确地确定封闭环，封闭环找错了，整个尺寸链的解也就错了。

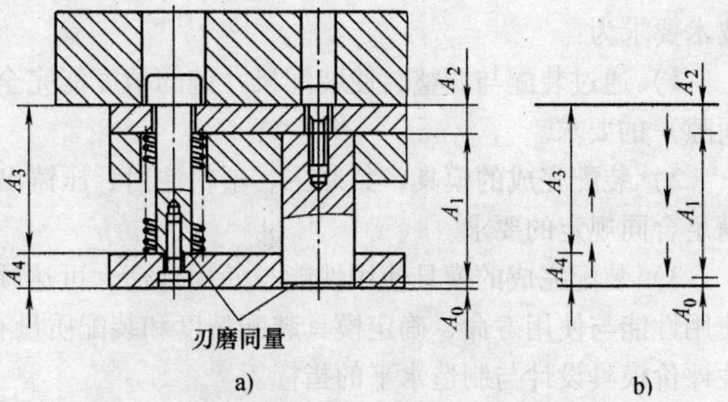

图 8-2　装配尺寸链简图
a）装配简图　b）装配尺寸链图

（2）组成环的查找：在装配尺寸链中，直接得到的尺寸称为组成环，用 A_i 表示，如图 8-2 中的 A_1、A_2、A_3 和 A_4。由于尺寸链是由一个封闭环和若干个组成环所组成的封闭图形，故尺寸链中组成环的尺寸变化必然引起封闭环的尺寸变化。当某组成环尺寸增大（其他组成环尺寸不变），封闭环尺寸也随之增大时，则该组成环为增环，以 $\overrightarrow{A_i}$ 表示，如图 8-2 中的 A_3 和 A_4。当某组成环尺寸增大（其他组成环不变），封闭环尺寸随之减小时，则该组成环称为减环，用 $\overleftarrow{A_i}$ 表示，如图 8-2 中的 A_1 和 A_2。

（3）快速确定增环和减环的方法：为了快速确定组成环的性质，可先在尺寸链图上平行于封闭环，沿任意方向画一箭头，然后沿此箭头方向环绕尺寸链一周，平行于每一个组成环尺寸依次画出箭头，箭头指向与封闭环相反的组成环为增环，箭头指向与封闭环相同的为减环，如图 8-2 所示。

2. 装配尺寸链计算的基本公式　计算装配尺寸链的目的是要求算出装配尺寸链中某些环的基本尺寸及其上、下偏差。生产中一般采用极值法，其基本公式如下：

$$A_0 = \sum_{i=1}^{m}\overrightarrow{A_i} - \sum_{i=m+1}^{n-1}\overleftarrow{A_i} \tag{8-1}$$

$$A_{0\max} = \sum_{i=1}^{m}\overrightarrow{A}_{i\max} - \sum_{i=m+1}^{n-1}\overleftarrow{A}_{i\min} \tag{8-2}$$

$$A_{0\min} = \sum_{i=1}^{m}\overrightarrow{A}_{i\min} - \sum_{i=m+1}^{n-1}\overleftarrow{A}_{i\max} \tag{8-3}$$

$$B_S A_0 = \sum_{i=1}^{m}\overrightarrow{B_S}\overrightarrow{A_i} - \sum_{i=m+1}^{n-1}\overleftarrow{B_x}\overleftarrow{A_i} \tag{8-4}$$

$$T_0 = \sum_{i=1}^{n-1} T_i \tag{8-5}$$

$$A_{0m} = \sum_{i=1}^{m}\overrightarrow{A}_{im} - \sum_{i=m+1}^{n-1}\overleftarrow{A}_{im} \tag{8-6}$$

式中　n——包括封闭环在内的尺寸链总环数；

m——增环的数目；

$n-1$——组成环（包括增环和减环）的数目。

上述公式中用到尺寸及偏差或公差符号见表 8-1。

表 8-1　工艺尺寸链的尺寸及偏差符号

环　名	符号名称						
	基本尺寸	最大尺寸	最小尺寸	上偏差	下偏差	公差	平均尺寸
封闭环	A_0	A_{0max}	A_{0min}	B_SA_0	$B_xA_xA_0$	T_0	A_{0m}
增环	$\overrightarrow{A_i}$	$\overrightarrow{A}_{imax}$	$\overrightarrow{A}_{imin}$	$\overrightarrow{B_S}\,\overrightarrow{A_i}$	$\overrightarrow{B_x}\,\overrightarrow{A_i}$	$\overrightarrow{T_i}$	$\overrightarrow{A}_{im}$
减环	$\overleftarrow{A_i}$	$\overleftarrow{A}_{imax}$	$\overleftarrow{A}_{imin}$	$\overleftarrow{B_S}\,\overleftarrow{A_i}$	$\overleftarrow{B_x}\,\overleftarrow{A_i}$	$\overleftarrow{T_i}$	$\overleftarrow{A}_{im}$

8.2.2　模具装配的工艺方法

模具装配的工艺方法有互换法、修配法和调整法。

（1）互换装配法：在装配时，装配尺寸链的各组成环（零件），不须经过选择或改变其大小或位置，即可使相邻零件和装配单元进行配合、定位与安装、连接与固定成模具，并使之能保证达到封闭环的精度要求，此即为互换装配法。互换法的实质是通过控制零件制造加工误差来保证装配精度。按互换程度分为完全互换法和部分互换法。

1）完全互换法。这种方法是指装配时，各配合零件不经选择、修理和调整即可达到装配精度的要求。要使装配零件达到完全互换，其装配精度要求和被装配零件的制造公差之间应满足以下条件，即

$$\delta_\Delta \geqslant \delta_1 + \delta_2 + \cdots + \delta_n \tag{8-7}$$

式中　δ_Δ——装配允许的误差（公差）；

$\delta_1 \cdots \delta_n$——各有关零件的制造公差。

该法具有装配工作简单，质量稳定，易于流水作业，效率高，对装配工人技术要求低，模具维修方便等优点。特别适用于大批量、尺寸组成环较少的模具零件的装配工作。

2）部分互换法（概率法）：这种方法是指装配时，各配合零件的制造公差将有部分不能达到完全互换装配的要求。这种方法的条件是各有关零件公差值平方之和的平方根小于或等于允许的装配误差，即

$$\delta_\Delta \geqslant \sqrt{\delta_1^2 + \delta_2^2 + \cdots + \delta_n^2} \tag{8-8}$$

显然与式（8-7）相比，零件的公差可以放大些，克服了采用完全互换法计算出来的零件尺寸偏高，制造困难的不足，使加工容易而经济，同时仍能保证装配精度。采用这种方法存在着超差的可能，但超差的几率很小，合格率为99.73%，只有少数零件不能互换，故称“部分互换法”。

（2）分组互换装配法

1）装配原理：将装配尺寸链各组成环，即按设计精度加工完成的零件，按其实际尺寸大小分成若干组，同组零件可进行互换性装配，以保证各组相配零件的配合公差都在设计精度允许的范围内。

2）模具装配中的应用分组互换装配法，实际上是一种在分组互换的条件下进行选择装配的方法，因此，也是模具装配中的一种辅助装配工艺。

①它是模架装配中的常用方法，如冲模模架由于品种、规格多，批量则小。同时，若生产装备和加工工艺水平不高，则常对模架中的导柱与导套配合采用分组互换装配法，以提高其装配精度、质量和装配效率。

②针对用户要求，模具则须进行专门设计与制造。

（3）修配装配法：修配法是指在装配时，修磨指定零件上的所留修磨量，即去除尺寸链中补偿环的部分材料，以改变其实际尺寸，达到封闭环公差和极限偏差要求，从而能保证装配精度的方法，即称修配装配法。这种方法广泛应用于单件或小批量生产的模具装配工作。常用的修配方法有以下两种。

1）指定零件修配法。指定零件修配法是在装配尺寸链的组成环中，预先指定一个零件作为修配件，并预留一定的加工余量，装配时再对该零件进行切削加工，达到装配精度要求的加工方法。

指定的零件应易于加工，而且在装配时它的尺寸变化不会影响其他尺寸链。图 8-3 所示为热固性塑料压模，装配后要求上、下型芯在 B 面上，凹模的上、下平面与上下固定板在 A、C 面上同时保持接触。为了保证零件的加工和装配简化，选择凹模为修配件。凹模的上、下平面在加工时预留一定的修配余量，其大小可根据具体情况或经验确定。修配前应进行预装配，测出实际的修配余量大小，然后拆开凹模按测出的修配余量修配，再重新装配达到装配要求。

2）合并加工修配法。合并加工修配法是将两个或两个以上的配合零件装配后，再进行机械加工，以达到装配精度要求的方法。

零件组合后所得到的尺寸作为装配尺寸链中的一个组成环对待，从而使尺寸链的组成环数减少，公差扩大，更容易保证装配精度的要求。如图 8-4 所示，当凸模 1 和固定板 3 组合后，要求凸模上端面和固定板的上平面为同一平面。采用合并修配法，在单独加工凸模和固定板时，对 A_1 和 A_2 尺寸就不严格控制，而是将两者组合在一起后，用砂轮 2 磨削上平面，以保证装配要求。

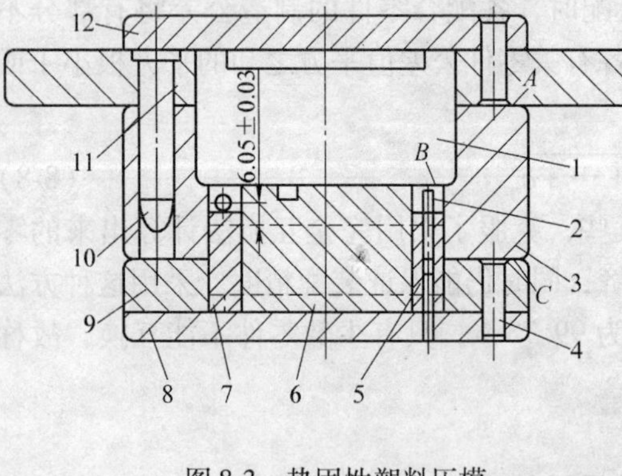

图 8-3　热固性塑料压模

1—上型芯　2—嵌件螺钉　3—凹模　4—铆钉

5、7—型芯拼块　6—下型芯　8、12—支承板

11、9—上、下固定板　10—导柱

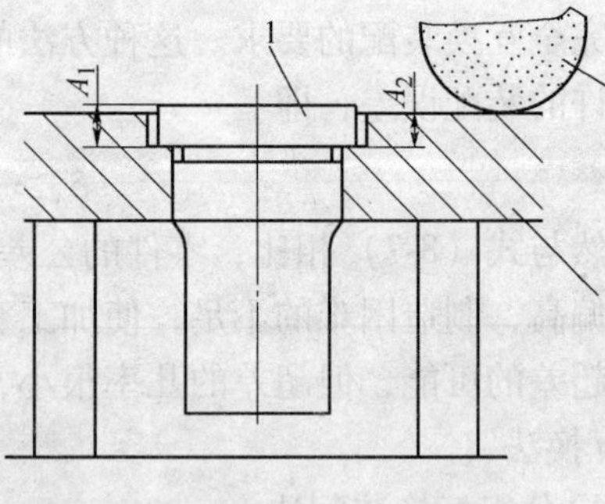

图 8-4　合并加工修配法实例

1—凸模　2—砂轮　3—固定板

（4）调整装配法：调整法是用改变模具中可调整零件的相对位置或变化的一组固定尺寸零件（如垫片、垫圈）来达到装配精度要求的方法。其实质与修配法相同，常用的调整法有以下两种：

1）可动调整法。可动调整法是在装配时，用改变调整件的位置来达到装配要求的方法。如图 8-5 所示为冷冲模上出件的弹性顶杆装置，通过旋转螺母，压缩橡胶，使顶件力增大。

2）固定调整法：固定调整法是在装配过程中选用合适的形状、尺寸调整件，达到装配要求的方法。如图 8-6 所示为塑料注射模具滑块型芯水平位置的调整，可通过更换调整垫的厚度达到装精度的要求。调整垫可制造成不同厚度，装配时根据预装配时对间隙的测量结果，选择适当厚度的调整垫进行装配，达到所要求的型芯位置。

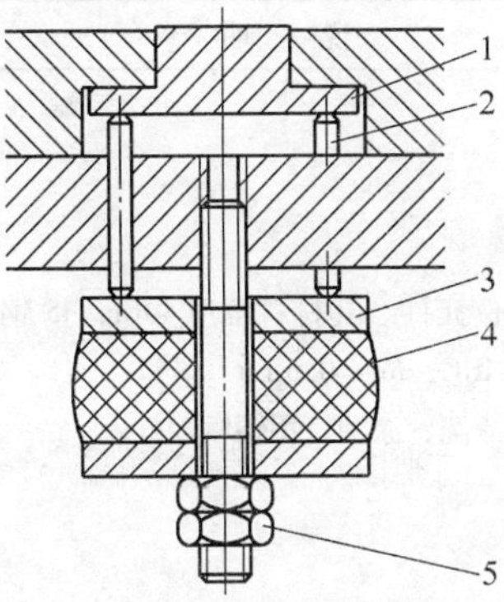

图 8-5　可动调整法实例

1—顶料板　2—顶杆　3—垫板

4—橡胶　5—螺母

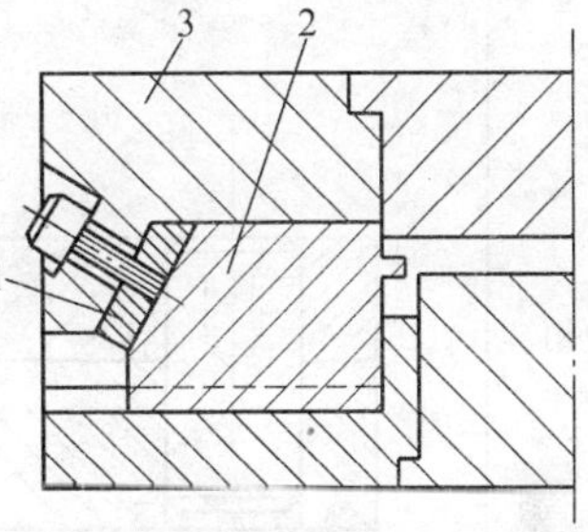

图 8-6　固定调整法实例

1—调整垫　2—滑块型芯　3—定模板

一般，常采用螺栓、斜面、挡环、垫片或连接件之间的间隙作为补偿环。经调节后以达到封闭环要求的公差和极限偏差。

8.3　模具零件的固定方法

8.3.1　模具装配定位、连接与固定

精确、可靠地定位；合理、可靠地进行相邻零、部件的连接与固定，是模具装配工艺中的基本装配技术与技能，也是保证模具装配精度、质量与使用性能的重要工艺内容。

模具装配时，保持相邻零、部件之间的精确位置，则须依赖定位技术与定位精度。

（1）模具装配定位的基本要求

1）装配定位基准，须力求与设计、加工的基面相一致。装配定位基准面，须是精加工面。

2）由于模具上、下模或定、动模需分开装配，而凸模（或型芯）、凹模（型腔）又是分别定位、安装于上、下模或定、动模上。为确保凸、凹模间的间隙值及其均匀性，在进行高速开合、冲击与振荡条件下的动态精度与可靠性，则必须保证上、下模或定、动模之间的精确定位和高度可靠性。

3）中大型模具模板装配定位用定位元件，须具有足够的承载能力；保证具有足够的刚度和强度，以防因模具在运输、吊装过程中产生的撞击力引起定位元件的变形，如图 8-7 所示。为此，对定位元件提出以下要求：

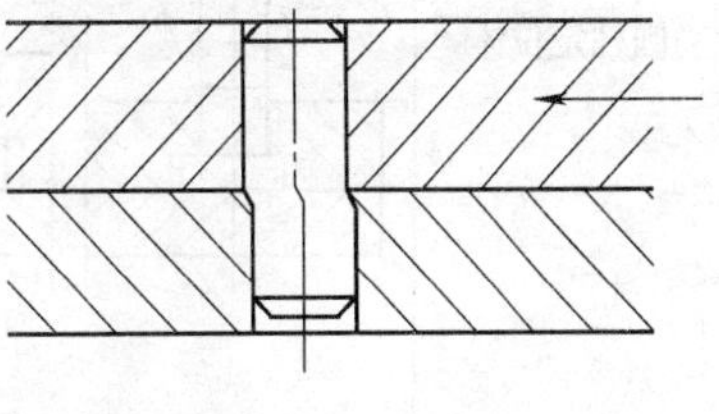

图 8-7　定位销变形示意图

①一般，定位元件材料为45钢，40Cr；热处理硬度为40~42HRC。

②精密模具或中大型模具的定位销孔的精加工，须采用坐标镗削或坐标磨削加工完成，不允许配作。一般精度模具，在装配、调整后，其定位销孔可采用配钻、铰加工完成。但须保证其配合要求，以防销、孔间存在间隙。

（2）模具装配常用定位形式与元件：模具装配常用定位方式与常用元件，见表8-2。

表8-2　模具装配常用定位方式与元件

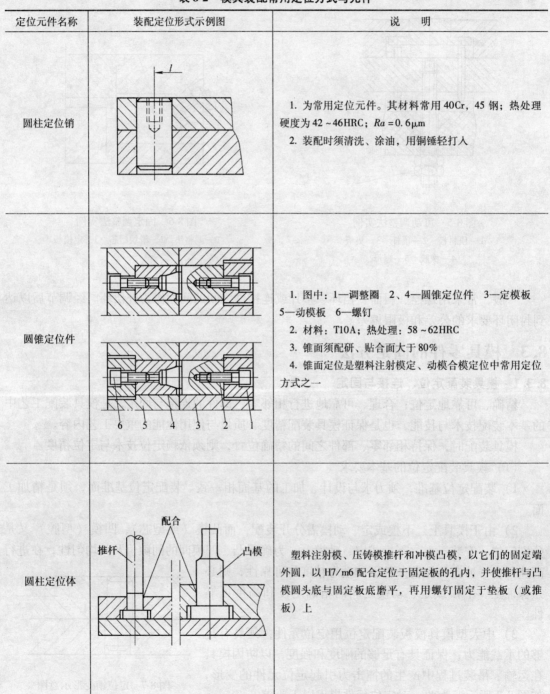

定位元件名称	装配定位形式示例图	说　明
圆柱定位销	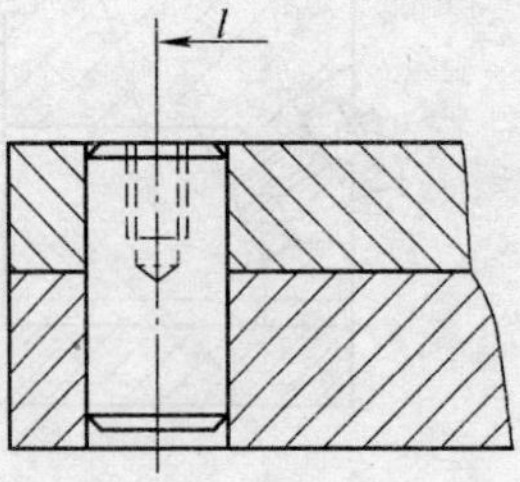	1. 为常用定位元件。其材料常用40Cr，45钢；热处理硬度为42~46HRC；$Ra=0.6\mu m$ 2. 装配时须清洗、涂油，用铜锤轻打入
圆锥定位件	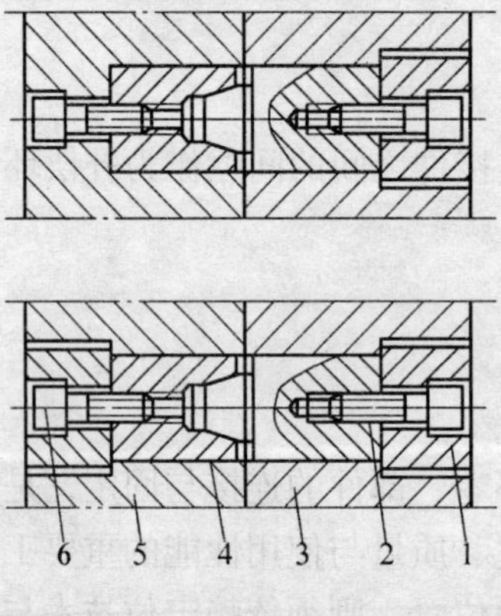	1. 图中：1—调整圈　2、4—圆锥定位件　3—定模板　5—动模板　6—螺钉 2. 材料：T10A；热处理：58~62HRC 3. 锥面须配研、贴合面大于80% 4. 锥面定位是塑料注射模定、动模合模定位中常用定位方式之一
圆柱定位体	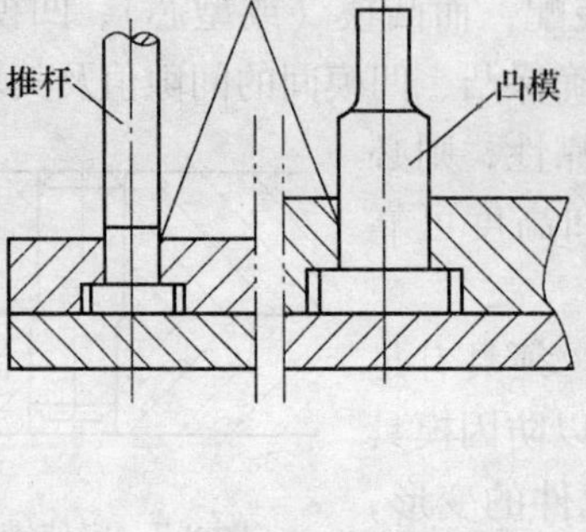	塑料注射模、压铸模推杆和冲模凸模，以它们的固定端外圆，以H7/m6配合定位于固定板的孔内，并使推杆与凸模圆头底与固定板底磨平，再用螺钉固定于垫板（或推板）上

（续）

定位元件名称	装配定位形式示例图	说　明
导柱、导套同孔定位（塑料注射模定位	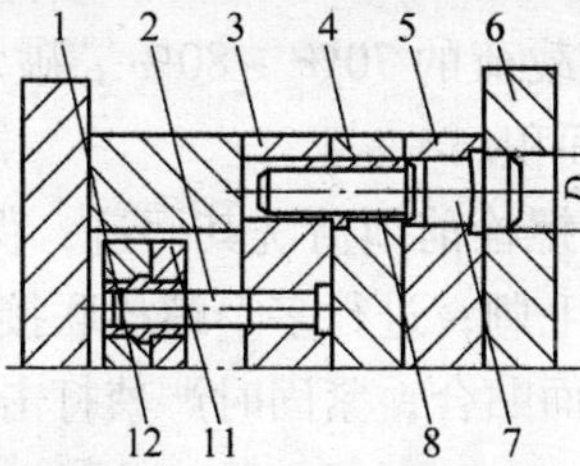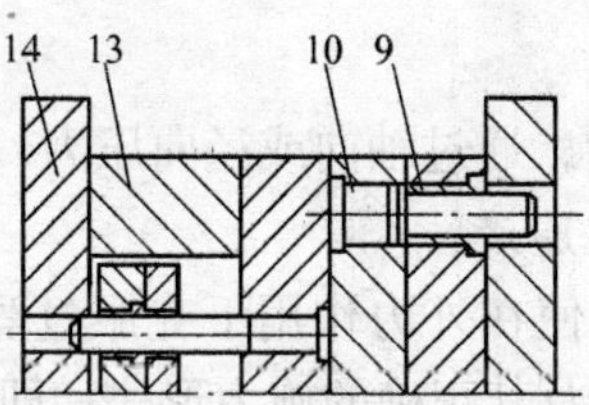	1. 图中：1—带头导套（Ⅱ型） 2—带头导柱 3—支承板 4—动模板 5—定模板 6—定模固定板 7—有肩导柱（Ⅱ型） 8—带头导套 （Ⅱ型） 9—带头导套（Ⅰ型） 10—有肩导柱（Ⅰ型） 11—推杆固定板 12—推板 13—垫块 14—动模固定板 2. 板3、4、5、6，导柱、导套安装孔径 D 相同；可利用导柱7和导套8外径定位定动模 3. 板3、4、5、6上孔可同时加工 4. 导柱10也可安装动模4上孔内，以导柱10和导套9定位定动模
挡销定位	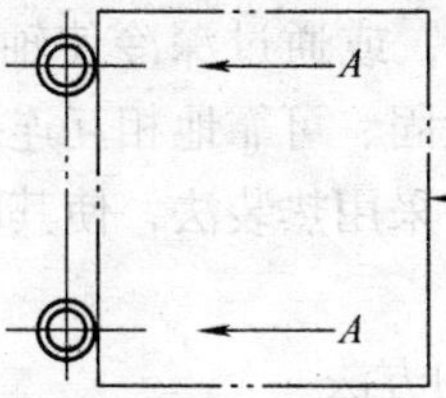	此定位为快换模具粗定位。当上、下模芯由燕尾滑道导向推至挡销时，其（模芯）底孔则被活动定位销插入进行定位并采用偏心轮紧固
直角定位板定位	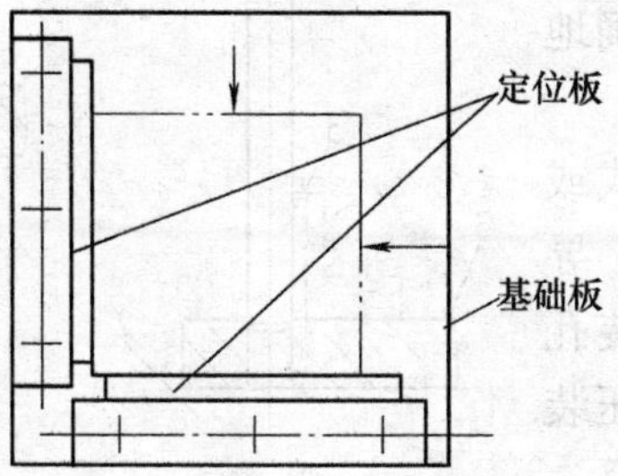	设置相互垂直的定位板于带有纵、横T形槽的基础板上，此法主要用于组合模具的零件进行定位

8.3.2　模具装配连接与固定

模具零件都要求进行精密加工。其精度必将反映在上、下模或定、动模进行分别组装与相互装配的配合（凸、凹模配合间隙）与位置（凸、凹同心性、平行度与垂直度）的精确性和可靠性。模具装配连接与固定方法包括螺纹联接、过盈联接、销联接与粘接连接4种。螺纹联接常见以下情况：

1. 螺纹副联接是模具装配常用或采用最多的方法

在模具制造中沿革传统装配工艺的基础上，须对使用最多、最广泛的螺钉、螺栓联接与固定的机理；螺钉、螺栓用材料与热处理；以及螺钉、螺栓联接与固定工艺进行研究，使之更加合理与可靠。为此，特提出以下基本要求与说明。

（1）控制螺钉、螺栓预紧力矩：拧紧力矩 M 可按下式计算，即

$$M = KDF \times 10^{-3} \tag{8-9}$$

式中　D——螺纹公称直径（mm）；

K——钢制螺钉、螺栓、螺母的阻力系数，$K=0.1\sim0.3$，常取 0.2；

F——预紧力（N）。一般为螺钉、螺栓破坏载荷的 70% ~80%。破坏载荷为螺栓材料的屈服强度乘以螺栓、螺钉有效截面积。

（2）保证良好的装配工艺：装配时拧入螺钉、螺栓前须清洗其污迹，保持其表面清洗；清除螺孔残存铁屑或其他杂物；螺纹副表面须打去毛刺；进行多个螺栓联接时，首先拧紧靠近有销钉的螺栓；螺栓头支承面须与被紧固零件表面贴合；紧固时严禁打击或使用不合适的板手和旋具等。

2. 过盈连接

（1）过盈连接的原理与条件：以规定的过盈量，通过轴向或径向压力，使包容件（孔）与被包容件（轴）达到紧固、可靠的连接，称过盈连接。

其连接的条件：一是必须保证准确的过盈量。使在外力作用下克服过盈量进行配合时，因孔或轴的变形力，达到相互紧固连接；二是外力及其正确的施力形式，即：

1）施加轴向力于轴端，以克服定值过盈量，将轴压入孔内，进行紧固连接。

2）通过加温使孔径热胀到定值时，将其套于轴上，或通过深冷使轴径冷缩到定值时，将其插入孔内，当达常温时，则产生径向压力，使之紧固、可靠地相互连接。模具导柱、导套与模座孔过盈连接，则常采用轴向压装。冷挤模则常采用热装法，使其凹模与模套进行过盈连接。冷装为模具零件相互连接的一种潜在方式。

（2）压装连接工艺将模具导柱、导套压入模座孔的方法

1）小批量生产时，可采用螺旋式、杠杆式手动工具，借助导向夹具导引，将导柱、导套精确地分别压入上、下模座上的相应的安装孔内。

2）批量或大批量生产时，则须采用机械式或液压式压力机，借助导向夹具的导引，将导柱、导套精确地，分别压入上、下模座的相应的安装孔内。导柱精确压入下模座导柱安装孔内的两种压装方式，如图 8-8 所示。

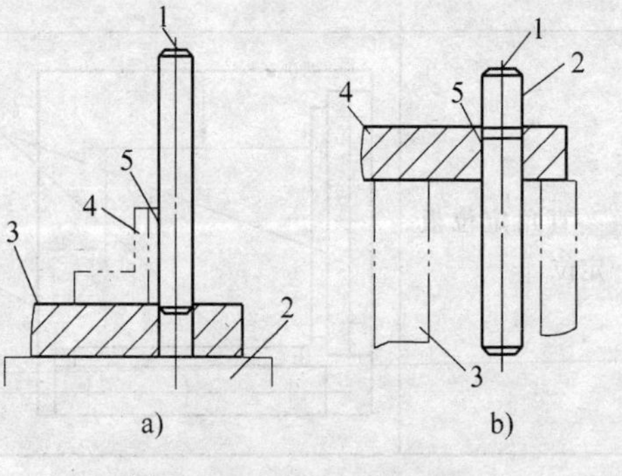

图 8-8　导柱的压入方法

a）适合全长直径相同的导柱
1—压入面　2—平板　3—下模座上平面　4—直角尺　5—垂直压入

b）适合直径不相同的导柱
1—压入面　2—固定部分　3—平行块　4—下模座下平面　5—以导柱滑动直径为导向压入

（3）热装连接工艺：采用热装工艺，使冷挤凹模与模套进行紧固连接，以增强凹模承受挤压力的能力。一般采用热装法的连接强度，将比压装法高一倍左右。但不宜用于模套壁太薄的状态，此状态若采用热装，则凹模在模套中易于偏斜，甚至使连接失效。为此，热装工艺有以下要求：

1）装配连接时，须确定最小热装间隙值，见表 8-3。

2）热装连接必须一次装配到位，中间不得停顿，而且，其最高加热温度一般不允超过加热件的回火温度，即对碳钢则须小于或等于 400℃。因此，根据零件材料、结合直径、过盈量和最小热装间隙等，计算确定其加温度是热装连接工艺的关键内容与要求。其计算公

式为

$$t=\frac{\delta+\Delta}{k10^{-8}d}+t_0 \tag{8-10}$$

式中 t——加热温度（℃）；

t_0——环境温度（℃）；

δ——实际热装过盈量（mm）；

Δ——最小热装间隙（mm）；

d——结合直径（mm）；

k——温度系数，$k\times10^{-8}$则为材料的线胀系数 α_l（10^{-6}/℃），k 值见表 8-4。

表 8-3　最小热装间隙值　（单位：mm）

结合直径 d	≈3	>3~6	>6~10	>10~18	>18~30	>30~50	>50~80
最小间隙	0.003	0.006	0.010	0.018	0.030	0.050	0.059
结合直径 d	>80~120	>120~180	>180~250	>250~315	>315~400	>400~500	—
最小间隙	0.069	0.079	0.090	0.101	0.111	0.123	—

表 8-4　k 值表

材料		钢、铸钢	铸铁	可锻铸铁	铜	青铜	黄铜	铝合金	锰合金
k	加热	11	10	10	16	17	18	23	26
	冷却	−8.5	−8.6	−8.0	−14.4	−14.2	−16.7	−18.6	−21

3）热装连接可采用加热方法。用电阻、辐射或感应加热，喷灯、氧乙炔或丙烷等火焰局部加热等。而采用沸水槽、蒸汽加热槽或热油槽等介质加热法，对过盈量较小零件则较合适。

4）热装时，一般须进行自然冷却到常温，不可采用骤冷方式。

（4）冷装连接工艺：使被包容件（如导柱）因冷缩直径变小后装入包容件（如模座上的安装孔）中，实现紧固连接的连接方法。特别是当包容件（如模座板）因尺寸大，加热困难时，采用冷装工艺进行联接，将更显其优势。同时，冷却温度容易准确控制是冷装工艺的重要技术特点。其计算公式为

$$t_e=\frac{e_u}{\alpha_l d_f} \tag{8-11}$$

式中 t_e——冷却温度（℃）；

e_u——被包容件外径冷缩量（mm），e_u = 过盈量 + 冷装最小间隙；

α_l——材料线膨胀系数（10^{-6}/℃）；

d_f——结合直径（mm）。

3. 粘结剂连接

（1）在模具装配连接与固定中的应用：粘结剂连接工艺的关键技术为连接性能，主要是指抗剪强度高，即要求钢对钢粘结后的抗剪强度须大于 23MPa；连接工艺性好，即借助连接工具，最好能在常温条件下进行连接、固化，以适应批量生产规模。

粘结剂有环氧树脂类、酚醛类和无机类。在模具零件粘结剂连接中常用粘结剂主要有环

氧树脂和无机粘结剂两种。为增强其抗剪强度，须加铁粉、氢氧化铝、石英粉填充剂。粘结剂连接，目前主要应用在冲模中。

1）导柱、导套对模座孔粘结剂连接如图 8-9，图 8-10 所示。

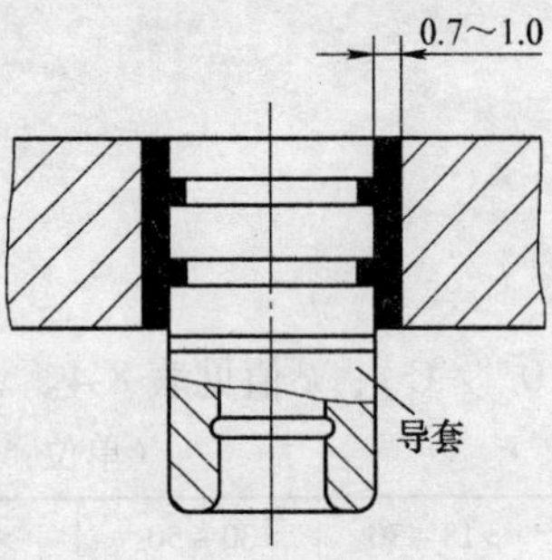

图 8-9　导套的固定

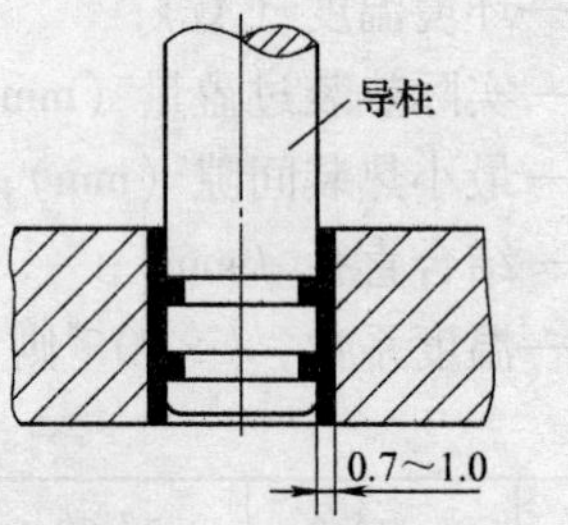

图 8-10　导柱的固定

2）凸模与固定板孔粘结剂连接，如图 8-11 所示。

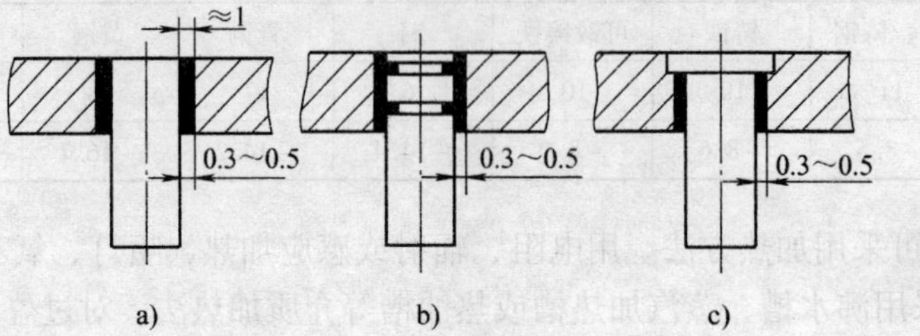

图 8-11　用环氧树脂固定凸模

a）直轴式　b）、c）台肩式

3）采用环氧树脂浇注卸料板型孔，如图 8-12 所示。

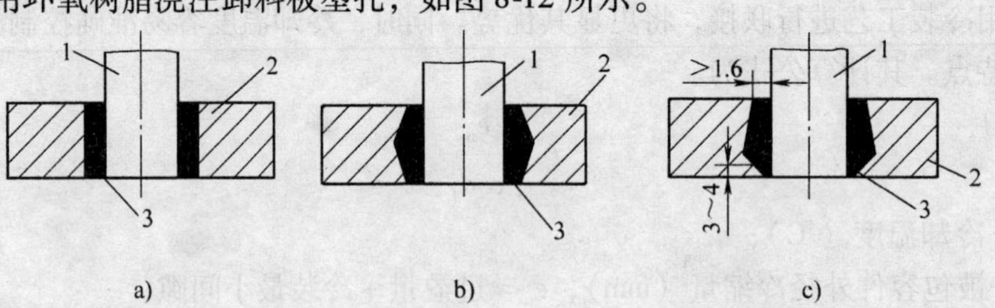

图 8-12　树脂浇注卸料板型孔的几种结构

1—凸模　2—卸料板　3—环氧树脂

（2）粘结剂连接工艺

1）粘结剂连接应用于模具装配工艺中，可降低零件配合部分的加工要求、简化装配工艺和降低制造费用等。目前只适于板材厚度小于2mm、尺寸较小、批量不大的冲件。

2）相连接零件的加工要求与连接间隙适当。一般要求连接单边间隙为 1.5 ~ 2.5mm；

连接较短的凸模时，其连接单边间隙可采用1mm。连接零件表面粗糙度 Ra，一般为5～10μm。

3）相连接零件连接结构合理，应力求增加结合面积，以增强连接强度。如图8-12a所示的连接工艺结构，可以冲压料厚 δ = 0.8mm材料的冲件；图8-12c所示的结构，则可冲压 $t>0.8$mm板材厚度的冲件。

4）模具凸模粘结剂连接工艺方法和顺序，如图8-13所示。先将凸模2插入凹模1孔中，并于其圆周垫上与冲裁间隙相等的纸垫3，然后一起翻转180°，将凸模2另一端放入固定板6安装孔内。凹模与固定板6之间为等高垫块7，其上、下平面平行度公差为0.003～0.005mm。导柱、导套分别连接于模座孔内。其连接工艺与顺序见表8-5。

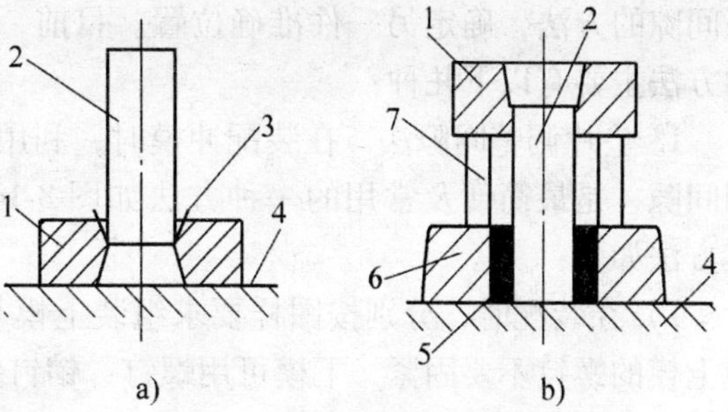

图8-13　用环氧树脂固定凸模

a）装模　b）固定模

1—凹模　2—凸模　3—纸垫　4—平板

5—环氧树脂　6—固定板　7—等高垫块

表8-5　采用无机粘结剂粘结导柱、导套工艺示例

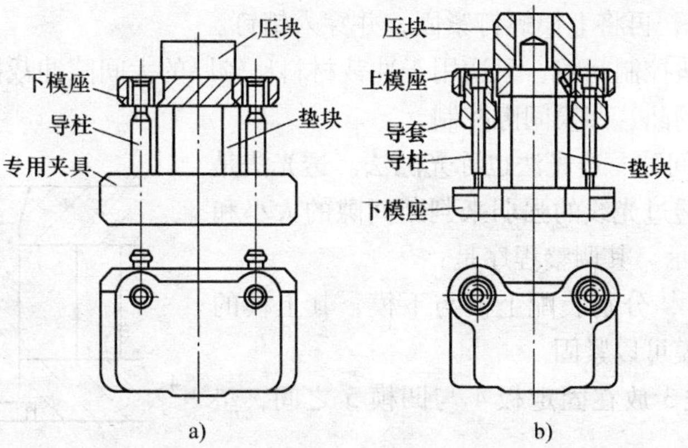

a）导柱粘结　b）导套粘结

序号	工序	导柱连接工艺	导套连接工艺
1	清洗	清洗导柱的连接部分及下模座的导柱孔壁	清洗导套的连接部分及上模座的孔壁
2	安装定位	使用专用夹具夹持导柱的非连接部分，保证导柱的垂直度。将装夹导柱的夹具放在平板上，放上等高垫块	将已连接好导柱的下模座放在平板上，将导套套在导柱上，使之固定在一定位置上卡住
3	粘结固化	在连接部分表面涂上粘结剂，将下模座放在垫块上，对好导柱，使间隙均匀，松开夹具螺钉，旋转导柱使涂层均匀，再将夹具螺钉拧紧，压块压紧，经固化后，松开夹具取出下模座	连接部分表面涂上粘结剂，将导套套入上模座，使间隙均匀，旋转导套使涂层均匀，压块压紧，经固化后，卸除压块及垫块，将上模座上下来回移动，检查质量

8.4　间隙（壁厚）的控制方法

在模具装配时，模具凸、凹模之间的间隙均匀程度及其大小，是直接影响所冲制件质量和冲模使用寿命的重要因素之一。为了保证凸模和凹模的正确位置和间隙均匀，在装配冲模时一般是依据图样要求先确定其中一件（凸模或凹模）的位置，然后以该件为基准，用找正间隙的方法，确定另一件准确位置。目前，最常用的方法主要有以下几种：

1. 垫片调整间隙法　在装配冲模时，利用垫片控制间隙，是最简便及常用的一种方法如图 8-14 所示。其方法如下：

1）在装配时，分别按图样要求组装上模与下模，但上模的螺钉不要固紧，下模可用螺钉、销钉紧固。

2）在凹模 1 刃口四周，垫入厚薄均匀、厚度等于所要求凸、凹模单面间隙的金属片或纸垫片 8。

3）将上模与下模合模，使凸模 5、6 进入相应的凹模孔内，并用等高垫块 7 垫起。

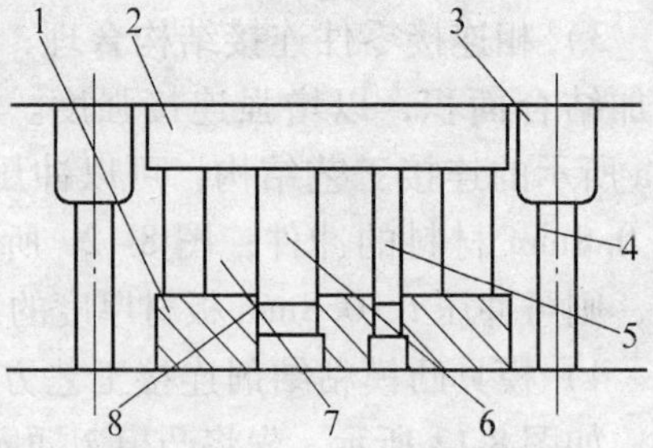

图 8-14　垫片法控制间隙

1—凹模　2—上模板　3—导套
4—导柱　5、6—凸模
7—垫块　8—垫片

4）观察各凸模是否能顺利进入凹模，并与垫片 8 能有良好的接触。若在某方向上与垫片松紧程度相差较大，表明间隙不均匀。这时，可用锤子轻轻敲打固定板使之调整到各方向凸模在凹模孔内与垫片松紧程度一至为止。

5）调整合适后，再将上模螺钉紧固，并穿入销钉。

上述这种垫片法控制间隙，只适用于冲裁材料比较厚的大间隙冲裁模，也适用于弯曲模和拉深模及成形模的凸、凹模间隙控制。

2. 透光法调整间隙　透光法也称光隙法。透光法是凭肉眼观察，根据透过光线的强弱来判断间隙的大小和均匀性如图 8-15 所示。其调整程序是：

1）装配冲模时，分别装配上模与下模，其上模的螺钉不要固紧，下模可以紧固。

2）将等高垫铁 3 放在固定板 4 与凹模 5 之间，垫起后用夹钳夹紧。

3）翻转合模后的上、下模，并将模柄夹紧在平口钳上。

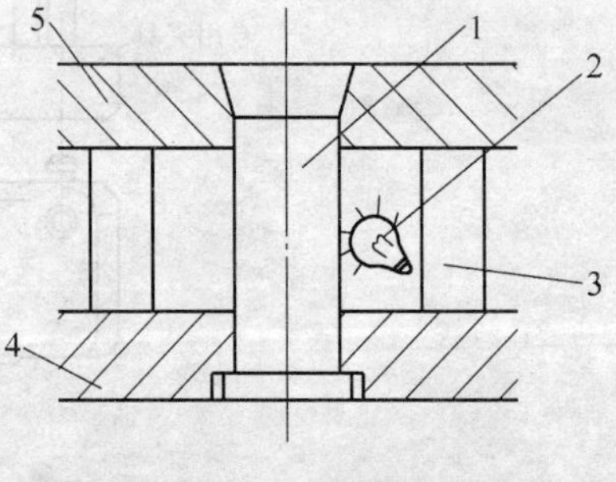

图 8-15　透光法调整间隙

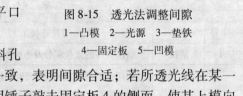

1—凸模　2—光源　3—垫铁
4—固定板　5—凹模

4）用光源 2 照射凸、凹模 1、5，并在下模漏料孔中仔细观察。当发现凸模与凹模之间所透光线均匀一致，表明间隙合适；若所透光线在某一方向上偏多，则表明间隙在此方向上偏大，这时可用锤子敲击固定板 4 的侧面，使其上模向偏大的方向移动，再反复透光观察、调整，直到认为合适时止。

5）调整合适后，再将上模螺钉及销钉固紧。

这种根据透光情况来确定间隙大小和均匀程度的调整方法，适用于冲裁间隙较小的薄板料冲裁模。由于其方法简单，便于操作，现普遍应用于生产中。

3. 镀铜法　用镀铜法控制调整凸、凹模间隙，即是用电镀的方法，按图样要求将凸模镀一层与间隙一样厚度的铜层后，再放入凹模孔内进行装配的一种方法。装配后，镀层可在冲压时自然脱落。用这种方法得到的间隙是比较均匀的，但工艺上却增加了电镀工序。

4. 涂淡金水法　涂淡金水法控制凸、凹模间隙，即是在装配时将凸模表面涂上一层淡金水，待淡金水干燥后，再将全系统损耗用油（机油）与研磨砂调合成很薄的涂料，均匀地涂在凸模表面上（厚度等于间隙值），然后将其垂直插入凹模相应孔内即可装配。

5. 标准样件法　对于弯曲、拉深及成形模等的凸、凹模间隙，在调整及安装时，根据零件产品图样可预先制作一个标准样件，在调整时可将其样件放在凸、凹模之间即可进行装配。

6. 试切法　当凸、凹模之间的间隙小于0.1mm时，可将其装配后用切纸片（或薄板）试冲。无论采用哪种方法来控制凸、凹模间隙，装配后都须用一定厚度的纸片来试冲，根据所切纸片的切口状态，来检验装配间隙的均匀度，从而确定是否需要以及往哪个方向调整。如果切口一致，则说明间隙均匀；如果纸片局部未被切断或毛刺太大，则表明该处间隙较大，尚需进一步调整。

7. 测量法　采用测量法控制间隙，也是一种比较常用的一种方法。其方法如下：

1）将凹模固紧在下模板上，上模安装后不固紧。

2）使上、下模合模，并使凸模进入凹模相应孔内。

3）用塞尺测量凸、凹模间隙。

4）根据测量结果，进行调整。

5）调整合适后，再固紧上模。

利用测量法调整间隙值，工艺繁杂且麻烦，但最后所得到的凸、凹模间隙基本是均匀合适的。对于冲裁材料较厚的大间隙冲模调整及弯曲、拉深模的凸、凹模间隙的控制，是很适用的一种方法。

8. 利用工艺定位器来调整间隙　用工艺定位器来调整间隙，如图8-16所示。工艺定位器的结构如图8-17所示。

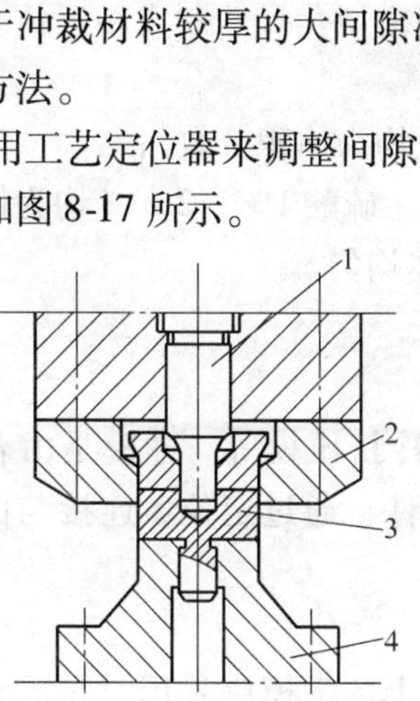

图8-16　用工艺定位器调整间隙法
1—凸模　2—凹模　3—工艺定位器　4—凸凹模

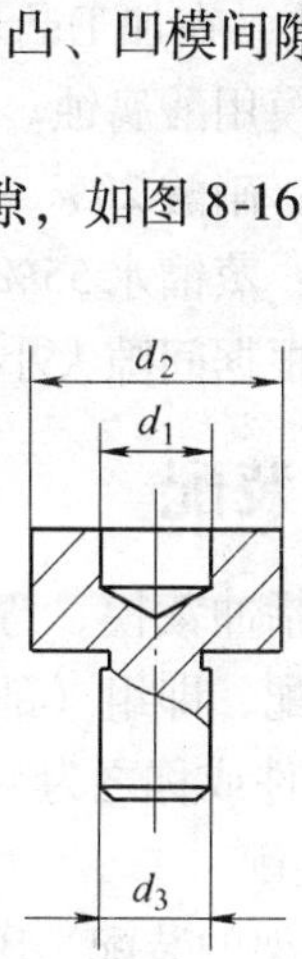

图8-17　工艺定位器

在图8-16中，定位器3在装配时，使其d_1与凸模1、d_2与凹模2、d_3与凸凹模孔4都处于滑动配合形式，并且工艺定位器的d_1、d_2、d_3（见图8-17）都是在车床上一次装夹车成，所以同轴度精度较高。在装配时，采用这种工艺定位器装配复合模，对保证上、下模的同心及凸模与凹模及凸凹模间隙均匀起到了保证作用。

9. 涂漆法控制间隙　涂漆法控制凸、凹模间隙与上述的涂淡金水基本相同。只是所涂的漆主要是磁漆或氨基醇酸绝缘漆。凸模上漆层厚度应等于单面间隙值，不同的间隙值，可用不同粘度的漆或涂不同的次数来达到。其涂漆的方法为将凸模浸入盛漆的容器内约 15mm 左右的深度，使刃口向下，如图 8-18 所示。

取出凸模，端面用吸水纸擦一下，然后使刃口向上，让漆慢慢向下倒流，自然形成一定锥度以便于装配。随之放在恒温箱内，使之在 100～120℃温度内保温 0.5～1h，冷却后，即可装配。

凸模装配后的漆层可不用去除，在使用时会自行脱落并不影响使用。

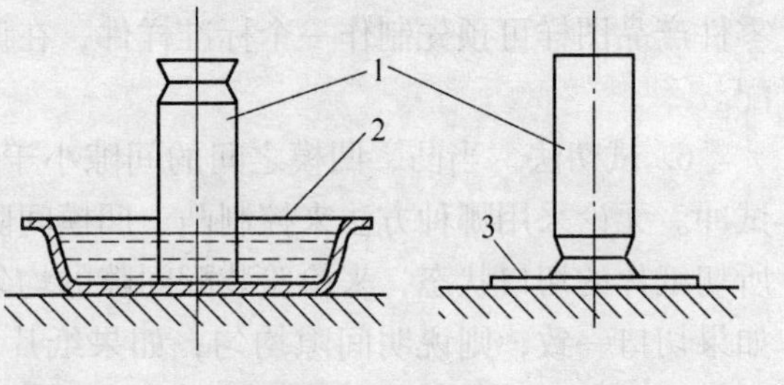

图 8-18　涂漆法

1—凸模　2—漆　3—垫

10. 工艺留量法调整间隙　采用工艺留量法是将冲裁模装配间隙值以工艺余量留在凸模或凹模上，通过工艺留量来保证间隙均匀的一种方法。具体做法是在装配前先不将凸模（或凹模）刃口尺寸加工到所需尺寸，而留出工艺留量，使凸模与凹模成 H7/h6 配合。待装配后取下凸模（凹模），去除工艺留量以得到应有的间隙。去除工艺留量的方法，可采用机械加工或腐蚀法。

采用腐蚀法去除工艺留量的腐蚀剂可用硝酸 20% + 醋酸 30% + 水 50% 或蒸馏水 55% + 双氧水 25% + 草酸 20% + 硫酸 1% ~2%（以上均为体积分数）配成的溶液进行腐蚀。在腐蚀时根据留量的大小，要注意掌握腐蚀时间长短，腐蚀后一定要用水洗干净。

11. 酸腐蚀法　在加工凸、凹模时，可将其凸模与凹模型孔尺寸制成相近值。装配后为得到间隙再将凸模用酸腐蚀。其酸液的配制如下：

第一种配方：硝酸 20% + 醋酸 30% + 水 50%（以上均为体积分数）；

第二种配方：蒸馏水 55% + 双氧水 25% + 草酸 20% + 硫酸 1% ~2%（均为体积分数）。

腐蚀的时间根据间隙大小而定。这样得到的间隙基本均匀。

8.5　冲压模装配

冲模主要包括冲裁模、弯曲模、拉深模、成形模和冷挤压模等。冲模是由若干组件构成，冲模单元装配，即组（部）件装配，是指一组相关件，通过定位、连接与固定，独立装配成组（部）件或称之为装配单元，称单元装配。

8.5.1　模架的装配

1. 压入式模架的装配　压入式模架的导柱和导套与上、下模座采用过盈配合。按照导柱、导套的安装顺序，有以下两种装配方法：

（1）先压入导柱的装配方法

1）选配导柱和导套。按照模架精度等级规定，选配导柱和导套，使其配合间隙符合技术要求。

2）压入导柱。如图 8-19 所示，压入导柱 2 时，在压力机平台上将导柱置于模座孔内，用专用工具的百分表（或宽度角尺）在两个垂直方向检验和校正导柱的垂直度，边检验校正，边压入，将导柱慢慢压入模座 3。

3）检测导柱与模座基准平面的垂直度。应用专用工具或宽度角尺检测垂直度，不合格时退出重新压入。

4）装导套。将上模座反置装上导套 2，转动导套，用千分表检查导套内外圆配合面的同轴度误差，如图 8-20a 所示。然后将同轴度最大误差 Δ_{max} 调至两导套中心连线的垂直方向，使由于同轴度误差引起的中心距变化最小。

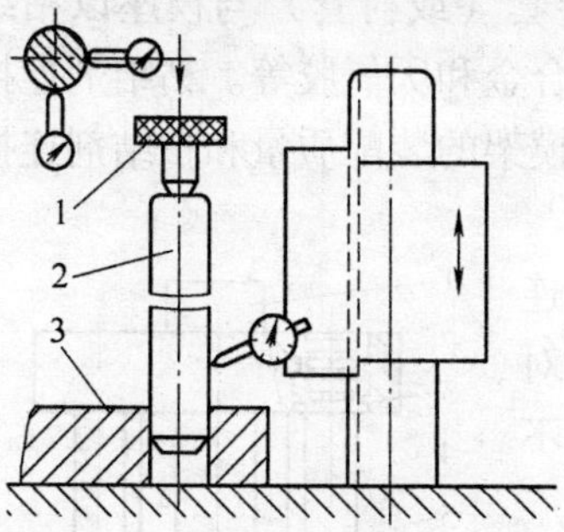

图 8-19　压入导柱

1—压块　2—导柱　3—下模座

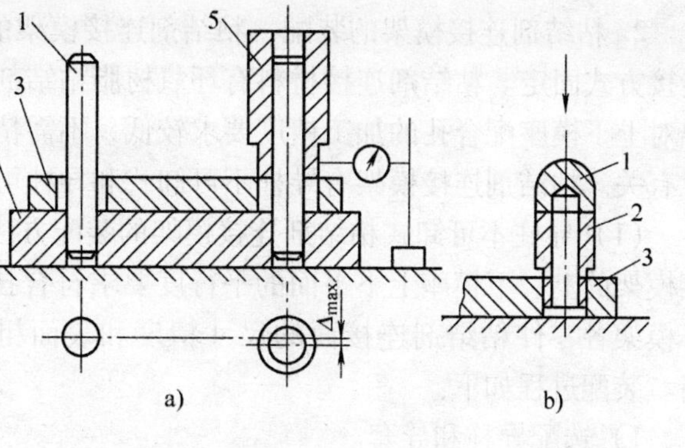

图 8-20　压入导套

a）装导套　b）压入导套

1—帽形垫块　2—导套　3—上模座　4—下模座　5　导柱

5）压入导套。如图 8-20b 所示，将帽形垫块 1 置于导套上，在压力机上将导套 2 压入上模座 3 一段长度，取走下模部分，用帽形垫块将导套全部压入模座。

6）检验。将上模 3 与下模 4 对合，中间垫上等高垫块，检验模架平行度。

（2）先压入导套的装配方法

1）选配导柱和导套。

2）压入导套。如图 8-21 所示，将上模座放于专用工具 4 的平板上，平板上有两个与底面垂直、与导柱直径相同的圆柱，将导套 2 分别装入两个圆柱上，垫上等高垫块 1，在压力机上将两导套压入上模座。

3）装导柱。如图 8-22 所示，在上、下模座 1、5 之间垫入等高垫块 3，将导柱 4 插入导套 2 内，在压力机上将导柱压入下模座 5 ~ 6mm，然后将上模提升到导套 2 不脱离导柱的最高位置，如图 8-22 双点画线所示位置。然后轻轻放下，检验上模座与等高垫块接触的松紧是否均匀，如果松紧不均匀，应调整导柱，直至松紧均匀。

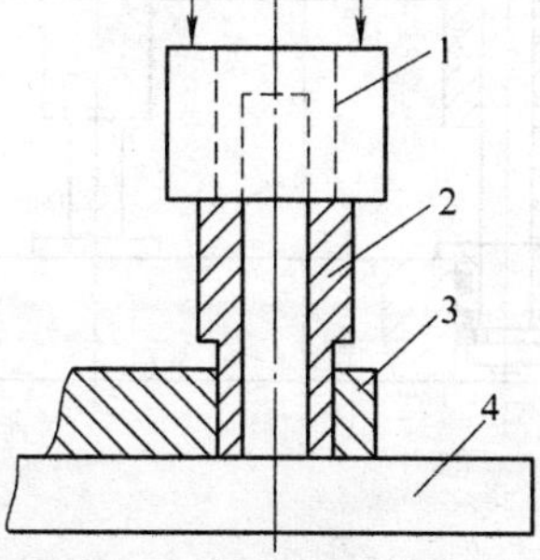

图 8-21　压入导套

1—等高垫块　2—导套

3—上模座　4—专用工具

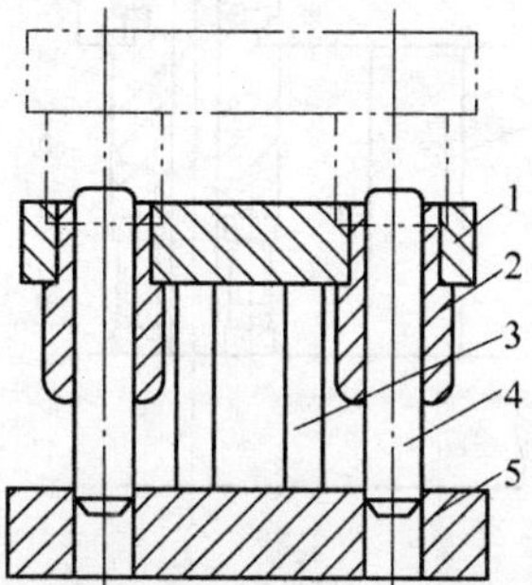

图 8-22　压入导柱

1—上模座　2—导套　3—等高垫

4—导柱　5—下模座

4）压入导柱。

5）检验模架平行度。

2. 粘结剂连接模架的装配　粘结剂连接模架的导柱和导套（或衬套）与模座以粘结剂连接方式固定。粘结剂连接材料有环氧树脂粘结剂、低熔点合金和厌氧胶等。粘结剂连接模架对上下模座配合孔的加工精度要求较低，不需精密设备。模架的装配质量和粘结剂连接质量有关。粘结剂连接模架有导柱不可卸式和导柱可卸式两种。

（1）导柱不可卸式粘结剂连接模架的装配方法：粘结剂连接模架的上、下模座上下平面的平行度要求符合技术条件，对于模架各零件粘结剂连接面的尺寸精度和表面粗糙度要求不高。装配过程如下：

1）选配导柱和导套。

2）清洗。用汽油或丙酮清洗模架各零件的粘结剂连接表面，并自然干燥。

3）粘结剂连接导柱。如图 8-23 所示，将专用工具 6 放于平板上，将两个导柱非粘结剂连接面夹持在专用工具上，保持导柱的垂直度要求，然后放上等高垫块，在导柱上套上塑料垫圈 3 和下模座 2，调整导柱与下模座孔的间隙，使间隙基本均匀，并使下模座与等高垫块压紧，然后在连接缝隙内浇注粘结剂。待固化后松开工具，取出下模座。

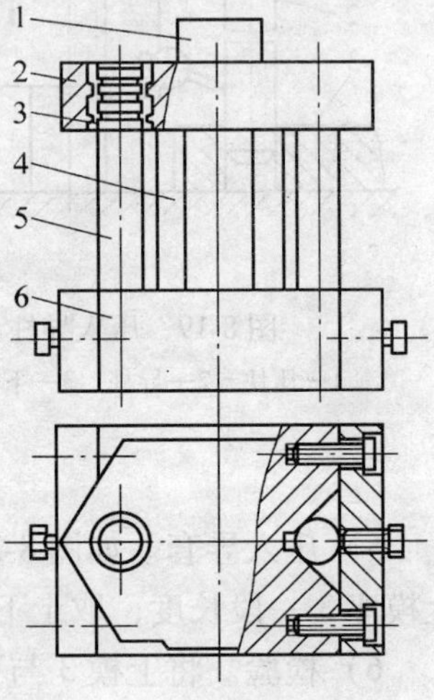

图 8-23　粘结剂连接导柱

1—压块　2—下模座　3—塑料垫圈　4—等高垫块　5—导柱　6—专用工具

4）粘结剂连接导套。如图 8-24 所示，将连接好导套的下模座平放在平板上，将导套套入导柱，再套上上模座，在上下模座之间垫上等高垫块，垫块距离尽可能大些；调整导套与上模座孔的间隙，使间隙基本均匀；调整支承螺钉 6，使导套台阶面与模座平面接触；检查模架平行度，合格后浇注粘结剂。

5）检验模架装配质量。

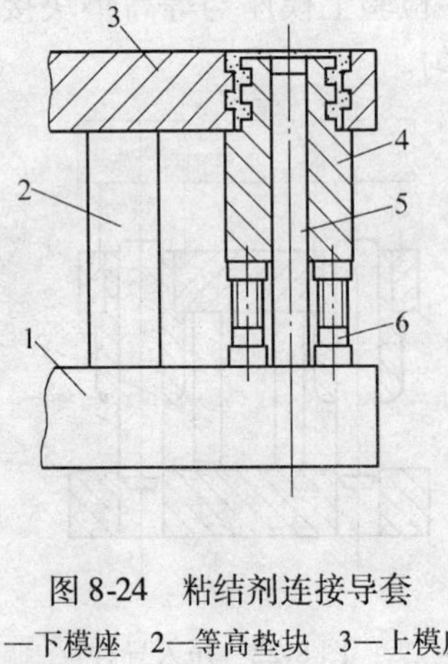

图 8-24　粘结剂连接导套

1—下模座　2—等高垫块　3—上模座

4—导套　5—导柱　6—支承螺钉

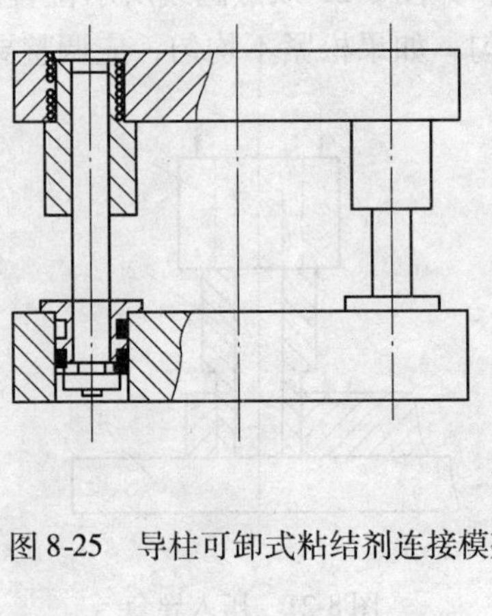

图 8-25　导柱可卸式粘结剂连接模架

（2）导柱可卸式粘结剂连接模架的装配方法：这种模架的导柱以圆锥面与衬套相配合，

衬套连接在下模座上，导柱是可拆卸的，如图 8-25 所示。这种模架要求导柱的圆柱部分与圆锥部分有较高的同轴度；要求导柱和衬套有较高的配合精度；而且还要求衬套台阶面与下模座平面相接触后，衬套锥孔有较高的垂直度。其装配过程如下：

1）选配导柱和导套。

2）配磨导柱与衬套。先配磨导柱与衬套的锥度配合面，其吻合面积在 80% 以上。然后将导柱与衬套装在一起，以导柱两端中心孔为基准磨削衬套 *A* 面，如图 8-26 所示，保证 *A* 面与导柱轴心线的垂直度要求。

3）清洗与去毛刺。首先锉去零件毛刺及棱边倒角，然后用汽油或丙酮清洗连接零件的连接表面，并干燥处理。

4）粘结剂连接衬套。将导套与导柱装入下模座孔，如图 8-27 所示。调整衬套与模座孔的连接间隙，使连接间隙基本均匀，然后用螺钉固紧，垫上等高垫块，浇注粘结剂。

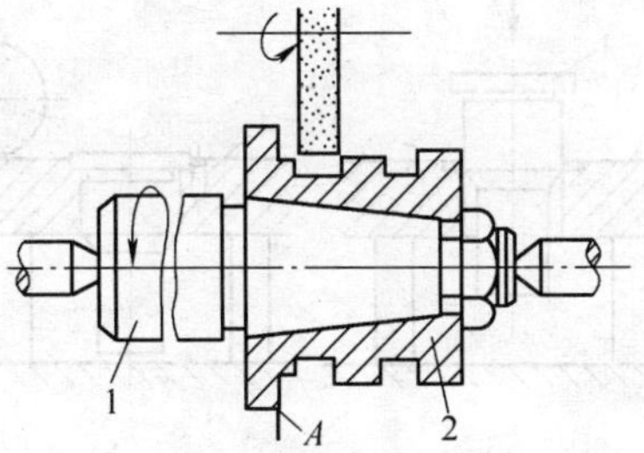

图 8-26　磨衬套台阶面

1—导柱　2—衬套

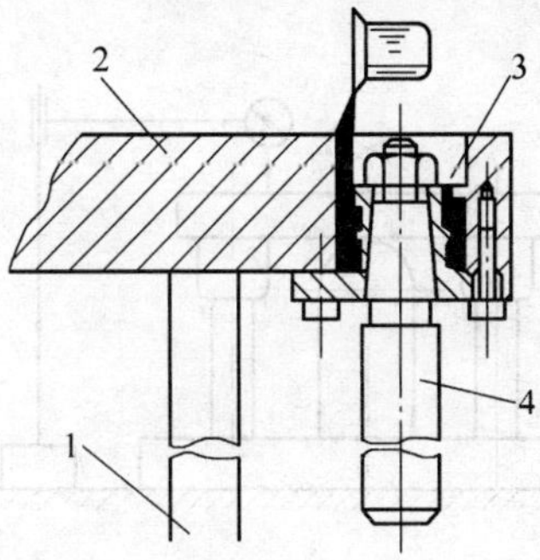

图 8-27　粘接衬套

1—等高垫块　2—下模座

3—衬套　4—导柱

5）粘结剂连接导套。

6）检验模架装配质量。

3. 模架检验　导柱、导套分别压入模座后，要对其垂直度分别在两个互相垂直的方向上进行测量，导柱垂直度测量方法如图 8-28b 所示。图中右侧是测量工具示意图，测量前将圆柱角尺置于平板上，对测量工具进行校正如图 8-28a 所示。导套孔轴线对上模座顶面的垂直度可在导套孔内插入锥度 200：0.015 的芯棒进行检查，如图 8-28c 所示。但计算误差时应扣除被测尺寸范围内芯棒锥度的影响。其最大误差值 Δ 可按下式计算

$$\Delta = \sqrt{\Delta x^2 + \Delta y^2}$$

式中　Δx、Δy——在互相垂直的方向上测量的垂直度误差。

导柱、导套装入后，将上、下模座对合，中间垫上球形垫块，如图 8-29 所示。要在平板上检验上模座上平面对下模座底面的平行度。在被测表面内取百分表的最大与最小读数之差，即为被测模架的平行度误差。

4. 模柄的装配　模柄主要是用来保持模具与压力机滑块的连接，它是装配在模座板中，常用的模柄装配方式有：

（1）压入式模柄的装配：压入式模柄与上模座的配合为 H7/m6，在装配凸模固定板和

垫板之前，应先将模柄压入上模座内，如图 8-30a 所示。装配后用直角尺检查模柄圆柱面和上模座的垂直度误差是否小于 0.05mm，检查合格后，再加工骑缝销孔（或螺纹孔），装入骑缝销（或螺钉）并进行固紧。最后将端面在平面磨床上磨平，如图 8-30b 所示。

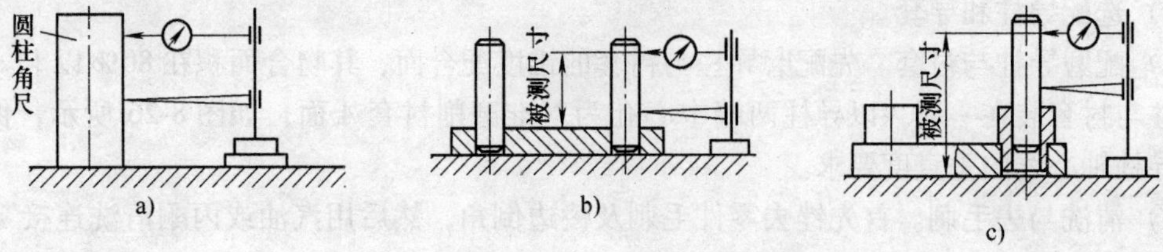

图 8-28　导柱、导套垂直度检测

a）垂直度校准　b）导柱测量　c）导套测量

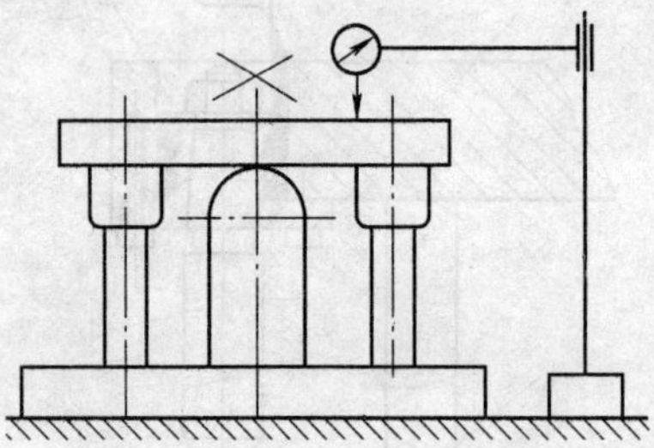

图 8-29　模架平行度的检查

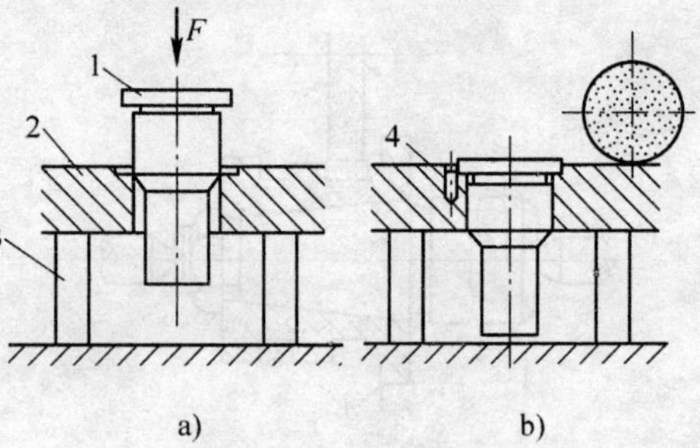

图 8-30　模柄装配

a）模柄装配　b）磨平端面

1—模柄　2—上模座　3—等高垫块　4—骑缝销

（2）旋入式模柄的装配：旋入式模柄的装配如图 8-31 所示。它是通过螺纹直接旋入模板上而固定，用紧定螺钉防松，装卸方便，多用于一般冲模。

（3）凸缘模柄的装配：凸缘模柄的装配如图 8-32 所示。它通过 3 ~4 个螺钉固定在上模座的窝孔内，其螺帽头不能外凸。它多用于较大型的模具上。

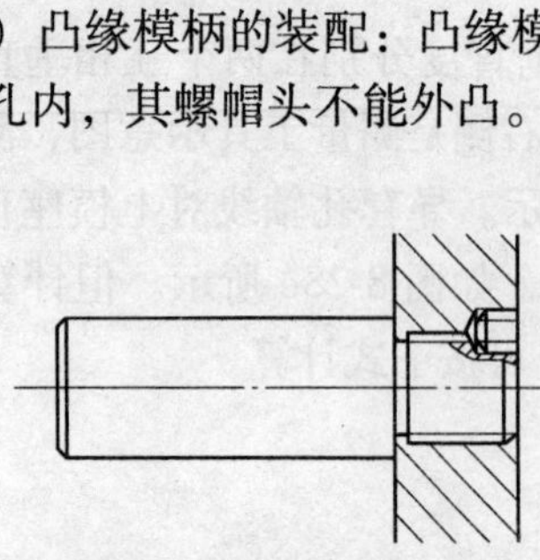

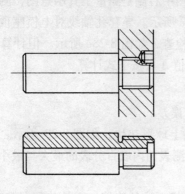

图 8-31　旋入式模柄的装配

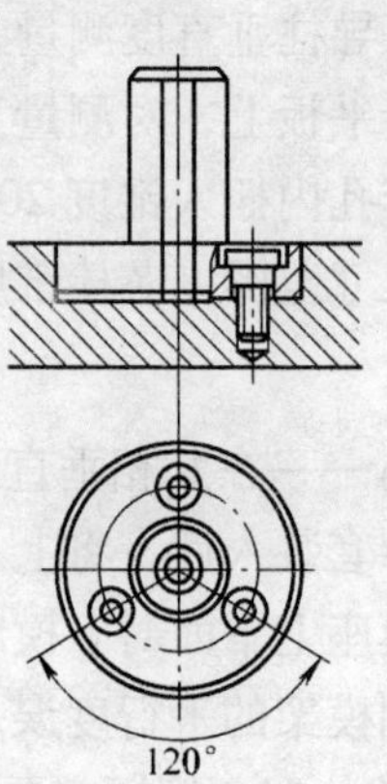

图 8-32　凸缘模柄的装配

以上三种模柄装入上模座后必须保持模柄圆柱面与上模座上平面的垂直度，其误差不大于0.05mm。

8.5.2 凸模和凹模的装配

凸、凹模的装配方法和模架的装配方法一样，主要有以下几种固定方法：

1. 机械固定法 根据模具零件紧固的形式，常用的方法可分为紧固件法和压入法。

（1）紧固件法：它是利用紧固零件将模具零件固定的方法，其特点是工艺简单、紧固方便。常用的方式为螺栓紧固式和斜压块紧固式。

1）螺栓紧固式。如图8-33所示，它是将凸模（或固定零件）放入固定板孔内，调整好位置和垂直度，用螺栓将凸模紧固。该方法常用于大中型凸模的固定。

2）斜压块紧固式。如图8-34所示，它是将凹模（或固定零件）放入固定板带有10°锥度的孔内，调整好位置，用螺栓压紧斜压块使凹模固紧。该方法常用于大型冲模中冲小孔的易损凸模。

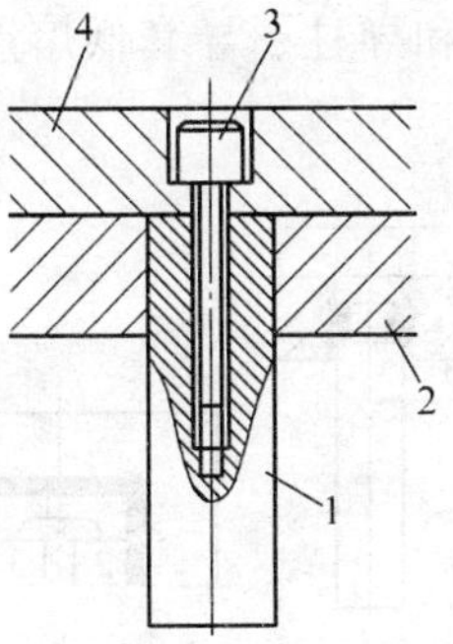

图8-33 螺栓紧固法

1—凸模 2—固定板 3—螺栓 4—模座

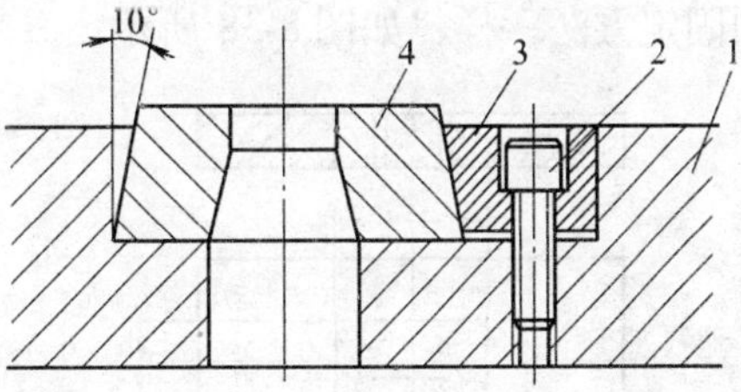

图8-34 斜压块紧固法

1—模座 2—螺栓 3—斜压块 4—凹模

（2）压入法：压入法如图8-35a所示。定位配合部位采用H7/m6、H7/n6和H7/r6配合，适用于冲载板厚$\delta < 6$mm的冲裁凸模与各类模具零件。利用台阶结构限制轴向移动，需要注意台阶结构尺寸，应使$H > \Delta D$，$\Delta D \approx 1.5 \sim 2.5$mm，$H = 3 \sim 8$mm。

压入法的特点是连接牢固可靠，对配合孔的精度要求较高，加工成本高。装配压入过程如图8-35b所示。将凸模置于固定板型孔台阶向上，并放在两个等高垫铁上，将凸模工作端向下放入型孔对正，用压力机慢慢压入，要边压入边检查凸模垂直度，压入后台阶面相接触，然后将凸模尾端磨平。

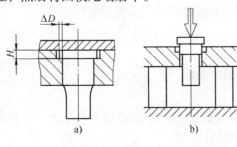

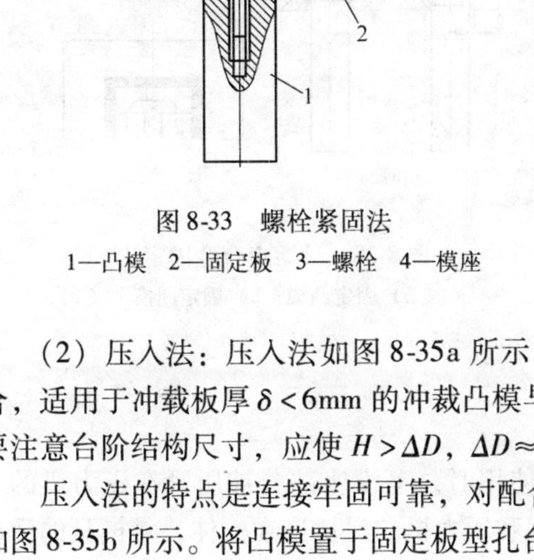

图8-35 压入法

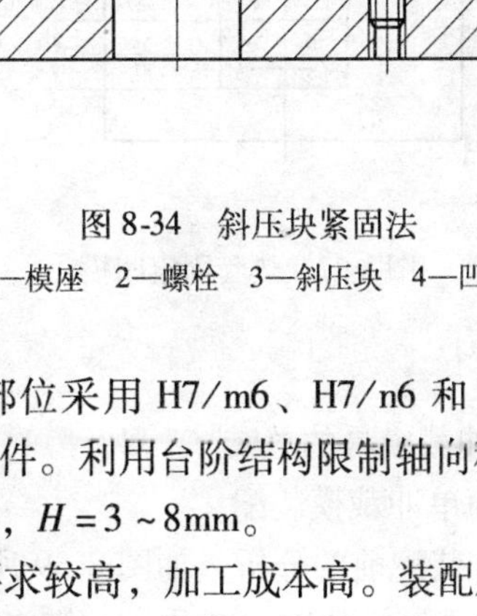

图8-36 铆接法

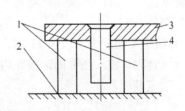

1—等高垫块 2—平板 3—凸模固定板 4—凸模

（3）铆接法：铆接法如图 8-36 所示。它主要适用于冲载板厚 $\delta<2$mm 的冲载凸模和其他轴向拉力不太大的零件。凸模和固定板型孔配合部分保持 0.0 1 ~0.03mm 的过盈量，铆接端凸模硬度小于或等于 30HRC，凸模工作部分长度应是整长的 1/2 ~1/3。固定板型孔连接端周边倒角为 C0.5 ~C1。

2. 物理固定法

（1）热套固定法：它是应用金属材料热胀冷缩的物理特性对模具零件进行固定的方法。常用于固定凸模、凹模拼块及硬质合金模块。

图 8-37 所示为热套固定硬质合金凹模。凹模和固定板配合孔的过盈量为图中尺寸 A 处为 0.001 ~0.002mm，图中尺寸 B 处为 0.001 ~0.002mm。固定时将其配合面擦净，放入箱式电炉加热后取出，将硬质合金凹模块放入固定板配合孔中，冷却后固定板收缩即将凹模固定。固定后再在平面磨床上磨平和进行型孔精加工。其加热温度凹模块为 200 ~250℃；固定板为 400 ~450℃。

（2）低熔点合金固定法：凸模、凹模低熔点合金固定法和导柱、导套低熔点合金固定法的固定方法一样，如图 8-38 所示。

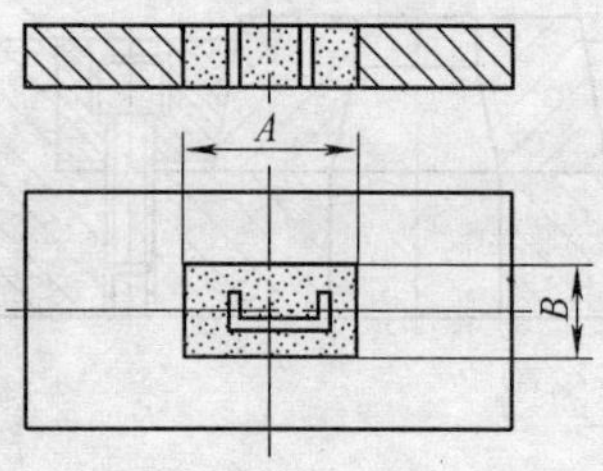

图 8-37　热套固定凹模

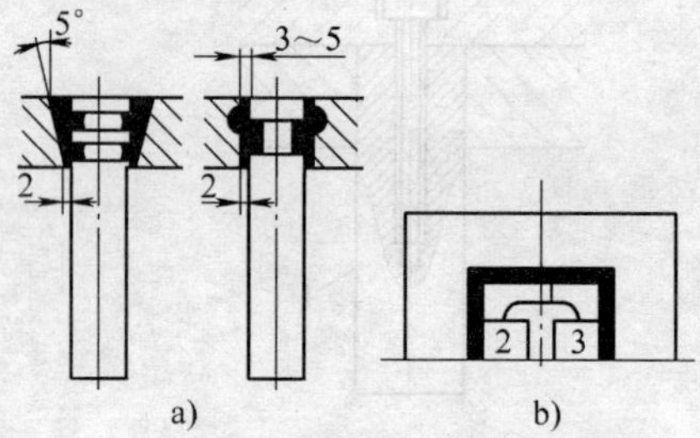

图 8-38　低熔点合金固定法
a）固定凸模　b）固定凹模

8.5.3　冲裁模具的总装

1. 简单冲裁模装配

（1）装配前的分析：如图 8-39 所示，冲模在使用时，下模座部分被压紧在压力机的工作台上，是模具的固定部分。上模座部分通过模柄和压力机的滑块连在一体，是模具的活动部分。模具工作时安装在活动部分和固定部分上的模具工作零件，必须保持正确的相对位置，才能使模具获得正常的工作状态。装配模具时为了方便地将上、下两部分的工作零件调整到正确位置，使凸、凹模具有均匀的冲裁间隙，应正确安排上、下模的装配顺序。

（2）组件装配

1）将模柄 7 装配于上模座 11 内，磨平端面。

2）将凸模 12 装入凸模固定板 5 内，磨平凸模固定端面。

（3）确定装配基准

1）对于无导柱模具，其凸、凹模间隙在模具安装到压力机上时进行调整，上、下模的装配先后顺序对装配过程影响不大，但应注意压力中心的重合。

2）对于有导柱模具，根据装配顺序方便和易于保证精度要求，确定以凸模或凹模作为基准。如图 8-39 中，可选择凹模作为基准，先装下模部分。

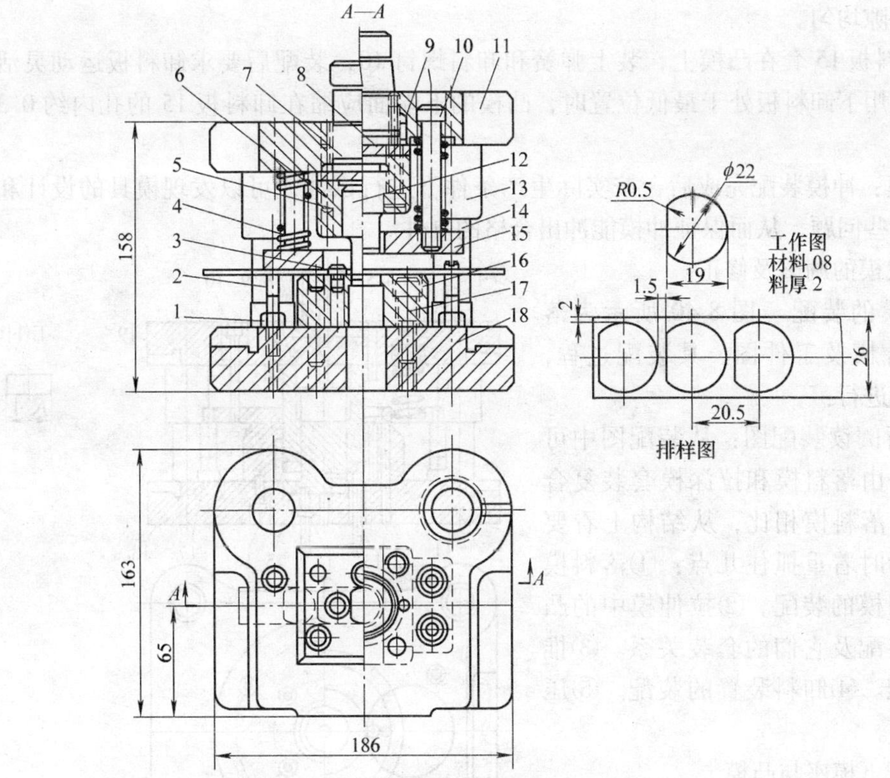

图 8-39　导柱式落料模

1—螺帽　2—螺钉　3—挡料销　4—弹簧　5—凸模固定板　6—销钉
7—模柄　8—垫板　9—止动销　10—卸料螺钉　11—上模座
12—凸模　13—导套　14—导柱　15—卸料板　16—凹模
17—内六角螺钉　18—下模座

（4）装配步骤

1）把凹模 16 放在下模座上，按中心线找正凹模的位置，用平行夹头夹紧，通过螺钉在下模座 18 上确定锥窝位置。拆去凹模，在下模座 18 上按锥窝钻螺纹底孔并攻螺纹。再重新将凹模板置于下模座上校正，用螺钉紧固，并钻铰销钉孔，打入销钉定位。

2）在凹模和下模座上安装挡料销 3。

3）配钻卸料螺钉孔。将卸料板 15 套在已装入固定板的凸模 12 上，在固定板 5 与卸料板 15 之间垫入适当高度的等高垫铁，并用平行夹头将其夹紧。按卸料板上的螺钉孔位置在固定板上钻出锥窝，拆开平行夹头后按锥窝钻固定板上的螺钉穿孔。

4）将已装入固定板 5 的凸模 12 插入凹模 16 的型孔中。在凹模 16 与固定板 5 之间垫入适当高度的等高垫铁，将垫板 8 放在固定板 5 上，装上上模座，用平行夹头将上模座 11 和固定板 5 夹紧。通过凸模固定板在上模座 11 上确定锥窝位置，拆开后按锥窝钻孔。然后用螺钉 2 稍加紧固上模座 11、垫板 8、凸模固定板 5。

5）调整凸、凹模的配合间隙。将装好的上模部分套在导柱上，用手锤轻轻敲击固定板 5 的侧面，使凸模插入凹模的型孔，再将模具翻转，用透光调整法调整凸、凹模的配合间隙，使配合间隙均匀。

6）将卸料板15套在凸模上，装上弹簧和卸料螺钉10，装配后要求卸料板运动灵活并保证在弹簧作用下卸料板处于最低位置时，凸模的下端面应缩在卸料板15的孔内约0.3～0.5mm左右。

（5）试模：冲模装配完成后，按实际生产条件下进行试冲，可以发现模具的设计和制造时存在的一些问题，从而保证冲模能冲出合格的制件。

（6）冲裁模的调整及修正。

2. 复合模的装配　图8-40所示为落料、拉深复合模及工件图。其装配过程，可按下列步骤进行：

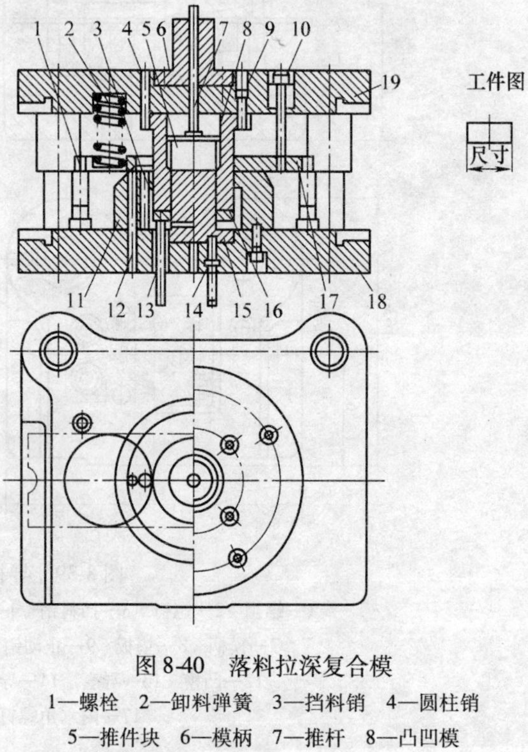

图8-40　落料拉深复合模

1—螺栓　2—卸料弹簧　3—挡料销　4—圆柱销　5—推件块　6—模柄　7—推杆　8—凸凹模　9—紧定螺钉　10—卸料板螺钉　11—凹模　12—销　13—顶杆　14—螺钉　15—凸模　16—压边圈　17—卸料板　18—下模座　19—上模座

（1）分析阅读装配图：从装配图中可知，该模具是由落料模和拉深模套装复合而成，与单一落料模相比，从结构上看要复杂些，分析时着重抓住几点：①落料模中的凸模与凹模的装配。②拉伸模中的凸模与凹模的装配及它们的套装关系。③推料装置的装配。④卸料装置的装配。⑤压边装置的装配。

（2）装配下模座与凸模

1）下模座18上配钻凸模15沉孔。

2）在凸模15尾端配钻、攻螺纹孔。

3）在下模座18底面配钻沉头孔和透气孔。

4）完工后旋入螺钉并紧固。

（3）装配凹模

1）把压边圈16套在凸模15上，其间为动连接。

2）把凹模11套装在凸模上，并用定位器确定正确位置。

3）位置确定后，把凹模11压紧在下模座上。

4）配钻、铰圆柱定位销孔，完工之后打入定位销。

5）在下模座18上配钻沉头孔，完工之后选入螺钉并紧固。

（4）装配凸凹模

1）把定位器装入到凸模和凹模上。

2）把凸凹模8装入定位器中。

3）把推件块5装入到凸凹模8中。

4）把推杆7插入到上模座19的模柄孔中。

5）把上模座与下模座合上，轻轻贴紧凸凹模尾端平面。

6）检查装配情况后，将整个模座压紧在工作台面上。

7）配钻、铰圆柱销定位孔，完工后打入定位销。

8）配攻螺纹孔及螺钉通孔，完工后拧入螺钉并紧固。

（5）装配卸料装置

1）配钻上模板上的螺柱沉头孔。

2）将弹簧2装入到模座中。

3）通过螺栓把卸料板17和弹簧2装到上模座19上，并调整到合适的位置上。

（6）装配其他零件

1）把导料螺栓装入到下模座上。

2）把导料销12装入到凹模11上。

3）装入推杆7及弹性橡胶块，使压边圈16处最上端位置与刃口平齐。

（7）检验，试模。

8.6 塑料模的装配

8.6.1 塑料模具的装配基准

1. 以塑料模中的主要零件作为装配基准　在这种情况下，定模和动模的导柱和导套孔先不加工，先将型腔和型芯镶件加工好，然后装入定模和动模内，将型腔和型芯之间以垫片法或工艺定位法来保证壁厚，定模和动模合模后再用平行夹板夹紧，镗制导柱和导套孔。最后安装定模和动模上的其他零件。这种情况大多适用于大、中型模具。

2. 已有导柱和导套的塑料模，用模板相邻两侧面作为装配基准　将已有导向机构的定模和动模合模后，磨削模板相邻两侧面呈90角，然后以侧面作为装配基准分别安装定模和动模上的其他零件。

8.6.2 组件装配

1. 型芯的装配　常见的装配方式有如下几种：

（1）小型芯的装配：图8-41所示为小型芯的装配方式。图8-41a所示装配方式为过渡端装配，即将型芯压入固定板。在压入过程中，要注意校正型芯的垂直度和防止型芯切坏固定板孔壁及使固定板变形。压入后要在平面磨床上用等高垫铁支撑磨平底面。

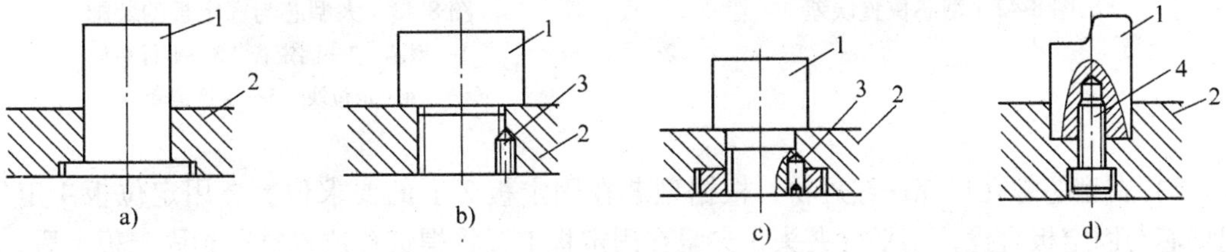

图8-41　小型芯的装配方式

a）过渡端装配　b）螺纹装配　c）螺母紧固装配　d）螺钉紧固装配

1—型芯　2—固定板　3、4—螺钉

图8-41b所示为螺纹装配，常用于螺纹联接型芯的热固性塑压模中。装配时将型芯紧固后，用骑缝螺钉定位。这种装配方式，对某些有方向性要求的型芯会造成型芯的实际位置与理想位置之间会出现误差，如图8-42所示。α是理想位置与实际位置之间的夹角。型芯的

位置误差可以修磨固定板 *a* 面或型芯 *b* 面进行消除。修磨前要进行预装并测出 α 角度大小。以 *a* 或 *b* 的修磨量 Δ 按下式计算：

$$\Delta = \frac{P\alpha}{360^\circ}$$

式中　Δ——修磨量（mm）；

α——误差角度（°）；

P——联接螺纹螺距（mm）。

图 8-41c 所示为螺母紧固装配，型芯与固定板孔连接段采用 H7/K6 或 H7/M6 配合，两者的连接采用螺母紧固，简化装配过程，适合安装方向有要求的型芯。当型芯位置固定后，用定位螺钉定位。这种装配方式适合固定外形为任何形状的型芯及多个型芯的同时固定。

图 8-41d 所示为螺钉紧固装配。型芯和固定板采用 H7/H6 或 H7/M6 配合，型芯压入固定板，并经校正合格后用螺钉紧固。在压入过程中，应对型芯压入端的棱边修磨成小圆弧，以免切坏固定板孔壁而失去定位精度。

（2）大型芯的装配：大型芯与固定板装配时，为了便于调整型腔的相对位置，减少机械加工工作量，对面积较大而高度低的型芯一般采用如图 8-43 所示的装配方式。其装配顺序如下：

1）在加工好的型芯 1 上压入实心的定位销钉套 5。

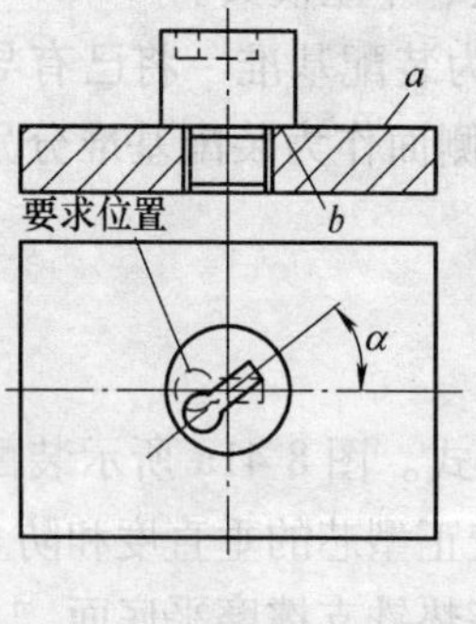

图 8-42　型芯位置误差

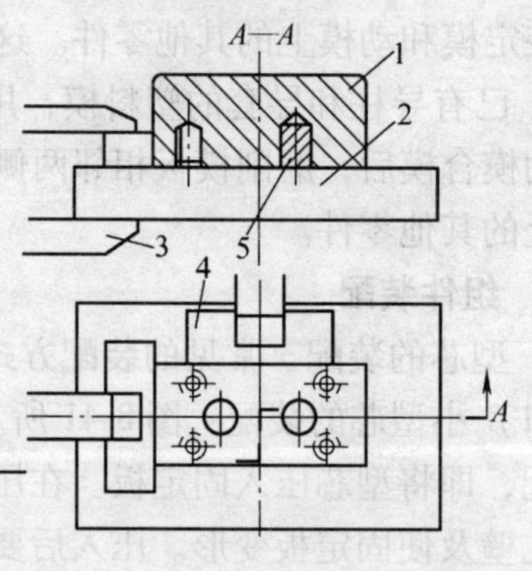

图 8-43　大型芯与固定板的装配

1—型芯　2—固定板　3—平行夹头

4—定位块　5—定位销套

2）在型芯螺孔口部抹红丹粉，根据型芯在固定板 2 上的要求位置，用定位板 4 定位，把型芯与固定板合拢，用平行夹头 3 夹紧在固定板上，将螺钉孔位置复印到固定板上后，取下型芯，在固定板上钻螺钉通孔及锪沉孔，用螺钉将型芯初步固定。

3）在固定板的背面划出销孔位置，并与型芯一起钻、铰销钉孔，压入销钉。

2. 型腔的装配及修整

（1）型腔的装配：塑料模具的型腔，一般多采用镶嵌式或拼块式。在装配后要求动、定模板的分型面接合紧密、无缝隙，而且同模板平面一致。装配型腔时一般采取以下措施：

1）型腔压入端不设压入斜度，一般将压入斜度设在模板孔上。

2）对有方向性要求的型腔，为了保证其位置要求，一般先压入一小部分后，型腔的平面部分用百分表进行位置校正，经校正合格后，再压入模板。为了装配方便，可使型腔与模板之间保持 0.01 ~0.02mm 的配合间隙。型腔装配后，找正位置并用定位销固定，如图 8-44 所示。最后在平面磨床上将两端面和模板一起磨平。

对型腔两端面都要留余量，装配后同模具一起在平面磨床上磨平。

3）对拼块型腔的装配，一般拼块的拼合面在热处理后要进行磨削加工，保证拼合后紧密无缝隙。拼块两端留余量，装配后同模板一起在平面磨床上磨平，如图 8-45 所示。

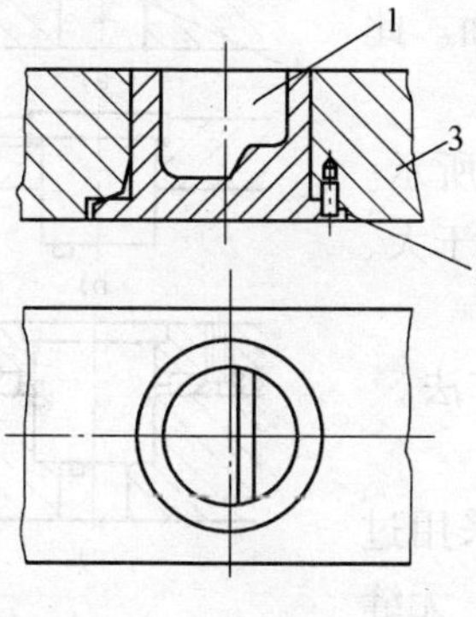

图 8-44　整体镶嵌式型腔的装配
1—型腔　2—定位销　3—型腔固定模板

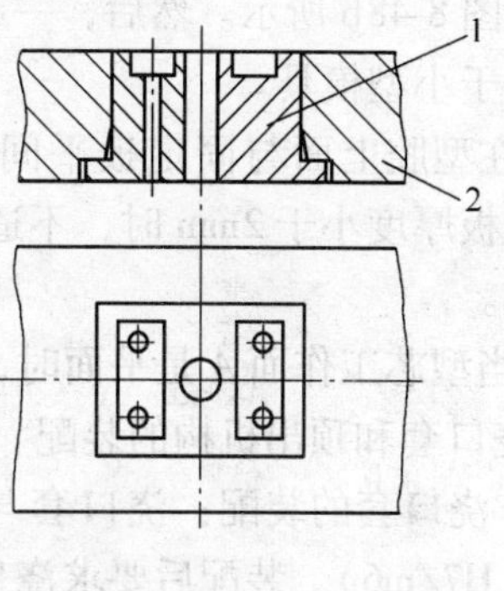

图 8-45　拼块式结构的型腔的装配
1—型腔拼块　2—固定模板

4）对工作表面不能在热处理前加工到尺寸的型腔，如果热处理后硬度不高（如调质处理），可在装配后应用切削方法加工到要求的尺寸。如果热处理后硬度较高，只有在装配后采用电火花机床，坐标磨床对型腔进行精修达到精度要求。

5）拼块型腔在装配压入过程中，为防止拼块在压入方向上相互错位，可在压入端垫一块平垫板，通过平垫板将各拼块一起压入模之中，如图 8-46 所示。

（2）型腔的修整：塑料模具装配后，有的型芯和型腔的表面或动、定模的型芯之间，在合模状态下要求紧密接触，为了达到这一要求，一般采用装配后修磨型芯端面或型腔端面的修配法进行修磨，如图 8-47 所示。型芯端面和型腔端面出现了间隙 Δ，可用以下方法进行修整，消除间隙：

1）修磨固定板平面 A。拆去型芯将固定板磨去大小等于间隙 Δ 的厚度。

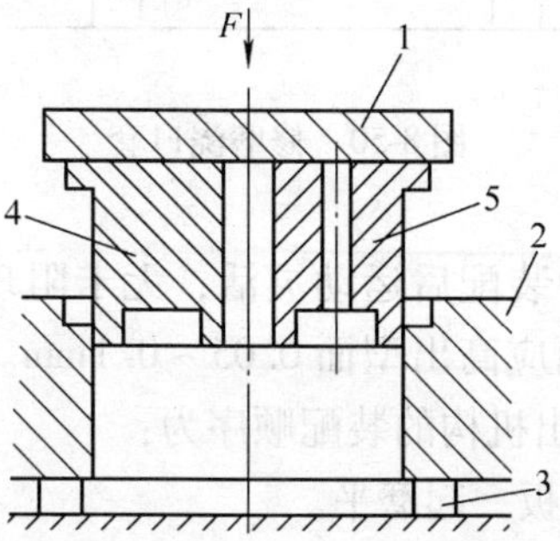

图 8-46　拼块型腔的装配
1—平垫板　2—模板　3—等高垫块　4、5—型腔拼块

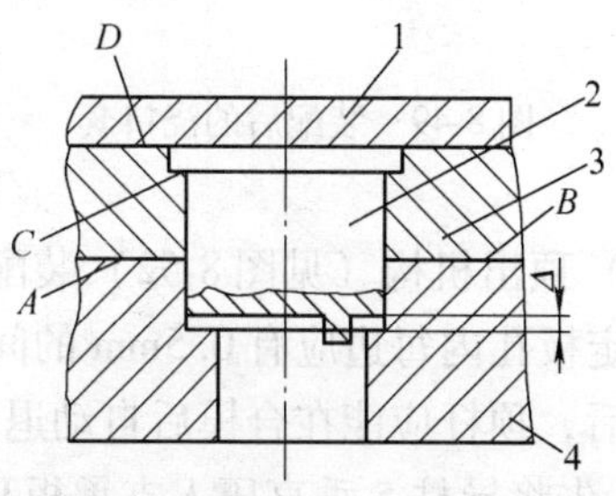

图 8-47　型芯与型腔端面间隙的消除
1—平垫板　2—型芯　3—固定板　4—型腔

2）将型腔上平面 B 磨去大小等于间隙 Δ 的厚度。此法不用拆去型芯，较方便。

3）修磨型芯台肩面 C。拆去型芯将 C 面磨去等于间隙 Δ 的厚度。但重新装配后须将固定板 D 面与型芯一起磨平。

如图 8-48 所示，装配后型腔端面与型芯固定板之间出现了间隙 Δ。为了消除间隙 Δ 可采用以下修配方法：

1）在型芯定位台肩和固定板孔底部垫入厚度等于间隙 Δ 的垫片，如图 8-48b 所示。然后，一起磨平固定板和型芯端面。此法只适用于小型模具。

2）在型腔上面与固定板平间增加垫板，如图 8-48c 所示。但对于垫板厚度小于 2mm 时，不适用。这种方法一般适用于大、中型模具。

3）当型芯工作面 A 是平面时，也可采用修磨 A 面的方法。

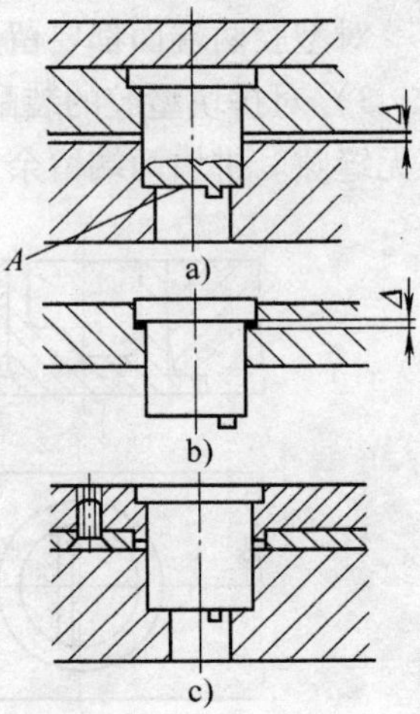

图 8-48　型腔板与固定板间隙的消除

3. 浇口套和顶出机构的装配

（1）浇口套的装配：浇口套与定模板的装配，一般采用过盈配合（H7/m6）。装配后要求浇口套与模板配合孔紧密、无缝隙。浇口套和模板孔的定位台肩应紧密贴实。装配后浇口套要高出模板平面 0.02mm，如图 8-49 所示。为了达到以上装配要求，浇口套的压入外表面不允许设置导入斜度，压入端要磨成小圆角，以免压入时切坏模板孔壁。同时压入的轴向尺寸应留有去圆角的修磨余量 H。

在装配时，将浇口套压入模配合孔，使预留余量 H 突出模板之外。在平面磨床上磨平预留余量，如图 8-50 所示。最后将磨平的浇口套稍稍退出，再将模板磨去 0.02mm，重新压入浇口套，如图 8-51 所示。对于台肩和定模板高出量 0.02mm，可由零件的加工精度保证。

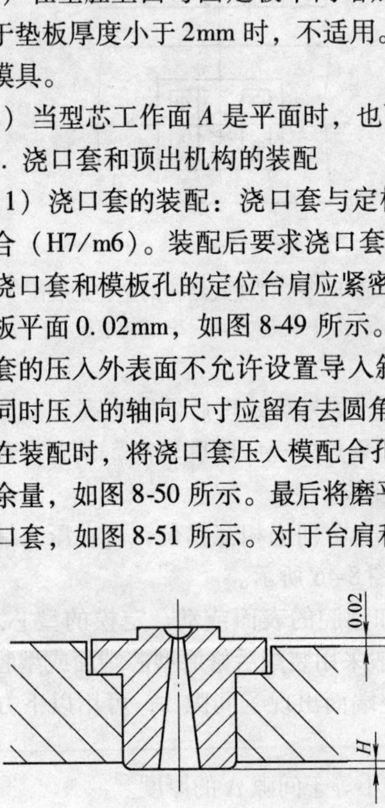

图 8-49　装配后的浇口套

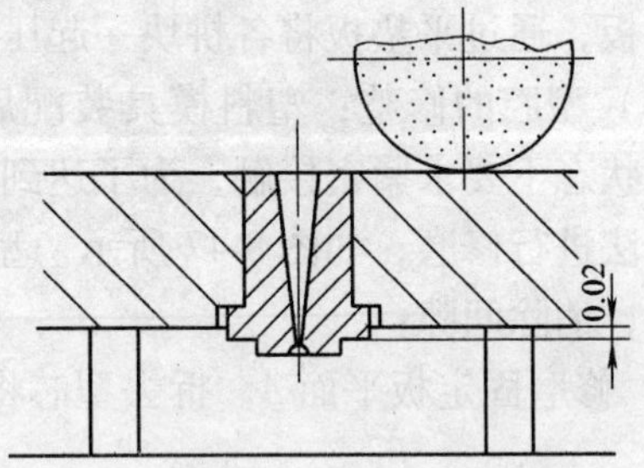

图 8-50　修磨浇口套

（2）顶出机构（见图 8-52）装配。装配技术要求为装配后运动灵活，无卡阻现象。顶杆在固定板孔内每边应有 0.5mm 的间隙。顶杆工作端面应高出型面 0.05～0.1mm。完成制品顶出后，顶杆应能在合模后自动退回到原始位置。顶出机构的装配顺序为：

1）先将导柱 5 垂直压入支承板 9，并将端面与支承板一起磨平。

2）将装有导套 4 的顶杆固定板 7 套装在导柱上，并将顶杆 8，复位杆 2 穿入顶杆固定板 7、支承板 9 和型腔镶块 11 的配合孔中，盖上顶板 6，用螺钉拧紧，并调整使其运动灵活。

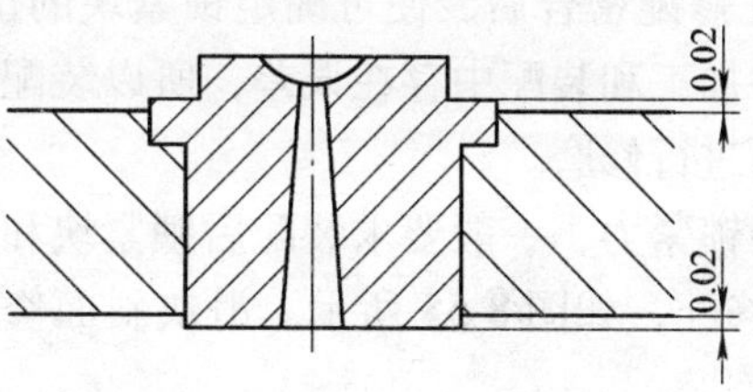

图 8-51　修磨后的浇口套

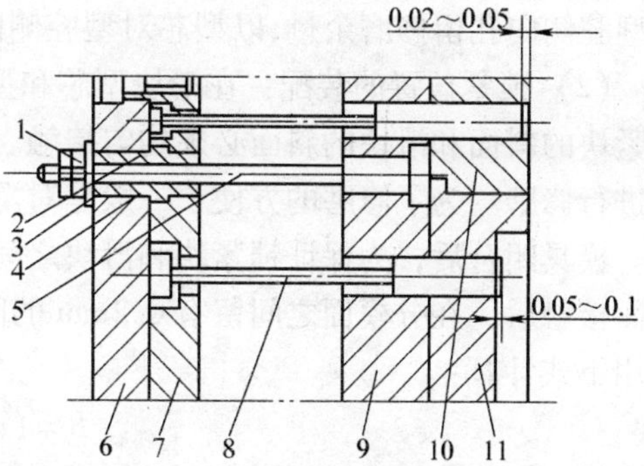

图 8-52　顶出机构

1—螺母　2—复位杆　3—垫圈　4—导套　5—导柱
6—顶板　7—顶杆固定板　8—顶杆　9—支承板
10—动模板　11—型腔镶块

3）修磨顶杆 8 和复位杆 2 的长度。如果顶板 6 和垫圈 3 接触时，复位杆、顶出杆低于型面，则修磨导柱 5 的台肩和支承板 9 上的平面。如果顶出杆、复位杆高于型面时，则修磨顶板 6 的底面。

4）一般顶杆和复位杆在加工时稍长一些，装配后将多余部分磨去。

5）修磨后的复位杆应低于型面 0.02～0.05mm，顶杆应高于型面 0.05～0.10mm，顶出杆、复位杆顶端可以倒角。

4. 滑块抽芯机构的装配　装配中的主要工作是侧向型芯的装配和锁紧位置的装配。

（1）侧向型芯的装配：一般是在滑块和滑道，型腔和固定板装配后，再装配滑块上的侧向型芯。图 8-53 所示为抽芯机构型芯装配，一般采用以下方式：

1）根据型腔侧向孔的中心位置测量出尺寸 a 和尺寸 b，在滑块上划线，加工型芯装配孔，并装配型芯，保证型芯和型腔侧向孔的位置精度。

2）以型腔侧向孔为基准，利用压印工具对滑块端面压印，如图 8-54 所示。然后，以压印为基准加工型芯配合孔后再装入型芯，保证型芯和侧向孔的配合精度。

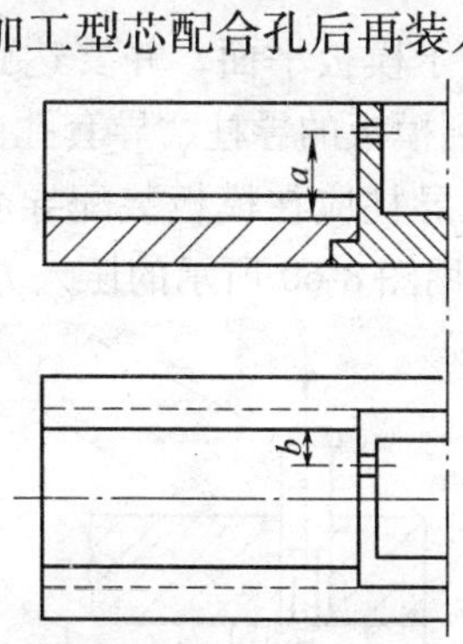

图 8-53　侧向型芯的装配

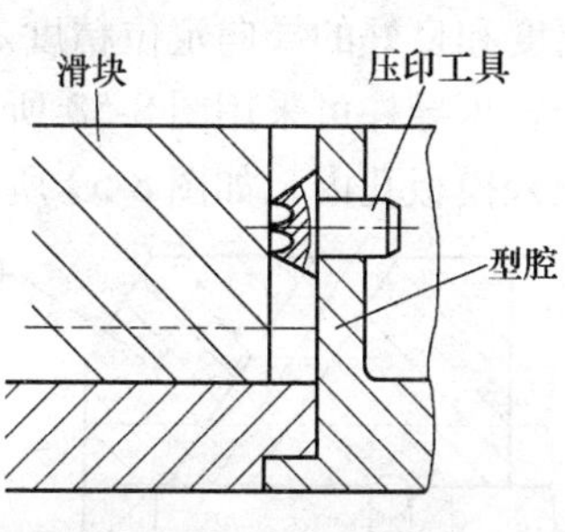

图 8-54　滑块端面压印

3）对非圆形型芯可在滑块上先装配留有加工余量的型芯。然后，对型腔侧向孔进行压印、修磨型芯，保证配合精度。同理，在型腔侧向孔的硬度不高，可以修磨加工的情况下，也可在型腔侧向孔留修磨余量，以型芯对型腔侧向孔压印，修磨型腔侧向孔，达到配合要求。

（2）锁紧位置的装配：在滑块型芯和型腔侧向孔修配密合后，便可确定锁紧块的位置。锁紧块的斜面和滑块的斜面必须均匀接触。由于零件加工和装配中存在误差，所以装配中需要进行修磨。为了修磨的方便，一般是对滑决的斜面进行修磨。

模具闭合后，为保证锁紧块和滑块之间有一定的锁紧力，一般要求装配后锁紧块和滑块斜面接触后，在分模面之间留有 0.2mm 的间隙进行修配，如图 8-55 所示。滑块斜面修磨量可用下式计算：

$$B=(a-0.2)\sin\alpha$$

式中 B——滑块斜面修磨量；

a——闭模后测得的实际间隙；

α——锁紧块斜度。

（3）滑块的复位、定位：模具开模后，滑块在斜导柱作用下侧向抽出。为了保证合模时斜导柱能正确进入滑块斜导柱孔，必须对滑块设置复位、定位装置，如图 8-56 所示为用定位板作滑块复位的定位。滑块复位正确位置可以通过修磨定位板的接触平面进行准确调整。

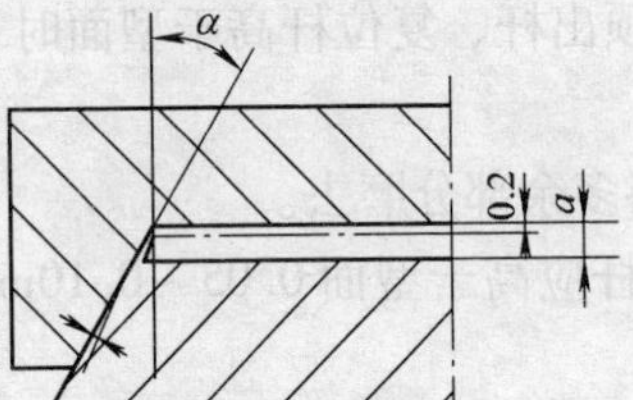

图 8-55 滑块斜面修磨量

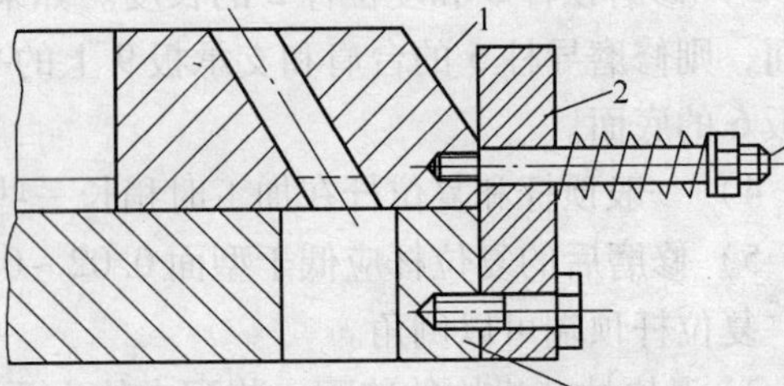

图 8-56 用定位板作滑块复位时的定位

1—滑块 2—定位板 3—螺钉 4—导滑块

如图 8-57 所示，滑块复位用滚珠、弹簧定位时，一般在装配中需在滑块上配钻位置确定滚珠定位锥窝，达到正确定位目的。

5. 导柱、导套的装配 装配后，要求导柱、导套垂直于模板平面，并要达到设计要求定配合精度和良好的导向定位精度。一般采用压入式装配到模板的导柱、导套孔内。

对于较短导柱可采用图 8-58 所示方式压入模板；较长导柱应在模板装配导套后，以导套导向压入模板孔内，如图 8-59 所示。导套压入模板可采用图 8-60 所示的压入方式。

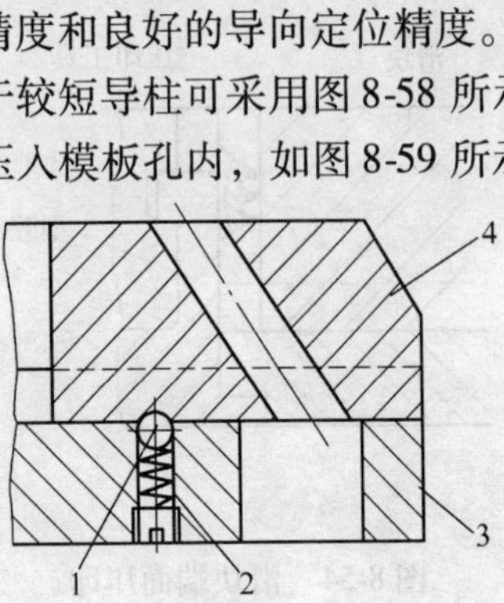

图 8-57 用滚珠作滑块复位时的定位

1—滚珠 2—弹簧 3—导滑块 4—滑块

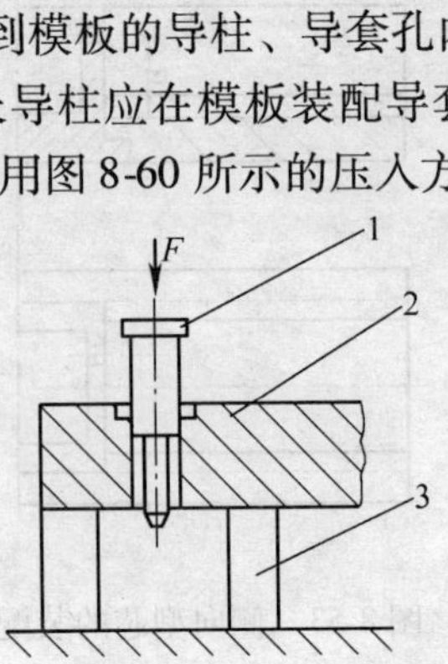

图 8-58 短导柱的装配

1—导柱 2—模板 3—等高垫块

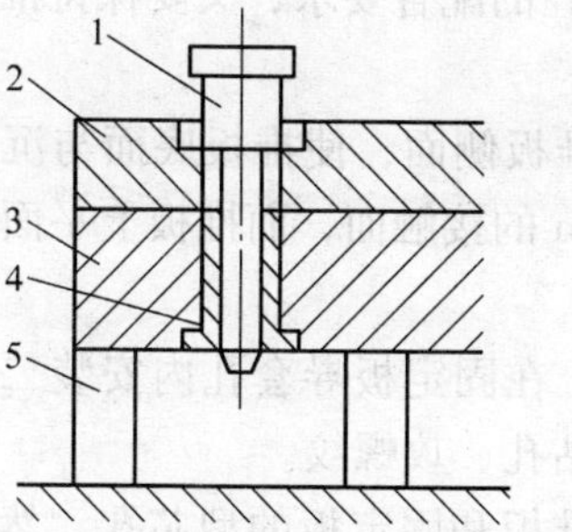

图 8-59　长导柱的装配

1—导柱　2—固定板　3—定模板　4—导套　5—等高垫块

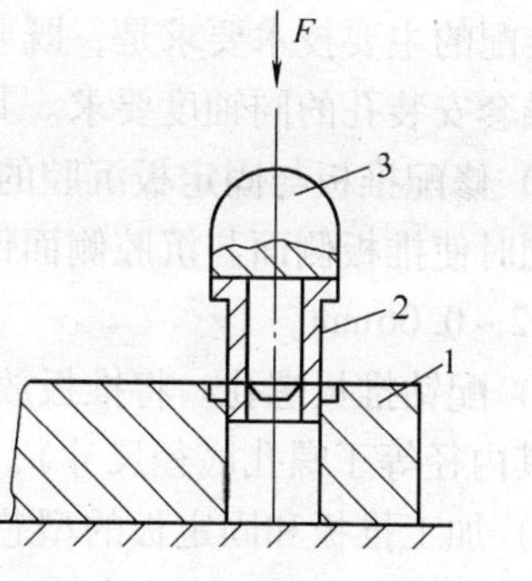

图 8-60　导套的装配

1—模板　2—导套　3—压块

对于滑块型芯抽芯机构中的斜导柱装配，如图 8-61 所示。

（1）装配技术要求

1）闭模后，滑块的上平面与定模平面必须留有 0.2 ~ 0.5mm 的间隙。这个间隙在注塑机上闭模时被锁模力消除，转移到斜楔和滑块之间。

2）闭模后，斜导柱外侧与滑块斜导柱孔留有 0.2 ~ 0.5mm 的间隙。在机上闭模后锁紧力把模块推向型芯，如不留间隙会使导柱受侧向弯曲力。

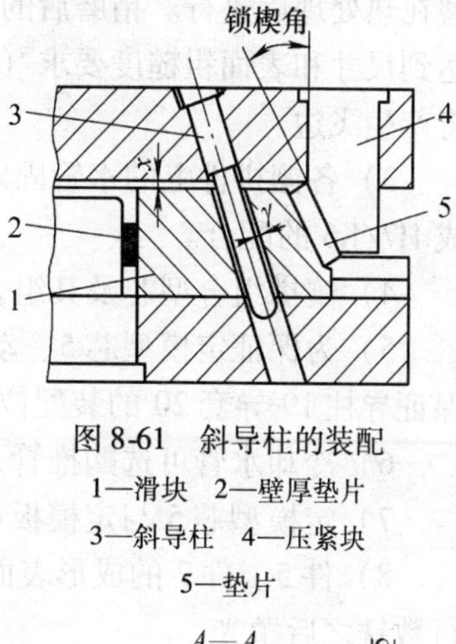

图 8-61　斜导柱的装配

1—滑块　2—壁厚垫片　3—斜导柱　4—压紧块　5—垫片

（2）装配步骤

1）将型芯装入型芯固定板成为型芯组件。

2）安装导块。按设计要求在固定板上调整导块的位置，待位置确定后，用夹板将其夹紧，钻导块安装孔和动模板上的螺孔，安装导块。

3）安装定模板锁楔。保证楔斜面与滑块斜面有 70% 以上的面积密贴。如侧芯不是整体式，在侧型芯位置垫以相当于制件壁厚的铝片或钢片。

4）闭模，检查滑块上平面与定模平面的间隙值是否合格（通过修磨和更换滑块尾部垫片保证这一间隙值）。

5）镗导柱孔。将定模板、滑块和型芯组一起用夹板夹紧，在卧式镗床上镗斜导柱孔。

6）松开模具，安装斜导柱。

7）修正模块上的导柱孔口为圆锥状。

8）调整导块，使之与滑块松紧适应，钻导块销孔，安装销钉。

9）镶侧型芯。

（3）埋入式推板的装配：埋入式推板结构是将推板埋入固定沉腔内，如图 8-62 所示。

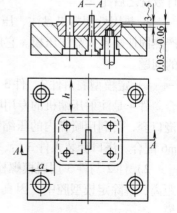

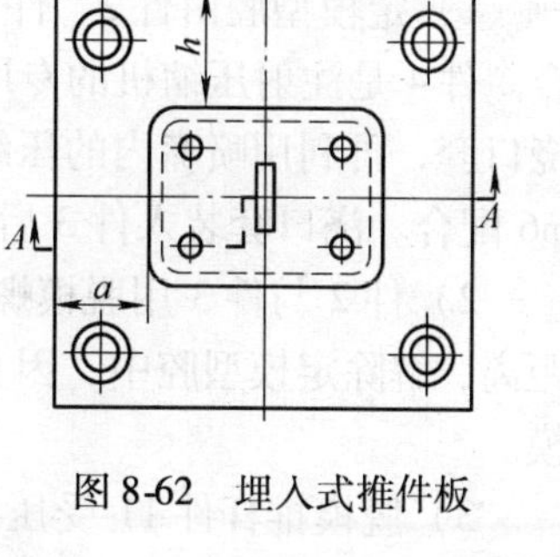

图 8-62　埋入式推件板

装配的主要技术要求是，既要保证推板与型芯和沉腔的配合要求，又要保持推板上的螺孔与导套安装孔的同轴度要求。其装配步骤如下：

1）修配推板与固定板沉腔的锥面配合。首先修正推板侧面，使推板底面与沉腔底面接触，同时使推板侧面与沉腔侧面保持图示位置的3~5mm的接触面，而推板上平面高出固定板0.02~0.06mm。

2）配钻推板螺孔。将推板放入沉腔内，平行夹紧。在固定板导套孔内安装二级工具钻套（其内径等于螺孔底径尺寸），通过二级工具钻套孔钻孔、攻螺纹。

3）加工推板和固定板的型芯孔。采用同镗法加工推板和固定板的型芯孔，然后将固定板型芯孔扩大。

8.6.3 塑料模具典型结构装配实例及分析

1. 塑料刷动模型芯镶拼组合结构的装配　图8-63所示为一副注射模结构图，是定模推板脱模典型结构。装配分析如下：

1）必须如图8-63所示，安装四件弹簧21以确保开模时能首次从Ⅰ—Ⅰ处分型，使塑料刷包附在定模型芯件5上，从而脱离动模型腔。

2）制品上的锥形梳齿，是用板件镶拼组合成形。每一镶拼成形件上的半个锥形梳齿成形孔，在斜度可调的专用夹具上定位后，用成形砂轮片磨削成形。粗磨在热处理前进行；精磨在热处理后进行。精磨后的表面粗糙度$Ra \leqslant 0.1\mu m$，也可用慢走丝线切割一次加工成形，达到尺寸和表面粗糙度要求（或采用冷挤压成形）。此类半个锥形型孔切忌手工抛光，否则将产生飞边。

3）各镶拼件上的水管固定孔在热处理前配钻、配铰，热处理后用砂轮磨光，与水管11成H7/K6的配合。

4）镶拼组合型芯及其组合整体与型腔镶套7为H7/m6配合。

5）为保证定模型芯5、动模型腔镶套7的同轴度以保证制品壁厚的均匀一致，首先应保证导柱19导套20的装配位置精度；件5件7的固定孔应配镗，之后再扩孔。

6）冷却水管可选购推管，装入后小端开口翻边铆牢即可。

7）定模型芯5与定模板4的配合是H7/m6，与定模推板6是H7/f6。

8）件5、件7的成形表面，可精车成形（旋风车削法车椭圆或孔）之后抛光，也可进行数铣之后抛光。

2. 热固性塑料果盘注、压模的装配工艺　图8-64所示是一副用注射、压缩成形工艺生产热固性塑料果盘注压模。它解决了注射成形工艺生产果盘因内应力大使果盘变形甚至开裂的问题。

1）定模型腔由件2、件3和件3内的浇口套共同组成。件3小端与件2内孔为H7/f7配合。件4是注射压缩机的专用喷嘴，小端有侧凹6，开模后利用侧凹将主浇道凝料拉断带离浇口套，再利用喷嘴内的压缩空气阀开启后的空气将凝料吹落。浇口套与件3内孔为H7/m6配合。浇口套装入件3后，下端成形面与件3成形面一同磨平并抛光。

2）件2与件3用脱模螺栓联接且套有碟形弹簧。开模时，使件3与件2首先分开一段距离，解除定模型腔中，因真空形成的负压吸附作用，便于果盘离开下模板1后的完全脱模。

3）脱模推杆件11受压缩空气阀控制。压缩空气进入，打开气阀，下压推杆将果盘从

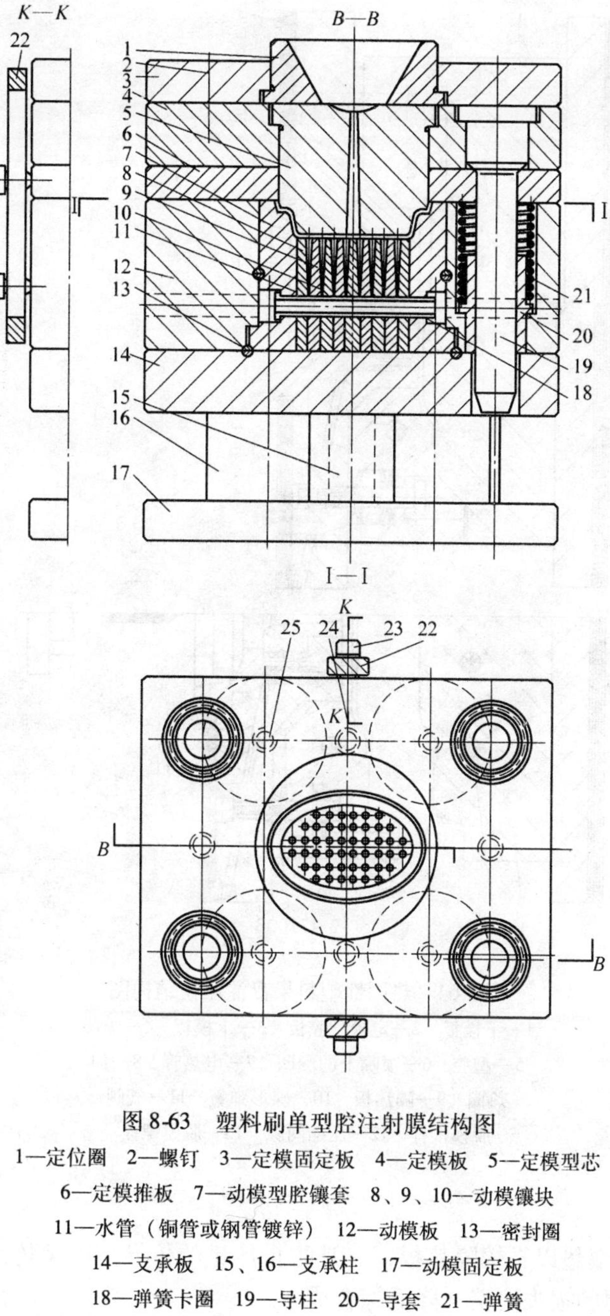

图 8-63　塑料刷单型腔注射膜结构图

1—定位圈　2—螺钉　3—定模固定板　4—定模板　5—定模型芯
6—定模推板　7—动模型腔镶套　8、9、10—动模镶块
11—水管（铜管或钢管镀锌）　12—动模板　13—密封圈
14—支承板　15、16—支承柱　17—动模固定板
18—弹簧卡圈　19—导柱　20—导套　21—弹簧
22—定距拉板　23、24、25—螺钉

定模型腔中推出。带有真空吸附装置的橡胶碗形机械手，将脱离型腔的果盘吸牢，送到传送带至装箱处装箱。

4）件 1、件 2、件 3 之间有导柱、导套作初定位。件 1、件 2 之间有锥面进行精定位，两配合锥面研配以保证密合，而件 2、件 3 之间，靠中间成形型腔 H7/f7 的配合进行定位，以保证其同轴度。

5）件 1、2、3 上均装有电热管加热，用以促使成形后的果盘交联，固化定形，缩短成

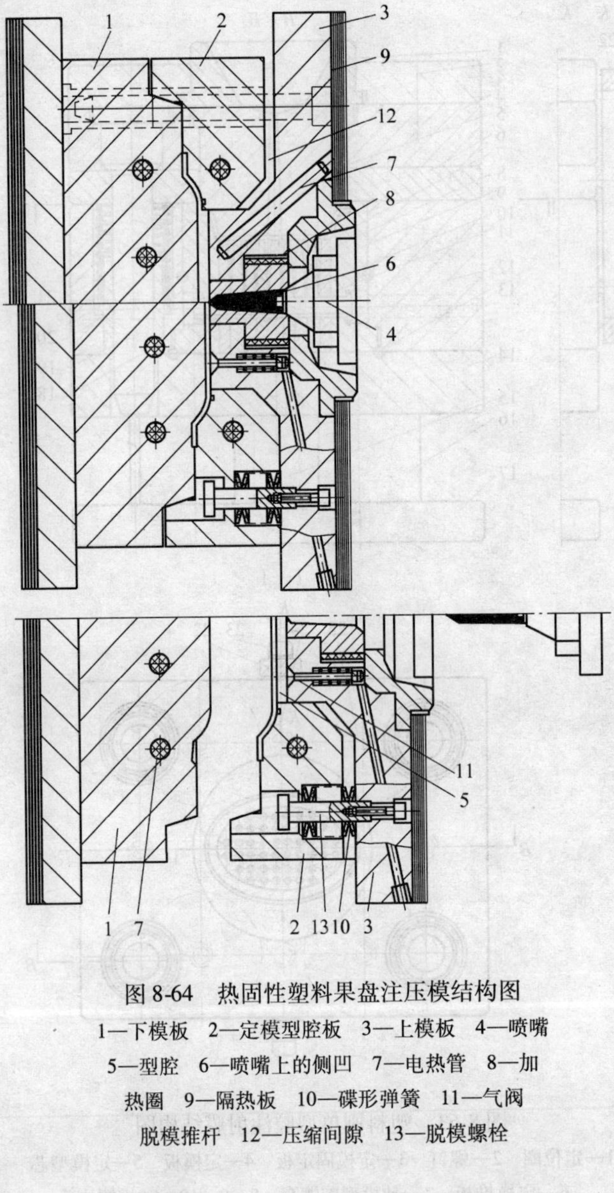

图 8-64　热固性塑料果盘注压模结构图

1—下模板　2—定模型腔板　3—上模板　4—喷嘴　5—型腔　6—喷嘴上的侧凹　7—电热管　8—加热圈　9—隔热板　10—碟形弹簧　11—气阀脱模推杆　12—压缩间隙　13—脱模螺栓

形时间，提高效率。

6）模具上下两端垫以石棉隔热板，一是防止热量的传导，以免传入机床，影响机床性能；二是为减少能源的损失浪费，降低综合成本。

8.6.4　试模

模具装配完成以后，在交付生产之前，应进行试模。对热塑性塑料注射模具的试模，一般按下列顺序进行：

1. 装模

（1）装模前的检查：塑料注射模具在安装到塑料注射机之前，应按设计图样对模具进行检查，发现问题及时排除，减少安装过程的反复。对模具的固定部分和活动部分进行分开检查时，要注意模具上的方向记号，以免合拢时混淆。

（2）模具的安装：固定塑料注射模具应尽量采用整体安装，吊装时要注意安全。当模具的定位台肩装入注射机定模板的定位孔后，以极慢的合模速度，用动模板将模具压紧，再拆去吊模用的螺钉，并把模具固定在注射机的动、定模板上。如果用压板固定时，装上压板后通过调整螺钉的调整，使压板与模具的安装基面平行，并拧紧固定，如图8-65所示。压板的数量一般为4～8块，视模具的大小来选择。

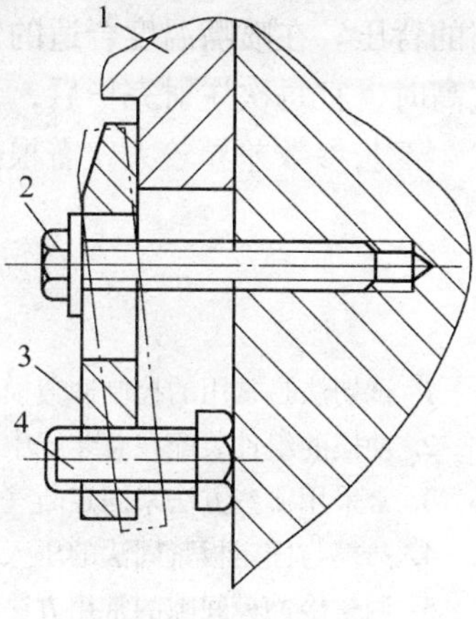

图8-65　压板固定模具

1—模具固定板　2—压紧螺钉

3—压板　4—调节螺钉

（3）模具的调整：主要指模具的开模距离、顶出距离和锁模力等的调整。开模距离与制品高度有关，一般开模距离要大于制品高度5～10mm，使制品能自由脱落。顶出距离的调整主要是对注射机顶出杆长度的调整。调节时，起动设备以开启模具，使动模板达到停止位置后，调节注射机顶出杆长度，使模具上的顶板和顶出杆之间距离不小于5mm，以免顶坏模具。

锁模力的调整：对有锁模力显示的设备，可根据制品的物料性质、形状复杂程度、流长比的大小等选择合适的锁模力进行试模。但对无锁模力显示的设备，主要以目测和经验调节。如对液压柱塞肘节式锁模机构，在合模时，肘节先快后慢。对需要加热的模具，应在模具加热到所需温度后，再校正合模的松紧程度。

（4）其他：当以上工作结束后，要对模具的冷却系统、加热系统及其他液压或电动机分型模具接通电源。

2. 试模

（1）物料塑化程度的判断：在正式开机试模前，要根据制品所选用原料和推荐的工艺温度对注射机料筒、喷嘴进行加热。由于它们大小、形状、壁厚不同；设备上热电偶检测精度和温度仪表的精度不同，因此温度控制的误差也不一样。一般是先选择制品物料的常规工艺温度进行加热，再根据设备的具体条件进行试调。常用的判断物料温度是否合适的办法是将料筒、喷嘴和浇口主流道脱开，用低压、低速注射，使料流从喷嘴中慢慢流出，以观察料流情况。如果没有气泡、银丝、变色，且料流光滑、明亮即认为料筒和喷嘴温度合适，便可开机试模。

（2）试模注射压力、注射时间、注射温度的调整：开始注射时，对注射压力、注射时间、注射温度的调整顺序为先选择较低注射压力、较低温度和较长时间进行注射成形。如果制品充不满，再提高注射压力，当提高注射压力较大，仍然效果不好时，才考虑变动注射时间和温度。注射时间增加后，等于使塑料在料筒内的时间延长，提高了塑化程度。

这样再注射几次，如果仍然无法充满型腔，再考虑提高料筒的温度。对料筒温度的提高要逐渐提高，不要一次提高太多，以免使物料过热。同时，料筒温度提高须经过一定时间才能达到料筒内外温度一致，一般中、小设备需15min左右。在达到所需温度后，最好保温一段时间。

（3）注射速度、背压、加料方式的选择：一般注射机有高速注射和低速注射两种速度。在成形薄壁、大面积制品时，采用高速注射；对壁厚、面积小的制品则采用低速注射。如果高速和低速注射都可以充满型腔，除纤维增强的塑料外，均宜采用低速注射。加料背压大小主要与物料粘度的高低及热稳定性好坏有关。对粘度高、热稳定性差的物料，易采用较低的螺杆转速和低的背压加料及预塑；对粘度低、热稳定性好的物料，宜采用高的螺杆转速和略高的背压。在喷嘴温度合适的情况下，固定喷嘴加料可提高生产效率。但当喷嘴温度太低或太高时，宜每次注射完毕后，注射系统向后移动后加料。试模时，物料性质、制品尺寸、形状、工艺参数差异较大，需根据不同的情况仔细分析后，确定各参数。

复习思考题

1. 试切法是常用的控制冲裁模凸、凹模间隙的方法，试简要说明试切法的原理。
2. 冲模的组件装配在总装配中有何作用?
3. 常采用哪些方法来固定凸（凹）模?
4. 凸模与固定板紧固法的压入装配工艺过程如何?
5. 调整冷冲模间隙的常用方法有哪几种?
6. 冲裁模装配的关键是什么? 简述已有适用模架的简单冲裁模的装配过程。
7. 冲裁模试冲时卸不下料的原因有哪些?
8. 简述塑料模总装配程序。
9. 导柱、导套固定孔如何加工? 导柱、导套组装时应注意哪些问题?
10. 简述塑料模的试模过程。

第9章 模具先进制造技术

9.1 模具高速切削技术

9.1.1 高速切削技术简介

机械制造业是国民经济重要支柱产业，也是国家综合实力的重要衡量标准。目前机械制造业呈现出市场需求多变、产品上市速度加快、产品形式多样化、低能高效等新特点。为顺应新形势发展要求，高效率、高质量、高柔性、低成本已成为机械制造业发展必然的趋势。机械加工技术是机械制造业中最基础、使用范围最广的技术之一。

那么，什么是高速切削呢？通俗地讲，高速切削（High Speed Machining，HSM或High SpeedCutting，HSC）是指在远高于常规切削速度的速度下进行的切削加工或者是切削速度比常规高出5~10倍以上的切削加工。

高速切削加工不能简单地用某一固定的切削速度值来定义。不同的切削条件下，高速切削具有不同的速度范围。

9.1.2 高速切削技术的优势

高速切削与传统的普通切削方式相比在转速、移动速度和切削量等方面都作了改进，采取高转速、快速移动、切削量少的切削方式。总之，与传统的切削方式相比，高速切削拥有以下不可比拟的优势：

1. 加工效率高　进给率较常规提高5~10倍，材料去除率提高3~6倍。同时机床快速空程速度的大幅度提高，也大大减少了非切削的空行程时间，机床加工效率得到了大幅度提高。

2. 切削力小　在高速切削加工范围内，随着切削速度的提高，切削力也相应减少，较常规切削降低至30%，径向力降低更明显。这有利于减小工件受力变形，适合加工薄壁件和刚度较差的零件。

3. 切削热少　加工过程迅速，95%以上的切削热被切屑带走，工件集聚热量少，温升低，基本上保持冷态。适于加工易氧化和易产生热变形的零件。

4. 加工精度高　高速切削时机床的激振频率特别高，刀具激振频率远离工艺系统固有频率，不易产生振动，又因切削力小，热变形小，残余应力小，易于保证加工精度和表面质量。

5. 工序集中化　可获得高的加工精度和低的表面粗糙度，在一定的条件下，可对硬表面加工，从而使工序集中化。这对模具加工有特别意义。

6. 加工成本降低、研发周期缩短　切削速度的提高缩短零件的单件加工时间，从而降低成本。再者，用高速加工中心或高速铣床加工模具，可以在工件一次装夹中，完成形面的粗、精加工和模具其他部位的机械加工，即所谓“一次过”技术，使产品的研发周期大大缩短。

7. 刀具使用寿命延长　高速切削技术能够保证刀具在不同速度下工作的负载恒定，而且刀具每刃的切削量比较小，有利于延长刀具的使用寿命。

8. 高速切削还可以完成淬硬钢的精加工，提高加工件的表面质量　例如，高速切削加工淬硬的模具可以减少甚至取代电加工和磨削加工，同样满足加工质量的要求。

由于拥有上述众多优势，高速加工技术已在航空航天、汽车和摩托车、模具制造、轻工与电子工业，以及其他制造业得到了越来越广泛的应用，同时取得了极其巨大的技术与经济效益。图 9-1 所示为叶片和某薄壁件加工零件实例，可看到多种不同材料的复杂结构零件，包含自由曲面的零件等，都已可用高速切削技术加工。

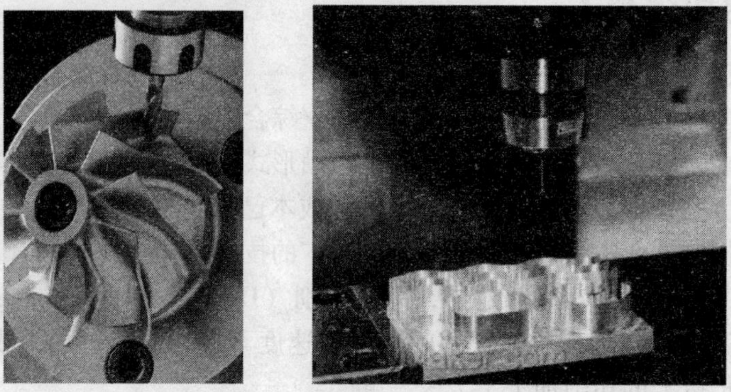

a)　　　　　　　　　　　　b)

图 9-1　高速切削加工零件实例

a）高速加工叶片　b）高速加工薄壁零件

9.1.3　高速切削的关键技术

高速切削加工技术是一个复杂的系统工程，目前已经形成了一个完整合理的体系，该体系主要包括高速切削加工理论、机床、刀具、工件、加工工艺及切削过程监控与测试等诸多方面，如图 9-2 所示。

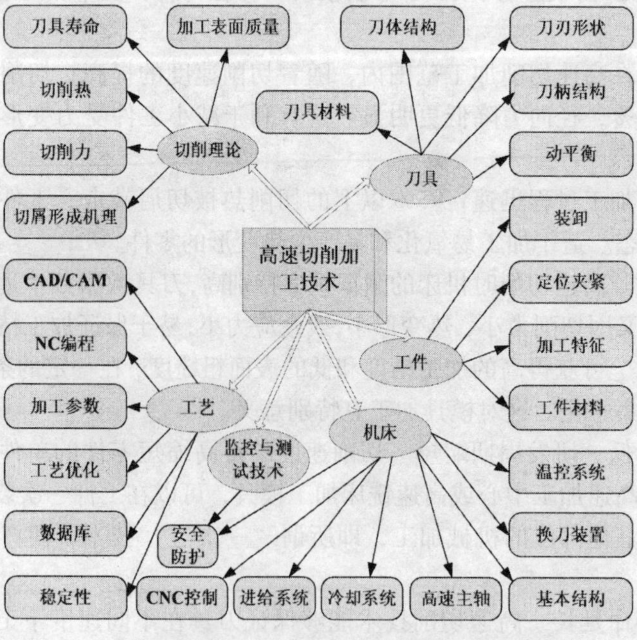

图 9-2　高速切削加工技术体系

高速切削加工综合技术中高速切削机床（包括高速主轴系统、快速进给系统、CNC 控制系统等），刀具技术（包括高速切削刀具材料、刀具结构和刀柄系统等）以及高速切削加工安全防护与监控技术等都是其最重要的关键技术。它们对高速切削加工技术的发展和应用，起着决定性的作用。

1. 高速切削机床　高速切削加工技术一般采用高速数控加工中心、高速铣床或钻床等，高速机床是实现高速切削加工的前提和基础。

高速切削机床技术主要包括高速单元技术和机床整机技术。高速单元技术的研究内容主要包括高速主轴单元、高速进给系统、高速 CNC 控制系统等；高速机床整机技术研究内容主要包括机床床身、冷却系统、安全措施和加工环境等。

（1）高速主轴单元：高速主轴单元包括动力源、主轴、轴承和机架四个主要部分，也是高速切削技术最重要的关键技术之一，在很大程度上决定了高速机床的性能。

实际应用中，电主轴的选用应根据加工零件的实际需要来决定，综合考虑工件材料、刀具材料、工件的生产流程等来确定加工所需的最大转速和功率，以免造成投资浪费。

（2）高速进给系统：高速机床必须同时具有高速主轴系统和高速进给系统，进给系统的高速性也是评价高速机床性能的重要指标之一，不仅对提高生产率有重要意义，而且也是维持高速加工刀具正常工作的必要条件，否则会造成刀具急剧磨损，破坏加工工件的表面质量。目前常用的高速进给系统重要有两种驱动方式：高速滚珠丝杠和直线电动机。当然值得一提的是还有一种处于研发阶段尚未应用的驱动方式——虚拟轴机构，也是一种全新概念的机床进给机构。

（3）高速 CNC 控制系统：数控高速切削加工要求 CNC 控制系统具有快速数据处理能力和较大的程序存储量，以保证在高速切削时，特别是在 4 ~ 5 轴坐标联动加工复杂曲面时仍具有良好的加工性能。

另外，高速机床的床身、立柱以及工作台，还有冷却系统和切削处理方式都属于高速机床的重点研究内容。

2. 刀具技术　高速切削刀具技术是实现高速加工的关键技术之一，主要包括刀具的材料、刀具结构以及刀柄系统。

高速切削刀具和普通加工的刀具有很大不同，目前已投入使用的刀具材料主要有金刚石、立方氮化硼、陶瓷刀具、TiC（N）基硬质合金刀具（金属陶瓷）、涂层刀具和超细晶粒硬质合金刀具等。

3. 加工安全防护与监控技术　高速切削加工时的安全问题主要包括操作者及机床周围现场人员的安全；避免机床、刀具、工件及有关设施的损伤；识别和避免可能引起重大事故的工况等方面。

在机床结构方面，机床要有安全保护墙和门窗，机床起动应与安全装置互锁。目前机床防护窗的材料主要有安全玻璃和聚合物玻璃，试验表明，8mm 厚的聚合物玻璃相当于 3mm 厚的钢板强度，而且相对于安全玻璃而言更容易吸收冲击能量。

9.1.4　高速切削技术在模具工业中的应用

模具生产技术水平的高低，已成为衡量一个国家产品制造水平高低的重要标志，在很大程度上决定着产品的质量、效益和新产品的开发能力。

高速切削加工技术经过几十年的发展已经广泛应用于汽车工业、模具行业、航空航天行业，尤其是在加工复杂曲面的领域，凸显了其独特的优势和强大的生命力。

大量的生产实践已经证明，高速切削技术在模具制造中的应用是切实可行的，同时具备加工精度高、表面质量好和生产效率高等优点。下面仅举几个实际案例来说明模具制造业中高速切削技术的具体应用。

1. 某矿泉水瓶型腔模具　此类型腔模具加工，传统的加工方式通常采用数控铣削和电火花加工相结合，以数控铣作为前道加工，由电火花加工达到型腔的基本尺寸和形状要求，再由手工研磨到所需的表面粗糙度要求，使加工周期缩短。

具体操作过程是，采用20mm的圆鼻铣刀粗加工；*R*8mm的球头铣刀半精加工；精加工采用*R*5mm的球头铣刀；以*R*2.5mm的球头铣刀清角。设备为加工中心MVC850（博赛公司）；材料为110mm×200mm×50mm铸造铝合金6061；刀具为W18Cr4V高速钢和YG8、YG6、YG8N等硬质合金。采用上面的加工方法铣削所用的总时间为5小时55分56秒，再加上电火花加工和手工抛光等工序，加工总时间必定在20几个小时以上。

采用高速切削加工过程是，粗加工采用16mm圆鼻刀开粗，切除大部分余量；半精加工采用*R*4mm球刀，主轴转速为15000r/min，进给速度为3500mm/min，加工时间为21分49秒；精加工采用*R*1mm球刀以平行铣削方式对型腔进行加工，主轴转速为25000r/min，进给速度为3500mm/min，加工时间为1小时2分4秒。总加工时间大幅度缩短。由此可见采用高速切削技术不但省去大量的后续人工处理工序，而且大大节约了加工时间。

2. 某插座压铸模　材料的硬度为54HRC，传统加工工艺过程是，粗加工——→线切割——→淬火——→EDM成形——→抛光，加工总工时为55h。高速加工工艺过程是：粗加工——→淬火——→高速加工——→抛光，加工总工时仅为14.5h，工效提高近4倍，高速加工后的模具表面质量极佳，而且大幅度降低了生产成本。

3. 某卡车外壳模具　采用高速加工方法，粗加工采用直径25.4mm的球头铣刀，主轴转速9000r/min，进给速度5000mm/min；精加工采用直径8mm的球头铣刀，主轴转速20000r/min，进给量2000mm/min，高速铣削后表面粗糙度为1μm，不必再进行手工研磨，只用油石抛光。与传统的电加工工艺相比，手工操作时间减少了40%。

从上述可以看出，高速切削技术作为一种先进制造技术，被越来越多的企业所接受，相信随着相关技术的不断革新，应用领域不断拓展，高速切削技术势必对传统制造业产生深远的影响。

9.2　模具快速成形技术

9.2.1　快速成形概论

1. 快速成形技术发展历程　快速成形技术（Rapid Prototyping & Manufacturing，RP&M）是一种基于材料堆积成形理念，逐层或逐点堆积出零件的先进制造方法。其核心思想最初可以追溯到早期的地形学领域。

目前快速成形工艺有十多种，各种成形工艺都具有自身的特点和应用范围。其中比较成熟并已经商业化的快速成形工艺有光固化成形SLA（Stereo Lithography Apparatus）；选择性激光烧结SLS（Selective Laser Sintering）；分层实体制造LOM（Laminated Object Manufacturing）；熔融沉积制造FDM（Fused Deposition Modeling）；三维印刷3D—P（Three Dimensional Printing）等。

2. 快速成形加工的基本原理与基本过程

（1）快速成形加工的基本原理：快速成形技术是基于离散/堆积理念来制造零件的，它强调了模型信息处理过程的离散性和成形过程的材料堆积性两个主题，体现了快速成形技术的基本成形原理。其基本原理可以概括如下：

首先利用三维设计软件系统进行模型设计，再对模型数据进行按高度方向离散化，即用一系列平行于 *X*—*Y* 坐标面的平面截取经过 STL 转换后三维实体模型，获取各层的几何信息，用各层的层面几何信息来控制成形设备。离散过程是数字化过程，先通过 3D 软件（最常用的为 Pro/E 、UG、CATIA 等）进行零件的复杂三维 CAD 模型设计，或通过对已有实体的测量反求如使用三坐标测量仪等，然后将 CAD 模型进行数据处理，沿某一方向（通常为 *Z* 向）将 CAD 模型离散化，进行平面切片分层，获取各层的几何信息，从而精确控制成形设备。最后由快速成形设备将成形材料逐层堆积，最终成为真实的原型实体。

（2）快速成形的基本过程：由上述快速成形的基本原理可知，原型零件快速成形的全过程可分为以下三个步骤，如图 9-3 所示。

1）前处理：包括零件三维模型的构建和近似处理、成形方向选择和三维模型的切片处理。

2）原型制造：包括模型二维截面轮廓的制作与层层堆积。

3）后处理：包括原型零件的剥离、后固化、修补、打磨、抛光和表面强化处理等。

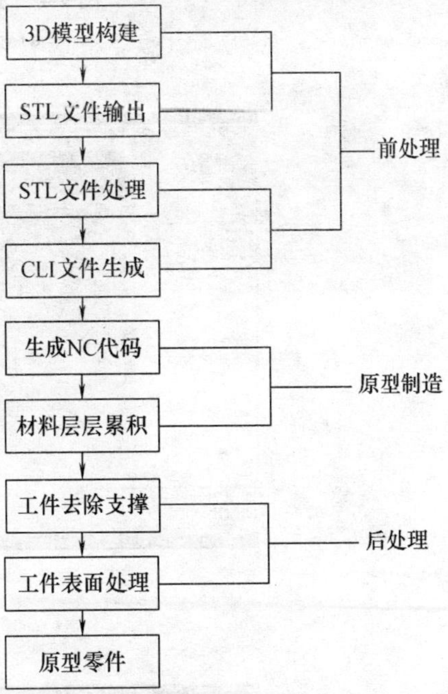

图 9-3　快速成形的过程

3. 快速成形过程中数据信息流的处理

快速成形过程中包含大量的制造信息，包括快速成形数据的格式、数据处理、数据交换、切片方式等。这些信息是设计者意图转换成实际零件的前提保证。

（1）STL 文件的格式：CAD 实体数据经一系列相连的空间三角形网格化处理后生成三维多面体的模型即为 STL 文件，它类似于实体数据模型的有限元网格划分。转换后 STL 模型是一种由许多空间三角形小平面来逼近原 CAD 实体的数据模型，是原三维实体的一种几何近似，如图 9-4 所示。很明显，输出 STL 格式文件时设置精度越高，所获得的三角面片越多，文件本身也就越大。

（2）STL 文件的输出方法：当 CAD 模型在 CAD/CAM 软件中建立完毕后，进行快速原型加工之前必须要进行 STL 文件的输出。下面以上述主要软件为例进行 STL 文件的输出操作。

在 PRO/Engineer wildfire3. 0 中输出 STL 文件实例：

1）首先在 PRO/E 中构建三维零件模型，如图 9-5 所示。

2）单击文件菜单，选择保存副本选项，如图 9-6 所示。

3）在弹出的保存副本对话框中，选择保存类型为 STL（ *. stl），如图 9-7 所示。

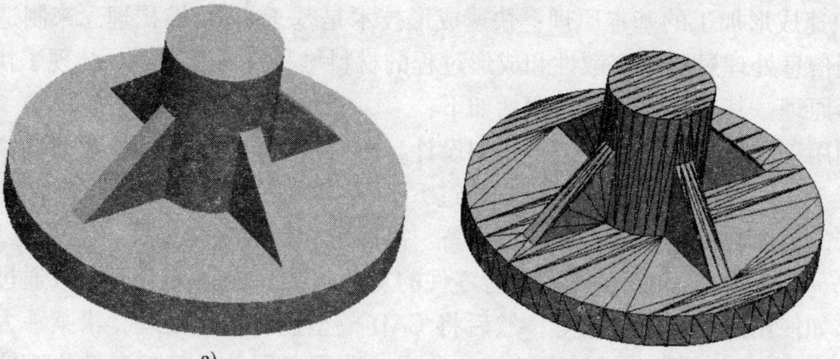

a)　　　　　　　　　　　　b)

图 9-4　实体及实体的三角化表示

a）实体　b）实体三角化

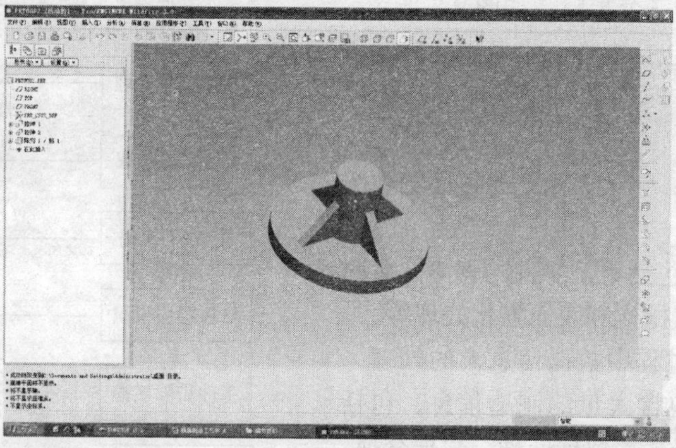

图　9-5

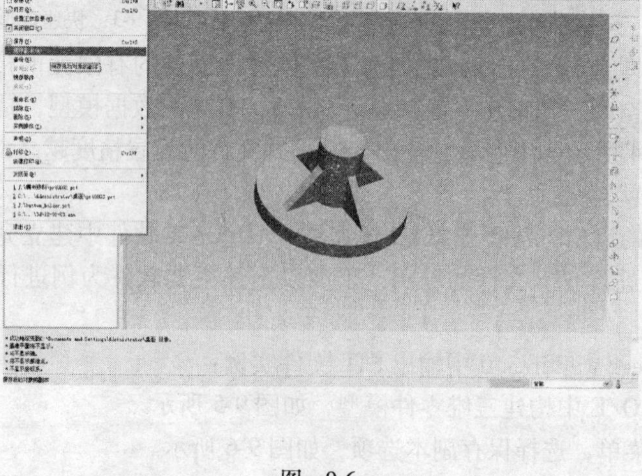

图　9-6

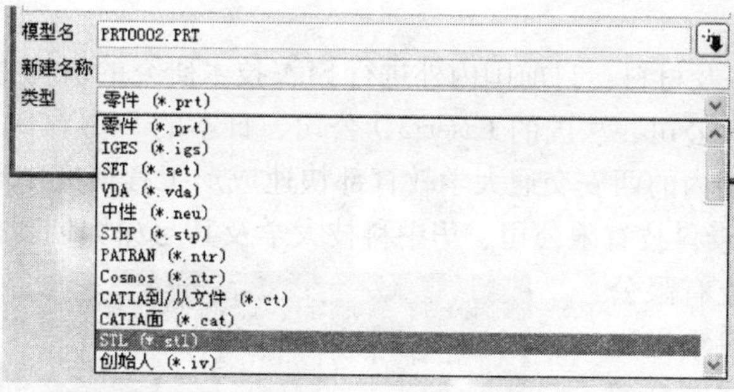

图 9-7

4）此时将弹出输出 STL 对话框，如图 9-8 所示。在格式栏中可以选择输出格式是二进制或 ASCII，在偏差控制栏中设置弦高和角度控制等精度选项。若设定弦高为 0，该值会被系统自动设定为可接受的最小值。

5）单击确定按钮，此时将在工作目录中保格式存为 STL，此时完成了零件的 STL 格式转换工作，得到名称为 prt0002 以 STL 为后缀名的文件，如图 9-9 所示。

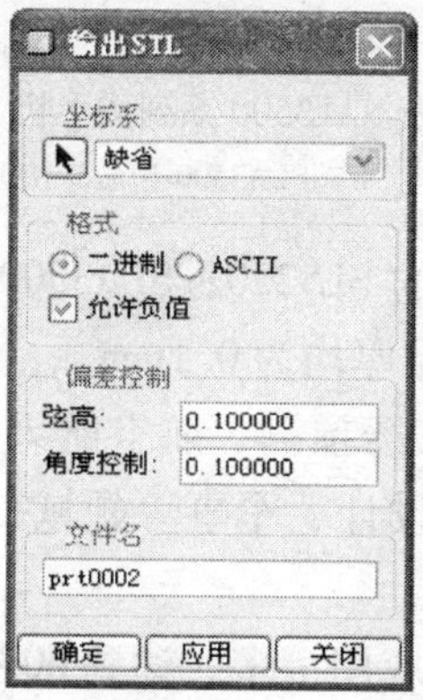

图 9-8

图 9-9

9.2.2 快速成形制造技术工艺及分类

自 1988 年第一台快速成形机上市以来，到目前为止在技术上比较成熟的快速成形工艺已有十多种，其中光固化立体成形、选择性激光烧结、分层实体制造、熔融沉积制造、激光熔覆成形等技术得到了广泛应用。

1. 光固化成形工艺

（1）光固化成形工艺的基本原理：光固化成形技术也称为光固化立体造型（Stereo Lithography Apparatus，SLA）。

SLA 技术是基于液态光敏树脂的光聚合原理工作的。这种液态材料在一定波长和强度的紫外光照射下能迅速发生光聚合反应，分子量急剧增大，材料也就从液态转变成固态，SLA 工作原理

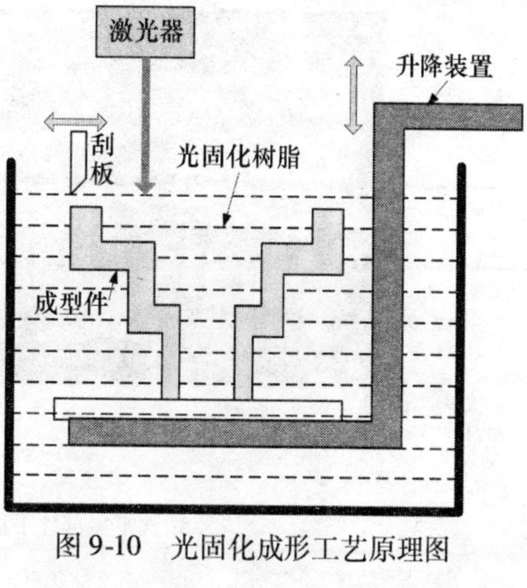

图 9-10　光固化成形工艺原理图

如图 9-10 所示。

（2）SLA 成形设备及材料：目前国内外进行 SLA 技术研究的机构主要有美国的 3D Systems 公司、德国的 EOS 公司、法国的 Laser 3D 公司、日本的 SONY/D—MEC 公司、以色列的 Cubital 公司，以及国内的西安交通大学教育部快速成形工程研究中心（陕西恒通智能机器有限公司）、上海联泰科技有限公司、华中科技大学及其与深圳创新投资公司共同投资的武汉滨湖机电技术产业有限公司、清华大学及北京殷华激光快速成形与模具技术有限公司等。

其中美国的 3D Systems 公司的产品在国际市场上占据份额最大。该公司于1988 年推出 SLA—250 型快速成形机，1997 年相继推出 SLA—250HR、SLA—3500、SLA—5000 三种机型，如图 9-11 所示。

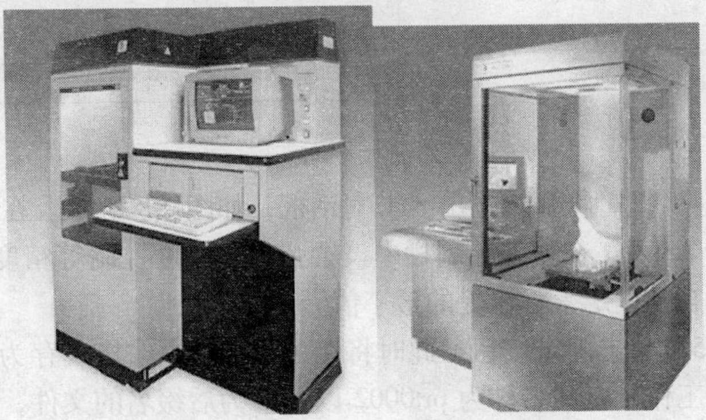

a)　　　b)

图 9-11　SAL250 及 SAL3500 系列成形机

a）SLA250 型激光快速成形机　b）SLA3500 型激光快速成形机

其中，SLA250 机型最大加工尺寸为 250mm × 250mm × 250mm，使用材料为公司专用的 SL5220；SLA3500 机型最大加工尺寸为 350mm × 350mm × 350mm，使用材料为 SL7560，层厚均为 0.1mm。

（3）光固化成形技术的应用：目前在新产品开发、市场预测、航空航天、汽车制造、玩具、装配检验、模具制造、手板制作、生物医学、工业设计、军事等领域得到了广泛应用。

1）在制造业中的应用。光固化成形技术在制造业中的应用最多，达到 60% 以上。该技术对新产品设计及制造、产品验证等有着巨大的意义。如图 9-12 ~ 图 9-14 所示的苏州秉创科技有限公司及广州随尔快速成形有限公司利用 SLA 技术在制造业中的诸多应用实例。

2）在模具设计制造中的应用。SLA 技术在模具制造中的应用通常是注塑模具的快速制造。首先利用 SLA 技术制造原型，然后根据原型翻制硅橡胶模具，利用此模具即可实现产品小批量生产。图 9-15 所示为各种零件经济型模具。

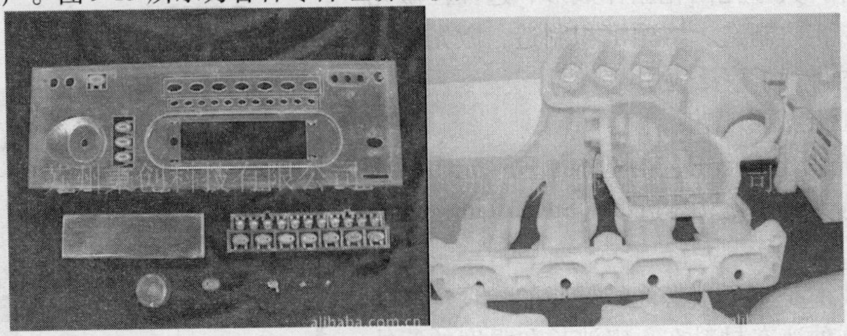

a)　　　b)

图　9-12

a）汽车零部件手板模型　b）汽车配件排气系统手板模型

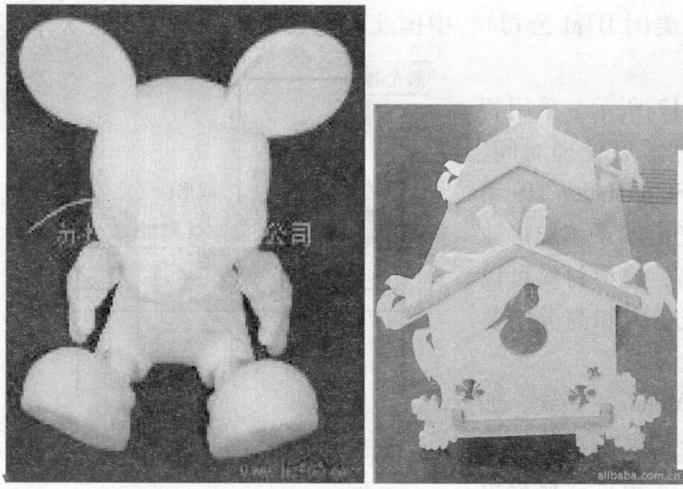

a) b)

图 9-13

a）玩具礼品 b）手板模型

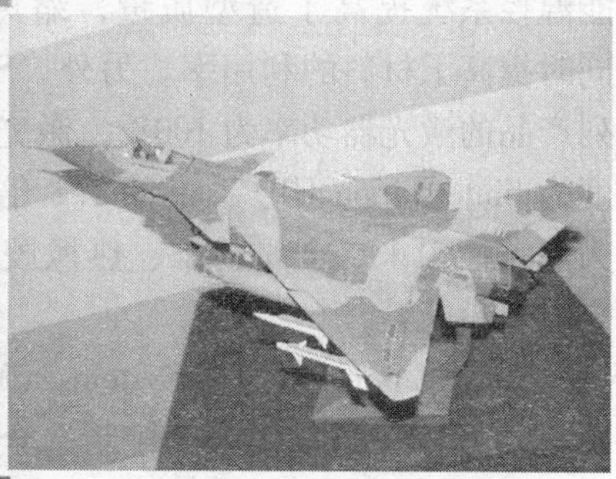

图 9-14 军事模型 SLA 快速手板模型

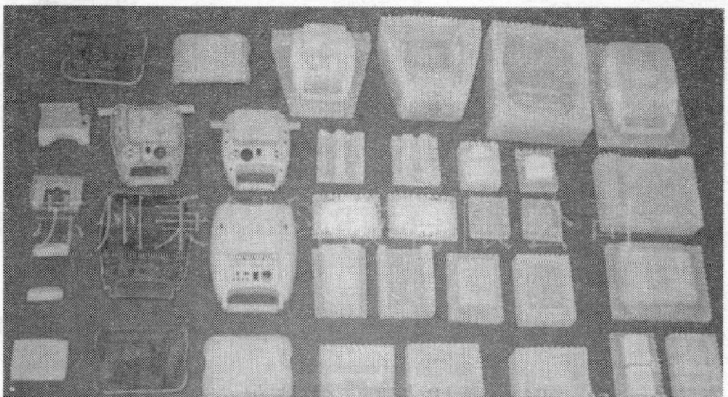

图 9-15 简易硅胶模具、快速模具

2. 选择性激光烧结技术

（1）选择性激光烧结技术原理：选择性激光烧结技术（Selective Laser Sintering，SLS）又称激光选区烧结技术，是由美国德州奥斯汀大学分校的 C. R. Dechard 于 1989 年研制成功的一种快速成形方法。

SLS 工艺采取的主题制造思想也是材料的离散和堆积。其工作原理为首先利用 CAD 软件在计算机中建立要加工零件的三维模型，并用分层切片软件对其进行处理得到在不同高度上每一截面层的信息。烧结时通过送料辊在工作台上先铺设一层粉末并压实，激光器根据当前层截面轮廓及填充数据在计算机控制下有选择进行扫描，完成当前层的烧结；此后造型缸下降一定的距离将新粉铺在造型缸内并压实，激光再次扫描烧结新的层面，如此循环即可完成整个零件制作。全部烧结完成后，除去未被烧结的多余粉末，便得到所需要的原型或零件。其基本原理如图 9-16 所示。

（2）选择性激光烧结设备及材料：目前国内外研究 SLS 技术的主要机构有德国 EOS 公

司、美国3D Systems公司（包括原美国DTM公司）、中国北京隆源公司、华中科技大学、华北工学院和南京航空航天大学等。

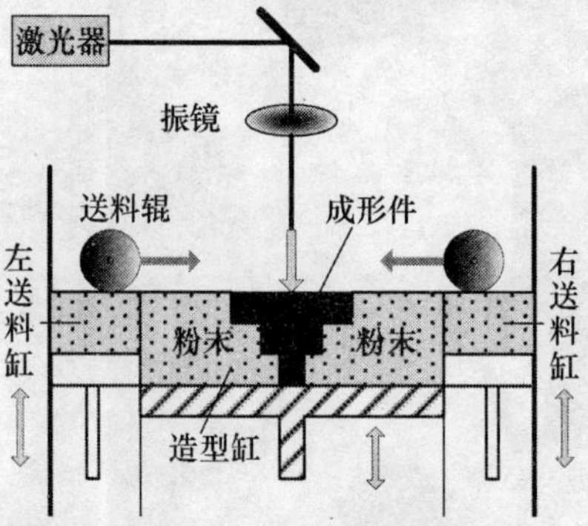

图9-16　SLS工艺原理示意图

Sinterstation HiQ系统，如图9-17所示。采用智能温控系统提高了造型质量，缩短了后处理时间，同时提高了材料的利用率。另外，Sinterstation HS系列产品的激光器功率为100W，激光传输系统成形速度为Sinterstation HIQ产品的1.8倍，成形材料可以为热塑性粉末、金属粉末、热橡胶粉末和高分子复合材料粉末等。

Sinterstation Pro SLM Systems（Metals）系统，如图9-18所示。可以用来直接制造全密度的功能性零件，并且具有良好的表面质量、尺寸精度。材料可选范围非常广泛，可以是金属合金，包括铝合金和钛合金。制造的原型件可以用于功能性测试、航空零部件及注射模具。

图9-17　Sinterstation HiQ成形机

图9-18　Sinterstation Pro SLM成形机

成形材料方面，清华大学、华中科技大学、南京航空航天大学、华北工学院和北京隆源自动成形有限公司等多家单位也进行SLS的相关研究工作，并取得了许多重大成果。各研究机构成形设备、应用范围及成形材料见表9-1及表9-2。

表9-1　国内各研究机构成形设备

公司	工艺名称	成形设备	有效成形空间尺寸/mm	成形速度及扫描速度	层厚/mm	激光器类型及功率	应用范围
北京隆源自动成形有限公司	SLS	AFS—320系列	320×320×440	0.4mm最大光斑直径	0.08～0.3	CO_2 50W	塑料件、蜡模、树脂砂
		AFS—360系列	320×320×500				
		AFS—450系列	450×450×500	0.4mm			
		AFS—500系列	500×500×500				
武汉滨湖机电技术产业公司		HRPS—ⅡA	320×320×450	4m/s（上限）	0.1～0.3		高分子材料功能件、精密铸造等
		HRPS—ⅢA	400×400×450				
		HRPS—ⅣA	500×500×400				
北京殷华激光快速成形与模具技术有限公司		AURO350	350×350×350	4～6m/s	0.05～0.3	固体激光器>100MW	各种精细零件

表 9-2　国内主要研究单位及 SLS 成形材料

研究单位	成形材料	主要用途
北京隆源自动成形有限公司	覆膜陶瓷、塑料(PS、ABS)粉	熔模铸造
北京殷华激光快速成形与模具技术有限公司	ABS B203、ABS T601	原型、功能零件
华中科技大学	覆膜砂、PS 粉等	砂型铸造、熔模铸造
华北工学院	覆膜金属、覆膜陶瓷、精铸蜡粉、原型烧结粉	金属模具、陶瓷精铸、熔模铸造、原型

（3）SLS 技术的应用

1）在塑料零件制造中的应用。塑料零件在产品中应用日益广泛，在汽车工业、日用品、儿童玩具、电子产品、家电产品等领域塑料零件的使用极为普遍。利用选择性激光烧结技术可以快速制作各种复杂的塑料零件及金属零件，越复杂的零部件越能体现选择性激光烧结技术的优越性。目前采用 SLS 技术制造塑料零件主要有以下两种方法：

①直接制造法：利用商业化的高分子粉末材料进行塑料零件制造，其制造工艺简单但是材料成本较高。

②间接制造法：首先利用高分子粉末材料制造出塑料零件的原型件，然后进行后续处理，增加零件强度等指标，如渗增强树脂等。间接法成本低，但是制造工艺复杂，而且精度难以控制。图 9-19 ~ 图 9-21 所示为各种材料的原型件及功能性零件。

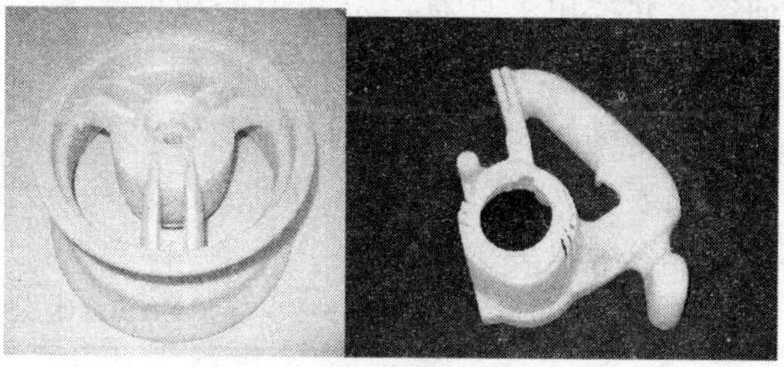

图 9-19　SLS 树脂功能件

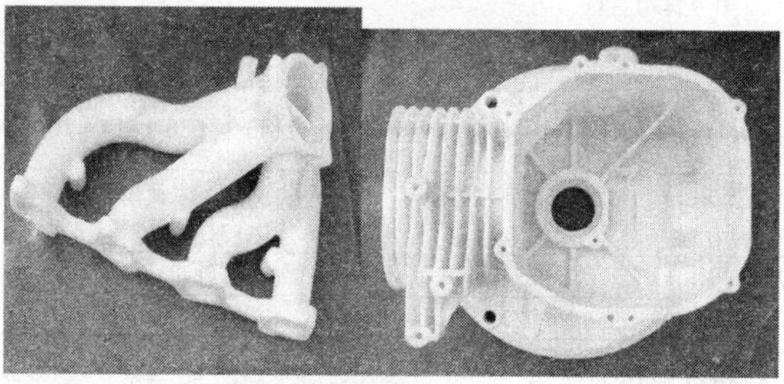

图 9-20　SLS 蜡件

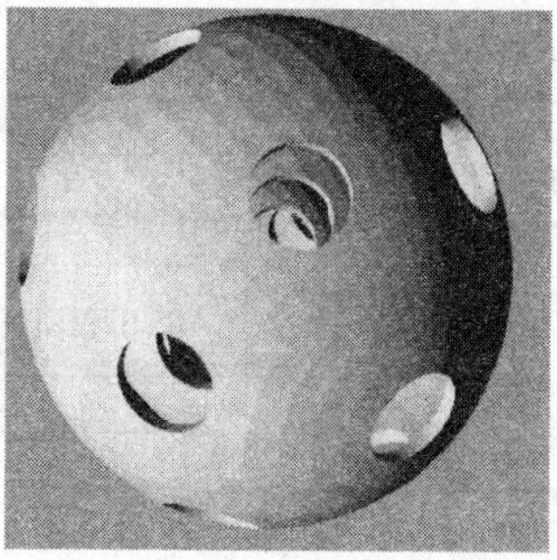

图 9-21　高分子材料塑料零件（球中球）

2）在金属零件及模具制造中的应用。SLS 技术的最终目标就是直接制造金属零件，DMLS 技术的出现使其成为现实。目前国外选择性激光烧结工艺已经成功地应用于汽车、造船，航天和航空等诸多行业，快速适应市场需求，大幅度缩短制造时间，为许多传统制造业注入了新的生命力和创造力。

3. 熔融沉积快速成形工艺　熔融沉积快速成形（Fused Deposition Modeling，FDM）是继光固化快速成形和叠层实体快速成形工艺后的另一种应用较为广泛的快速成形制造工艺。

（1）熔融沉积成形技术原理：熔融沉积成形的工作原理是将热熔性材料（ABS、Polycarbonate、蜡等材料）通过加热器熔化，材料先抽成丝状，通过送丝机构送进热熔喷头，在喷头内被加热熔化。喷头由计算机控制按照零件截面轮廓和填充轨迹运动，同时将半流动状态的材料按填充轨迹挤出沉积在指定的位置并凝固成形，同时与周围的材料粘结，当本层堆积完毕，工作台下降一个层厚，喷头再进行下一层的材料堆积，如此往复循环直至完成整个零件制作完毕。FDM 工作原理如图 9-22 所示。

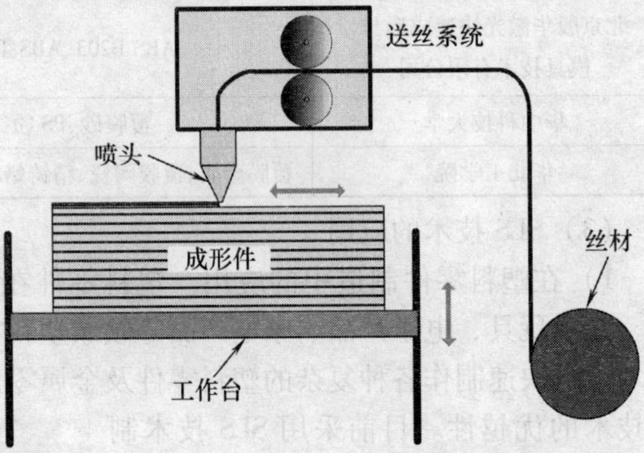

图 9-22　FDM 工艺的基本原理图

（2）成形设备及材料。成形设备及材料的研究方面美国 Stratasys 公司无疑走在了世界的前列，率先推出了大量的商品化的系列设备及相关材料。国内清华大学、北京殷华激光快速成形与模具技术有限公司也进行了设备及材料的深入研究，并推出了具有一定知识产权的商业化设备。

美国 Stratasys 公司部分 FDM 工艺成形设备见表 9-3。售价从十几万到三十几万美元不等。美国 Stratasys 公司 FDM 工艺的常用材料及性能参数见表 9-4。

表 9-3　美国 Stratasys 公司部分 FDM 成形设备

成形机型号	BST768	BST1200es	SST768	SST1200es	Elite
成形方式	FDM				
成形尺寸（长/mm）×（宽/mm）×（高/mm）	204×204×305	254×254×305	204×204×305	254×254×305	204×204×305
吐丝直径/mm	0.172				0.089
成形厚度/mm	0.254/0.33				0.178 0.254
支撑方式	剥离式		溶解式		
外形尺寸 W/mm×D/mm×H/mm	686×914×1041	737×838×1143	686×914×1041	737×838×1143	686×914×1041
模型材料	ABS 工程塑料	ABS PLUS 增强型工程塑料	ABS 工程塑料	ABS PLUS 增强型工程塑料	
颜色	7 色	9 色	7 色	9 色	
操作系统	Windows2000/XP/Vista				

表 9-4　材料性能指标对比

材料	适合层厚/in	支撑类型	抗弯强度/MPa	延伸率（%）	弯曲应力/MPa	冲击韧度/$J \cdot m^{-1}$	热变形温度/℃
ABSplus	0.013 0.005	Soluble	36	4.0	52	96	96
ABSi	—	Soluble	37	4.4	62	96	87
ABS—M30	—	Soluble	36	4.0	61	139	96
ABS—M30i	—	Soluble	36	4.0	61	139	96
PC—ABS	—	Soluble	41	6.0	68	196	110
PC—ISO	0.005	BASS	57	4.3	90	86	133

（续）

材料	适合层厚/in	支撑类型	抗弯强度/MPa	延伸率(%)	弯曲应力/MPa	冲击韧度/J·m⁻¹	热变形温度/℃
PC	0.005	BASS	68	4.8	104	53	138
ULTEM—9085	0.007 0.005	BASS	71.64	5.9	115.1	106	153
PPSF PPSU	0.007 0.005	BASS	55	3.0	110	58.73	189

（3）熔融沉积技术在模具中的应用：FDM 技术由于具有不用激光，使用、维护简单，成本低，能直接制造功能性零件等优点。目前在汽车、机械、航空航天、家电、玩具、医学等领域得到了广泛应用。

将 FDM 技术和传统的模具制造技术结合在一起，形成的快速模具制造技术可以缩短模具的开发周期，提高生产效率。采用 FDM 技术可使原型制品的研制周期从数周缩短到不到五天，同时 PC 原型模具的成本也只是铝质原型模具的 1/3 ~ 1/2。美国 Stratasys 公司通常推荐 PC 材料用于吹塑模具。据介绍该模具能承受数百个到数千个 HDPE、PET、PVC、PS 等制品的短期生产任务。图 9-23 所示为美国 Stratasys 公司采用 FDM 技术制造出的 PC 材料的原型 PET 瓶的模具。

4. 叠层实体制造工艺　叠层实体制造技术（Laminated Object Manufacturing，LOM）是快速成形家族中应用最为广泛、技术最成熟的制造技术之一。叠层实体制造技术由于多使用纸材，成本低，精度高，具有外在美感而受到较为广泛的关注；在产品概念设计可视化、造型设计评估、装配检验、熔模铸造型芯、砂型铸造木模、快速制母模以及直接制模等方面得到了迅速应用。

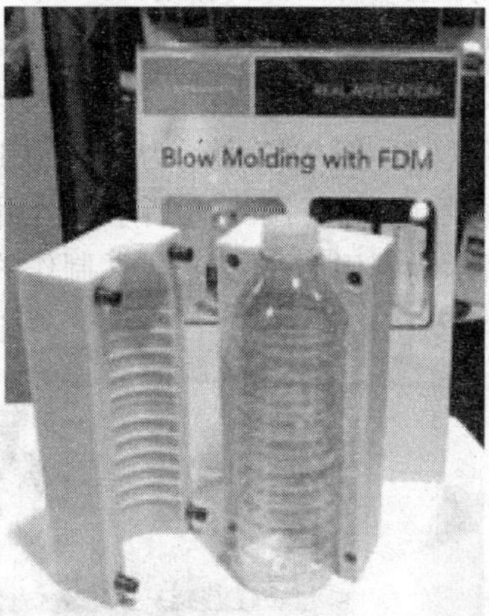

图 9-23　PET 瓶模具

（1）叠层实体快速成形工艺的基本原理：LOM 加工原理如图 9-24 所示。首先，计算机系统完成三维模型的切片和二维层面信息的识别工作。激光切割系统发出的 CO_2 或 YAG 雷射按照计算机识别的横截面轮廓线，逐一在工作台上方的薄片材料，如纸、塑料、金属薄片和布等上切割出轮廓线，并将无轮廓区域切割成小方网格，网格的大小根据被成形件的形状复杂程度选定。网格越小，越容易剔除废料，但切割网格花费的时间较长；相反，网格越大虽切割时间短但很难剥除废料。左右两个滚筒用来传递薄板材料，右侧滚筒供料，左侧滚筒收集余料。当滚筒滚至正确位置时，上方的热压辊滚过材料表面，使材料下方之热黏性胶体熔化并黏附于上一层，再以雷射来切割所要剖面之轮廓，并且将轮廓以外之材料切割成棋盘状便于去除废料。如此层层循环，直到工件制作完成。

（2）叠层实体快速成形技术设备及材料：成形设备的研究方面目前在国内仅有武汉滨湖机电技术产业有限公司和北京殷华激光快速成形与模具技术有限公司继续从事研究。但需要指出的是，LOM 工艺由于材料受限，性能一直没有提高，以逐渐走入没落，大部分厂家已经或准备放弃该工艺。

如图 9-25 所示为武汉滨湖机电技术产业有限公司研制的 HRP 系列薄材叠层快速成形系统，该系列包含 HRP—IIB 和 HRP—IIIA 两种型号，成形空间分别为 450mm × 350mm × 350mm 和 600mm × 400mm × 500mm，叠层厚度均为 0.08 ~ 0.15mm，所用材料都是热熔树脂涂覆纸。

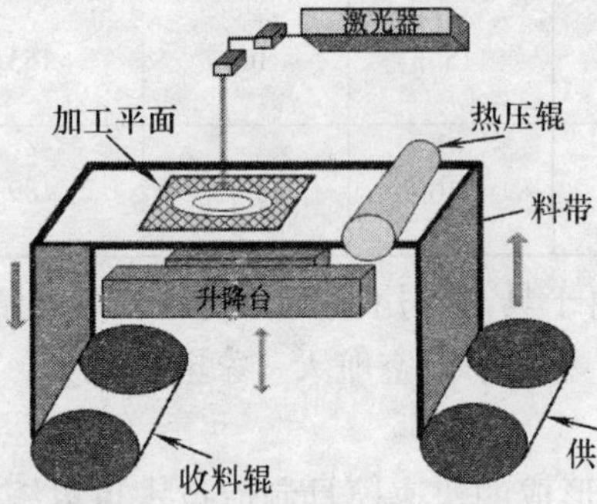

图 9-24 LOM 成形原理图

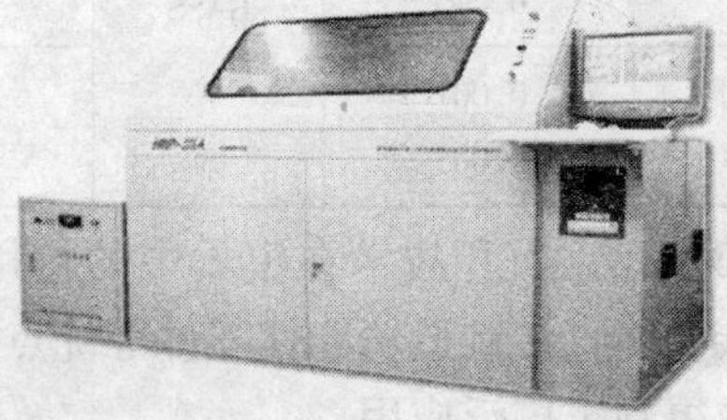
图 9-25 HRP 系列 LOM 成形系统

（3）叠层实体快速成形技术的应用：LOM 快速原型技术是所有快速原型技术中效率最高的一种快速原型系统。LOM 快速原型系统可以制作大型、复杂与体积大原型件。虽然可实际应用的原材料种类较少、原型件易吸潮、尺寸容易变形。但是 LOM 快速成形系统仍可以于不同领域制作出原型件显示出独有的优势。例如，概念模型、设计验证、模型制作、艺术品制作以及儿童玩具制作等。快速原型件制作时间，视产品大小不同，从数小时至数天。图 9-26、图 9-27 所示为 LOM 快速原型系统所制作的薄壁件和汽车零部件可以用来进行产品的设计验证；图 9-28 所示为运用 LOM 快速原型系统制作的动物雕塑及人像艺术品；图 9-29 所示为利用 LOM 成形工艺制作的电缆套管功能性零件。

图 9-26 薄壳件

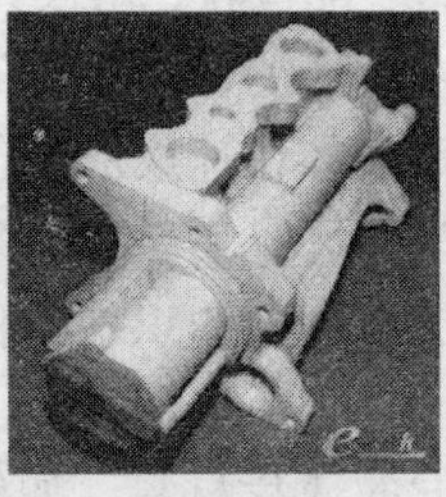
图 9-27 汽车零部件

图 9-28 艺术品

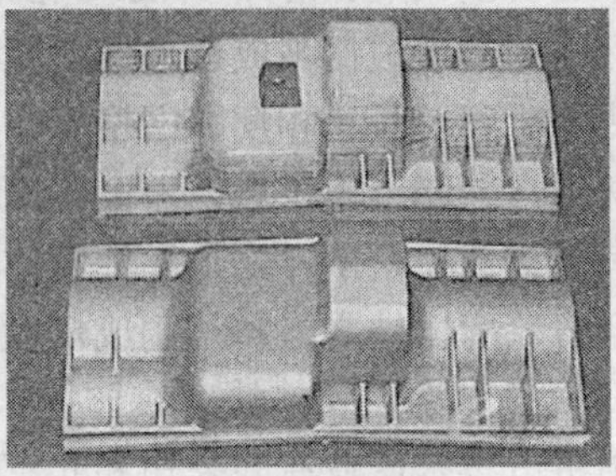
图 9-29 电缆套管

9.2.3 基于快速成形的快速制模技术

快速制模技术是利用快速原型制造或其他途径所得到的零件原型，根据不同的批量和功能要求，采用合适的工艺方法快速地制造模具。利用快速成形来制造模具常用的方法有直接法和间接法。直接法是根据模具的三维 CAD 数据模型由快速成形系统直接制造模具，不需要系统制造样件。间接法是先做出快速原型，然后由原型复制得到模具的方法。目前直接法制造出的模具成形精度不高，并且存在着很多技术上的问题，因此该技术还处于深入研究阶段，而间接法制模已经得到了普遍应用。

1. 直接法制模技术　直接法制模是通过快速成形设备直接制造出模具，不需要借助任何转换手段，目前可以用来直接制造模具的快速成形技术主要有选择性激光烧结工艺（Selective Laser Sintering，SLS）、激光工程化净成形工艺（Laser-Engineering Net Shaping，LENS）等。

（1）SLS 工艺快速制模

1）SLS 工艺快速制模原理。SLS 工艺直接制造模具主要是利用 SLS 中的分支，即金属粉末激光直接烧结技术（DMLS）直接进行金属模具的制造，也称为 DirectTool™ 法制模技术。此工艺由德国 EOS 公司率先提出。

2）SLS 工艺快速制模所用设备及材料。德国 EOS 公司于 1998 年推出 EOSINT M250 型 SLS 工艺成形系统，可以用来直接烧结金属粉末成形零部件。图 9-30 所示为德国 EOS 公司的 EOSINT M270 型快速成形系统，该系统可以成形 250mm × 250mm × 215mm 的金属模具；而 EOSINT M250 型能成形 250mm × 250mm × 185mm 的金属模具，该系统的成形速度可达 2 ~ 20mm^3/s。

图 9-30　德国 EOS EOSINT M270 型快速成形机

目前该工艺所用合金粉末材料应用比较广泛的主要有 DirectMetal 铜-镍基合金粉末、Directsteel 钢-青铜-镍基合金粉末。

DirectMetal 合金混合粉末材料为瑞典 Electrolux 公司开发的青铜和镍合金粉末。该粉末在选择性激光烧结过程中，相变产生的体积膨胀正好可以弥补粉末在烧结过程中引起的收缩，烧结成的金属模具没有明显的尺寸收缩，但仍然存在一定的孔隙。后续处理中可以通过渗高温环氧树脂或者低熔点金属，来达到全致密效果。该材料主要用做注塑模、压铸模等。

DirectSteel 合金混合粉常用的有 50—V1、50—V2 和 100—V3 三种牌号。这种合金粉末材料里面不含有机成分，粒度大小为 50μm 左右。这种合金粉末烧结出的模具不必进行后续处理，即可用做注塑模、压铸模等。

3）SLS 工艺快速制模技术的应用。目前 SLS 工艺快速制模技术主要应用在注射模具和铸造模具方面。图 9-31 所示为德国 EOS 公司带有利用 EOSINT M270 型快速成形系统烧结 EOS MaragingSteel MS1 材料制作的模具镶件的模具。该模具用来生产电源插头，注塑材料为 PET + 10% GF，整副模具只需六个工作日即可制作完毕，大大缩短了生产周期，而且大幅度削减了生产成本。

图 9-32 所示为可加载标准组件的某产品注射模具。该模具为德国 EOS 公司利用 EOSINT M270 型快速成形系统烧结 DirectMetal 20 材料制作而成，该副模具可以注射 5000 件而没有任何质量问题，并且整副模具的制作周期只需五个工作日。

图 9-33 所示为某铸造模镶件。该镶件是德国 EOS 公司利用 EOSINT M270 型快速成形系统烧结 EOS MaragingSteel MS1 材料制作而成。模具生产周期缩短了 20%，使用该镶件的模具可以生产 18 万件产品。

图 9-31　注射模具镶件

图 9-32　某零件注射模具

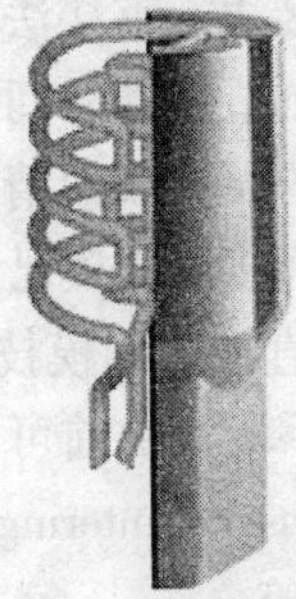

图 9-33　铸造模镶件

（2）LENS 工艺制模

1）LENS 的基本原理。LENS（Laser-Engineering Net Shaping，激光工程化净成形）工艺是一种快速成形的新技术，由美国圣地亚国家实验室研究开发，它结合了选择性激光烧结技术（SLS）和激光熔覆技术的优势，能够快速获得致密度大、强度高的金属零部件，其成形系统主要由激光能源系统和惰性环境保护系统组成。和一般快速成形原理相同，首先是在计算机中构建零件的三维 CAD 模型，然后按照一定的厚度分层切片，将零件的三维数据信息转二维层面信息，再由粉末送进系统按照二维层面信息在基板上逐层堆积金属粉末，然后快速冷凝最终形成致密的三维金属零件。该工艺的优势在于加工成本低，没有前后的加工处理工序；所选材料广泛并且材料利用率高；加工精度高；成形件表面质量好，可以直接应用。

2）LENS 设备及材料。图 9-34 所示为某型号 LENS 成形系统，由大功率激光器、送粉装置、惰性气体保护氛围以及喷嘴等组成。工作时，送粉装置将粉末输送到四个方向上的喷嘴中，然后再汇聚经激光熔化后达到基板，冷凝定型形成技术零部件。该工艺成形材料比较广泛，目前主要有 316 不锈钢粉末，镍基耐热合金，H13 工具钢以及钨、钛等。

3）LENS 工艺制模的应用。LENS 工艺可用于制造成形金属注射模、铸造模和大型金属零部件、制造大尺寸薄壁状整体结构零件及修补等。目前 LENS 工艺在国防和民用制造修理与维护应用领域的发展已经非常成熟，制造企业可以在市场上购买 LENS 相关设备和技术。图 9-35 所示为美国 Sandia 国家实验室利用 H13 工具钢制作的注射模具。

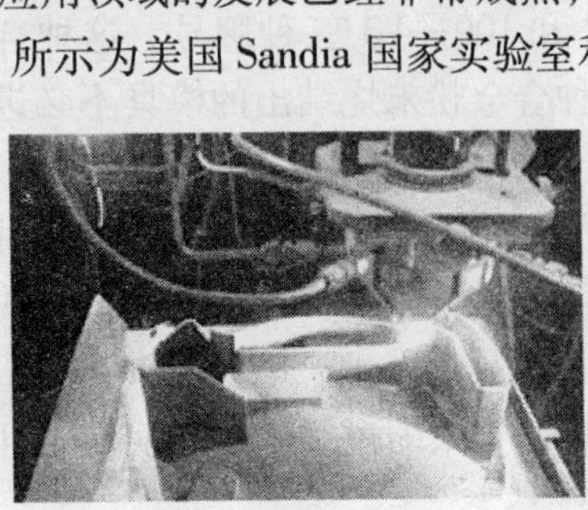

图 9-34　LENS 工作场景

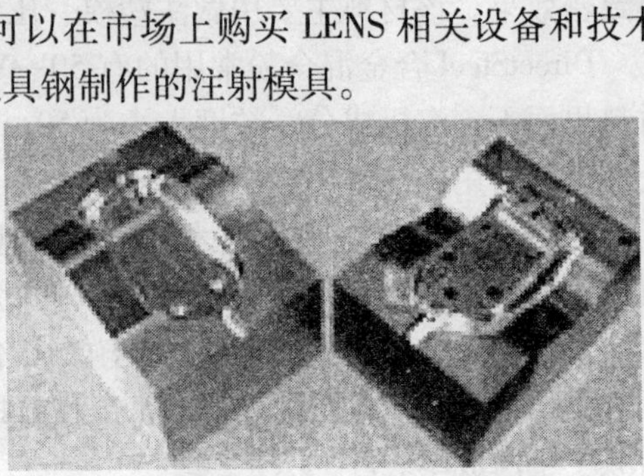

图 9-35　材料为 H13 钢的注射模

2. 间接法制模技术　与直接利用快速成形工艺制造金属零件或模具不同，以快速成形原型作样件间接制造模具的方法，称为间接法。快速成形技术能够更快、更好、更方便地设计并制造出各种复杂的原型。利用这些原型来制造模具一般可使模具制造周期和制造成本降低1/2，大大提高了生产效率和产品质量。根据生产批量不同常用的方法有：

（1）以快速成形件作为母模，制作硅胶模：硅胶模就是硅橡胶模具也通常称为软模。用硅橡胶制作简易模具，是80年代新发展起来的实用技术，由于模具使用硅橡胶制成，必须在真空条件下完成制模和注型，所以此种方法也叫真空注型。快速成形技术问世后更促使了该技术的飞速发展，目前可以用SLA、FDM、LOM、SLS等技术制造原型，再翻成硅胶模具后，向模中灌注双组分的树脂，再翻成固化后即得到所需的零件。而树脂零件的力学性能可通过改变树脂中双组分的构成来调整。

1）硅胶模具特点。硅胶模具广泛应用于家电、汽车、建筑、艺术、医学、航空、航天产品的制造。在新产品试制或者单件、小批量生产时，具有以下特点：

①使用寿命长，通常可成形20～30件，最多可达到200件，能满足试制新产品样件数量的需要。

②制模周期短，通常为1～3天。

③塑件中的气泡极少，可成形高精度塑件；硅胶的收缩极小，可真实地复映木纹、皮纹等各种装饰纹；硅胶具有一定的弹性，对于侧面的浅槽可采用强迫脱模。

④不会因壁厚不同而出现气孔。还可成形壁厚为0.5mm的薄壁件。

⑤可成形带螺钉等金属嵌件的塑料零件。

⑥制作硅胶模具不需要高技能工人。

2）硅胶模具制作原理及工艺过程。利用原型件，通过快速真空注型技术制造硅胶模具，当制造的零件件数较少（批量在20～50件）时，一般采用这种硅胶模，比较经济。钢模的生产周期一般16～18周，而硅胶模的制作周期只有1周左右。

以快速成形件作为母模，硅胶模具制作原理：首先，在计算机上使用Pro/E、UG等造型软件设计出产品的三维实体模型，并以STL格式输出到快速成形设备中制作原型用作母样，然后将原型经过表面处理使之具有较高的表面质量能保证从硅胶模中取出。接下来要按原型尺寸制作浇注模框并组合模框，将硅胶主剂与硬化剂按照比例混合注入模框，经真空脱泡置于室温下进行硬化，然后拆去模框，剖切，取出原型母样即可到硅胶模具。在硅胶模具的基础上可以浇注出透明或不透脂制件，其工艺原理如图9-36所示。

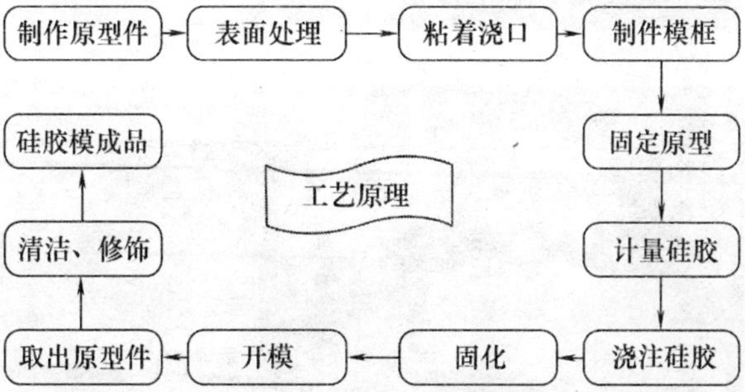

图9-36　硅胶模制作工艺原理图

按照上述原理可将硅胶模具制造的工艺流程表述如下：

①制作原型件及表面处理。利用快速成形工艺制作出原型件，作为母样。由于“台阶

效应”原型件表面一般有波纹状，因此需要进行表面打磨，清洁，降低平面粗糙度，以保证硅胶模具表面光洁。有时根据实际情况通常还需要对原型件进行防渗、强化处理以提高原型的抗湿性、抗热性和尺寸稳定性。最后原型件正确选择分型面位置，确保制品能够顺利脱模，同时在分型面处贴上5~10mm的胶带，并涂颜色加以区分。

②粘着浇注口。浇注口的定位应该使得树脂到达型腔各个边缘的路径长短相同，这样有利于浇注选择。然后用适当尺寸的圆形硅胶棒，固定在选好的浇口位置处，作为浇注树脂的浇口。

③制造模框，固定原型件。从四方用模板以围住原型件的方式制作模框，然后把准备好的原型件放到模框内，并固定。

④硅胶和固化剂计量，混合并抽真空脱泡。首先估算原型件体积，再计算出模框的体积，两者相减即得所需硅胶的体积。根据硅胶的密度计算硅胶的重量和硬化剂的重量（两者比例约为10∶1），然后混合并放入真空浇铸机里抽真空脱泡，除去搅拌时混入的空气及部分反应产物。

⑤浇注硅胶再次抽真空脱泡。把排过气的硅胶从侧面倒入模框，硅胶沿着一侧的箱壁进入模框，直到原型件淹没在硅胶内。然后对模框再次进行在此抽真空，目的主要是脱去在浇注时因吸附或受堵面残存在胶料中的气泡，防止产生气孔等缺陷。

⑥固化。取出模框，可以采取室温固化或加温固化。在室温（25℃）下放置约24h，硅胶可完全固化。如果放烤箱中加温烘干，则可以加速固化。

⑦拆除型框、开模并取出母样。当模型固化后即可拆除模框，使用手术刀从分型面位置将硅胶模具剖开，将母样取出。

⑧清理型腔，合模。将成品型腔进行清理，修饰，然后将两半模合起来，即可完成合模。

下面通过深圳市森力硅材料有限公司制作某玩具汽车硅胶模具为例来说明硅胶模具的制作流程，如图9-37所示。

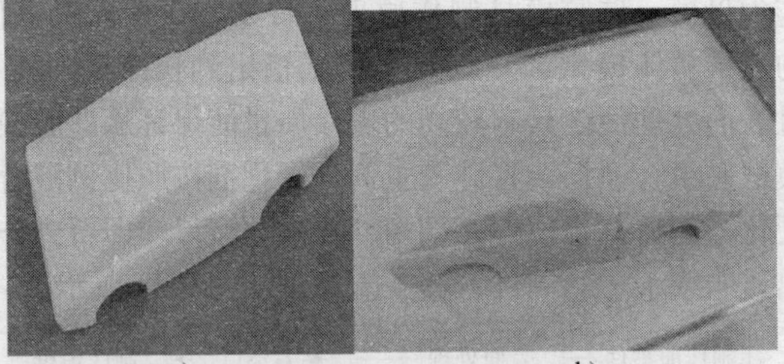

a)　　b)

c)　　d)

图9-37　某玩具汽车硅胶模具制作流程图

a）制作原型件　b）表面处理　c）粘住浇口、围模框并浇注　d）取出模具放入烤箱固化

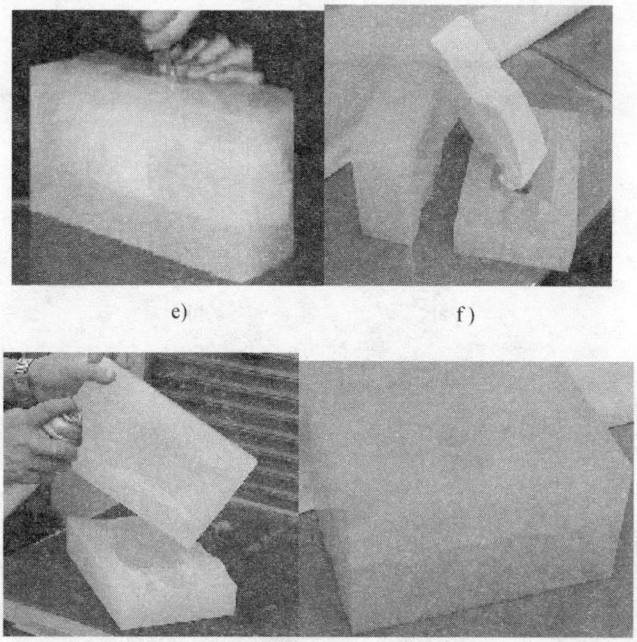

e)　　f)

g)　　h)

图 9-37　某玩具汽车硅胶模具制作流程图（续）

e）沿分型线剖开　f）取出原型件形成上下模　g）清洗、修饰　h）合模

3）硅胶模具制作设备及原材料

①所用设备。制作硅胶模具所用的设备一般为真空注型机。真空注型机可以分为手动操作和自动操作两种类型，如图 9-38 所示。

a. 手动操作。是最基本的机型，树脂的混合、浇注、放气均用手动操作完成。这种类型适用于试制项目生产数量少的场合，更换树脂方便。

b. 自动操作。在手动的基础上，利用 PLC 可编程序控制器，对树脂混合、浇注、放气进行控制。该类型适用于批量生产。

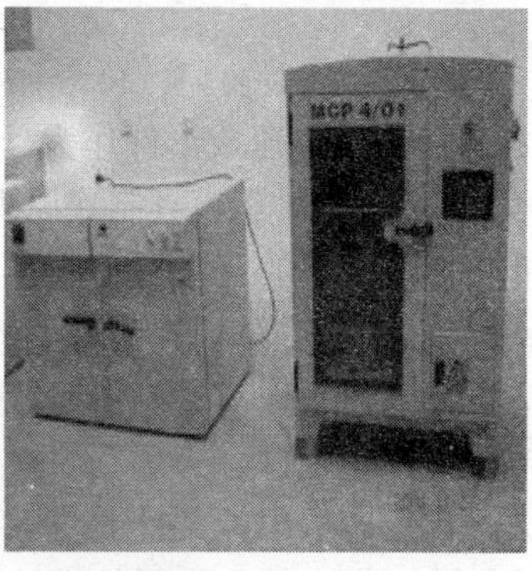

图 9-38　真空注型机

②制模原材料。制作硅胶模具的原材料一般为双组分室温硫化的有机硅胶。这种硅胶具有优异的仿真性、脱模性，极低的收缩率及耐热老化，而且加工成型比较方便。

这种双组分硅胶可分成聚合型和加工成型两类。聚合型在固化时会产生副生物（酒精），故收缩率比加工成型大，而加工成型硅胶不会产生副生成物，线性收缩率小于 0.1%，不受模具厚度限制，可深度硫化，抗张、抗撕拉强度大，硅胶物性的稳定性比较好，故成为模具硅胶的主导产品。

4）硅胶模具的应用。硅胶模具在汽车零件、仪器仪表、电子零件、各种玩具制件、日用品及工艺美术制品等行业的应用，使得样件试制、小批量生产等方面收到缩短研发和制造周期、降低生产成本的效果。图 9-39 所示为一些产品的硅胶模具及产品图。

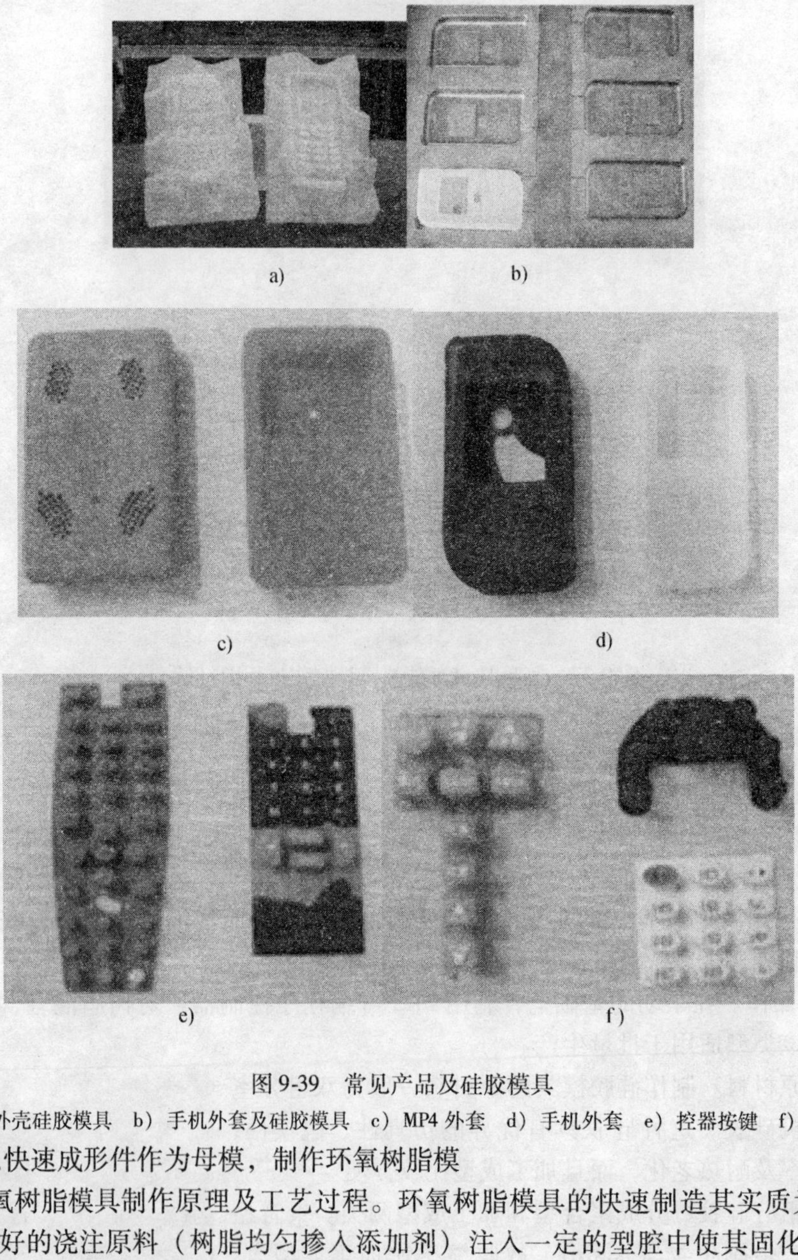

a) b) c) d) e) f)

图 9-39 常见产品及硅胶模具

a）手机外壳硅胶模具 b）手机外套及硅胶模具 c）MP4 外套 d）手机外套 e）控器按键 f）其他按键

（2）以快速成形件作为母模，制作环氧树脂模

1）环氧树脂模具制作原理及工艺过程。环氧树脂模具的快速制造其实质为金属浇注，即将已准备好的浇注原料（树脂均匀掺入添加剂）注入一定的型腔中使其固化（完成聚合或缩聚反应），从而得到模具的一种方法。

环氧树脂模具的制作原理先有快速成形系统得到零件的原型件用来做母模，然后制作模框、固定原型件，为顺利脱模在原型件上涂上脱模剂，接下来浇注树脂，等树脂固化定型后去除模框，取出原型件并对上下模进行修整和组装即可。这种方法制造的模具使用寿命通常为 100 ~ 1000 件，为延长模具使用寿命，通常在环氧树脂中添加各种添加剂。与传统的钢模相比工艺简单，适于塑料注射模、薄板拉深模及吸塑模和聚氨酯发泡成形模。其制作周期通常为 1 ~ 2 周，可满足中小批量生产。

环氧树脂制模工艺过程可以总结如下：

①原型准备。首先利用快速成形技术设计制作模具原型零件，然后将原型件表面进行刮腻子、打磨、涂刷聚氨脂漆 2～3 遍，降低原型表面粗糙度。

②制作金属模框，固定原型件。根据原型的大小和模具结构设计制作模框，模框主要起防止浇注料外溢及强化和支撑树脂的作用。模框的长和宽应比原型尺寸放大一些，一般离原型件壁 40～60mm 为宜。浇注前模框表面要清洗、去污、除锈等，使环氧树脂固化体能与模框结合牢固。

③确定分型面。为脱模方便，防止倒扣、无法脱模等应合理确定分型面位置。

④涂脱模剂。为顺利脱模，应在原型的外表面（包括分型面）均匀、细致地喷涂脱模剂，并且脱模剂不能涂的太厚。

⑤涂模具胶衣树脂。将模具胶衣树脂按一定的配方比例，先后与促进剂、催化剂、固化剂混合搅拌均匀，然后用硬细毛刷将胶衣树脂刷于原型表面，一般刷 0.2～0.5mm 厚。

⑥浇注树脂，形成凸、凹模。将配制好的金属环氧树脂混合料沿模框内壁匀速浇入，不可直接浇到型面上。浇注时尽量从最低处浇入，这样有利于模框内气泡逸出。等树脂混合物基本固化后将模具翻过来，搭建另一半模的模框，采取同样的方式进行制作，从而形成凸凹模。

⑦分模，修整。当上下模浇注完毕后，可通过常温或高温固化，用顶模杆将原型件从树脂模具中取出。取原型时，应尽量避免用力过猛、重力敲击，以防止损伤原型和凸、凹模。如果模具上有局部损伤可以进行手工修整，然后配上模架即可使用。

2）环氧树脂模具的应用。环氧树脂模具制造是一项打破传统机械加工工艺的新技术、新材料和新工艺，由于具有制作周期短、成本低、表面质量好、尺寸稳定性高、易修补等优点，所以在汽车、玩具、家电、五金和塑料制品等行业得到了广泛应用。从国内、外环氧树脂模具实际应用统计，环氧树脂适合于制作弯曲模、拉延模、铸造模等，以及注射模、吹塑模、吸塑模、泡沫成形模、皮塑制品成形模等。

（3）以快速成形件作为母模，制作金属喷涂模：这种制模方法同样是以 RP 原型作样件，并在样件上均匀涂上脱模剂，然后将低熔点的熔化金属（如锌铝合金）充分雾化后通过电弧喷涂或等离子喷涂法以一定的速度喷射到快速原型样件的表面，形成金属硬壳，然后取出原型件在金属硬壳背面充填背衬复合材料做支撑，然后将金属表面进行抛光即可得到质量较高模具。这种模具可以用于 3000 件以下的注塑件生产，制作周期为 3～4 周，而且型腔表面及其精细花纹可以一次成形，操作较为简单，成本低廉。

（4）以快速成形件作为母模，制作熔模铸造金属模：熔模铸造又称为失蜡法铸造，是铸造业中的一种优异的工艺技术，应用非常广泛。不仅适用于各种类型、各种合金的铸造，而且生产出的铸件尺寸精度、表面质量比其他铸造方法要高，甚至其他铸造方法难于铸造的复杂、耐高温、不易于加工的铸件，均可采用熔模铸造铸得。

熔模铸造的优势在于利用模型制造复杂的零件，RP 的优势在于能迅速制造出原型。那么以快速成形件作为母模，采用熔模铸造工艺可以快速制造精密、复杂结构的金属零件。其工艺过程为首先利用快速成形机制作原型件，然后在原型的表面涂覆陶瓷耐火材料并放在加热炉中焙烧，烧去原型而保留陶瓷型壳，最后向型壳中浇注金属液，冷却后即可得金属件。该方法获得的零件表面质量较高，如果大批量生产可由原型制得硅胶模，再用硅胶模翻制多个消失模，用于精密铸造。

复习思考题

1. 什么是高速切削技术？高速切削技术有什么特点？
2. 高速切削技术体系中包括哪些关键技术？
3. 什么是快速成形技术？最常用的快速成形技术有哪几种？
4. LOM 快速成形工艺的工作原理是什么？有哪些常用材料？
5. 选择性激光烧结快速成形工艺的原理是什么？可以分为哪两类烧结方法？各自的使用范围是什么？
6. FDM 快速成形工艺的原理是什么？目前该技术可以应用在哪些方面？
7. 目前利用快速成形工艺制作模具分为哪几类方法？各自有什么特点？
8. 常用的快速成形制模工艺有哪几种？

第10章 模具制造的管理

10.1 模具标准化

10.1.1 我国模具标准化工作的发展状况

我国模具标准化工作开始于20世纪60年代。当时部分工业部门和地区分别制定了各自的部门或地区性模具标准，主要为冷冲压模架和零部件，同时也建立了一些模具专业生产厂。为促进全国模具技术的交流，1981年原国家标准总局发布了《冷冲模》国家标准，这是我国模具行业的第一个国家标准。1983年11月又成立了全国模具标准化技术委员会，加速了我国模具标准化进程，使模具标准化工作进入了一个新阶段。经过多年来的工作和各部门之间的合作与交流，目前我国模具国家标准和行业标准已有50多项，涉及了主要模具的各个方面。随着国际交往的增多、进口模具国产化工作的发展和三资企业对其配套模具的国际标准的提出，一方面在制定标准时注意了尽量采纳国际标准或国外先进国家的标准，另一方面考虑模具标准件生产企业各自的市场需要，除按中国标准外也按国外先进企业的标准生产标准件。例如，日本的“富特巴”、美国的“DME”、德国的“哈斯考”标准已在我国广为流行。

10.1.2 我国模具标准简介

1. 冲模标准

（1）《冲模术语》（GB/T 8845—1988）：该标准包括各种冲压模具的名称、冲模零件名称、冲模设计术语、圆凸模和圆凹模结构要素的规定和定义。

（2）《冷冲模》（GB/T 2851 ~2861—1990）：这是冷冲模的综合性国家标准，包括冷冲模模架标准、零部件标准和典型组合标准三部分。

（3）《冲模模架》（GB/T 2851.3 ~2861.6—1990）：该标准包括对角、中间、后侧和四导柱滑（滚）动模架及零件的结构形式、规格和技术条件。

（4）《冲模模架精度检查》（GB/T 12448—1990）：该标准规定了冲模滑（滚）动模架及零件精度及其检查方法，以及精度检查时必须使用的测量器具。该标准与《冲模模架》国家标准配合使用。

此外，还有《冲模用钢板模架及技术条件》、《精冲模模架及技术条件》、《精冲模零件及技术条件》、《12mm 槽系组合冲模》、《冲模技术条件》、《冲模用圆凸模圆凹模》和《冲模常用材料及热处理规范》等标准。

2. 塑料模标准

（1）《塑料成型模术语》（GB/T 8846—2005）：本标准规定了塑料成型模具中的压缩模和注射模的模具、零件和设计中用到的主要术语和定义。

（2）《塑料注射模具零件》（GB/T 4169.1 ~4169.11—1984）、《塑料注射模具零件技术条件》（GB/T 4170—1984）：这两个标准规定了注射量为10 ~4000g的注射机用模具的11种零件。有些零件也可用于压缩模和压注模。

（3）《塑料注射模技术条件》（GB/T 12554—1990）：本标准规定了注射模零件技术要求、总装配技术要求等内容。它适用于热塑性塑料和热固性塑料注射模。

（4）《塑料模模架》：包括《中小型塑料注射模模架及技术条件》（GB/T 12556—1990）和《大型塑料注射模模架及技术条件》（GB/T 12555—1990）两个国家标准，分别规定了周界尺寸为 500mm×900mm 及 630mm×630mm～1250mm×2000mm 的塑料注射模具。

其他标准还有《塑料模常用材料及热处理规范》和《塑料注射模模架产品质量分等》等。

10.2 模具使用与维护

模具的使用寿命是在模具的使用过程中体现出来的，因此，延长模具使用寿命，必须合理使用和正确维护模具。

10.2.1 模具的使用

（1）模具的检收：刚进厂的模具应开箱验收，开箱时须小心认真，先从外观检查模具是否完好或碰伤，然后对照装箱清单，核对各附件、备品备件是否齐全。检验模具前应用煤油或汽油将模具进行清洗，清洗时应注意各安装、工作表面和配合表面，不能有伤损，再对照随模具图样文件及随模卡，就各项数据进行核验，合格的才能上压力机安装。

（2）模具的安装与调试：模具安装前，应将压力机上横梁上升到极限位置并锁死，并清理压力机底座工作台面及动梁工作台面。吊装模具时，要按模具图样要求，先将下模吊装在压力机底座工作台面上，移正位置，使推出机构通过模具底板与卡板连接好。把模具调整到水平状态并符合图样要求，各下模芯应在同一平面内。调整推杆行程，确定顶模高度，即可将下模与液压压力机底座工作台面紧固。并连接好下模上的加热线、测温线、电磁吸座线等。安装模框时，要仔细调整好各下模芯与模框侧板之间的间隙，尽量使各腔四边的间隙均匀后再固定模框。安装上模时要像模具装配时一样，在型腔中垫入橡胶板，侧板处垫入适当厚度的软金属片，再装入上模芯、上模垫及上模板（或上磁吸座）。连接好后开起压力机，缓慢放下动梁至刚碰到上模板时停止，将上模板与动梁工作台面紧固。在整个安装过程中，应仔细小心，轻移轻放，工作面随放随垫在橡胶板上；注意合理使用工具，保持清洁。尽管入厂验收时模具是合格的，若安装不符合要求，模具同样不能正常工作，轻则影响质量和模具使用寿命，重则在试压时就可能损坏模具。

在安装完毕后，必须严格检查一遍，确认安装与图样要求无误后，方可开机试压。试压时，还要认真检查并调整，当压出来的制件精度和表面质量符合要求，才能最后确认该模具已经安装调试结束。

（3）正确使用模具

1）装配准备。生产前，按加工产品的规格型号及模具装配图选取合适的模具，尽量预装配，确定适用无疑后才能正式装机使用，严禁装错乱用现象出现。

2）模具预热。模具装机前必须预热，一般预热温度在 150～345℃之间。模具预热温度不能太高，因为模具在加工过程中温度升高会引起模具材料回火，降低其使用性能。

组合模具必须缓慢加热，使镶块和模座均匀加热，在预热过程中，也应该逐渐使用冷却剂以平衡模具的整体温度。

3）冷却润滑。模具温度可通过冷却系统和在模具表面涂润滑剂来控制。为了减少热裂的危险，冷却水应预热至49℃左右，切忌使用低于21℃以下的冷却剂，停歇几分钟后，应对冷却剂的流量进行调整，使模具温度不低于冷却温度，当温度太低时应重新预热，以有效地减轻模具在工作状态下所受的交变应力。

为了避免熔融金属与模具接触出现粘模和制品拉伤现象，应在模具型腔内表面均匀地涂抹润滑剂。在使用润滑剂时，不能使用失效试剂，应定期检验成分，使其符合使用要求。

4）定期回火。定期地进行消除应力回火是消除表面应力从而延长模具使用寿命的最好方法。

5）用后保管。模具正常使用中，因为变换加工品种更换下来时，应及时去除模孔金属，进行必要的整修或处理后方可入库保管。

保管处，应通风良好，湿度保持在70%以下。小模摆在架上，大模宜放在地板上。保管中，若模具上的卸料弹簧和刃口处没支持，则在上下模之间垫上衬板或木块支撑。

各种情况下，都要给模具涂抹防锈油，并盖上塑料薄膜，防避灰尘。使用时应轻拿轻放，保护好工作带与模孔部位，不得锈蚀和损伤。

10.2.2 模具的维护

1. 模具的保养与注意事项　模具在使用时应严格按照操作规程进行，注意发现各种异常情况，一旦出现异常，应立即停车进行检查，处理好后，才能继续开机工作。使用保养中应注意如下有关事项：

1）注意检查产品有无麻点、飞边、掉角和产品强度过低等，有麻点时要常擦模；检查模温是否合适。单边飞边可能模芯偏移，飞边严重的可能是磨损过度，出现掉角有可能是磨损太大，强度过低则有可能是料不足或上模下压不到位等。

2）随时注意料情况，不能出现缺料或严重偏位，这样将造成动梁偏摆或啃模。

3）新模使用时，要注意加热温度不宜过高，否则易卡模，使模具磨损过早。

4）当模具工作时有异常响声，应立即停机检查，找出声源，排除故障。

5）各用电器要随时注意接线及工作状况，发现松线、漏电打火或已损坏了，要及时修理或更换。

6）防尘罩有漏洞了，要及时修补或更换。

7）模具不允许带病工作。

8）更换下的模具要用煤油或汽油擦净，然后涂上防锈油，尤其是南方阴雨季节，要注意防水防潮，型腔内应安放防潮剂。

9）换上的新上、下模芯或侧板（或翻边）要重新检测，并小心地试压调整，试调无误后才能正常工作。

2. 模具维护与保养项　由于塑料模具、冲压模具及压铸模具的结构和应用范围各不相同，其维护与保养的项目也有所不同，分别加以介绍。

（1）塑料模具的维护与保养：塑料模具同其他模具相比，结构更加复杂精密，对操作和维护的要求也就更高。

1）应选择合适的成形设备，确定合理的工艺条件

2）模具装上注射机后，要先进行空模运转，观察其各部位运转动作是否灵活，是否有不正常现象，推出行程、开启行程是否到位，合模时分型面是否吻合严密，装模螺钉是否拧紧等。

3）模具使用时，要保持正常温度，不可忽冷忽热。在常温下工作，可延长模具的使用寿命。

4）模具上的滑动部件，如导柱、复位杆、推杆、型芯、导滑槽等，要随时观察，定时检查，适时擦洗并加注润滑油脂，尤其在夏季室温较高时，每班最少加两次油，以保证这些活动件运动灵活，防止紧涩咬死。

5）每次合模前，均应注意型腔内是否清理干净，绝对不准留有残余制品或其他任何异物。清理时严禁使用坚硬工具，以防碰伤型腔表面。

6）型腔表面有特殊要求的模具，表面粗糙度 $Ra \leqslant 0.2\mu m$，绝对不能用手抹或用棉丝擦，应用压缩空气吹，或用高级餐巾纸和高级脱脂棉蘸上酒精轻轻地擦抹。

7）型腔表面要定期进行清洗。注射模具在成形过程中往往会分解出低分子化合物腐蚀模具型腔，使得光亮的型腔表面逐渐变得暗淡无光而降低制品质量，因此需要定期擦洗。擦洗可以使用醇类或酮类制剂，擦洗后要及时吹干。

8）人员离开或临时停机时，应把模具闭合，不让型腔和型芯暴露在外，以防意外损伤。停机时间预计超过24h，要在型腔、型芯表面喷上防锈剂或脱模剂。尤其在潮湿地区和雨季，时间再短也要做防锈处理。空气中的水汽会使模腔表面质量降低，制品表面质量下降。模具再次使用时，应将模具上的油除去，擦干净后才可使用，否则会在成形时渗出而使制品出现缺陷。

9）临时停机后开机，打开模具后应检查侧抽限位是否移动，未发现异常，才能合模。

10）为延长冷却水道的使用寿命，在模具停用时，应立即用压缩空气将冷却水道内的水清除，并风干。有条件的话，也可由热空气烘干。

11）工作中认真检查各控制部件的工作状态，严防辅助系统发生异常。

12）生产中听到模具发出异声或出现其他异常情况，应立即停机检查。模具维修人员对车间内正常运行的模具，要进行巡回检查，发现有异常现象时，应及时处理。

13）在交接班时，除了交接生产、工艺等有关记录外，对模具使用状况也要有详细的交待。

14）模具完成制品生产数量，要下机更换其他模具时，应将该模具型腔内涂上防锈剂，将模具及其附件送交模具保管员，并附上最后一件生产合格的制品作为样件一起送交保管员。此外，还应送交一份模具使用单，详细填写该模具在什么机床上，从某年某月至某年某月，共生产多少数量制品，现在模具是否良好。若模具有什么问题，要在使用单上填写该模具存在什么问题，提出修改或完善的具体要求，并交一件未经修“飞边”的制品样件给保管员，留给模具工修模时作参考。

15）设立模具库，设专人保管，并建立模具档案。

（2）冲压模具的维护与保养：冲模在工作时要承受很大的冲击力、剪切力和摩擦力，对其进行精心的维护和保养对保证正常生产的运行、提高制件质量、降低制件成本、延长冲模的使用寿命、改善冲模的技术状态非常重要。为此，应做到以下几点。

1）冲模在使用前，要对照工艺文件检查所使用的模具和设备是否正确，规格、型号是否与工艺文件统一，了解冲模的使用性能、结构特点及作用原理，熟悉操作方法，检查冲模是否完好。

2）正确安装和调试冲模。

3）在开机前，要检查冲模内外有无异物，所用毛坯、板料是否干净整洁。

4）冲模在使用中，要遵守操作规程，随时检查运转情况，发现异常现象要随时进行维护性修理，并定时对冲模的工作表面及活动配合面进行表面润滑。

5）冲模使用后，要按操作规程将冲模卸下，并擦拭干净，涂油防锈。一般在导套上端用纸片盖上，防止灰尘或杂物落入导套内。检查冲模使用后的技术状态情况，完整及时地交回模具库或送往指定地点存放。

6）设立模具库，建立模具档案。模具库应通风良好，防止潮湿，便于模具的存放和取出，并设专人进行管理。

7）冲模应分类存放并摆放整齐，小型模具应放在架上保管，大、中型模具应放在架的底层，底面用枕木垫平。在上下模之间垫以限位木块（特别是大、中型模具），以避免卸料装置长期受压而失效。

10.3　模具维修

10.3.1　模具维修常用的设备、工具以及修配工艺过程

任何模具在使用一段时间后，其内部零件会逐渐磨损以至被损坏，造成模具工作性能和精度的降低。排除及避免这些故障的发生，就需要模具钳工熟练地掌握有关模具修理技术，做到随时发生故障，随时处理和修复，使其能尽量地恢复正常使用，以发挥模具的最大潜能。

1. 维修常用的设备与工具　模具维修常用的设备与工具见表10-1。

表10-1　维修常用的设备与工具

序号	项目	名称及图样	用　途
1	使用设备	压力机	能供一般小型冲模冲裁、压弯及拉深用。对于大型冲模、塑料模、锻模、压铸模，可在生产车间内设备上进行
		手动压力机	供小型制件模具调整导柱、导套的压入、压出
		0.5kN齿条式手动压力机	供小型零件的压入或压出以及制备件时的压印锉修
		锉床	供锉修零件用
		手推起重小车	供模具运输及搬运用
2	工具	撬杠 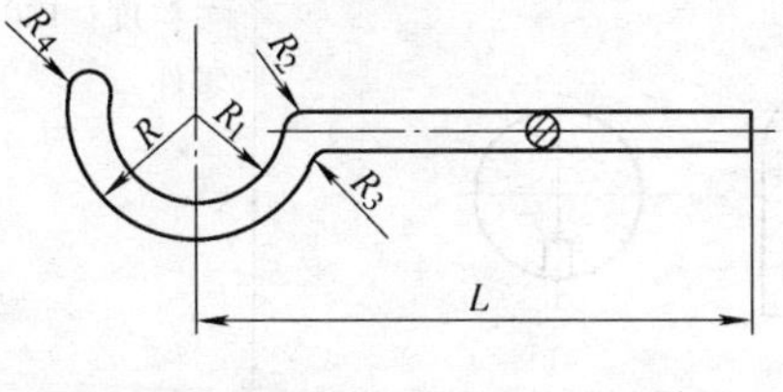	主要用于开启模具

（续）

序号	项目	名称及图样	用　途
2	工具	卡钳 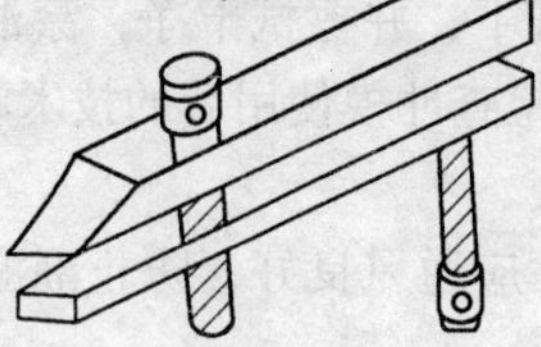	卡零件用
		样板夹 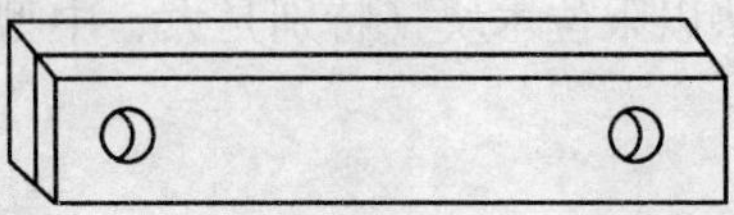	夹示样板、配作模具用
		退销棒与拔销器 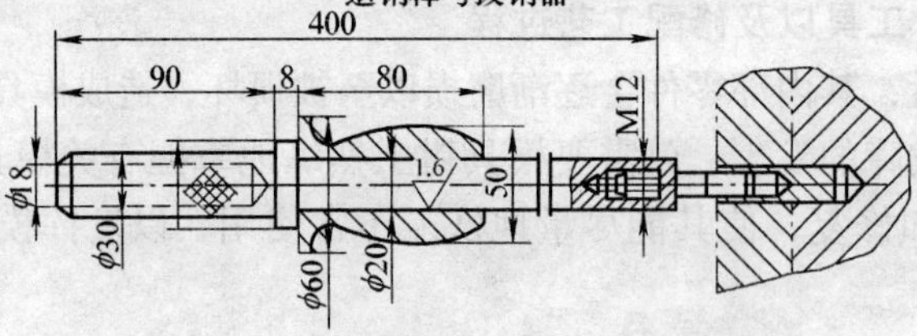	用于取、装圆柱销
		螺钉定位器 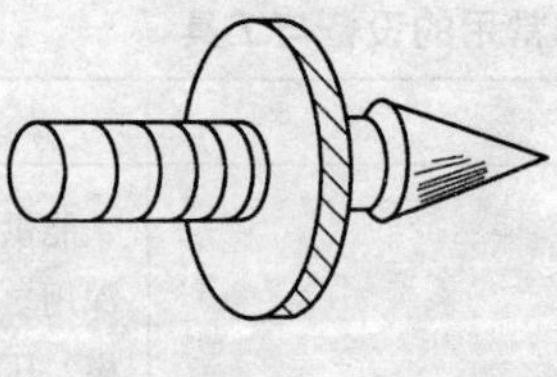	安装螺钉定位用
		铜锤	调整冲模间隙及相互位置
		各种尺寸内六角螺钉扳手	取出或拧紧螺钉用
3	切削工具	细纹什锦锉	5~12 支组锉，用于锉修成形
		油石	各种规格型号的油石，粒度在 F100~F200 之间，用于修磨零件
		砂轮磨头 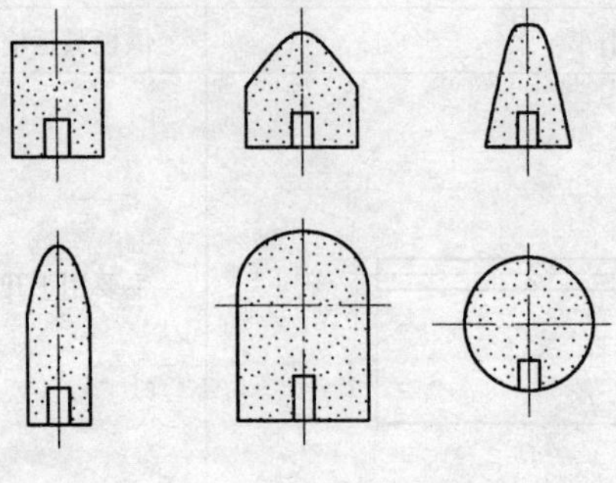	粒度：F40、F60、F80，用于修磨零件

（续）

序号	项目	名称及图样	用　　途
3	切削工具	抛光轮 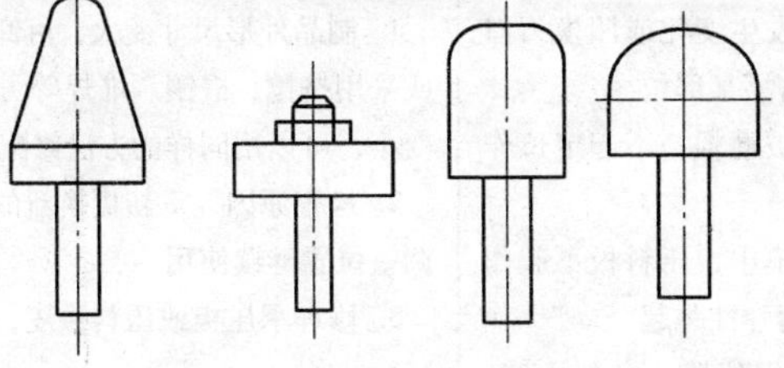	布、皮革及毛毡三种，用于抛光零件用
		砂布	粒度：F46、F80、F120、F180，用于零件抛光
4		游标卡尺 高度游标卡尺 角度尺 0.02mm 塞尺 半径1mm 以上半圆规	划线、测量及检验用

2. 修配工艺过程　模具修配工艺过程见表10-2。

表10-2　模具修配工艺过程

序号	修配工艺	简　要　说　明
1	分析修理原因	1. 熟悉模具图样，掌握其结构特点及动作原理 2. 根据制件情况，分析造成模具须修配原因 3. 确定模具须修理部位，观察其损坏情况及部位损坏情况
2	制订修理方案	1. 制订修理方案和修理方法，即确定出模具大修或小修方案 2. 制订修理工艺 3. 根据修理工艺，准备必要的修理专用工具及备件
3	修配	1. 对模具进行检查，拆卸损坏部位 2. 清洗零件，并检查修理原因及方案的修订 3. 配备从修整损坏零件，使其达到原设计要求 4. 更换修配后的零件，重新装配模具
4	试模与验证	1. 将修配后的模具用相应的设备进行试模与调整 2. 根据试件进行检查，确定修配后的模具质量状况 3. 根据试冲制品情况，检查修配后是否将原弊病消除 4. 确定修配合格的模具，打刻入库存放

10.3.2　各类冲模常见的故障及修理方法

1. 冲裁模常见的故障及修理方法　冷冲模在使用过程中总会出现一些大、小故障。常见故障现象、产生的原因及修理方法见表10-3。

表 10-3 冲裁模常见的故障及修理方法

故障现象	产生原因	修理方法
制件的外形及尺寸发生变化	1. 凸模与凹模尺寸发生变化或凹模刃口被啃坏，凸、凹模损害了某部位 2. 定位销、定位板被磨损，不起定位作用 3. 在剪切模或冲孔模中，压料板不起作用，而使制品受力引起弹性跳起 4. 条料没有送到规定位置或条料太窄，在导板内发生移动	1. 制品外形尺寸变大，可卸下凹模，将其更换或采用挤捻、嵌镶、堆焊等方法修配；制品内孔变小，可以用同样的方法修配 2. 检查原因，重新更换新的定位零件，或仔细调整位置继续使用 3. 修理承压板或压料橡皮，使其压紧坯料后进行冲裁 4. 改善工艺条件，按规定的工艺制度严格执行
制件内孔与外形尺寸相对位置发生变化	1. 凸模与凹模由于长期使用，紧固零件或固紧方式变化发生位置移动 2. 在连续模中，侧刃长期被磨损而尺寸变小 3. 导钉位置发生变化或两个导钉定位时，导钉由于受力后发生扭转，使定位、导向不准 4. 定位零件失灵	1. 固紧凸、凹模或重新安装，保证原来精度及间隙值 2. 侧刃长度应与布距尺寸相等，当变小时，应更新新的侧刃凸模 3. 更换导钉，调好位置 4. 更新重换，安装定位零件
制品产生了毛刺，而且越来越大	1. 凸、凹模刃口变钝，局部磨损及破裂 2. 凸、凹模硬度太低，长期磨损刃口变钝 3. 凸、凹模间隙不均匀 4. 凸、凹模相互位置变化，造成单边间隙 5. 凹模刃口做成倒锥形 6. 拼块凹模拼合不紧密，配合面有缝隙存在 7. 凸、凹模局部刃口被啃坏或产生凹坑及印痕 8. 搭边值小，模具设计不合理	1. 刃磨刃口，使其变锋利 2. 更换新的凸、凹模零件 3. 调整导柱、导套配合间隙把凸、凹模间隙调匀 4. 调整间隙及凸、凹模相对位置，并紧固螺钉 5. 修磨刃口或更换新的凸、凹模 6. 检查拼块拼合状况，若发现松动产生缝隙应重新镶拼 7. 更换凸、凹模，或在平面磨床刃磨刃口平面 8. 加大搭边值
制品表面越来越不平	1. 压料板失灵，制品冲压时翘起 2. 卸料板磨损后与凸模间隙变大，在卸料时易使制品单画及四角带入卸料孔内，使制品发生弯曲变形 3. 凹模呈倒锥 4. 条料本身不平	1. 调整及更换压料板，使之压力均匀（0.5mm板料可以用橡皮压料） 2. 重新浇注（低熔点合金）卸料孔，始终与凸模保持适当间隙值 3. 更换凹模或进行修整 4. 更换条料

（续）

故障现象	产生原因	修理方法
工件制品与废料卸料困难	1. 复合模中顶杆、打料杆弯曲变形 2. 卸料弹簧及橡皮弹力失效 3. 卸料板孔与凸模磨损后间隙变大，凸模易于把制品带入卸料孔中，卡住条料及制品不易卸出 4. 复合模中卸料器顶出杆长短不正或歪斜 5. 工作时润滑油太多，将制品粘住 6. 漏料孔大小或被制品废料堵塞	1. 更换修整打料杆、顶杆 2. 更换新的弹簧及橡皮 3. 重新修整及浇注卸料孔 4. 修整卸料器顶杆 5. 适当放润滑油 6. 加大漏料孔
制品只有压印而剪切不下来	1. 凸、凹模刃口变钝 2. 凸模进入凹模深度太浅 3. 凸模长期使用，与固定板配合发生松动，受力后凸模被拔出	1. 磨修刃口，使其变锋利 2. 调整压力机闭合高度，使凸模进入凹模深度适中 3. 重新装配凸模
凸模弯曲或断裂	1. 凸模硬度太低，受力后弯曲，硬度高则易折断破裂 2. 在卸料装置中顶杆弯曲，致使活动卸料器在冲压过程中将凸模折断或弯曲 3. 上、下模板表面与压力机台面不平行，致使凸模与凹模配合间隙不均，使凸模折断或弯曲 4. 长期使用的螺钉及销钉松动，使凹模孔与卸料板孔不同轴，致使凸模折断 5. 导柱、导套、凸模由于长期受冲击振动而与支撑面不垂直	1. 正确控制热处理硬度 2. 检查卸料器受力状况，若发现顶杆长短不一或弯曲，应及时更换 3. 重新安装模具与压力机上 4. 经常检查模具，预防螺钉及销钉松动 5. 重新调整、安装模具 6. 重新安装冲模与压力机台面
凹模破裂或刃口被啃坏	1. 凹模孔被堵，凸模被折断，凹模被挤裂 2. 凹模淬火硬度过高 3. 凸模松动与凹模不垂直 4. 紧固件松动，致使各零件发生位移 5. 导柱、导套间隙发生变化 6. 凸模进入凹模太深或凹模有倒锥 7. 凹模与压力机工作台面不平行	1. 更换凹模 2. 重新装配 3. 紧固各紧固件，重新调整模具 4. 修理导向系统 5. 调整压力机闭合高度，或更换凸、凹模 6. 重新安装冲模与压力机台面
送料不通畅或被卡死	1. 导料板之间位置发生变化 2. 有侧刃的连续模，导料板工作面和侧刃不平行使条板卡死 3. 侧刃与侧刃挡板松动 4. 凸模与卸料孔间隙太大	1. 调整导料板位置 2. 重装导料板 3. 修整侧刃挡块，消除两者之间间隙 4. 重新浇注或修整卸料孔

2. 弯曲模常见故障及修理方法　弯曲模常见故障及修理方法见表10-4。

表10-4　弯曲模常见故障及修理方法

故障现象	产生原因	修理方法
弯曲制件形状和尺寸超差	1. 定位板或定位销位置变化或被磨损后，定位不准确 2. 模具内部零件由于长期使用后松动或凸、凹模被磨损	1. 更换新的定位板及定位销或重新调整使定位准确 2. 固紧零件，修整或更换凸、凹模
弯曲件弯曲后产生裂纹或开裂	1. 凸模与凹模位置发生偏移 2. 凸、凹模长期使用后表面粗糙 3. 凸、凹模表面本身有裂纹或破损	1. 重新调整凸、凹模位置 2. 抛光 3. 更新凸、凹模
弯曲件表面不平或出现凹坑	1. 凸、凹模表面粗糙 2. 在冲压时，有杂物混入凹模中，破坏凹模或使制品每次冲压时有凹坑 3. 凸、凹模本身有裂纹	1. 抛光、修磨 2. 每次冲压后，要消除表面杂物 3. 更换凸、凹模

3. 拉深模常见的故障及修理方法　拉深模常见的故障及修理方法见表10-5。

表10-5　拉深模常见的故障及修理方法

故障现象	产生原因	修理方法
拉深制品的形状及尺寸发生变化	1. 冲模上的定位装置磨损后变形或偏移 2. 凸、凹模间隙变大 3. 冲模中心线与压力机中心线以及与压力机台面垂直度发生变化	1. 更换新的定位装置或调整 2. 修整凸、凹模或更换 3. 重新安装模具于压力机上
拉深件出现皱纹及裂纹现象	1. 凸、凹模表面有明显的裂纹及破损 2. 压边圈压力过大或过小 3. 凹模圆圈半径破坏产生锋刃 4. 间隙变化，间隙小被破裂，间隙大易起皱	1. 更换凸、凹模 2. 调整压边力大小 3. 修整凹模圆角半径 4. 重新调整间隙，使之均匀合适
制件表面出现擦伤及划痕	1. 凸、凹模部分损坏，有裂纹或表面碰伤 2. 冲模内部不清洁，有杂物混入 3. 润滑油质量差 4. 凹模圆角被破坏或表面粗糙	1. 更换凸、凹模 2. 清除表面杂物 3. 更换润滑油 4. 修整凹模并抛光表面

4. 冷挤压模常见的故障及修理方法　冷挤压模常见的故障及修理方法见表10-6。

表 10-6 冷挤压模常见的故障及修理方法

故障现象	产 生 原 因	修 理 方 法
制件被拉裂	1. 凸、凹模的中心轴线发生相对位移，不同心 2. 凸模的中心轴线与机床台面不垂直	1. 重新调整凸、凹模相对位置 2. 在压力机上重新安装冲模，使其中心轴线垂直于工作台面
制件从冲模中取不下来	1. 冲模的卸料装置长期使用后，内部机构相对位置变化及损坏 2. 润滑油太少，或毛坯未经表面处理	1. 更换及调整卸料装置零件 2. 正确使用润滑剂或处理毛坯表面
凸模被折断	1. 毛坯端面不平或与凹模之间间隙过大，凸凹模不同心 2. 表面质量降低，有划痕及磨损，引起应力集中 3. 工作过程中，反复受压缩应力和拉应力影响	1. 保证毛坯端面平整，凸、凹模同心度小于 0.15mm，凹模与毛坯间隙应控制在 0.1mm 左右 2. 抛光凸、凹模表面 3. 更换凸模，选用高强度、高韧度材料
凹模破裂	1. 表面质量差 2. 硬度不均匀 3. 截面过渡处变化大 4. 加工质量差 5. 组合凹模的预应力低 6. 润滑不良 7. 表面脱碳	1. 采用氮化处理，强化表面层 2. 改善热处理条件，使表面硬度均匀 3. 改善凹模，重新制造凹模 4. 改善加工质量，增大过渡圆弧 5. 增大组合凹模的预应力 6. 提高坯料的润滑质量 7. 热处理采取防脱碳措施或盐浴炉加热

10.3.4 模具维修一些其他常见问题的解决方法

1. 冲头使用前注意事项

1）用干净抹布清洁冲头。

2）查看表面是否有刮、凹痕。如有，则用油石去除。

3）及时上油防锈。

4）安装冲头时不能有任何倾斜，可用尼龙锤之类的软材料工具把它轻轻敲正，只有在冲头正确定位后才能旋紧螺栓。

2. 冲模的安装与调试　安装与调校冲模必须特别细心，因为冲模尤其大中型冲模，不仅造价高昂，而且重量大微量移动困难，人身的安全应始终放在首位。无限位装置的冲模在上下模之间应加一块垫木板。在冲床工作台清理干净后，将合模状态的待试模具置于台面合适位置。按工艺文件和冲模设计要求选定的压机滑块行程，在模具搬上台面前调至下死点并大于模具闭合高度 10～15mm 的位置，调节滑块连杆，移动模具，确保模柄对准模柄孔并达到合适的装模高度。一般冲裁模先固定下模（不拧紧）后再固定上模（拧紧），压板 T 形螺栓均宜使用合适扭矩扳手拧紧（下模），确保相同螺拴具有一致而理想的预加夹紧力，可以有效防止手动拧紧螺纹出现的因体力、性别、手感误差造成的预紧力过大或过小、相同螺纹预紧力不等，从而引起冲压过程中上下模错移、间隙改变、啃剥刃口等故障发生。

试模前对模具进行全面润滑并准备正常生产用料，在空行程起动冲模 3 ~ 5 次确认模具运作正常后再试冲。调整和控制凸模进入凹模深度、检查并验证冲模导向、送料、推卸、侧压与弹压等机构与装置的性能及运作灵活性，而后进行适当调节，使之达到最佳技术状态。对大中小型冲模分别试冲 3、5、10 件进行停产初检，合格后再试冲 10、15、30 件进行复检。经划线检测、冲切面与毛刺检验，所有尺寸与形位精度均符合图样要求，才能交付生产。

3. 冲压毛刺

1）模具间隙过大或不均匀，重新调整模具间隙。

2）模具材质及热处理不当，产生凹模倒锥或刃口不锋利，应合理选材，模具工作部分材料用硬质合金，热处理方式合理。

3）冲压磨损，研磨冲头或镶件。

4）凸模进入凹模太深，调整凸模进入凹模深度。

5）导向结构不精密或操作不当，检修模具内导柱导套及冲床导向精度，规范冲床操作。

4. 跳废料　模具间隙较大、凸模较短、材质的影响（硬性、脆性），冲压速度太高、冲压油过粘或油滴太快造成的附着作用，冲压振动产生料屑发散，真空吸附及模芯未充分消磁等均可造成废屑带到模面上。

1）刃口的锋利程度。刃口的圆角越大，越容易造成废料反弹，对于材料比较薄的不锈钢等可以采用斜刃口。

2）对于比较规则的废料，可增大废料的复杂程度或在冲头上加聚胺酯顶杆来防止跳废料，在凹模刃口侧增加划痕。

3）模具的间隙是否合理。不合理的模具间隙，易造成废料反弹，对于小直径孔间隙减少 10%，直径大于 50mm，间隙要放大。

4）增加入模深度。每个工位模具冲压时，入模量的要求是一定的，入模量小，易造成废料反弹。

5）被加工材料的表面是否有油污。

6）调整冲压速度、冲压油粘度。

7）采用真空吸附。

8）对冲头、镶件、材料进行退磁处理。

5. 压伤、刮伤

1）料带或模具有油污、废屑，导致压伤，须擦拭油污并安装自动风枪清除废屑。

2）模具表面不光滑，应降低模具表面粗糙度。

3）零件表面硬度不够，表面需镀铬、渗碳、渗硼等处理。

4）材料应变而失稳，可减少润滑，增加压应力，调节弹簧力。

5）对跳废料的模具进行维修。

6）作业时产品刮到模具定位或其他地方造成刮伤，须修改或降低模具定位，操作人员作业时应轻拿轻放。

6. 工件折弯后外表面擦伤

1）原材料表面不光滑，应清洁、校平原材料。

2）成形入块有废料，应清除入块间的废屑。

3）成形块不光滑，可将成形块电镀、抛光，降低凸凹模的粗糙度。

4）凸模弯曲半径 R 太小，应增大凸模弯曲半径。

5）模具弯曲间隙太小，可调整上下模弯曲配合间隙。

6）凹模成形块加装滚轴成形。

7. 漏冲孔　出现漏冲孔的情况，一般有冲头断未发现、修模后漏装冲头、冲头下陷等因素引起，修模后要进行首件确认，与样品对比，检查是否有遗漏现象，对冲头下沉的，应改善上模垫板的硬度。

8. 脱料不正常

1）脱料板与凸模配合过紧、脱料板倾斜、等高螺丝高度不统一，或其他脱料件装置不当，应修整脱料件，脱料螺钉采用套管及内六角螺钉相结合的形式。

2）模具间隙偏小，冲头在脱离材料时需要很大的脱模力，造成冲头被材料咬住，须增加下模间隙。

3）凹模有倒锥，应修整凹模。

4）凹模落料孔与下模座漏料孔没有对正，应修整漏料孔。

5）检查加工材料的状态。材料脏污附着到模具上，使得冲头被材料咬住而无法加工。翘曲变形的材料在冲孔后，会夹紧冲头，发现翘曲变形的材料，须弄平整后再加工。

6）冲头、下模的刃口钝化要及时刃磨。刃口锋利的模具能加工出漂亮的切断面，刃口钝了，则需要额外的冲压力，而且工件断面粗糙，产生很大的抵抗力，造成冲头被材料咬住。

7）适当采用斜刃口冲头。

8）尽量减少磨损，改善润滑条件，润滑板材和冲头。

9）弹簧或橡胶弹力不够或疲劳损耗，及时更换弹簧。

10）导柱与导套间隙过大，应返修或更换导柱导套。

11）平行度误差积累，应重新修磨装配。

12）推件块上的孔不垂直，使小凸模偏位，应返修或更换推件块。

13）凸模或导柱安装不垂直，应重新装配，保证垂直度。

9. 折弯边不平直，尺寸不稳定

1）增加压线或预折弯工艺。

2）材料压料力不够，要增加压料力。

3）凸凹模圆角磨损不对称或折弯受力不均匀，可调整凸凹模间隙使之均匀、抛光凸凹模圆角。

4）高度尺寸不能小于最小极限尺寸。

10. 弯曲表面挤压料变薄

1）凹模圆角太小，应增大凹模圆角半径。

2）凸凹模间隙过小，应修正凸凹模间隙。

11. 凹形件底部不平

1）材料本身不平整，须校平材料。

2）顶板和材料接触面积小或顶料力不够，须调整顶料装置，增加顶料力。

3）凹模内无顶料装置，应增加顶料装置或校正。

4）加整形工序。

12. 不锈钢翻边变形　在制造翻边之前向材料施用优质成形润滑剂，这能使材料更好地从模具中分离出来，在成形时顺畅地在下模表面移动。这样可给予材料一个更好的机会去分布被弯曲和被拉伸时产生的应力，防止在成形翻边孔边上出现的变形和翻边孔底部的磨损。

13. 材料扭曲　在材料上冲切大量孔，导致材料平面度不良，成因可能是冲压应力累积所至。冲切一个孔时，孔周边材料被向下拉伸，令板材上表面拉应力增大，下冲运动也导致板材下表面压应力增大。对于冲少量的孔，结果不明显，但随着冲孔数目的增加，拉应力和压应力也成倍增加直到令材料变形。

消除这种变形的方法之一是，每隔一个孔冲切，然后返回冲切剩余的孔。这虽然在板材上产生相同的应力，但缓解了因同向连续一个紧接一个地冲切而产生拉应力/压应力积聚。这样可使第一批孔分担第二批孔的局部变形效应，改善了材料扭曲现象。

14. 模具严重磨损

1）及时更换已经磨损的模具导向组件和冲头。

2）检查模具间隙是否不合理（偏小），增加下模间隙。

3）尽量减少磨损，改善润滑条件，润滑板材和冲头。油量和注油次数视加工材料的条件而定。冷轧钢板、耐蚀钢板等无锈垢的材料，要给模具注油，注油点为导套、注油口、下模等。

有锈垢的材料，加工时铁锈微粉会吸入冲头和导套之间，产生污垢，使得冲头不能在导套内自由滑动，这种情况下，如果上油，会使得锈垢更容易沾上，因此冲这种材料时，相反要把油擦干净。每月分解一回，用汽（柴）油把冲头、下模的污垢去掉，重新组装前再擦干净。这样就能保证模具有良好的润滑性能。

4）刃磨方法不当，造成模具的退火，加剧磨损，应当使用软磨料砂轮，采用小的吃刀量，足量的冷却液并经常清理砂轮。

15. 防止冲压噪声　冲床是板料加工工业的最关键的设备。冲床在工作时会产生机械传动噪声、冲压噪声和空气动力性噪声，该噪声最高值可达 125dB（A）大大超过国家标准规定的 85dB（A）及其以下的噪声指标要求。因而对操作工人及周围环境造成极其严重的伤害和污染，有效地治理该噪声已成为急待解决的问题。特别是我国的第一部《噪声法》的实施，环保产业化的规模日益增大，更加速了对这一噪声治理的迫切性。

10.4 模具生产技术管理

10.4.1 模具生产过程和特点

模具生产的组织形式根据模具生产的规模、模具的类型、加工设备状况和生产技术水平的不同而不同，目前国内模具企业的生产组织形式主要有以下三类：

1. 按生产工艺指挥生产　模具的生产过程按照模具制造工艺规程确定的程序和要求来组织生产。这时生产班组的划分以工种性质为准，如分成车工、铣镗、磨工、特种加工和精密加工、热处理、备料和模具钳工等若干个班组。由专职计划调度人员编制生产进度计划，统一组织调度全部生产过程。

2. 以模具钳工为核心指挥生产　以模具钳工为核心，按照模具类型的不同，配备一定数量的车、铣、磨等通用设备和人员组成若干个生产单元，在一个生产单元内由模具钳工统一指挥技术和生产进度；也可由专门化较强且高精密的机床组成独立生产单元，由车间统一调度和安排。这种组织形式适合于生产规模较小和模具品种较单一的生产情况。

3. 全封闭式生产　这种组织形式是将模具车间内的模具设计、工艺、管理和生产人员按模具类型的不同，组成若干个独立且封闭的生产工段，在生产工段内实行统一调度，组织生产。

生产组织形式主要取决于模具生产技术发展的水平和生产规模。评定生产组织形式是否合适，主要看其能否保证模具质量、提高综合经济效益。

10.4.2　模具加工分析

模具是由许多零件组成的，每个零件的材料、尺寸形状、精度和表面粗糙度、热处理要求等是根据产品零件的加工要求、模具零件的不同作用和零件间的相互关系而确定的。模具零件的表面形状有平面、斜面、圆柱面、圆锥面、螺纹面和曲面，各个表面在模具中所起的作用也不同，在加工工艺安排中要仔细分析各个表面的作用和几何形状特征及各种技术要求，确定各个表面的加工方法，以合格的模具零件为最终的装配奠定基础。

10.4.3　模坯设计与质量要求

模具零件的毛坯设计是否合理，对于模具零件加工的工艺性以及模具的质量和使用寿命都有很大的影响。在毛坯设计中，首先考虑的是毛坯的形式。模具零件的毛坯形式主要分为原型材、锻造件、铸造件和半成品件四种。在决定毛坯形式时主要考虑以下几个方面：

1. 模具材料的类别　在模具设计中选定的模具材料类别可以确定毛坯形式。例如，精密冲裁模的上、下模座多为铸钢材料；当大型覆盖件拉深模的凸模、凹模和压边圈零件为合金铸铁时，其零件的毛坯形式则必然为铸造件；非标准模架的上、下模座材料多为45钢，其毛坯形式应该是厚钢板型材。

2. 模具零件的类别和作用　对于模具结构中的工作零件，例如，精密冲裁模和中载冲压模的工作零件，多为高碳高合金工具钢，其毛坯形式应该为锻造件；高使用寿命冲裁模的工作零件材料多为硬质合金材料，其毛坯形式为粉末冶金；对于模具结构中的一般结构件，多选择型钢毛坯。

3. 模具零件几何形状特征和尺寸关系　当模具零件的不同外形表面尺寸相差较大时如凸缘式模柄零件，为了节省原材料和减少机械加工工作量，应该选择锻件毛坯形式。

10.4.4　模具生产计划管理

模具生产计划管理的目的就是如何确保模具生产周期并按质按时按量交付模具。模具生产多由模具使用方提出模具生产周期、质量要求和品种等，因此对模具生产方具有不确定性。实践证明，在模具生产中采用网络计划技术是组织模具生产和进行计划管理的有效形式。

1. 网络计划技术的基本原理　网络计划技术的基本原理是以网络图为基础，通过网络分析和计算，制订网络计划并进行管理。网络图表达模具计划任务的进度安排和各个零件工序间的关系，通过网络分析，计算网络时间参数，找出其中关键工序和关键时间，利用加长周期的时差不断改变网络计划，在计划执行过程中，通过进度反馈信息进行调度，最终保证模具生产周期。

2. 模具计划网络图的类型

（1）生产准备计划网络图：包括技术准备以及坯料的粗加工等。

（2）生产计划网络图：生产计划可以按月、按季和按年度制订，也可以分阶段人为进行。车间生产计划可以采用滚动计划法编制全车间的阶段计划。生产准备计划规定得比较粗，调整范围大。而对阶段完成计划管理的要细，调整要及时，以确保任务的完成。

（3）编制关键设备负荷平衡图：在运用网络技术控制模具制造进度时，必须搞好关键设备的负荷平衡，因为网络图是以单副模具来编制的，为了避免同一时间内多副模具零件同时集中在某一关键设备上，必须编制关键设备负荷平衡图。在编制某关键设备负荷平衡图时，需将该设备有效工作时间按日程画出方格图，按加工零件的工时定额在方格图上画出作业计划线，凡已画的日程方格中不允许有第二条线出现，后续零件加工开始位置线与前一零件加工结束位置线前后相接，从而达到平衡任务的目的。

10.4.5 模具设计与工艺管理

在进行模具设计与工艺管理时应做到以下几点：

1）要认真贯彻有关的国家标准、行业标准和企业标准。

2）对于企业内经常重复出现的典型模具结构和零件，设计和工艺人员应与标准化人员一起设计图样、表格及典型和标准工艺卡的形式，减少技术人员重复性的劳动和笔误，也可以规定一些通用的简化画法。

3）在技术工作中，要遵循稳妥可靠的原则，要积极和慎重，并要采用实践证明是成熟和可靠的新技术、新材料、新工艺和新结构。

4）加强图样管理和经验的积累，首先明确各级技术人员的责任制，严肃图样的更改和借阅制度，模具试用合格后应及时进行图样的定型和归档工作。

5）模具技术人员应经常并定期深入生产第一线，了解问题、发现问题并解决问题。对于相关车间的生产条件和技术现状，应做到心中有数。

10.5 现代模具制造生产管理

现代模具制造方法，如图10-1所示。可以将原型设计、模具设计、机械加工和调试的周期大大缩短，并且最大限度地避免工艺和模具设计的错误。

10.5.1 生产计划管理

生产计划管理是企业管理的重要任务。因为实施生产计划管理是现代化大生产的客观要求，也是合理利用企业的人力、物力和财力及提高经济效益的重要手段。

在生产中，按一定的计划指标是制订各种计划的依据。对工业、企业进行考核的主要指标有产品产量、产品品种、产品质量、原材料、燃料及动力消耗、劳动生产率、产品成本、流动资金和利润等项指标。在模具生产制造中，企业的计划部门首先应根据模具的订货合同及数量、品种，按计划安排生产，并根据现有生产设备、技术能力等情况，有计划地、保质保量按时完成合同。同时，也应根据计划，计算出产品的利润、成本，以保证企业能获得较好的经济效益。

工业企业计划类型见表10-7。

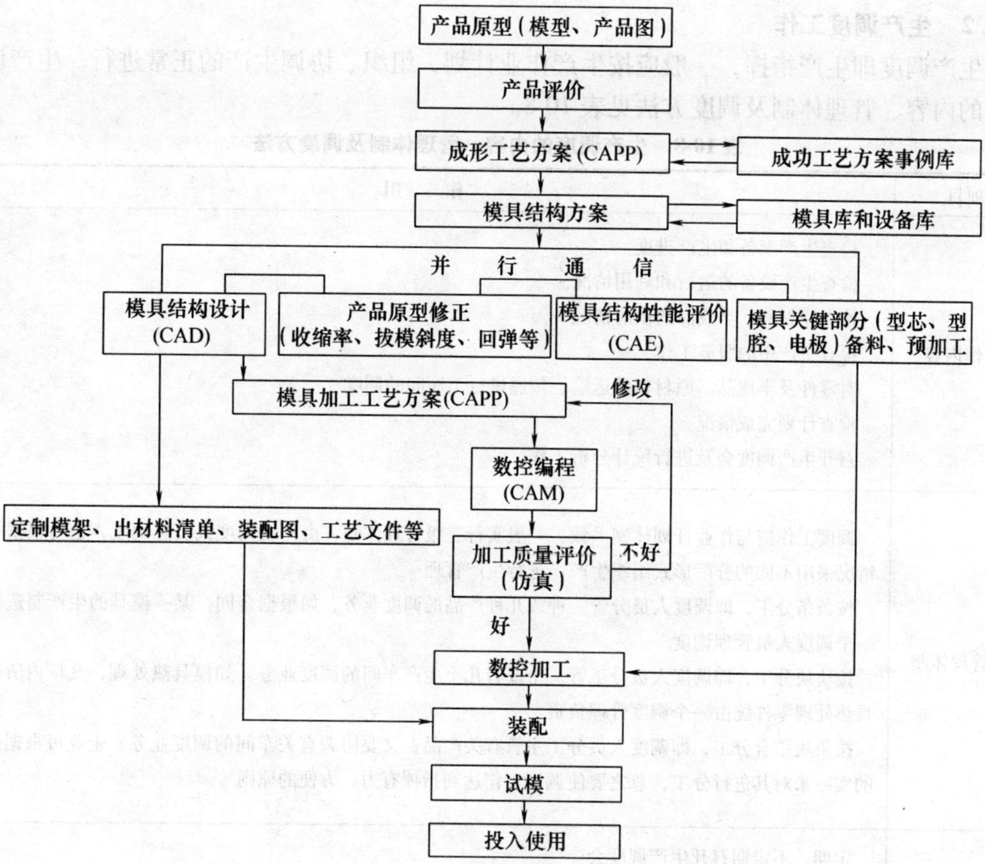

图 10-1　现代模具制造流程

表 10-7　企业计划类型

计划内容	作　用	编制说明
企业生产计划	企业生产计划又称生产大纲，它是企业其他计划的主体和基础，是总的生产安排，一般由厂部计划部门直接编制，指导全厂生产、经营	1. 规定企业年、季度生产产品的品种、数量、交货期。如企业每年根据合同生产的模具数量、种类及完成时间等 2. 根据生产计划总的安排对各生产车间分配任务
生产作业计划	生产作业计划，是企业生产计划的具体执行计划，它是连接供产销以及技术、经济活动的纽带。在生产中，企业可按生产作业计划的要求指导、组织和生产	1. 将产品分解为零件、工序分配到车间、工段、班组机台和个人 2. 把生产任务细分到月、旬、日或小时 3. 生产作业计划的编制一般由厂、车间、工段（班组）三级分别编制
车间内部作业计划	车间内部作业计划主要包括工段和工作地的任务安排，是工段（小组）的月计划任务，一般是根据生产作业计划进行安排的	1. 工段（小组）和工作地（机台）的任务安排 2. 一般按生产定额来安排任务，规定数量、完成时间 3. 计划一般由车间、班组制订

10.5.2 生产调度工作

生产调度即生产指挥，一般应按生产作业计划，组织、协调生产的正常进行。生产调度工作的内容、管理体制及调度方法见表10-8。

表10-8 生产调度的内容、管理体制及调度方法

项目	作 用
工作内容	检查生产准备和生产进度 检查生产设备的运行和利用情况 检查原材料、半成品的供应情况 检查生产中的服务工作 对零件及半成品、原材料的运输、传递进行工序间的调度 检查计划完成情况 召开生产调度会及进行统计分析工作
管理体制	调度工作应与作业计划体制一致，一般实行三级管理体制，由厂级调度人员总调度，也可根据具体情况采用不同的分厂形式组织生产，进行生产管理 按条条分工，即调度人员分管一种或几种产品的调度业务，如根据合同，某一模具的生产制造统由一个调度人员管理调度 按块块分工，即调度人员分工管一个或者几个生产车间的调度业务。如模具热处理，凡厂内所有模具热处理零件统由一个调度管理负责 按条块结合分工，即调度人员分工主管有关产品，又要协调有关车间的调度业务。企业可根据生产的实际来对其进行分工，总之要使调度工作达到指挥有力、方便的原则
工作方法	定期、不定期召开生产调度会 随时检查生产报表记录及工艺路线的正确性 把生产的准备、供产销、后勤服务有机的联系起来，成为一个强有力的生产指挥系统

10.5.3 生产定额的制订

1. 制订生产定额的意义 在工业生产中，完成某项生产作业所需要的时间，称为生产定额，也称时间定额或劳动工时定额。生产定额是生产经营管理的主要基础工作之一，特别是在模具制造中，制订生产定额，加强生产定额的管理，对于组织模具生产具有很重要的作用。这是因为生产定额是掌握生产进度情况、安排生产计划、进行成本预算的基础，是实行计划工资管理和奖励制度的根据，也可作为企业开展劳动竞赛评比活动的主要指标之一，又是计算设备和工人劳动量的标准。所以，在模具生产中，制订和执行生产定额管理，对企业的发展和进步有着重要的意义。

2. 生产定额的组成 生产定额又称时间定额，是指在一定的生产条件下，规定生产一件产品或完成一道工序所消耗的时间。其中，完成零件一个工序的时间定额，又称为工序单件的时间定额。工序单件时间定额可由下式计算

$$T_{单} = T_{基} + T_{辅} + T_{布} + T_{休}$$

式中 $T_{单}$——零件单件时间定额（min）；

$T_{基}$——基本时间，即完成零件加工的时间（min）；

$T_{辅}$——辅助时间（min）；

$T_{布}$——布置场地的时间（min）；

$T_{休}$——休息时间（min）。

3. 制订生产定额的要求　在模具生产过程中，生产定额的制订关系到模具成本的核算、模具制造周期及操作者和企业的效益。因此，生产定额的制订必须尽可能做到合理、精确。其具体要求如下：

1）制订生产定额时，应组成专门小组，除主管定额的工作人员参加外，还应具有实践经验的生产骨干参加，使制订出的生产定额尽量趋于合理。

2）确定生产定额时，必须要有科学的依据和计算方法，以保证所制订的定额即合乎实际又先进合理。

3）在同一企业内的车间、班组、工种、工序之间要保证相同工作定额的统一，对不同工作的定额也要保持相互之间的平衡。

4）定额的制订必须结合企业发展情况，总结推广先进经验，挖掘生产潜力，做到定期修正，不断提高定额制定水平。

5）生产定额的制订应该有利于调动生产工人的积极性，起到鼓励先进、带动中间、促进落后的作用。

4. 生产定额的制订方法　在模具的生产中，生产定额的制订方法见表10-9。

表10-9　生产定额的制订方法

序号	制订方法	说　明	应用范围
1	经验估工法	由定额员及技术人员和有经验的工人，根据实践经验，在对图样、工艺和生产条件进行分析的基础上，参照以往同类型工作的定额来估计定额	单件、小批量生产及临时性生产
2	统计分析法	根据以往生产实践提供的统计资料，参考实际生产条件，在对统计资料分析、整理的基础上制订劳动定额	适用于模具标准件生产
3	比较类推法	以相同类型产品中的典型定额为基础，通过分析、比较制订定额，即以同类型零件为代表，尽可能准确制订出工时定额，其他可以此比较确定	品种多、规格杂、单件小批生产
4	技术测定法	按照工时定额的各个组成部分，分别确定定额时间，以技术规定和科学计算为手段得到定额	一般零件

5. 生产定额的管理方法

1）劳动工时定额一旦确定，要由专人负责工时定额的标准审查、平衡，并要定期分析考查定额工时水平，检查其执行情况。

2）定额执行后，经一段时间后要进行修订。经修订后的工时定额水平必须先进合理，即在修改后的半年内，在正常情况下大部分工人经努力能达到，部分部分工人可以超过，少数工人可以接近的水平。

3）定额资料必须经常积累，作为今后修订定额时的参考及依据。

4）在填写施工单时，严格按工艺、工时定额填写。

6. 提高模具劳动生产率的途径　劳动生产率是指在单位时间内生产的合格产品的数量

或指用于生产单件合格产品所需的劳动时间。在模具生产中，提高劳动生产率的主要措施和途径见表10-10。

表10-10 模具生产过程中提高劳动生产率的主要途径

主要途径	具体措施及优点
简化模具结构设计	1. 在满足产品质量的前提下，模具的结构设计尽量要简化，其结构尽量小，重量要轻而且组成零件要便于加工，原材料要消耗少，以减少加工的劳动量 2. 模具结构要采用标准化设计，要多采用标准件及外协件，以缩短制模周期、降低制模成本 3. 模具零件的设计，要注意工艺性，其尺寸精度、表面质量要求要合理，以减少不必要的辅助加工工序和减少加工过程中及装配过程中所消耗的工作量
提高毛坯的制造质量	模具的坯料如铸件、锻件等应尽量使其形状和尺寸接近于零件的形状和尺寸，以减少加工余量，降低原材料的消耗和加工工时
采用新的加工工艺方法	在编制工艺规程时，零件的加工工艺要根据生产实际尽量采用新工艺、新技术，力求使加工工艺做到既合理又经济，在有条件的工厂中，尽量多采用电加工工艺来代替机械或手工加工，以提高效率与加工质量
改善生产组织形式	在加工模具时，根据模具的加工流程和机床的类别，应使工件的加工做到传递合理、有条不紊的进行，并做到文明生产
加强企业的科学管理	组织模具生产时，要加强加工现场的管理，合理地安置工位器具，实现技术人员现场服务，及时解决生产中出现的问题，并要加强操作者的劳动纪律，注意安全，加强业务学习、培训，不断改善企业管理，逐步实现企业管理现代化

7. 模具生产的经济分析　模具生产的经济分析是指在模具生产过程中，对其零件的加工、装配与调整可预先提出不同的施工方案，在充分进行分析比较后，从中选出能以尽量少的物质消耗和劳动消耗生产出合格的优质产品的最佳方案，并予以实施。模具生产过程中经济分析的方法及内容见表10-11。

表10-11 模具生产过程中经济分析的方法及内容

分析项目	内　容	分　析　方　法
保证模具制造周期	模具制造周期是指在合同规定范围日期内，能将模具制造完毕，以保证交货期，维护企业信誉	1. 分析模具施工进度加快方法 2. 分析影响进度的原因 通过分析，应力求缩短成形加工工艺路线，制订合理的加工工序，及时调整、调度，争取按时、提前完工
保证模具的质量	所谓保证模具的质量，是在正常的生产条件下，按工艺过程所加工的零件应能达到图样规定的全部精度和表面质量要求	1. 分析加工过程、加工的质量状况和影响质量的原因 2. 分析加工中各机床所发挥的效率情况 通过分析，找出原因，制订改进措施，既要保证质量，又要保证效率，以提高经济效益

（续）

分析项目	内　容	分　析　方　法
保证模具成本低廉	模具成本，是指完成模具制作整个所需要的费用。模具成本的高低，是模具生产提高经济效益的关键，模具制造中，成本越低越好	1. 分析工艺过程总的成本费用情况 2. 分析模具可变费用情况，如材料的消耗费用，加工零件的装配、调试时所消耗的工时费用等 通过分析，找出费用升高的原因和降低费用的方法，并及时改进，以降低成本
不断提高加工工艺水平	在模具生产中不断提高加工工艺水平，采用新工艺、新技术、新材料是提高模具生产效率、降低成本，使模具生产有较高的经济效益和水平的主要途径	1. 分析模具结构、生产批量大小、确定不同的加工方式 2. 分析模具精度要求，确定使用设备、材料 通过分析，可根据不同情况采取不同措施，以达到提高工艺水平、降低成本的目的

8. 提高经济效益的措施

1）努力提高模具专业化及标准化程度，培养企业的特色和专长，并按本厂的生产模具类别和工艺特点配备必要的设备，以减少投资，提高设备利用率，降低制模成本。

2）在条件允许的情况下，采用多种经营。如在设备齐备时，可以根据市场需求，生产标准件或标准模架，除了供应本厂使用外，还可以提供给其他厂或作为商品出售，以提高经济效益和机床利用率。

3）提倡一专多能。可以根据用户需求，搞延伸服务，代客冲压加工或塑压加工。

4）提高工人及技术人员素质，不断加强技术培训，研制新产品、新工艺。

5）加强厂家之间协作，取长补短，以提高产品竞争能力。

复习思考题

1. 如何合理使用与维护模具？
2. 模具的保养与注意事项有哪些？
3. 简述模具修配工艺过程。
4. 简要说明弯曲模常见故障及修理方法。
5. 简述模具维修常见问题有哪些？
6. 模具设计与工艺管理过程包括哪些内容？
7. 模具生产过程中提高劳动生产率的主要途径有哪些？

参考文献

[1] 王敏杰，宋满仓．模具制造技术［M］．北京：电子工业出版社，2004.
[2] 韩广利，曹文杰．机械加工工艺基础［M］．天津：天津大学出版社，2005.
[3] 马幼祥．机械加工基础［M］．北京：机械工业出版社，1995.
[4] 李云程．模具制造工艺学［M］．北京：机械工业出版社，2007.
[5] 刘晋春，赵家齐，赵万生．特种加工（［M］.4 版．北京：机械工业出版社，2005.
[6] 袁根福，祝锡晶．精密与特种加工技术［M］．北京：北京大学出版社，2007.
[7] 周旭光，等．特种加工技术［M］．西安：西安电子科技大学出版社，2004.
[8] 彭建声，秦晓刚．冷冲模制造与修理［M］．北京：机械工业出版社，2001.
[9] 邹继强，刘矿陵．模具制造与管理［M］．北京：清华大学出版社，2005.
[10] 黄健求．模具制造［M］．北京：机械工业出版社，2001.
[11] 模具设计与制造技术教育丛书编委会．模具制造工艺与装备［M］．北京：机械工业出版社，2005.
[12] 薛啓翔．冷冲压实用技术［M］．北京：机械工业出版社，2006.
[13] 周斌兴．冲压模具设计与制造［M］．北京：国防工业出版社，2006.
[14] 艾兴．高速切削加工技术［M］．北京：国防工业出版社，2003.
[15] 刘战强，黄传真，郭培全．先进切削加工技术及应用［M］．北京：机械工业出版社，2005.
[16] 张伯霖．高速切削技术及应用［M］．北京：机械工业出版社，2002.
[17] 王娜．模具制造的高速切削加工技术［J］．广西轻工业，2008（04）：24-25.
[18] 阮景奎．汽车覆盖件模具高速切削加工过程的数值模拟与关键工艺技术研究［D］．杭州：浙江大学．
[19] 黄晓燕，李德群．高速切削在模具制造中的应用及发展策略［J］．农机化研究，2008（01）：220-222.
[20] 徐长寿，鲁春燕．高速切削在现代模具制造中的应用［J］．机械工程师，2009（03）：23-24.
[21] 吴斌．高速切削在叶片模具制造中的应用［J］．模具技术，2009（01）：53-55.
[22] 李长河，丁玉成，卢秉恒．高速切削加工技术发展与关键技术［J］．青岛理工大学学报，2009（02）：7-16.
[23] 杨桂霞．高速切削为国产机床带来的机遇和挑战［J］．机械工程师，2009（03）：13-15.
[24] 王继群，郭勇．高速切削技术的发展应用与展望［J］．北京工业职业技术学院学报，2008（10）：55-57.
[25] 张士孝．高速切削技术及刀具的发展现状综述［J］．长沙航空职业技术学院学报，2008（06）：61-63.
[26] 吴光辉．高速切削技术及其应用分析［J］．中国高新技术企业，2009（04）：86-87.
[27] 陈娜．高速切削技术浅析［J］．装备制造技术，2008（04）：136-139.
[28] 付建军．模具制造工艺［M］．北京：机械工业出版社．2007.
[29] 王广春．快速成型与快速模具制造技术及其应用［M］．北京：机械工业出版社，2008.
[30] 周国玉，杨明金，张建军．快速成型技术的基本原理及其相关技术［J］．现代制造工程，2005（3）：126-128.
[31] 李勇，陈五一．快速成型软件的研究［J］．机电工程技术，2006，35（1）：35-38.
[32] 刘恒友，王广春．LOM 模具快速制作及其应用［J］．CAD/CAM 与制造业信息化，2005（9）：40-41.

[33] 毕晓亮，朱昌明，侯丽雅．快速成型中的自适应切片方法研究［J］．计算机应用研究，2002（4）：21-22.
[34] 杨占尧，徐起贺，王学让．基于快速成型的金属树脂模具快速制造技术［J］．农业机械学报，2003，34（2）：120-121.
[35] 马劲松．SLA 技术在制造领域中的应用［J］．航空制造技术，2008（7）：46-49.
[36] 邵延容，邓福泽．快速成型技术的快速制模技术及最新发展［J］．山东机械，2005（04）：11-14.
[37] 刘伟军．快速成型技术及应用［M］．北京：机械工业出版社．2005.
[38] 莫健华．快速成型及快速制模［M］．北京：电子工业出版社．2006.
[39] 董祥忠．特种成型与制模技术［M］．北京：化学工业出版社．2006.
[40] 邓明．现代模具制造技术［M］．北京：化学工业出版社．2005.
[41] 藤宏春．模具制造工艺学［M］．大连：大连理工出版社．2008.
[42] 高鸿庭．模具制造工（中级）［M］．上海：中国劳动社会保障出版社．2004.

21 世纪高职高专规划教材书目（基础课及机械类）

（有＊的为普通高等教育“十一五”国家级规划教材并配有电子课件）

＊高等数学(理工科用)(第2版)
高等数学学习指导书(理工科用)(第2版)
计算机应用基础(第2版)
应用文写作
应用文写作教程
经济法概论
法律基础
法律基础概论
＊C 语言程序设计

＊工程制图(机械类用)(第2版)
工程制图习题集(机械类用)(第2版)
计算机辅助绘图——AutoCAD2005 中文版
几何量精度设计与检测
公差配合与测量
工程力学
金属工艺学
金工实习教程
金工实习
工程训练
机械零件课程设计
机械设计基础(第2版)
＊机械设计基础
工业产品造型设计

＊液压与气压传动
电工与电子基础
电工电子技术(非电类专业用)
机械制造技术
＊机械制造基础
数控技术
＊数控加工技术

专业英语(机械类用)
＊数控机床及其使用和维修
数控机床及其使用维修(第2版)
数控加工工艺及编程
机电控制技术
计算机辅助设计与制造
微机原理与接口技术
机电一体化系统设计
控制工程基础
机械设备控制技术
金属切削机床
机械制造工艺与夹具
UG 设计与加工
冷冲压模设计及制造
冷冲压模设计与制造
＊塑料模设计及制造(第2版)
模具 CAD/CAM
模具制造工艺学

模具 CAD/CAM 技术
模具制造工艺
汽车构造
汽车电器与电子设备
汽车电器设备构造与检修
汽车发动机电控技术
汽车传感器与总线技术
公路运输与安全
汽车检测与维修
汽车检测与维修技术
汽车空调
＊汽车营销学(第2版)

工程制图(非机械类用)
工程制图习题集(非机械类用)
离散数学
电工电子基础
电路基础
单片机原理与应用
电力拖动与控制
＊可编程序控制器及其应用(欧姆龙型)
可编程序控制器及其应用(三菱型)
工厂供电
微机原理与应用(第2版)
电工与电子实验